完全自学手册

Excel 2010 电子表格完全自学手册

第 2 版

程继洪　等编著

机 械 工 业 出 版 社

本书是“完全自学手册系列”的一个分册。全面介绍了Excel 2010电子表格的知识以及应用案例，主要内容包括工作簿和工作表的基础操作、美化与修饰Excel工作表、页面设置与打印工作表、公式和函数的使用方法，数据筛选、排序与汇总，统计与分析数据等方面的知识、技巧及应用案例。

本书面向广大电脑初学者和办公人员，还可以作为大、中专院校相关专业和电脑短训班的基础培训教材。

图书在版编目 (CIP) 数据

Excel 2010 电子表格完全自学手册 / 程继洪等编著 .—2 版 .—北京：机械工业出版社，2016.8

（完全自学手册）

ISBN 978-7-111-54635-1

Ⅰ. ①E… Ⅱ. ①程… Ⅲ. ①表处理软件—手册 Ⅳ. ①TP391.13-62

中国版本图书馆CIP数据核字（2016）第212386号

机械工业出版社（北京市百万庄大街22号 邮政编码100037）

责任编辑：丁 诚 责任校对：张艳霞

责任印制：李 洋

三河市国英印务有限公司印刷

2016年10月第2版 • 第1次印刷

184mm × 260mm • 22.75 印张 • 562 千字

0001—3000 册

标准书号：ISBN 978-7-111-54635-1

定价：65.00 元

凡购本书，如有缺页、倒页、脱页，由本社发行部调换

电话服务	网络服务
服务咨询热线：（010）88361066	机 工 官 网：www.cmpbook.com
读者购书热线：（010）68326294	机 工 官 博：weibo.com/cmp1952
（010）88379203	教育服务网：www.cmpedu.com
封面无防伪标均为盗版	金 书 网：www.golden-book.com

前言

Excel 2010 是 Microsoft 公司推出的用于计算和分析数据的办公软件，广泛应用于数据管理、财务统计、金融等多个领域。为了帮助初学者掌握 Excel 2010 的基本应用，我们编写了这本《Excel 2010 电子表格完全自学手册》。

本书根据初学者的学习习惯，采用由浅入深、由易到难的方式讲解，全书共分 15 章，主要包括 6 个方面的内容。

1. 基础入门

第 1 章～第 4 章，主要介绍了 Excel 2010 工作界面，工作簿和工作表的应用，操作行、列与单元格，输入和编辑数据等知识。

2. 美化与修饰工作表

第 5 章～第 6 章，介绍了美化 Excel 工作表和使用图形对象修饰工作表的知识与操作技巧。

3. 页面设置与打印工作表

第 7 章主要介绍了页面设置、设置打印区域和打印标题以及打印预览与输出方面的知识及操作方法。

4. 使用公式与函数

第 8 章～第 9 章，主要介绍了输入与编辑公式、使用数组公式、公式审核与快速计算、输入与编辑函数、定义名称和常用函数的应用举例等知识。

5. 数据分析与处理

第 10 章～第 14 章，主要讲解数据的筛选、排序、分类汇总、合并计算，设置数据的有效性、使用条件格式、使用统计图表分析数据和使用数据透视表与透视图分析数据等知识及操作方法。

6. 案例应用

第 15 章通过讲解创建企业员工调动管理系统的典型案例，来达到巩固与拓展所学知识的目的。

本书由文杰书院组织编写，参与本书编写工作的有程继洪、李军、袁帅、王超、文雪、刘国云、李强、蔺丹、贾亮、安国英、冯臣、高桂华、贾丽艳、李统才、李伟、沈书慧、蔺影、宋艳辉、张艳玲、贾亚军、刘义、蔺寿江等。

阅读本书，可以增长读者的操作技能，并从中学习和总结操作的经验和规律。鉴于编者水平有限，书中错漏之处在所难免，欢迎读者批评、指正。

目录

前言

第 10 章 数据筛选、排序与汇总 ……202

第 11 章 数据有效性 ……237

第 12 章 条件格式 ……255

第1章

Excel 2010快速入门

本章主要介绍了 Excel 2010 中文版的概述与特色、Excel 2010 的工作界面以及启动与退出 Excel 2010 的操作，本章最后还针对实际工作的需要，讲解了一些实践案例和上机操作方法。通过本章的学习，读者可以快速了解一些 Excel 2010 的基础知识，为进一步学习 Excel 2010 电子表格奠定基础。

Section 1.1 启动与退出 Excel 2010

本节导读

在使用 Excel 2010 进行填写数据、数据处理与分析之前，首先需要熟练掌握启动与退出 Excel 2010 的相关操作方法，本节将详细介绍启动与退出 Excel 2010 的相关知识及操作方法。

1.1.1 启动 Excel 2010

启动 Excel 2010 的方法非常简单，下面介绍 Excel 2010 程序的两种常见的启动方法。

1. 通过开始菜单启动

单击【开始】按钮，在弹出的开始菜单中选择【所有程序】→【Microsoft Office】→【Microsoft Excel 2010】菜单项即可启动并进入 Excel 2010 的工作界面，如图 1-1 所示。

图 1-1

2. 双击桌面快捷方式启动

安装 Office 2010 后，安装程序一般都会在桌面上自动创建 Excel 2010 快捷方式图标。用户可以双击【Microsoft Excel 2010】快捷方式图标，这样即可启动并进入 Excel 2010 的工作界面，如图 1-2 所示。

图 1-2

教你一招

右键单击桌面启动 Excel 2010

在操作系统桌面上，单击鼠标右键，在弹出的快捷菜单项中选择【新建】→【Microsoft Excel 工作表】菜单项，即可快速地新建并启动 Excel 2010 程序。

1.1.2 退出 Excel 2010

启动 Excel 2010 程序后，如果暂时不再继续使用该程序，可以将其退出，以便节约计算机资源供其他程序正常运行。退出 Excel 2010 程序的常用方法有两种，下面分别介绍。

1. 单击关闭按钮退出

在 Excel 2010 程序窗口中，单击标题栏中的【关闭】按钮，即可快速的退出 Excel 2010 程序，如图 1-3 所示。

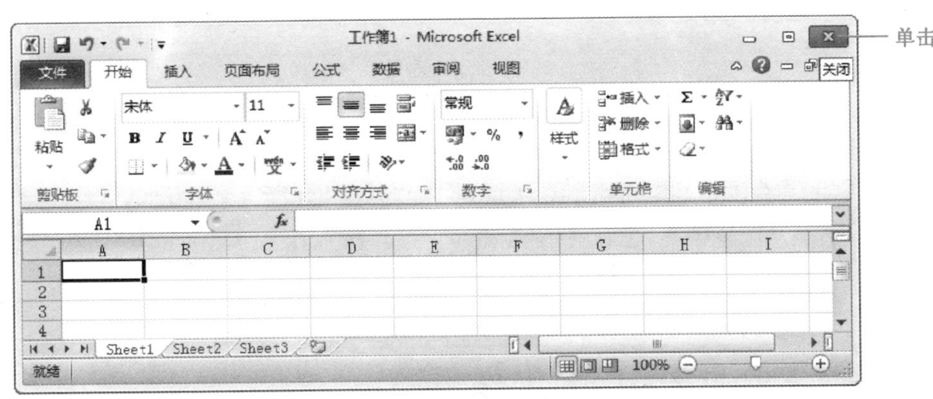

图 1-3

2. 通过文件选项卡退出

在 Excel 2010 程序窗口中，选择功能区中【文件】选项卡→【退出】选项，即可退出 Excel 2010 程序，如图 1-4 所示。

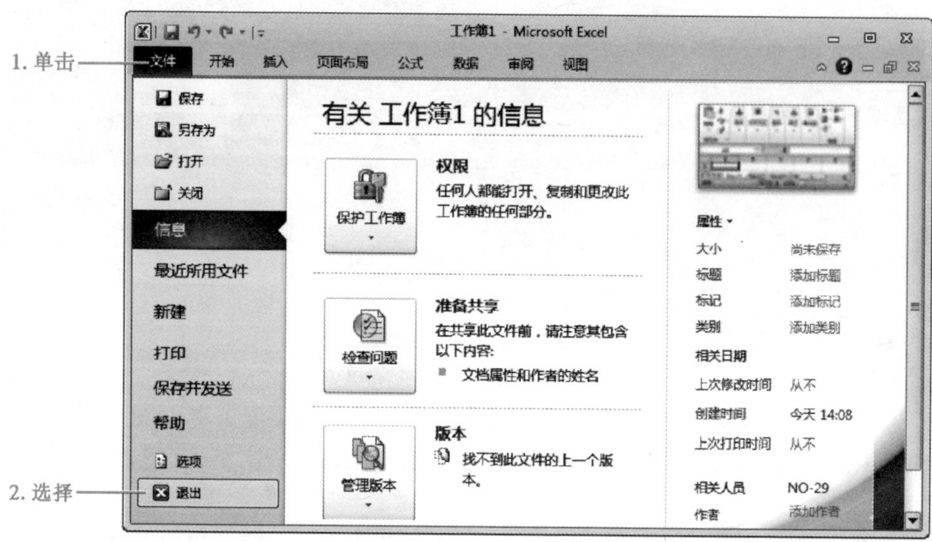

图 1-4

教你一招

单击程序图标退出 Excel 2010 程序

在 Excel 2010 程序窗口中，单击快速访问工具栏中的程序图标，在弹出的菜单中，选择【关闭】菜单项，即可退出 Excel 2010 程序。

Section 1.2 认识 Excel 2010 工作界面

本节导读

使用 Excel 2010 程序进行工作，首先要了解 Excel 2010 的工作界面。Excel 2010 与早期的版本相比，其默认的文件名称有所不同，它以"工作簿 1"、"工作簿 2"、"工作簿 3"……进行命名。本节介绍 Excel 2010 工作界面的相关知识。

1.2.1 Excel 2010 的工作界面

启动 Excel 2010 程序后即可进入其工作界面，Excel 2010 工作界面是由快速访问工

具栏、标题栏、功能区、工作区、编辑栏、状态栏、滚动条和工作表切换区组成，如图 1-5 所示。

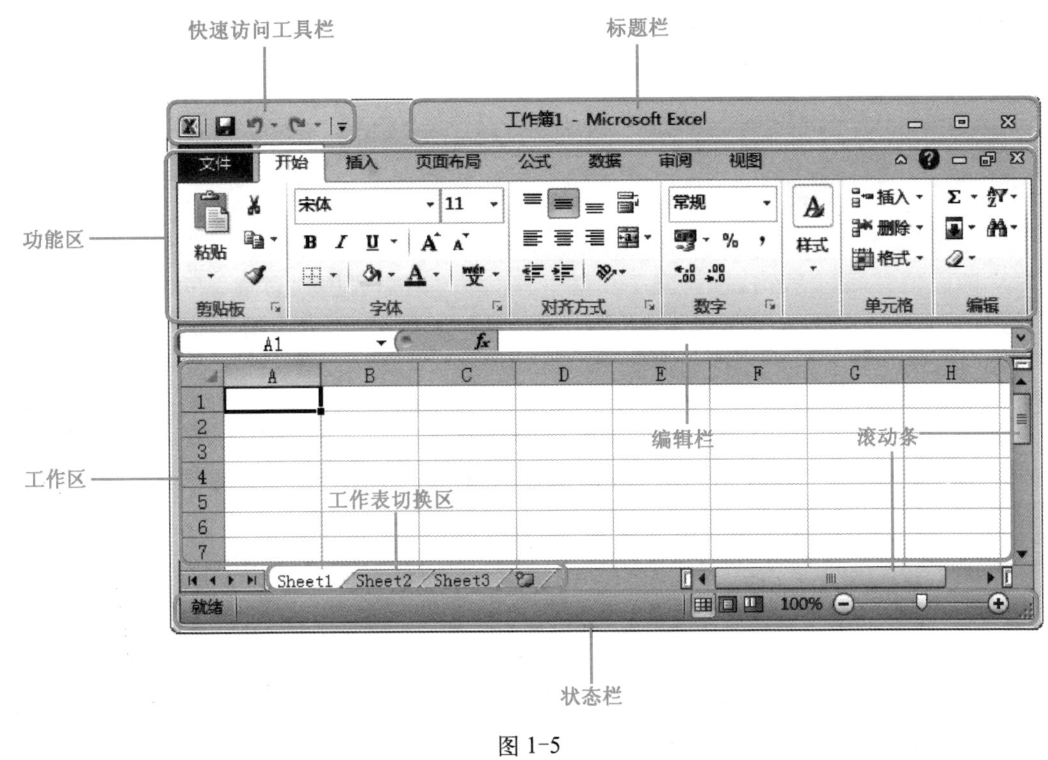

图 1-5

1.2.2 快速访问工具栏

快速访问工具栏位于窗口顶部左侧，用于显示程序图标和常用命令，例如，【保存】按钮和【撤消】按钮等。在 Excel 2010 的使用过程中，用户可以根据工作需要，添加或者删除快速访问工具栏中的工具，如图 1-6 所示。

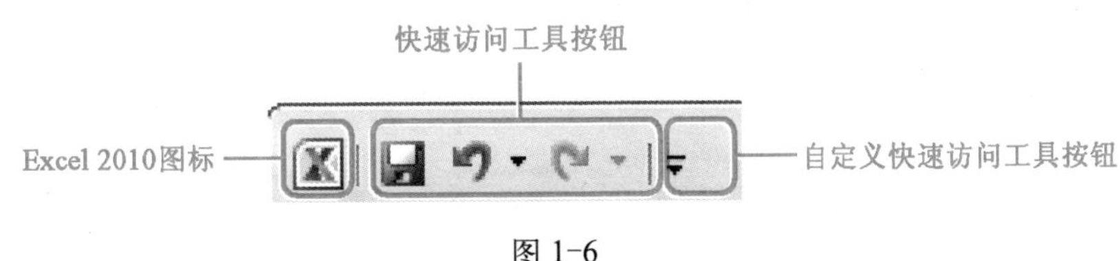

图 1-6

1.2.3 标题栏

标题栏位于窗口的最上方，左侧显示程序名称和窗口名称，右侧显示 3 个按钮，分别是【最小化】按钮、【最大化】按钮 /【还原】按钮和【关闭】按钮，如图 1-7 所示。

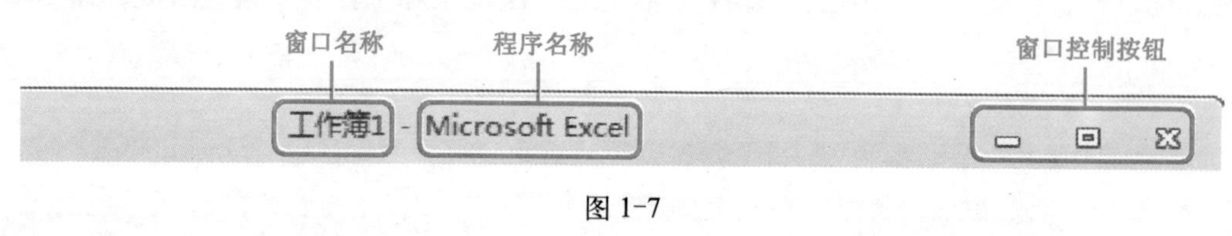

图 1-7

1.2.4 功能区

功能区位于标题栏和快速访问工具栏下方，工作时需要用到的命令位于此处。选择不同的选项卡，即可进行相应的操作，例如，【开始】选项卡中可以使用设置字体、对齐方式、数字和单元格功能等，如图 1-8 所示。

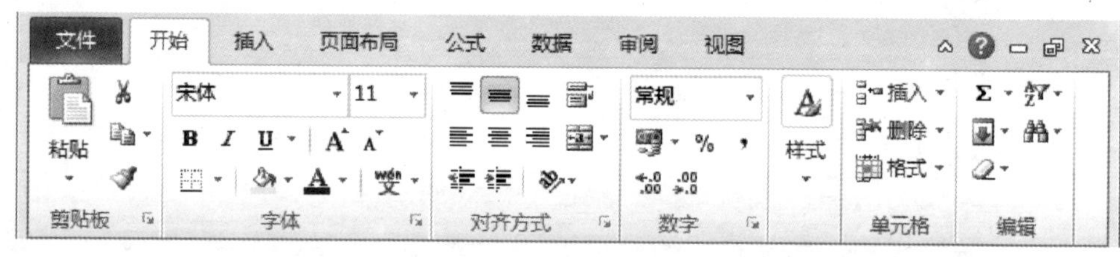

图 1-8

知识精讲

在功能区的每个选项卡中，会将功能类似、性质相近的命令按钮集合在一起，称之为“组”，用户可以在相应的组中，选择准备使用的命令。

1.2.5 工作区

工作区位于 Excel 2010 程序窗口的中间，默认成表格排列状，是 Excel 2010 对数据进行输入和分析的主要工作区域，如图 1-9 所示。

	A	B	C	D	E	F	G
1							
2							
3							
4							
5							
6							
7							
8							
9							
10							
11							

图 1-9

1.2.6 编辑栏

编辑栏位于工作区的上方，主要功能是显示或者编辑所选单元格的内容，例如文本或者公式等，用户可以在编辑栏中对单元格进行相应的编辑，如图 1-10 所示。

	A	B	C	D	E	F	G	H
1	员工工资统计表							
2	员工编号	员工姓名	部门	基本工资	奖金	保险金	出勤扣款	应发金额
3	1001	李丹	行政部	￥3,000	￥600	￥300	￥20	￥3,880

图 1-10

1.2.7 状态栏

状态栏位于窗口的最下方，在状态栏中可以看到工作表中单元格以及工作区的状态，通过视图切换按钮，可以选择相应的工作表视图模式。在状态栏的最右侧，可以通过拖动显示比例滑块，或者单击【放大】按钮⊕或者【缩小】按钮⊖，调整工作表的显示比例。如图 1-11 所示。

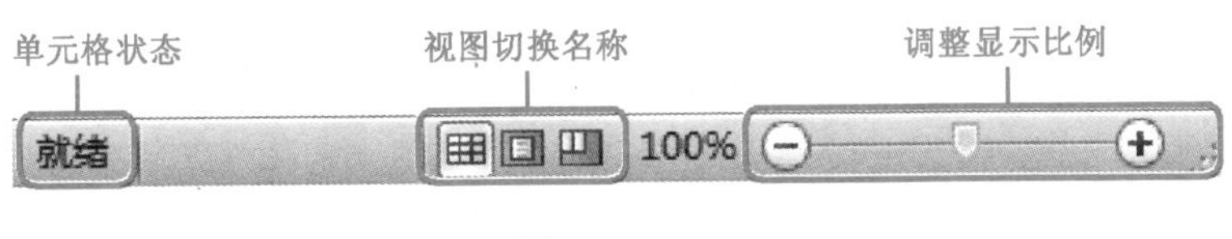

图 1-11

1.2.8 滚动条

滚动条包括垂直滚动条和水平滚动条，分别位于工作区的右侧和下方，用于调节工作区的现实区域，如图 1-12 所示。

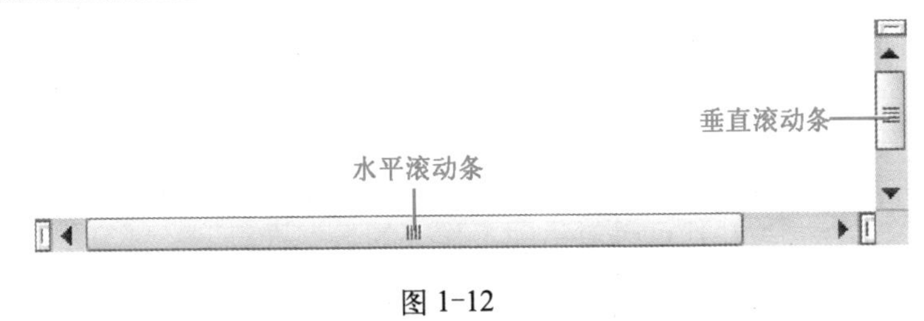

图 1-12

1.2.9 工作表切换区

工作表切换区位于工作表的左下方，其中包括工作表标签和工作表切换按钮两个部分，如图 1-13 所示。

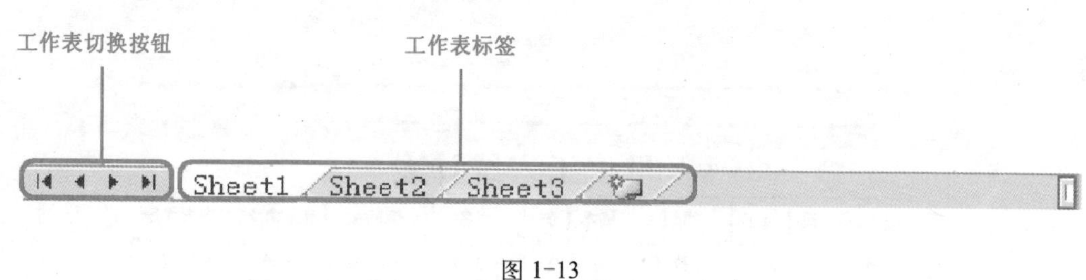

图 1-13

Section 1.3 Excel 2010 的基本概念

本节导读

Excel 2010 的基本概念包括什么是工作簿、工作表以及单元格。同时，用户还需要了解工作簿、工作表与单元格的关系。

1.3.1 什么是工作簿、工作表及单元格

Excel 2010 程序中包含最基本的三个元素分别是：工作簿、工作表和单元格，下面详细介绍工作簿、工作表和单元格方面的相关知识。

1. 工作簿

工作簿是在 Excel 中用来保存并处理工作数据的文件，它的扩展名是 .xlsx。在 Microsoft Excel 中，工作簿是处理和存储数据的文件。一个工作簿最多可以包含 255 张工作表。默认情况下一个工作簿中包含 3 个工作表。由于每个工作簿可以包含多张工作表，因此可在一个文件中管理多种类型的相关信息。

2. 工作表

工作簿中的每一张表格称为工作表。工作表用于显示和分析数据。可以同时在多张工作表上输入并编辑数据，并且可以对不同工作表的数据进行汇总计算。只包含一个图表的工作表是工作表的一种，称图表工作表。每个工作表与一个工作标签相对应，如 Sheet1、Sheet2、Sheet3 等。

3. 单元格

单元格是工作表中最小的单位，可以拆分或者合并，单个数据的输入和修改都是在单元格内进行的。

1.3.2 工作簿、工作表与单元格的关系

在 Excel 2010 中，工作簿、工作表与单元格之间的关系为包含与被包含的关系，即工作簿包含工作表，通常一个工作簿默认包含 3 张工作表，用户可以根据需要进行增删，但最多不能超过 255 个。工作表包含单元格，在一张工作表中由 16384 × 1048576 个单元格组成。

1. 工作簿、工作表与单元格的位置

工作簿中的每张表格称为工作表，工作表的集合组成了工作簿。单元格是工作表中的基础单位，用户是通过编辑工作表中的单元格来分析处理数据的。工作簿、工作表与单元格在 Excel 2010 中的位置，如图 1-14 所示。

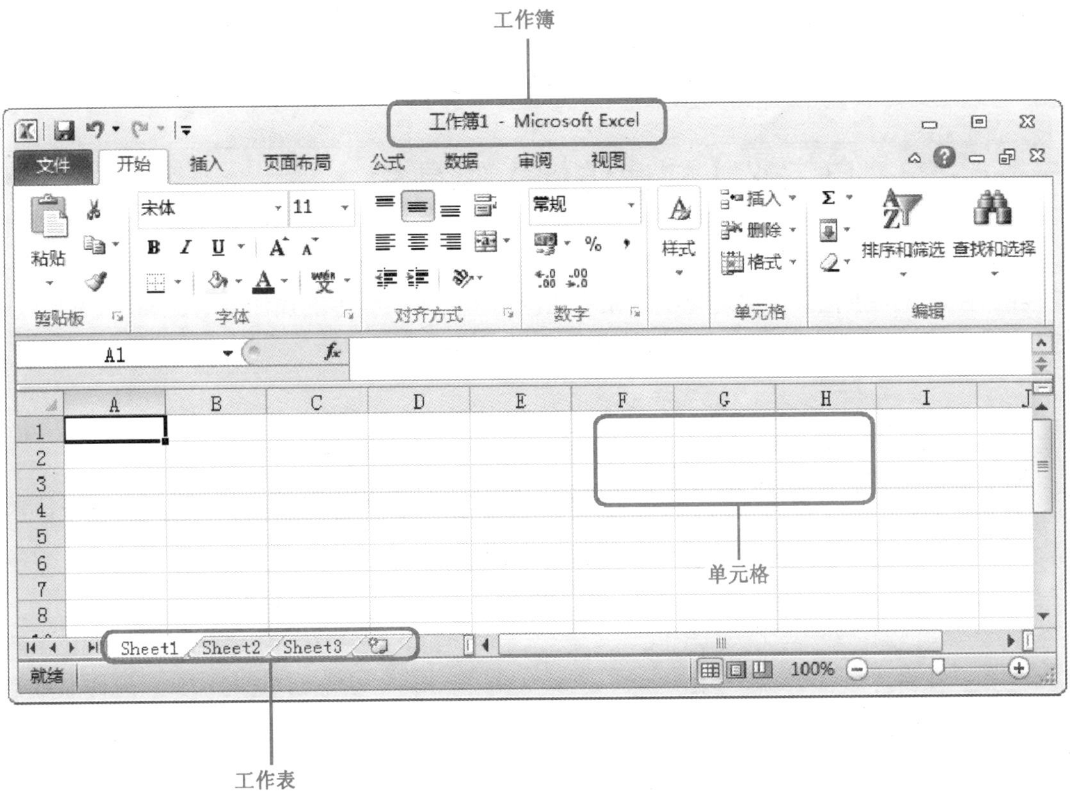

工作簿

单元格

工作表

图 1-14

2. 工作簿、工作表与单元格的关系

工作簿、工作表与单元格之间是相互依存的关系，是构成 Excel 2010 的最基本的三个元素，三者的关系如图 1-15 所示。

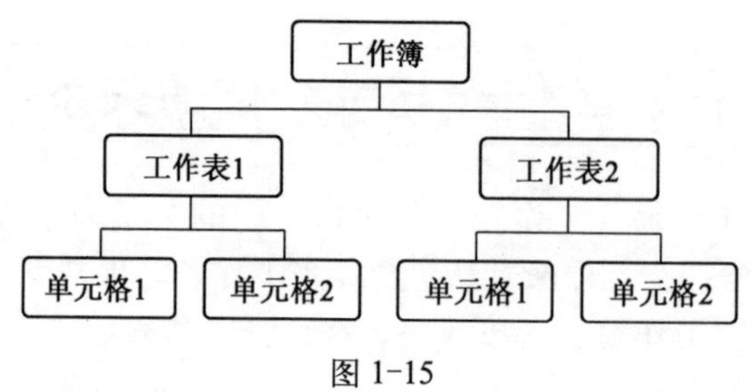

图 1-15

Section 1.4 实践案例与上机操作

本节导读

通过本章的学习，用户可以初步了解有关 Excel 2010 中文版的知识，下面通过几个实践案例进行上机实例操作。

1.4.1 自定义【快速访问】工具栏

快速访问工具栏位于 Excel 2010 窗口的左上角，用户可以单击快速访问工具栏中的下拉按钮，在展开的下拉菜单中选择准备显示在快速访问工具栏中的操作命令，下面以添加“快速打印”为例，详细介绍自定义快速访问工具栏的操作方法。

图 1-16

01

No.1 打开 Excel 2010 程序，单击程序左上角的【自定义快速访问工具】按钮 ▾。

No.2 在弹出的下拉菜单中选择【快速打印】。这样即可完成选择【快速打印】菜单项的操作，如图 1-16 所示。

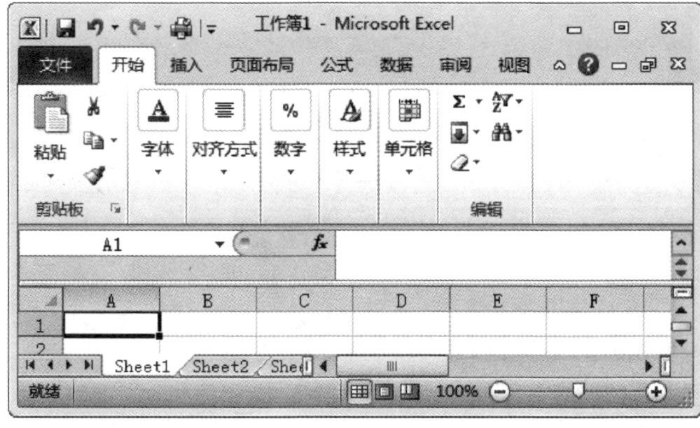

图 1-17

02

返回到 Excel 2010 程序界面，可以看到已经将【快速打印】添加至【快速访问工具栏】中，如图 1-17 所示。

教你一招

单击程序左上角的【自定义快速访问工具】按钮，在弹出的下拉菜单中选择需要删除的某个命令，则可以从【快速访问】工具栏中删除该命令。

1.4.2　自定义功能区

在 Excel 2010 中，用户可以定义功能区，用户通过对功能区的自定义，可以修改内置选项卡或创建自己的选项卡和组。自定义功能区的好处是，用户可以更快地访问自己的常用命令，下面介绍自定义功能区的操作方法。

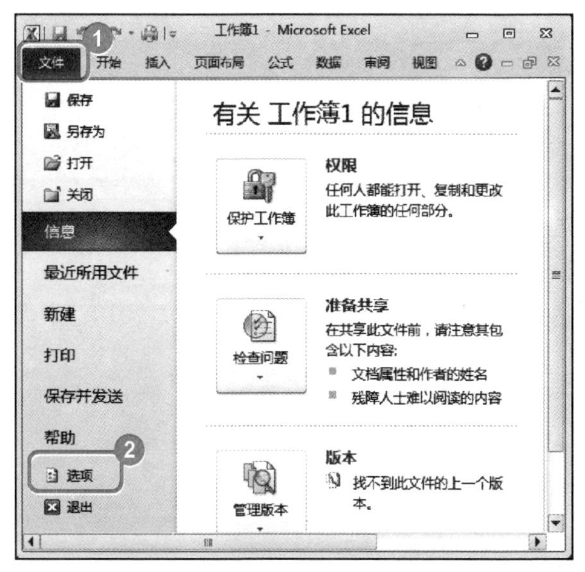

图 1-18

01

No.1 新建一个 Excel 电子表格后，在 Excel 2010 窗口中，单击【文件】选项卡。

No.2 在打开的视图中选择【选项】，即可完成选择【选项】选项的操作，如图 1-18 所示。

图 1-19

No.1 弹出【Excel 选项】对话框，选择【自定义功能区】选项卡。

No.2 在【自定义功能区】区域下方，单击【新建选项卡】按钮。

No.3 单击【新建组】按钮，即可完成“新建组”的操作，如图 1-19 所示。

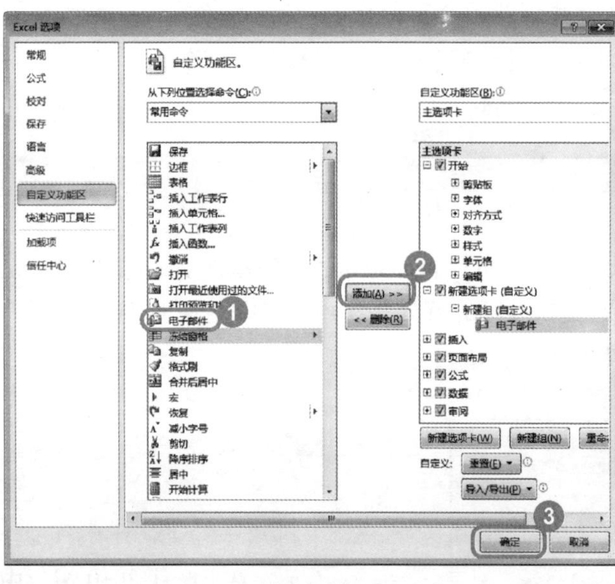

图 1-20

03

No.1 在【从下列位置选择命令】区域中，选择准备添加的命令选项，如选择【电子邮件】选项。

No.2 单击【添加】按钮。

No.3 单击【确定】按钮，即可完成添加自定义功能命令的操作，如图 1-20 所示。

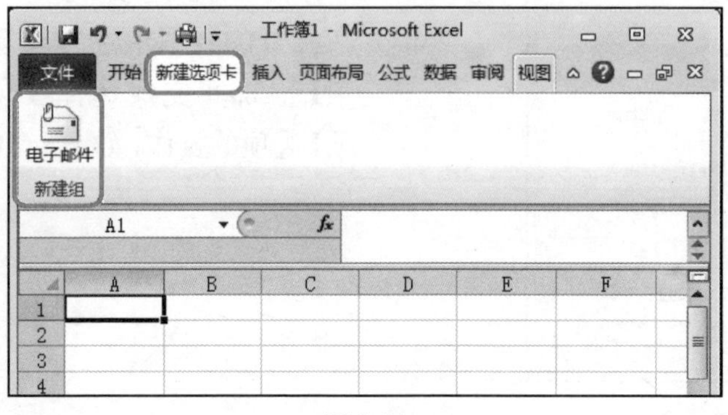

图 1-21

返回到 Excel 2010 工作界面，可以看到刚刚创建的选项卡以及添加的命令，如图 1-21 所示。

1.4.3 设置界面颜色

Excel 2010 操作界面的颜色包括蓝色、银色、黑色，用户可以根据自己的喜好选择界面的颜色，下面详细介绍设置界面颜色的操作方法。

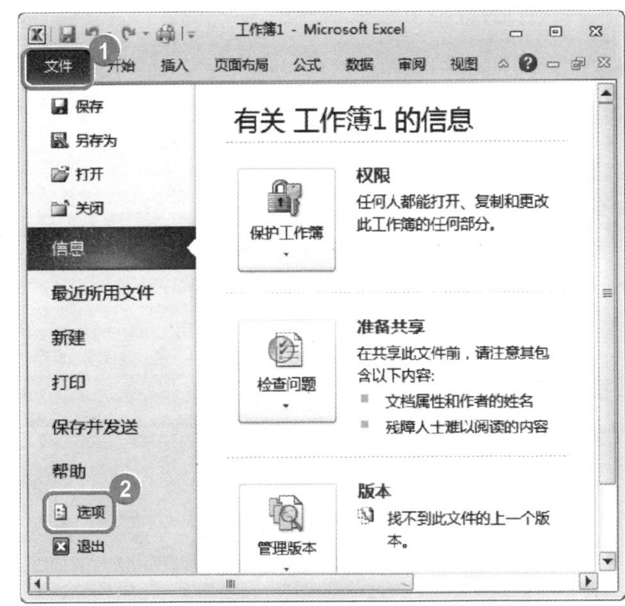

图 1-22

01

No.1 新建一个 Excel 电子表格后，在 Excel 2010 窗口中，单击【文件】选项卡。

No.2 在打开的视图中选择【选项】选项，这样即可完成选择【选项】选项的操作，如图 1-22 所示。

图 1-23

02

No.1 弹出【Excel 选项】对话框，选择【常规】选项卡。

No.2 在【用户界面选项】区域下方，单击【配色方案】下拉按钮。

No.3 在展开的下拉列表框中选择准备使用的颜色，如选择“蓝色”。

No.4 单击【确定】按钮，即可完成选择界面颜色的操作，如图 1-23 所示。

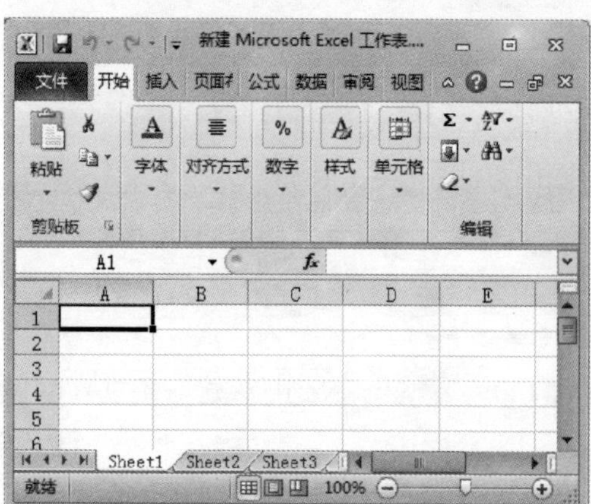

图 1-24

03

返回到工作表中，这时即可看到 Excel 2010 操作界面的颜色已经更改为蓝色，如图 1-24 所示。

教你一招

通过快捷键隐藏和显示功能区

按下〈Ctrl+F1〉组合键即可隐藏或显示功能区。

第 2 章

工作簿和工作表的应用

本章主要介绍了操作工作簿和工作表方面的知识，同时还讲解了工作视图的操作，在本章的最后还针对实际的工作需求，讲解了一些实例的上机操作方法。通过本章的学习，读者可以掌握有关工作簿和工作表的应用知识。为进一步学习 Excel 2010 电子表格知识奠定基础。

Section

2.1 操作工作簿

本节导读

工作簿是 Excel 管理数据的文件单位，相当于人们日常工作中的“文件夹”，以独立的文件形式存储在磁盘上，本节详细介绍操作工作簿的相关知识及操作方法。

2.1.1 工作簿类型

工作簿有多种类型，每种类型都有自己的文件格式，如表 2-1 所示。下面介绍工作簿类型的相关知识。

表 2-1 工作簿类型

格　式	扩 展 名	说　明
Excel 工作簿	.xlsx	Excel 2010 和 Excel 2007 默认基于 XML 的文件格式。不能存储 Microsoft Visual Basic for Applications（VBA）宏代码或 Microsoft Office Excel 4.0 宏工作表
Excel 工作簿（代码）	.xlsm	Excel 2010 和 Excel 2007 基于 XML 和启用宏的文件格式。可存储 VBA 宏代码或 Excel 4.0 宏工作表
Excel 二进制工作簿	.xlsb	Excel 2010 和 Excel 2007 的二进制文件格式
Excel 97- 2003 工作簿	.xls	Excel 97 - Excel 2003 二进制文件格式
Excel 5.0/95 工作簿	.xls	Excel 5.0/95 二进制文件格式
Excel 4.0 工作簿	.xlw	仅保存工作表、图表工作表和宏工作表的 Excel 4.0 文件格式。可以在 Excel 2010 中以此文件格式打开工作簿，但是无法将 Excel 文件保存为此文件格式

2.1.2 新建与保存工作簿

启动 Excel 2010 后，系统会自动新建一个空白工作簿，在操作过程中也可根据实际需要新建工作簿。在 Excel 2010 中编辑完工作簿之后，可以将工作簿保存到电脑中，便于日后查看与编辑。下面将分别予以详细介绍。

1. 新建工作簿

使用工作簿前，应先建立一个空白工作簿以供编辑使用，下面将详细介绍新建工作簿的方法。

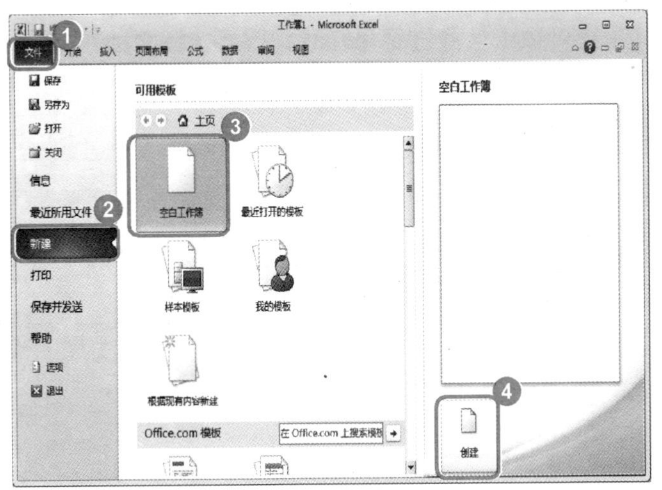

图 2-1

01

No.1 启动 Excel 2010 程序，选择【文件】选项卡。

No.2 在视图中选择【新建】选项。

No.3 在【可用模板】列表框中选择【空白工作簿】选项。

No.4 单击【创建】按钮，如图 2-1 所示。

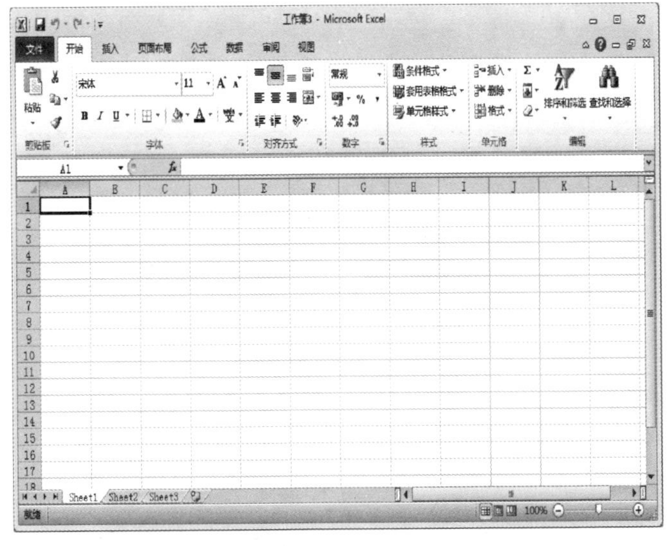

图 2-2

02

此时，可以看到系统已经创建了一个新的空白工作簿，如图 2-2 所示。

教你一招

通过快速访问工具栏新建空白工作簿

单击【自定义快速访问工具栏】下拉按钮，在弹出的下拉菜单中选择【新建】菜单项，然后在快速访问工具栏中单击新添加的【新建】按钮，即可完成通过快速访问工具栏新建空白工作簿的操作。

2. 保存工作簿

完成一个工作簿文件的建立、编辑后，需要将工作簿保存到磁盘上，以便保存工作结果。保存工作簿的另一个重要意义在于可以避免由于断电等意外事故造成的数据丢失。下面介绍保存工作簿的操作方法。

(1) 首次保存工作簿

对新创建的工作簿完成编辑，第一次对该工作簿进行保存时，需要选择文档在电脑中的保存路径，下面介绍首次保存工作簿的操作方法。

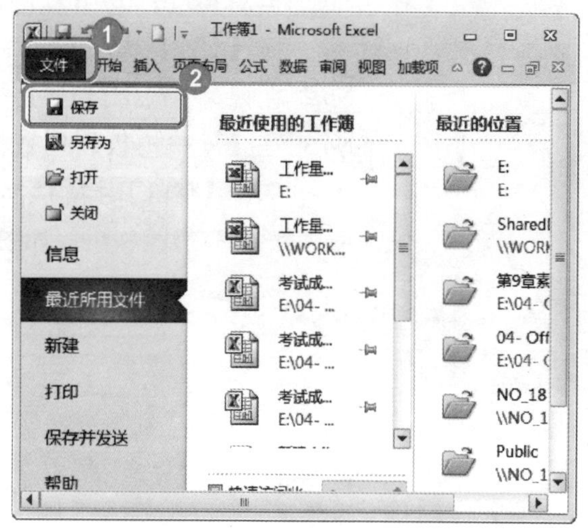

图 2-3

No.1 在功能区中选择【文件】选项卡。

No.2 在视图中选择【保存】。如图 2-3 所示。

举一反三

在【Excel 选项】对话框中用户可以进行很多关于该程序的选项设置。

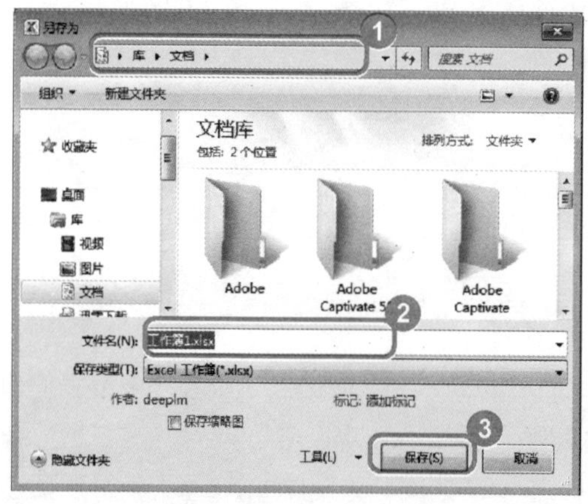

图 2-4

No.1 弹出【另存为】对话框，选择工作簿保存的位置，如“库→文档”。

No.2 在【文件名】文本框中输入工作簿的名称，如“工作簿 1”。

No.3 单击【保存】按钮，如图 2-4 所示。

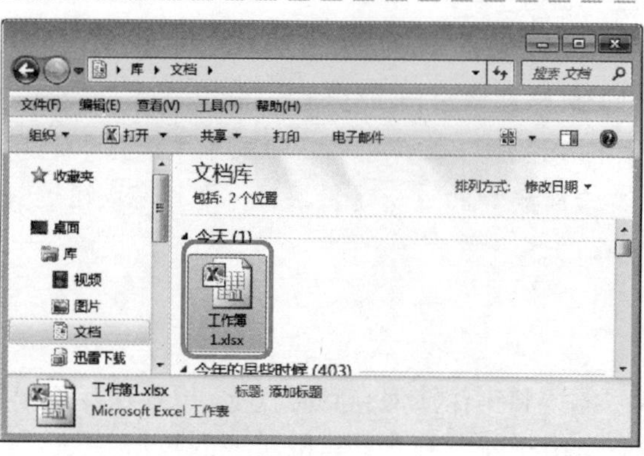

图 2-5

打开【文档】窗口，可以看到工作簿已经被保存到其中，如图 2-5 所示。

(2) 普通保存

首次保存工作簿后，工作簿将被存放在电脑的硬盘中，用户再次保存该工作簿时，将不会弹出【另存为】对话框，工作簿将默认保存在首次保存的位置。在 Excel 2010 程序窗口的【快速访问工具栏】中单击【保存】按钮，即可完成普通保存工作簿的操作，如图 2-6 所示。

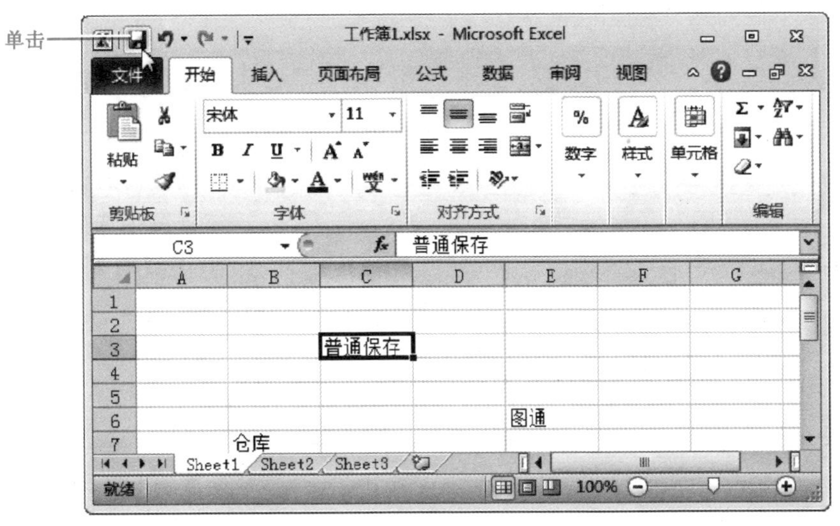

图 2-6

(3) 另存工作簿

用户对保存过的工作簿进行修改后，如果需要保留原有的文档，可以通过另存为操作，将工作簿保存到电脑中的其他位置。

打开准备进行另存的工作簿，在功能区中选择【文件】选项卡，在窗口左侧单击【另存为】按钮 ，如图 2-7 所示。此时，将弹出【另存为】对话框，该对话框与保存工作簿时弹出的对话框相同，用户只需要根据自己的需要更改工作簿的保存位置、保存名称、保存类型等选项，然后单击【保存】按钮即可。

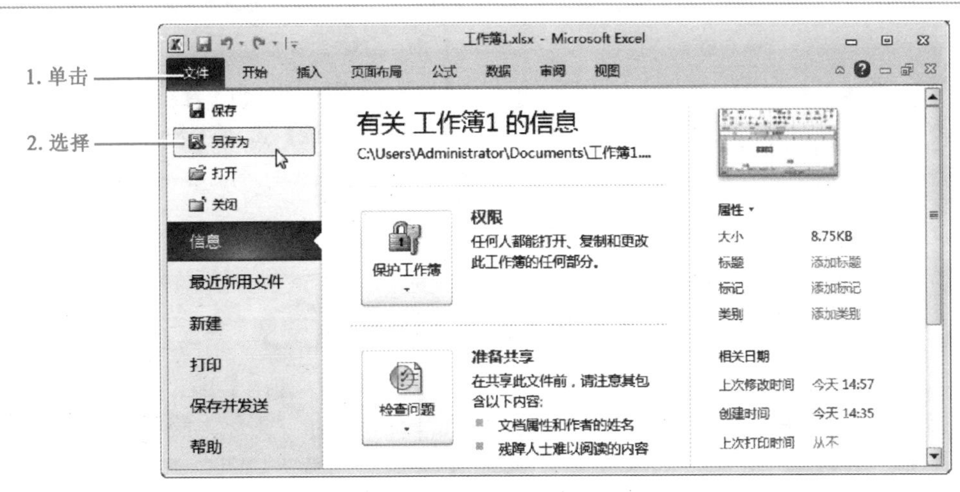

图 2-7

2.1.3 使用模板快速创建工作簿

在 Excel 2010 中自带了多个预设的工作簿模板，用户可以根据工作的需要，选择适合的工作簿模板，从而快速创建一份工作簿，下面以创建“设备资产清单”为例，详细介绍使用模板创建工作簿的操作方法。

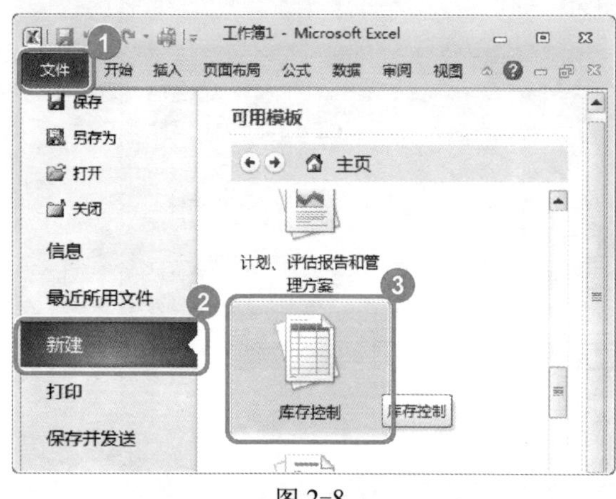

图 2-8

01 选择【库存控制】模板

No.1 打开 Excel 2010 程序，选择【文件】选项卡。

No.2 在视图中选择【新建】选项。

No.3 在【可用面板】区域中，选择【库存控制】选项，如图 2-8 所示。

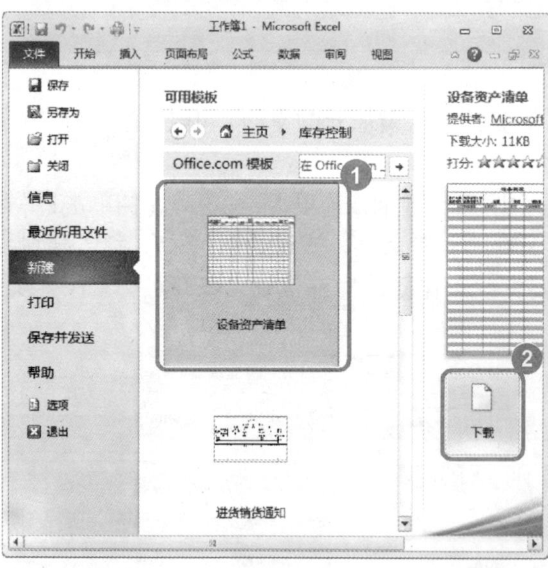

图 2-9

02

No.1 进入【库存控制】页面，选择【设备资产清单】选项。

No.2 单击右下角的【下载】按钮，如图 2-9 所示。

举一反三

进入【库存控制】页面后，用户也可以直接双击【设备资产清单】选项进行下载。

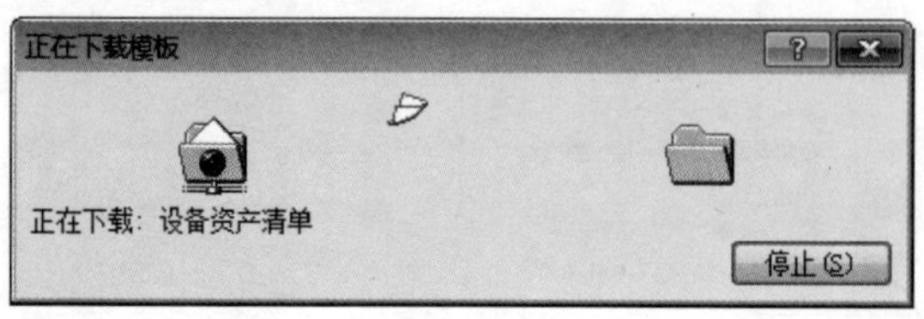

图 2-10

03

弹出【正在下载模板】对话框，提示“正在下载：设备资产清单”信息，如图 2-10 所示。

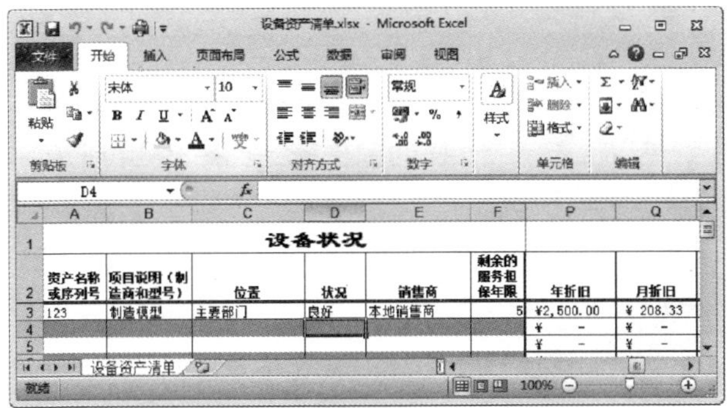
图 2-11

04

系统会自动创建一个名为“设备资产清单”的工作簿，如图 2-11 所示。

2.1.4 打开和关闭工作簿

将工作簿保存后，需要再次使用工作簿时，可以打开在电脑硬盘中保存过的工作簿，进行查看和编辑。同样，如果用户已经编辑完成一个工作簿，并将它保存后，也可以将其关闭。下面将分别介绍打开和关闭工作簿的操作方法。

1. 打开工作簿

如果准备再次浏览或编辑已经保存的工作簿，那么首先应该学会打开工作簿的操作，下面介绍打开工作簿的操作方法。

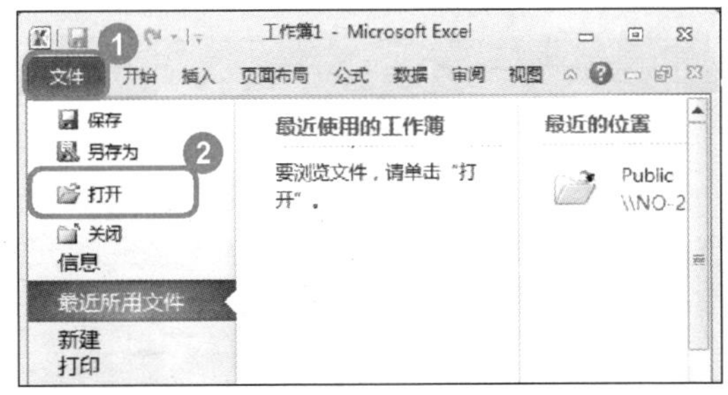
图 2-12

01

No.1 启动 Excel 2010，选择【文件】选项卡。

No.2 在视图中选择【打开】选项，如图 2-12 所示。

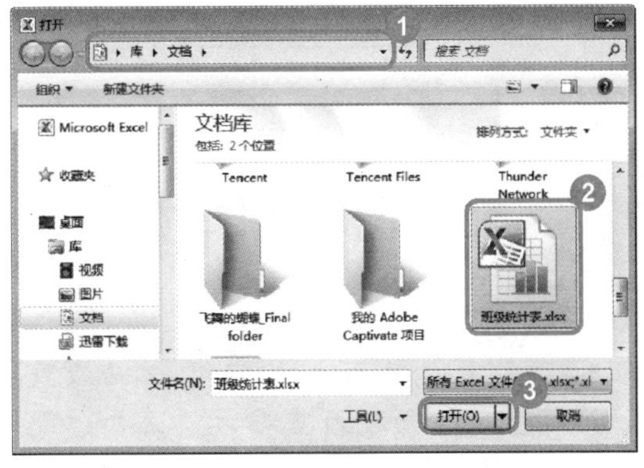
图 2-13

02 弹出对话框，选择工作簿

No.1 弹出【打开】对话框，查找并选择准备打开的工作簿保存路径。

No.2 选择准备打开的工作簿。

No.3 单击【打开】按钮 ，如图 2-13 所示。

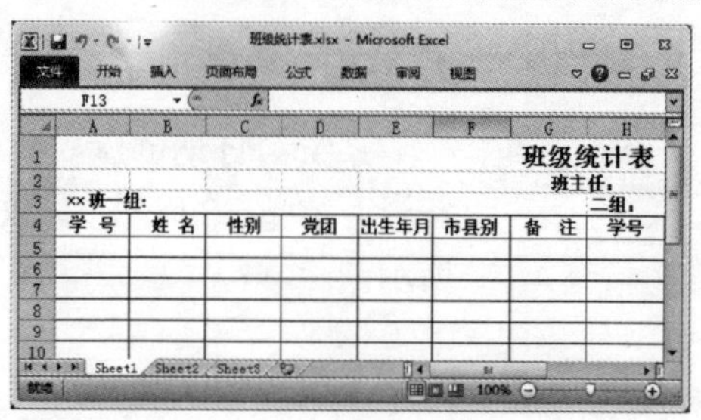

图 2-14

03

可以看到系统已经打开所选择的工作簿，如图 2-14 所示。

2. 关闭工作簿

如果用户已经编辑完成一个工作簿，并将它保存，可以将其关闭，但并不退出 Excel 2010 程序以便再次使用工作簿工作。下面介绍关闭工作簿的相关操作方法。

图 2-15

No.1 在功能区中选择【文件】选项卡。

No.2 在视图中选择【关闭】选项，如图 2-15 所示。

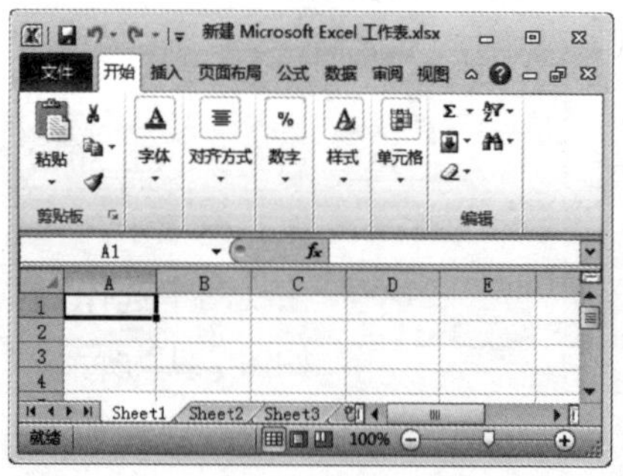

图 2-16

可以看到工作表已经被关闭，如图 2-16 所示。

举一反三

用户也可以直接单击工作表右上角的【关闭窗口】按钮关闭工作簿。

Section 2.2 操作工作表

本节导读

工作表是在 Excel 工作簿中的表格，是 Excel 存储和处理数据最重要的部分，为了便于工作簿的管理，用户可以对工作表进行重命名、添加、删除、移动和复制等操作。本节将详细介绍操作工作表的相关知识及操作方法。

2.2.1 选择与创建工作表

如果准备在 Excel 2010 中对数据进行分析处理，首先要选择一张工作表，如果有需要也可创建一张工作表，下面将详细介绍选择与创建工作表的相关知识及操作方法。

1. 选择工作表

在 Excel 2010 中，每个工作簿中默认包含 3 张工作表，分别命名为 Sheet1、Sheet2 和 Sheet3，显示在工作表标签区域中，单击准备使用的工作表即可选中该工作表，被选中的工作表显示为活动状态，如图 2-17 所示。

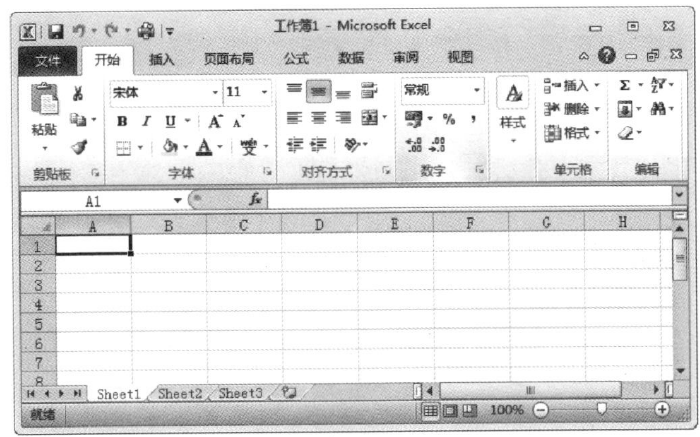

图 2-17

2. 创建工作表

在一个工作簿内，默认包含 3 张工作表，如果需要多张，可以创建新的工作表，下面详细介绍创建工作表的操作方法。

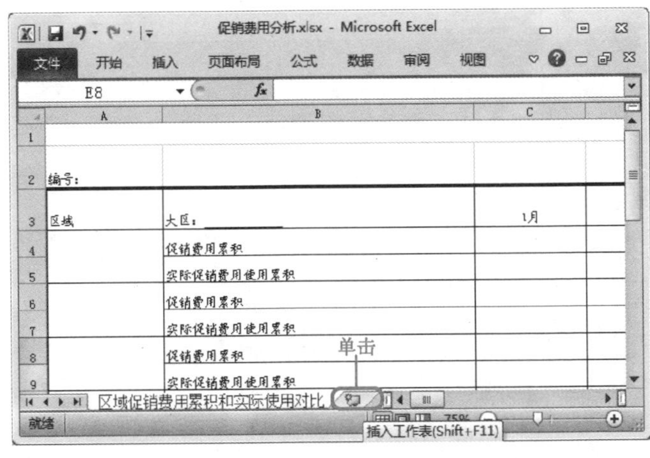

图 2-18

在打开的 Excel 2010 工作表中，单击【工作表标签】右侧的【插入工作表】按钮，如图 2-18 所示。

举一反三

使用鼠标右键单击工作表标签，然后在弹出的快捷菜单中选择【插入】菜单项，也可以创建工作表。

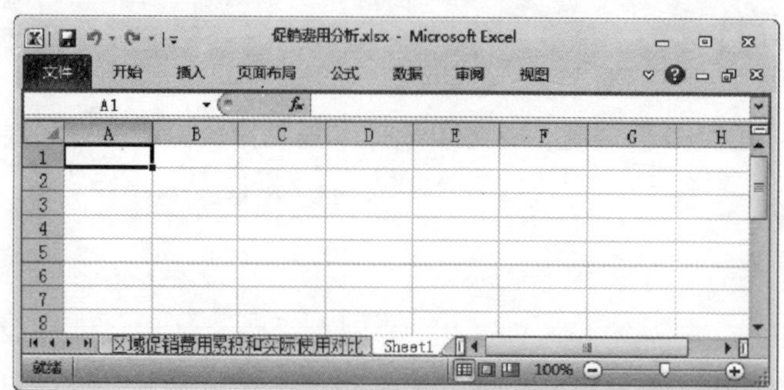

图 2-19

02

可以看到在原有工作表的后面会添加一个新的工作表，如图 2-19 所示。

2.2.2 同时选定多张工作表

在操作工作表的过程中，可以将多张工作表同时选中，同时选定多张工作表的操作包括选择两张或者多张相邻的工作表、选择两张或者多张不相邻的工作表和选择所有工作表的操作。

1. 选择两张或者多张相邻的工作表

如果准备选择两张或者多张相邻的工作表，可以使用〈Shift〉键来完成，下面介绍具体的操作方法。

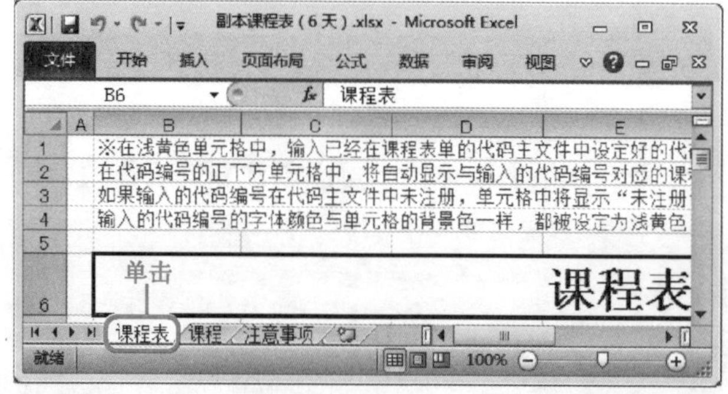

图 2-20

01

单击准备同时选中多张工作表中的第一张工作表标签，如图 2-20 所示。

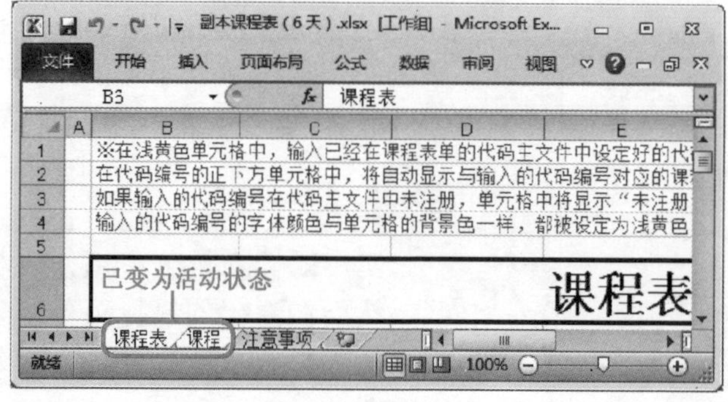

图 2-21

02

按住键盘上的〈Shfit〉键，单击准备同时选中的多张工作表中的最后一张工作表标签，这样即可选择两张或多张相邻的工作表，如图 2-21 所示。

2. 选择两张或者多张不相邻的工作表

如果准备选择两张或者多张不相邻的工作表，可以使用〈Ctrl〉键来完成。下面介绍具体的操作方法。

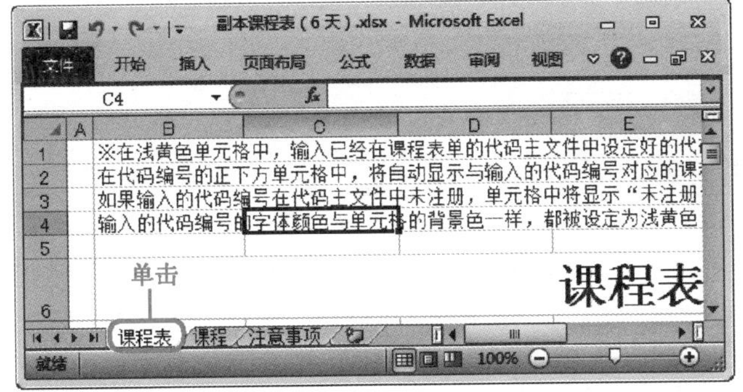

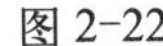

图 2-22

01

单击准备同时选中多张工作表中的第一张工作表标签，如图 2-22 所示。

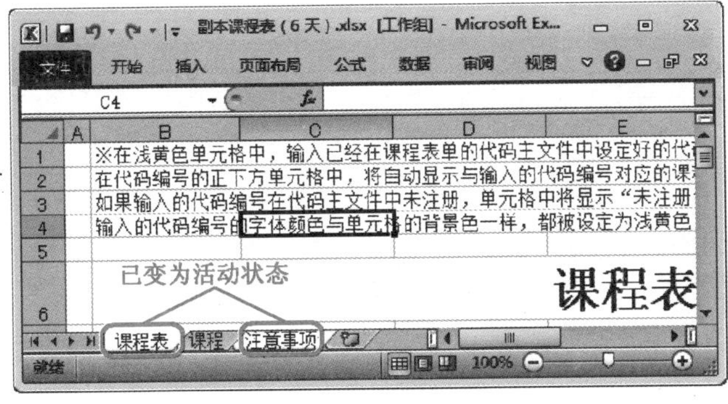

图 2-23

02

按住键盘上〈Ctrl〉键，单击准备选择的不相邻工作表标签，这样即可选择两张不相邻的工作表，如图 2-23 所示。

3. 选择所有工作表

如果准备选择所有的工作表，可以通过单击鼠标右键来完成。下面介绍选择所有工作表的操作方法。

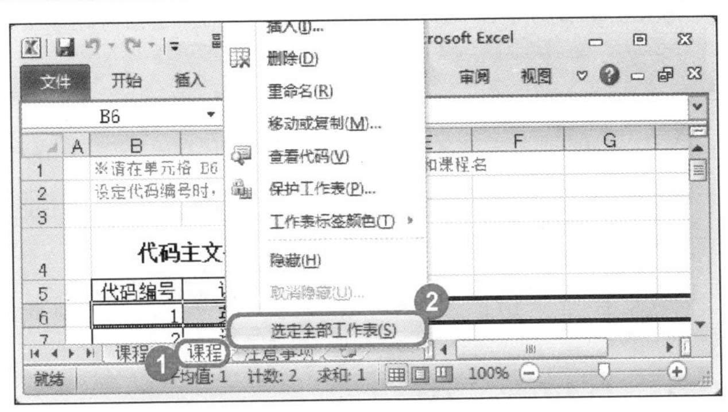

图 2-24

01

No.1 使用鼠标右键单击任意一个工作表标签。

No.2 在弹出的快捷菜单中，选择【选定全部工作表】菜单项，如图 2-24 所示。

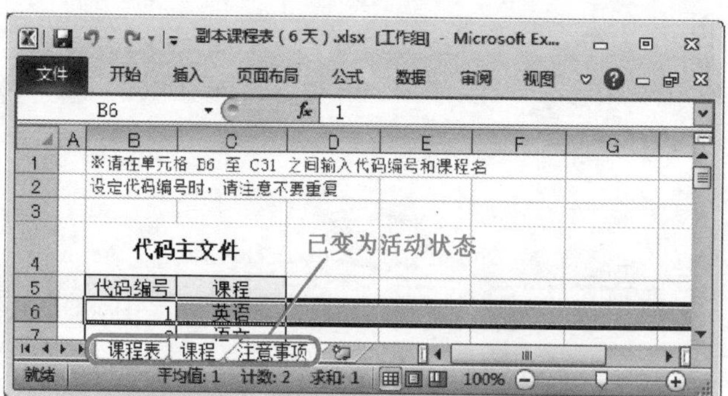

图 2-25

可以看到所有的工作表都已变为活动状态，如图 2-25 所示。

2.2.3 工作表的复制和移动

有时需要对工作表进行复制和移动的操作。下面将分别介绍其操作方法。

1. 工作表的复制

复制工作表是指在原工作表的基础上，再创建一个与原工作表具有相同内容的工作表。下面介绍复制工作表的操作方法。

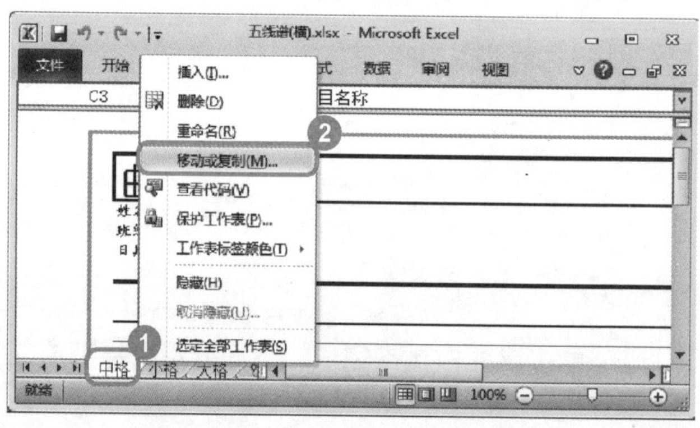

图 2-26

No.1 用鼠标右键单击准备复制的工作表的工作表标签。

No.2 在弹出的快捷菜单中，选择【移动或复制】菜单项，如图 2-26 所示。

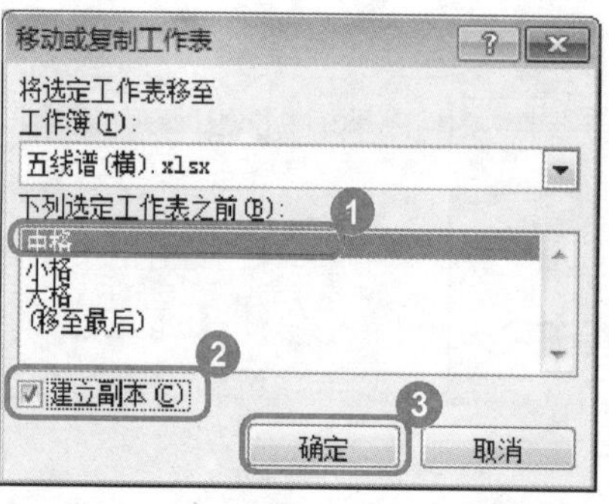

图 2-27

02

No.1 弹出【移动或复制工作表】对话框，选择准备复制的工作表。

No.2 选择左下方的【建立副本】复选框。

No.3 单击【确定】按钮 确定，如图 2-27 所示。

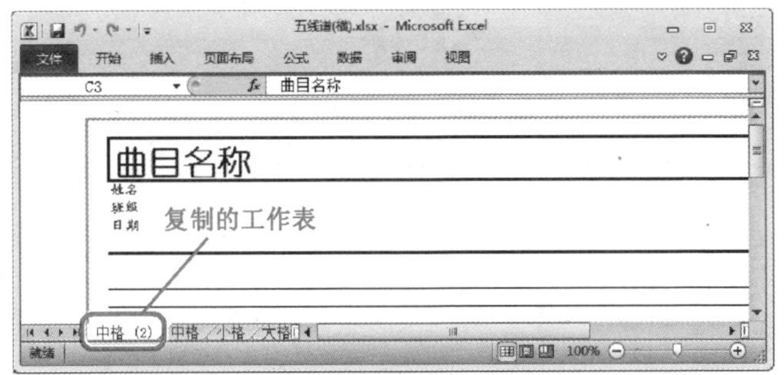

图 2-28

03

返回到工作表中，可以看到已复制一个工作表，如图 2-28 所示。

2. 工作表的移动

移动工作表是指在不改变工作表数量的情况下，对工作表的位置进行调整，下面详细介绍其操作方法。

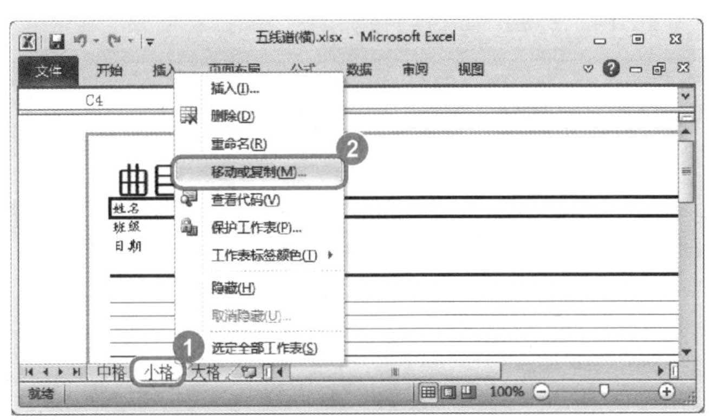

图 2-29

No.1 用鼠标右键单击准备移动的工作表的工作表标签。

No.2 在弹出的快捷菜单中，选择【移动或复制】菜单项，如图 2-29 所示。

图 2-30

02

No.1 弹出【移动或复制工作表】对话框，在【下列选定工作表之前】区域下方，选择【移至最后】列表项。

No.2 单击【确定】按钮 确定，如图 2-30 所示。

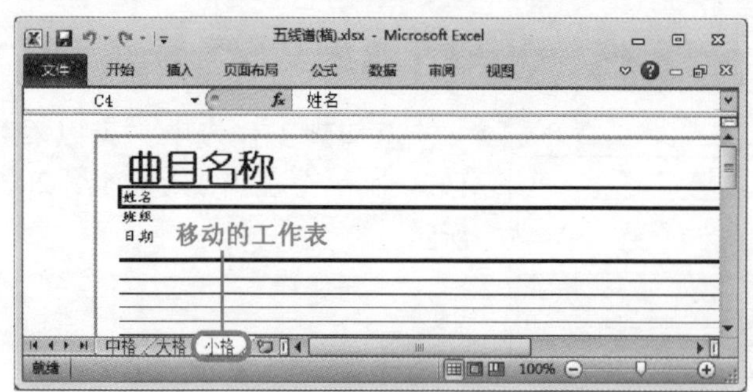

图 2-31

03

返回到工作表中，可以看到所选择的“小格”工作表已被移动到最后，如图 2-31 所示。

教你一招

使用拖动的方法复制工作表

按下〈Ctrl〉键，按住鼠标左键选择准备复制的工作表标签，并沿水平方向拖动鼠标指针，在工作表标签上方会出现黑色小三角标志，表示可以复制工作表，拖动至目标位置后，释放鼠标左键即可完成复制工作的操作。

2.2.4 删除工作表

在 Excel 2010 工作簿中，可以将不再需要的工作表进行删除，以节省系统资源，下面详细介绍其操作方法。

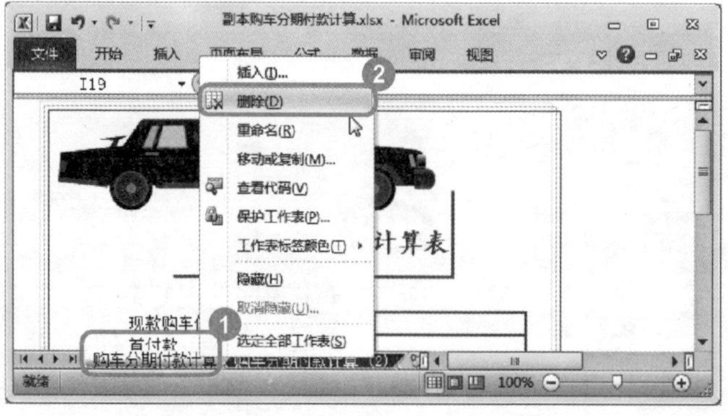

图 2-32

01

No.1 用鼠标右键单击准备删除的工作表的工作表标签。

No.2 在弹出的快捷菜单中，选择【删除】菜单项，如图 2-32 所示。

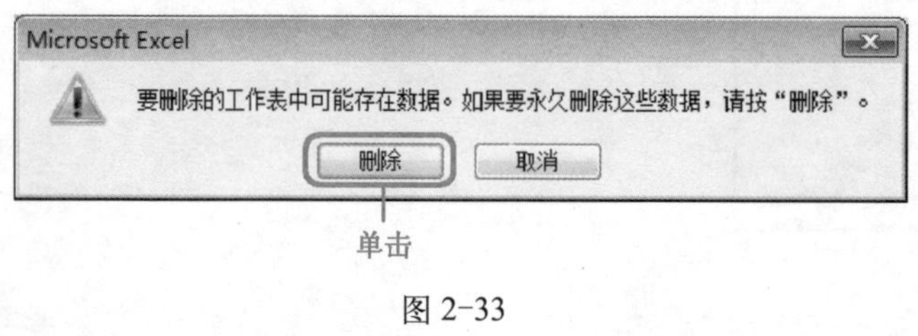

图 2-33

02

弹出【Microsoft Excel】对话框，单击【删除】按钮 删除 ，如图 2-33 所示。

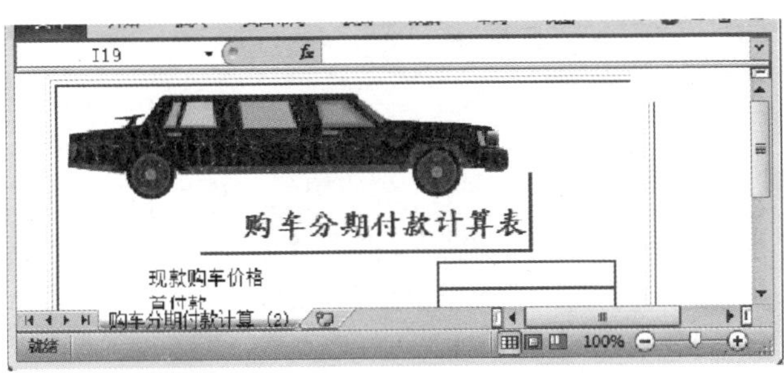

图 2-34

03

返回到工作表中，可以看到选择的工作表已被删除，如图 2-34 所示。

教你一招

通过功能选项删除工作表

单击【开始】选项卡下【单元格】组中的【删除】按钮，然后在展开的下拉列表项中选择【删除工作表】选项即可删除工作表。

2.2.5 重命名工作表

在Excel 2010工作簿中，工作表的默认名称为“Sheet+数字”，如“Sheet1”、“Sheet2”等，用户可以根据实际工作需要对工作表名称进行修改。下面详细介绍其操作方法。

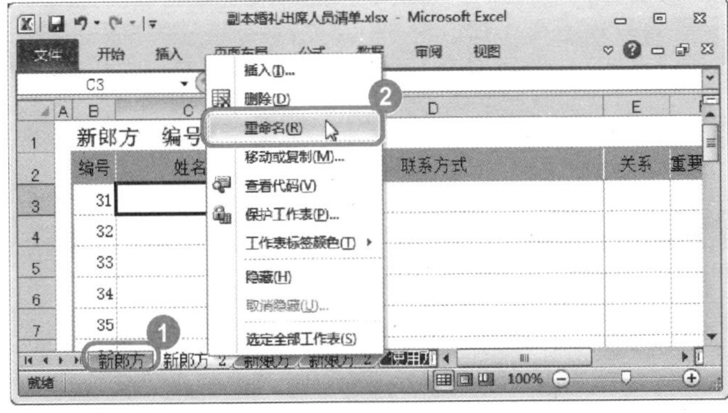

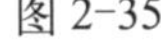

图 2-35

01

No.1 使用鼠标右键单击准备重命名的工作表的工作表标签。

No.2 在弹出的快捷菜单中，选择【重命名】菜单项，如图 2-35 所示。

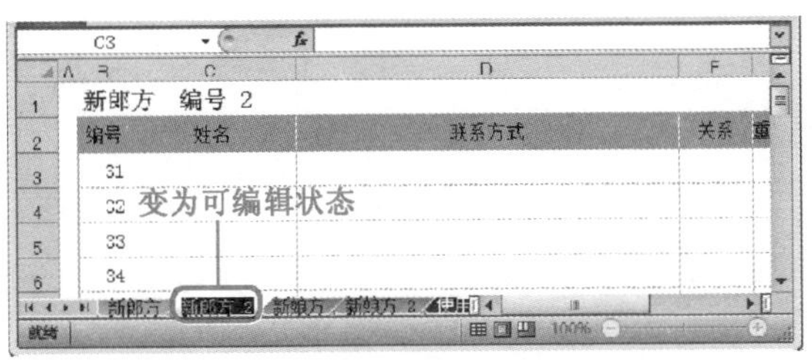

图 2-36

02

此时可以看到被选中的工作表标签显示为可编辑状态，如图 2-36 所示。

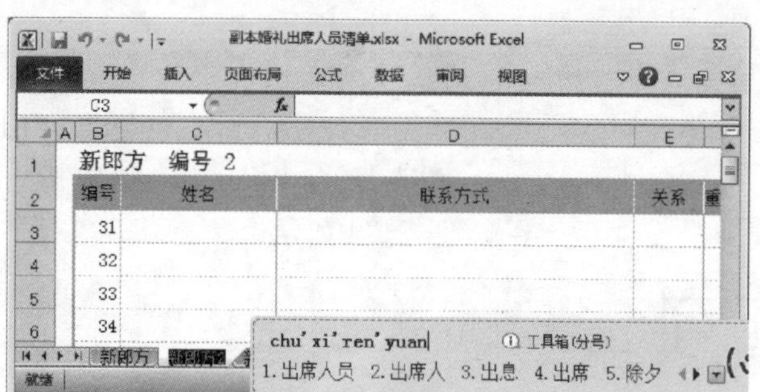

图 2-37

03

在工作表标签文本框中，输入准备使用的工作表名称，如“出席人员”，然后按下〈Enter〉键，如图 2-37 所示。

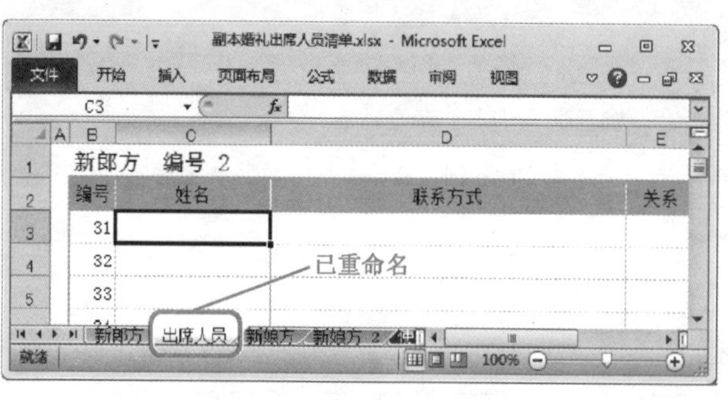

图 2-38

04

可以看到选中的工作表标签已重新命名，如图 2-38 所示。

2.2.6 隐藏与显示工作表

在 Excel 2010 工作簿中，可以根据实际工作需要对相应的工作表进行隐藏与显示的操作。

1. 隐藏工作表

为了确保工作表的安全，不会轻易被别人看到，可以将工作表隐藏，下面介绍隐藏工作表的操作方法。

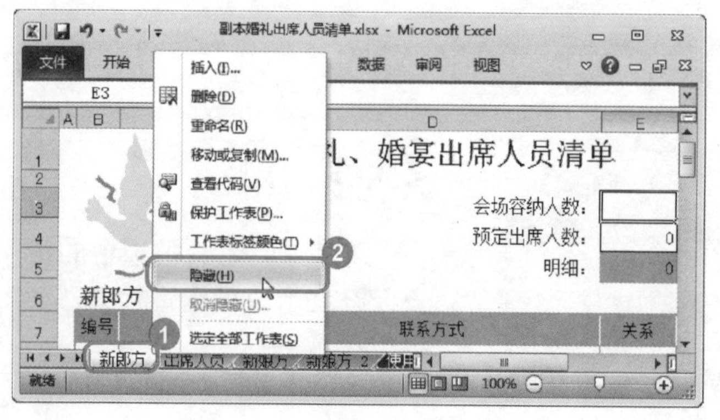

图 2-39

No.1 用鼠标右键单击准备进行隐藏的工作表的工作表标签。

No.2 在弹出的快捷菜单中，选择【隐藏】菜单项，如图 2-39 所示。

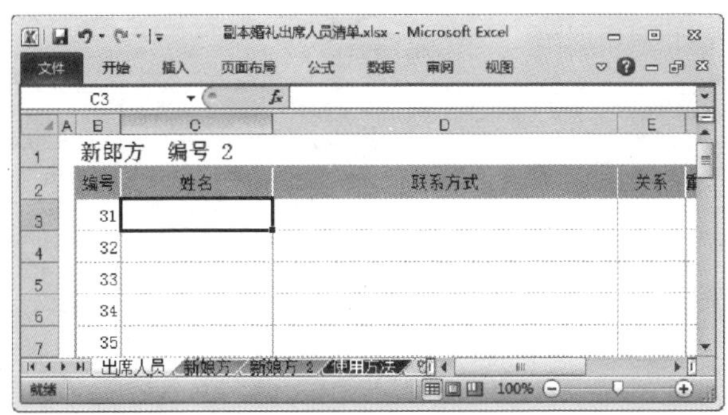

图 2-40

02

可以看到已经将选中的工作表隐藏起来，如图 2-40 所示。

知识精讲

隐藏工作表和删除工作表是不一样的，虽然看起来都是不显示在工作簿中，但隐藏的工作表是可以重新恢复的，删除工作表后是不可以恢复的。

2. 显示工作表

如果想再次使用或者编辑已经隐藏的工作表，可以取消其隐藏，让工作表显示出来。

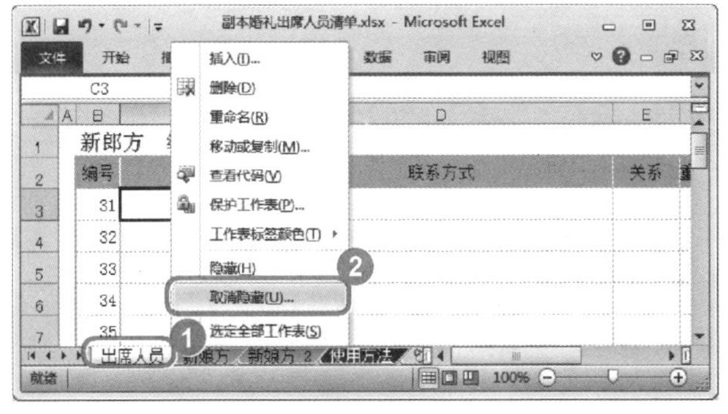

图 2-41

01

No.1 用鼠标右键单击任意工作表标签。

No.2 在弹出的快捷菜单中，选择【取消隐藏】菜单项，如图 2-41 所示。

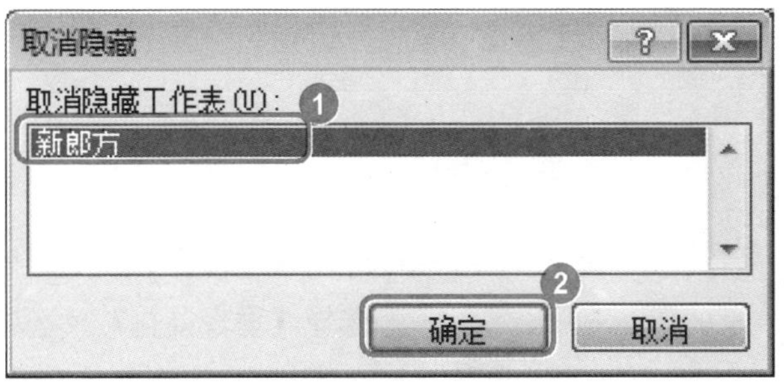

图 2-42

02

No.1 弹出【取消隐藏】对话框，在【取消隐藏工作表】列表框中，选择准备显示的工作表标签。

No.2 单击【确定】按钮，如图 2-42 所示。

图 2-43

返回工作簿界面，可以看到被隐藏的工作表标签已经显示出来，如图 2-43 所示。

Section 2.3 工作视图

本节导读

在使用 Excel 2010 处理数据的时候，使用工作视图控制的相关操作，可以在有限的屏幕区域中显示更多数据，以方便查找或编辑数据。

2.3.1 工作簿的多窗口显示

工作簿多窗口显示的主要排列方式包括平铺、水平并列、垂直并列和层叠，下面以垂直并列为例，介绍工作簿多窗口显示的操作方法。

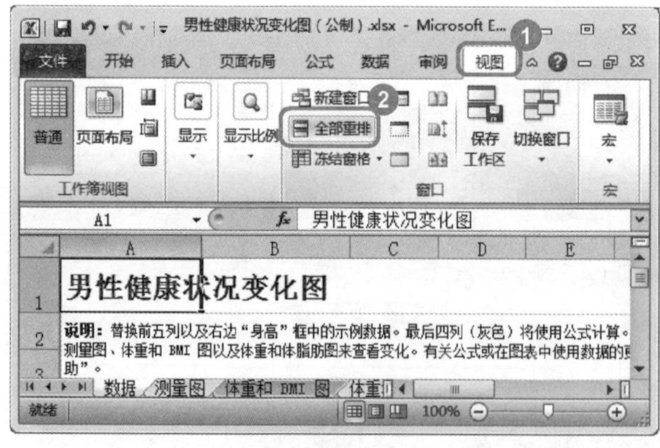

图 2-44

No.1 打开多窗口显示的多个工作簿，选择【视图】选项卡。

No.2 在【窗口】组中，单击【全部重排】按钮，如图 2-44 所示。

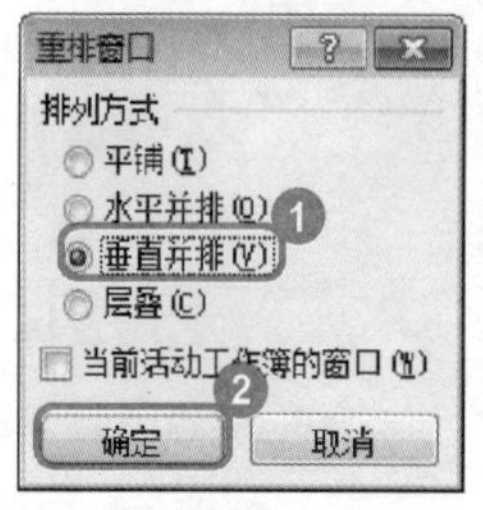

图 2-45

No.1 弹出【重排窗口】对话框，选择【垂直并排】单选项。

No.2 单击【确定】按钮，如图 2-45 所示。

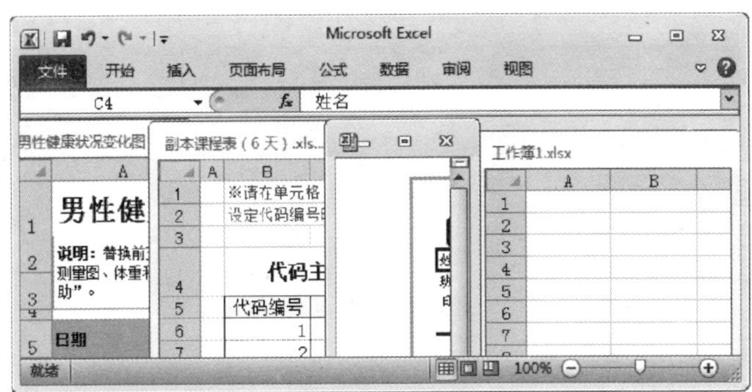

图 2-46

03

返回到Excel 2010工作界面，可以看到多个窗口按照垂直并列的方式排列，如图 2-46 所示。

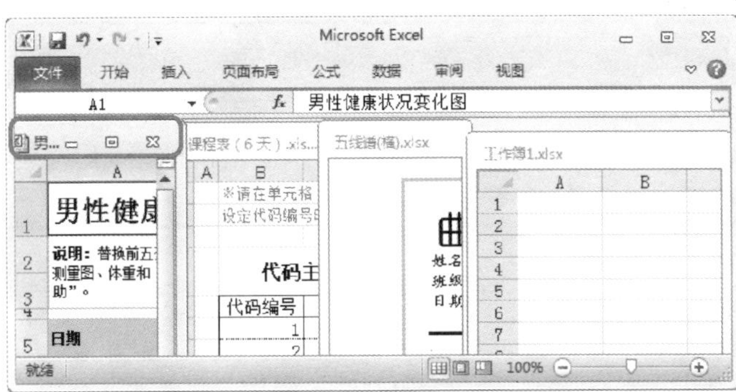

图 2-47

04

用鼠标单击某工作簿的标题栏，即可查看该工作簿中的内容，如图 2-47 所示。

2.3.2 并排比较

并排比较是将两个或两个以上的工作簿并列放在一起，可帮助用户进行数据比对。

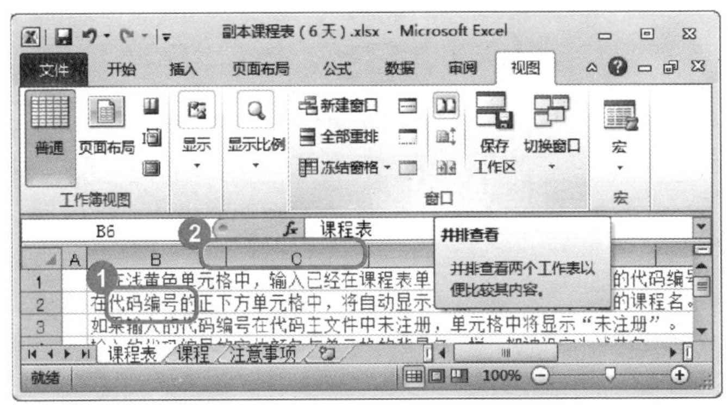

图 2-48

01

No.1 打开多个需要并排比较的工作簿，选择【视图】选项卡。

No.2 在【窗口】组中，单击【并排查看】按钮，如图 2-48 所示。

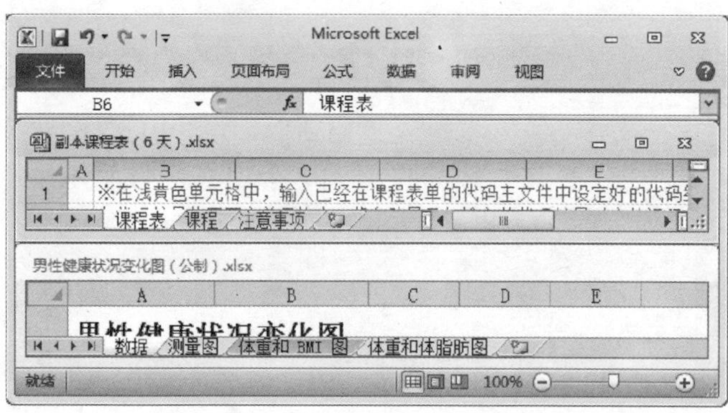

图 2-49

02

返回到Excel 2010工作界面，多个工作簿已并列显示出来，如图 2-49 所示。

2.3.3 拆分窗口

拆分窗口是将窗口拆分为多个可以调整大小的空格，可以同时查看分隔较远的工作表部分，下面介绍拆分窗口的操作方法。

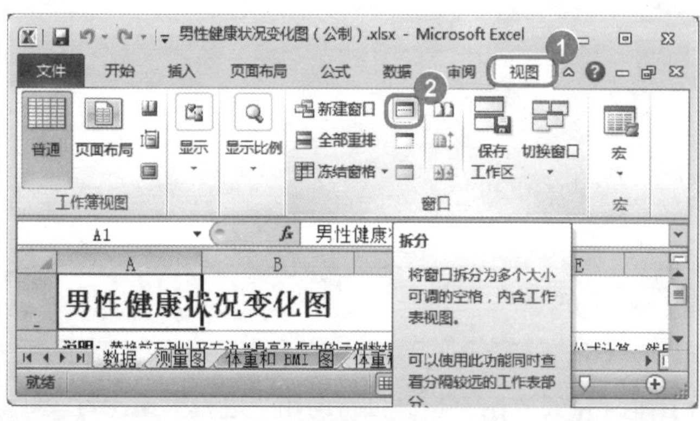

图 2-50

No.1 打开需要拆分窗口的工作簿，选择【视图】选项卡。

No.2 在【窗口】组中，单击【拆分】按钮，如图 2-50 所示。

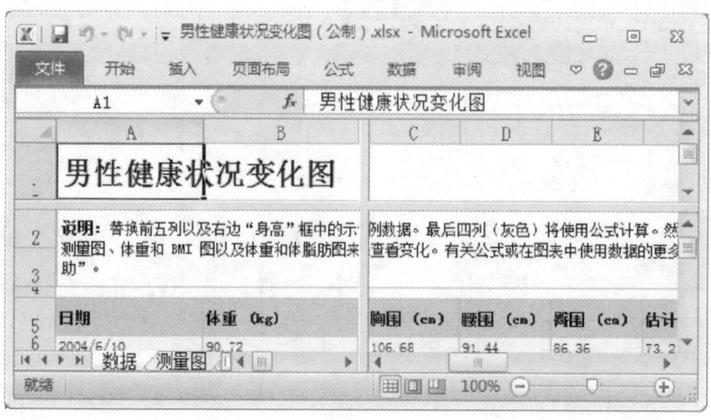

图 2-51

02

返回到Excel 2010工作界面，可以看到，当前工作表呈现为拆分状态，如图 2-51 所示。

2.3.4 冻结窗格

冻结窗格是在当前工作表中，保持工作表中的某一部分在其他部分滚动时可见，其中包括冻结拆分窗格、冻结首行和冻结首列。下面以冻结首行为例，介绍冻结窗格的操作方法。

图 2-52

No.1 打开需要设置冻结窗格的工作簿，选择【视图】选项卡。

No.2 在【窗口】组中，单击【冻结窗格】下拉按钮 冻结窗格。

No.3 在弹出的下拉菜单中，选择【冻结首行】菜单项，如图 2-52 所示。

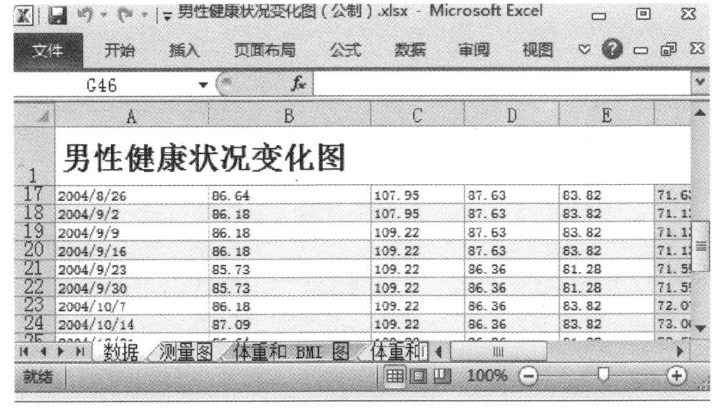

图 2-53

02

返回到 Excel 2010 工作界面，使用鼠标拖动滚动条，可以看到工作表首行已经被冻结，其他部分则可以自由滚动，如图 2-53 所示。

2.3.5 窗口缩放

通过窗口缩放功能，可以调整当前工作表显示比例的大小，下面以窗口缩放 160% 为例，介绍窗口缩放的操作方法。

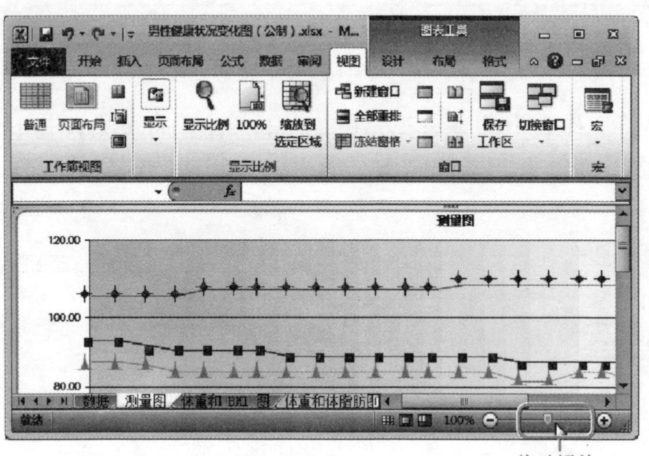

图 2-54

01

在窗口最下方的状态栏中，使用鼠标左键拖动显示比例滑块，拖动至“160%”处释放鼠标左键，如图 2-54 所示。

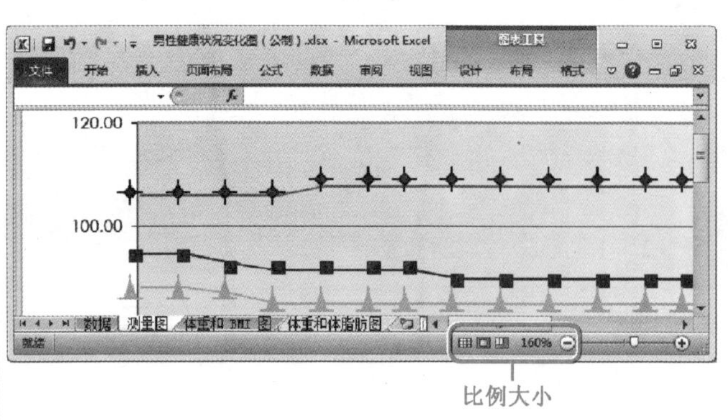

图 2-55

02

可以看到窗口比例已经按照 160% 显示，如图 2-55 所示。

教你一招

通过【显示比例】对话框进行窗口缩放

单击 Excel 2010 窗口右下角的【显示比例】按钮 100% ，系统会弹出【显示比例】对话框，用户可以在该对话框中选择缩放比例，还可以自定义显示比例。

Section

2.4 实践案例与上机操作

2.4.1 保护工作簿

保护工作簿是指保护工作簿结构或窗口，防止其他用户对工作簿结构进行修改。下面以保护工作簿结构和窗口为实例，详细介绍保护工作簿的操作方法。

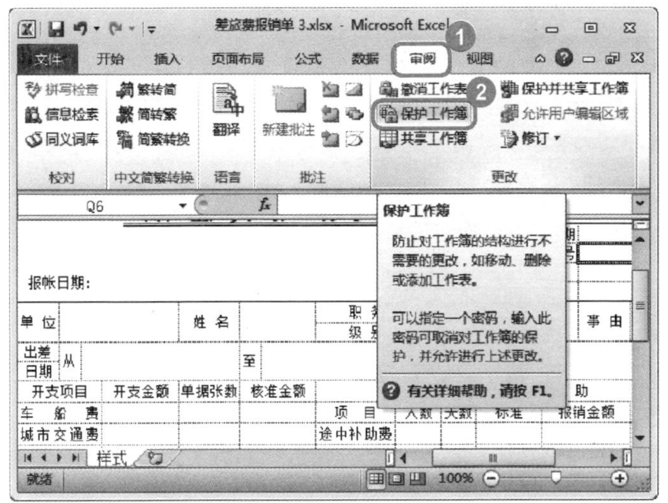

图 2-56

01

No.1 在Excel 2010窗口的功能区中，单击【审阅】选项卡。

No.2 在【更改】组中，单击【保护工作簿】按钮 保护工作簿，如图2-56所示。

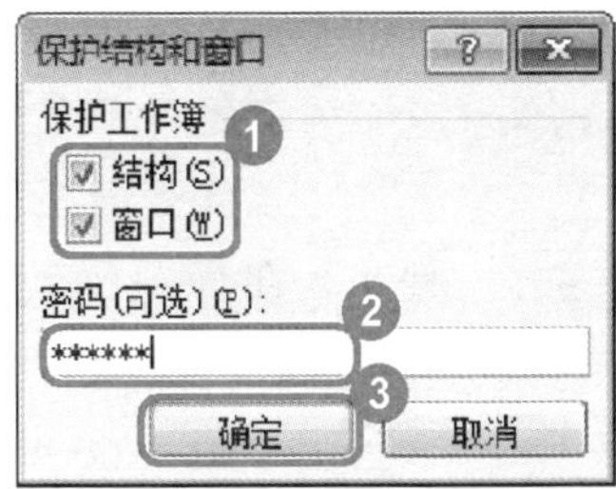

图 2-57

02

No.1 弹出【保护结构和窗口】对话框，在【保护工作簿】区域中，选择【结构】和【窗口】复选框。

No.2 在【密码】文本框中，输入保护工作簿的密码。

No.3 单击【确定】按钮 确定，如图2-57所示。

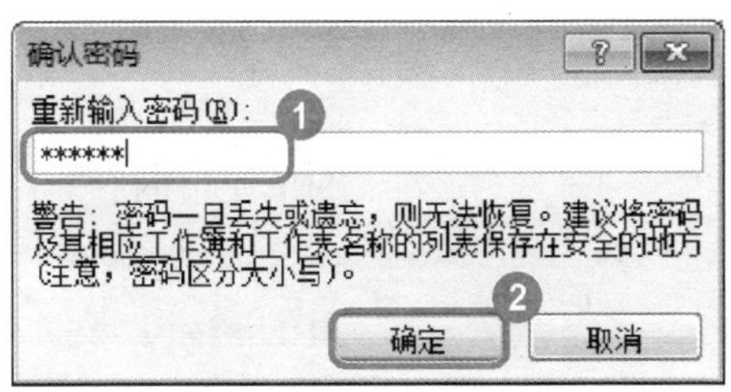

图 2-58

03

No.1 弹出【确认密码】对话框，在【重新输入密码】文本框中，输入刚输入的密码。

No.2 单击【确定】按钮，如图2-58所示。

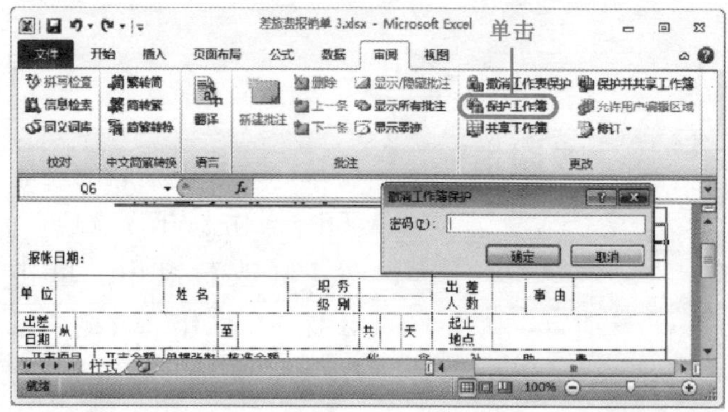

图 2-59

04

通过上述方法即可完成保护工作簿的操作，如果用户需要解除保护工作簿，可以单击【保护工作簿】按钮，系统会弹出一个对话框，输入密码即可解除保护工作簿，如图 2-59 所示。

2.4.2 保护工作表

如果需要对当前工作表的数据进行保护，可以使用保护工作表功能，保护工作表中的数据不能被编辑。下面详细介绍保护工作表的操作方法。

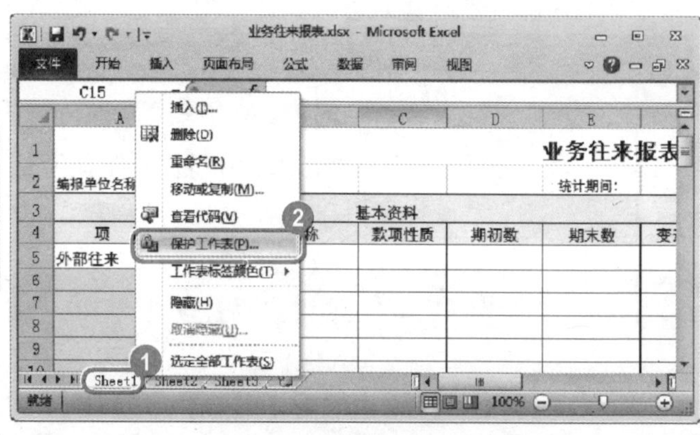

图 2-60

01

No.1 右键单击需要设置保护的工作表标签。

No.2 在弹出的快捷菜单中，选择【保护工作表】菜单项，如图 2-60 所示。

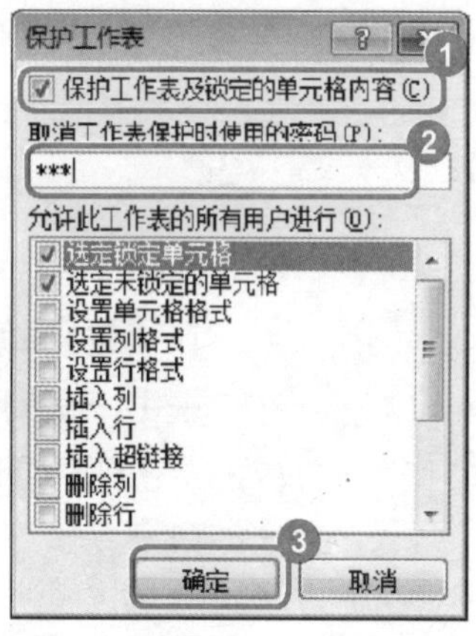

图 2-61

02

No.1 弹出【保护工作表】对话框，选择【保护工作表及锁定的单元格内容】复选框。

No.2 在【取消工作表保护时使用的密码】文本框中，输入准备使用的密码。

No.3 单击【确定】按钮 确定 ，如图 2-61 所示。

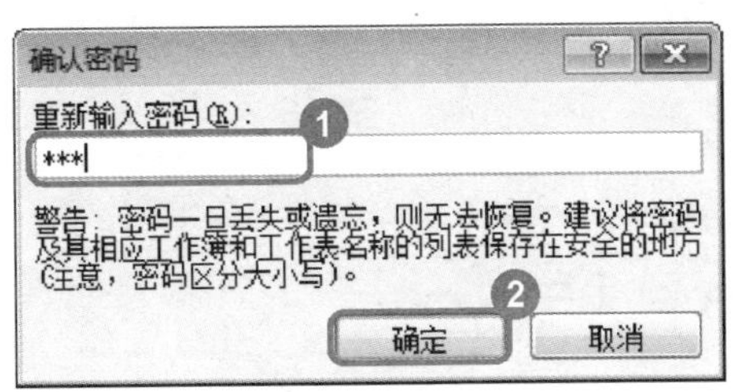

图 2-62

03

No.1 弹出【确认密码】对话框，在【重新输入密码】文本框中，输入刚刚设置的密码。

No.2 单击【确定】按钮 确定 ，如图 2-62 所示。

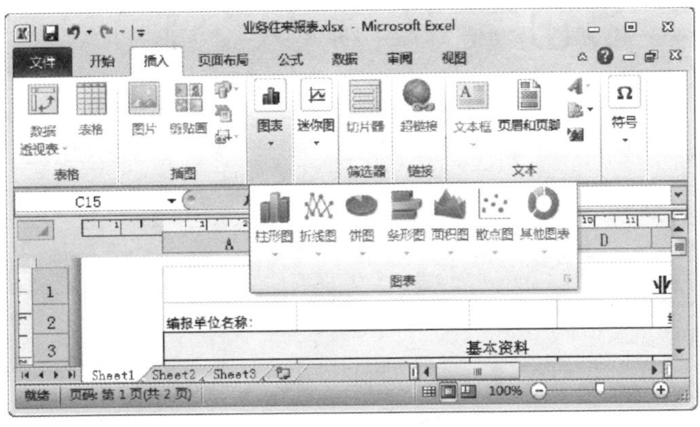

图 2-63

04

返回到工作表界面，可以看到工作表的部分功能被禁止，例如【插入】选项卡中的所有命令被禁止，如图 2-63 所示。

2.4.3 删除工作簿

对于不再需要的工作簿，用户可以将其删除，删除工作簿的方法如下。

使用鼠标右键单击需要删除的工作簿，在弹出的快捷菜单中选择【删除】菜单项，即可删除工作簿，如图 2-64 所示。

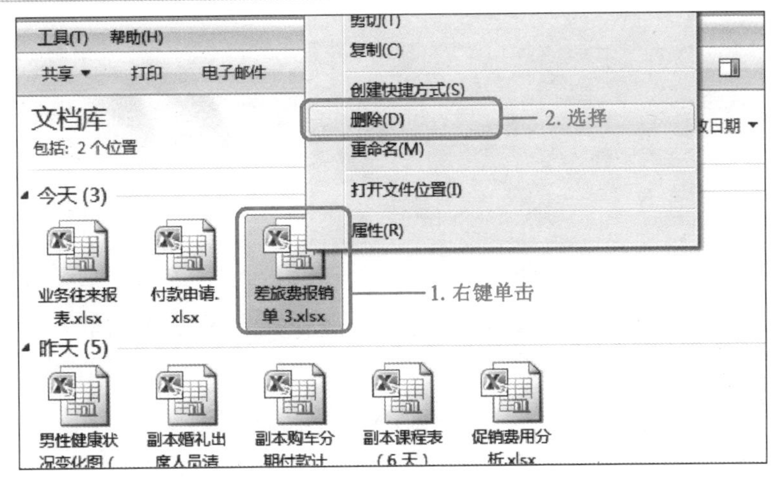

图 2-64

第3章

操作行、列与单元格

本章主要介绍行与列的概念、行与列的基本操作知识，同时还讲解了单元格和区域的操作。本章最后还针对实际的工作需要，讲解了一些实例的上机操作方法。

Section 3.1 行与列的概念

本节导读

Excel 2010 工作表是由数字对应的横向的行，以及字母对应的纵向的列组成，而单元格是表格中行与列的交叉部分，是组成表格的最小单位，本节将详细介绍行与列的相关知识。

3.1.1 认识行与列

行与列在Excel程序中是相对基础的组成单位，行对应的是数字，而列对应的是字母，如图3-1所示。

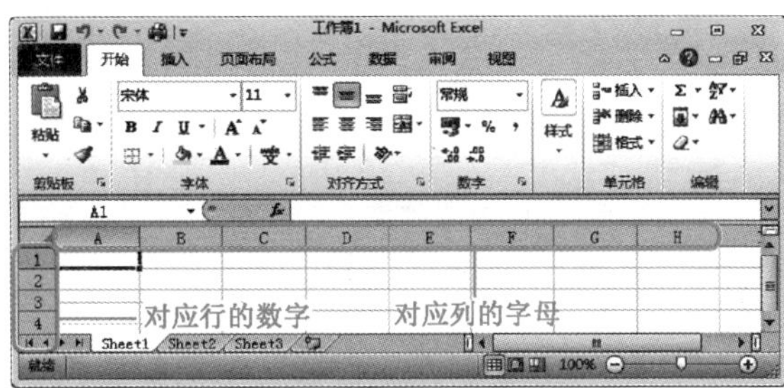

图3-1

3.1.2 行与列的范围

在Excel 2010中，行的范围最大可以达到104.8576万行；而列的范围最大可以达到1.6384（A到XFD）万列，如图3-2所示。

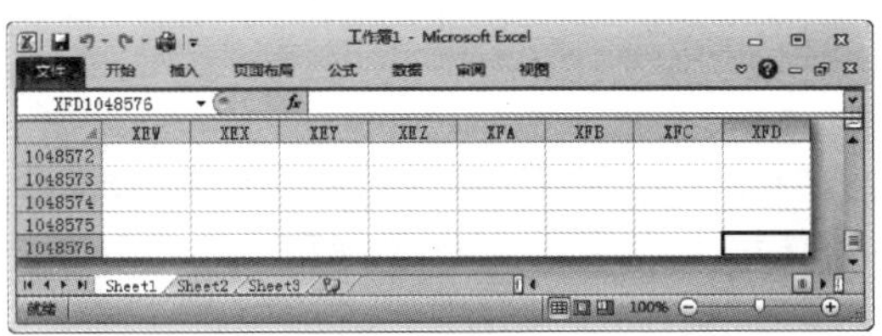

图3-2

Section 3.2 行与列的基本操作

本节导读

在Excel 2010中行与列的基本操作包括选择行和列、设置行高和列宽、插入行与列、移动和复制行与列、删除行与列和隐藏和显示行列。本节介绍行与列的相关操作方法。

3.2.1 选择行和列

在 Excel 工作表中，如果需要对行或者列进行编辑，首先要将行或者列选中，然后才可以进行编辑，下面分别介绍选择行与列的操作方法。

1. 选择单行

如果准备选择单独的一行，首先将鼠标指针停留在准备选择行对应的数字上，当鼠标指针变为右箭头➡的样式时，单击鼠标左键即可选择当前行，下面将详细介绍其操作方法。

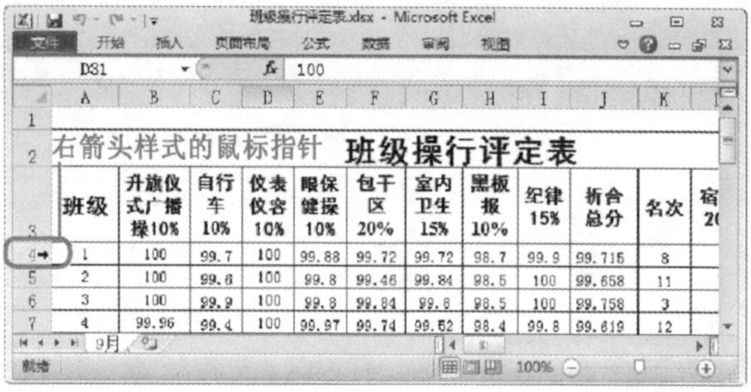

图 3-3

01

将鼠标指针停留在准备选择行对应的数字上，鼠标指针变为右箭头➡的样式，如图 3-3 所示。

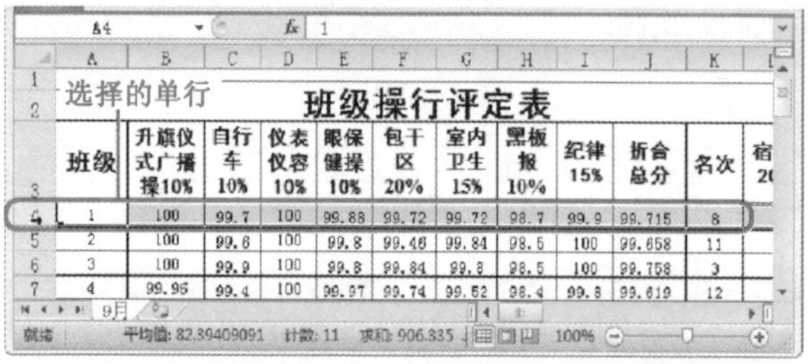

图 3-4

02

单击鼠标左键即可选择当前行，如图 3-4 所示。

2. 选择连续多行

如果准备选择连续的多行，可以将鼠标指针停留在准备选择的第一行对应的数字上，当鼠标指针变成右箭头➡的样式时，按住鼠标左键不放，拖动至准备选择的最后一行，然后释放鼠标左键，下面将详细介绍其操作方法。

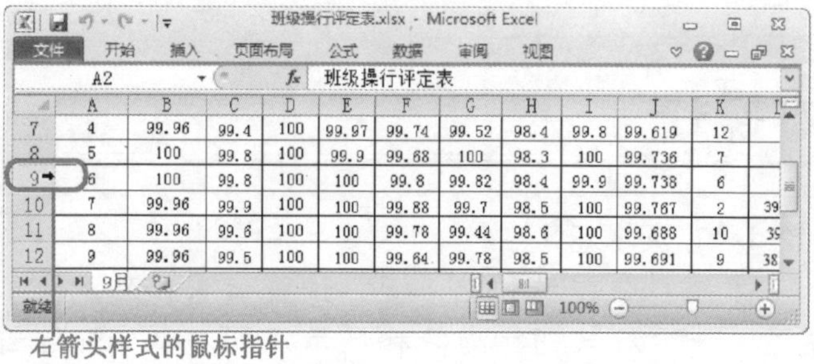

图 3-5

将鼠标指针停留在准备选择的第一行对应的数字上，鼠标指针变为右箭头➡的样式，如图 3-5 所示。

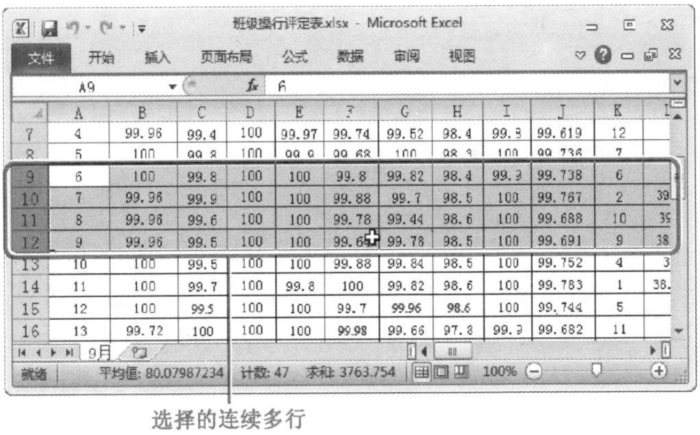

选择的连续多行

图 3-6

02

按住鼠标左键不放，拖动至准备选择的最后一行，然后释放鼠标左键，这样即可完成选择连续多行的操作，如图 3-6 所示。

3. 选择间隔多行

如果准备选择的多个行不是连续的，可以按住〈Ctrl〉键，鼠标左键依次单击准备选择的行。

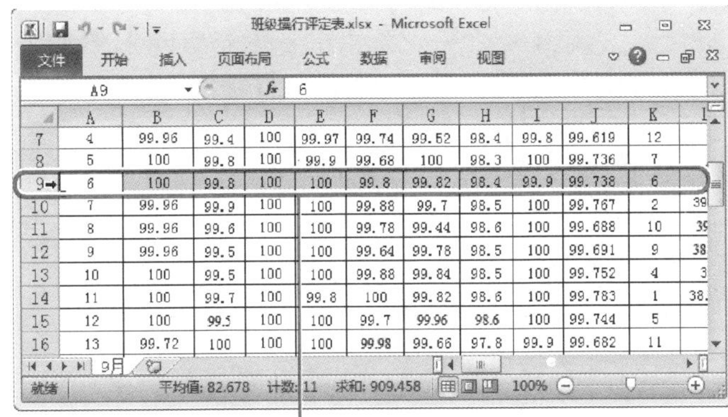

图 3-7

01

按住〈Ctrl〉键，依次单击准备选择的行对应的数字，如图 3-7 所示。

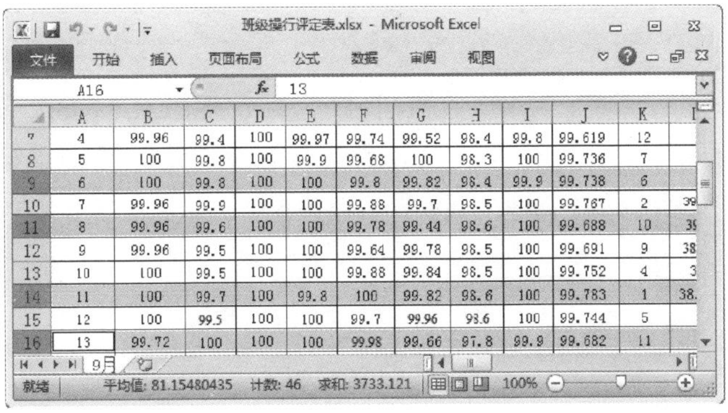

图 3-8

02

通过以上方法，即可完成选择间隔多行的操作，如图 3-8 所示。

举一反三

如不按住〈Ctrl〉键，单击任意一个行对应的数字，则前面选择的间隔多行就会失效。

4. 选择单列

选择单列与选择单行的方法大致相同。

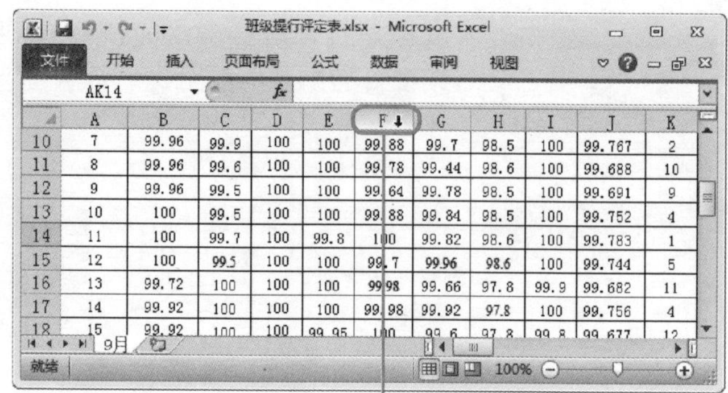

下箭头样式的鼠标指针

图 3-9

将鼠标指针停留在准备选择列对应的字母上，鼠标指针变为下箭头⬇的样式，如图 3-9 所示。

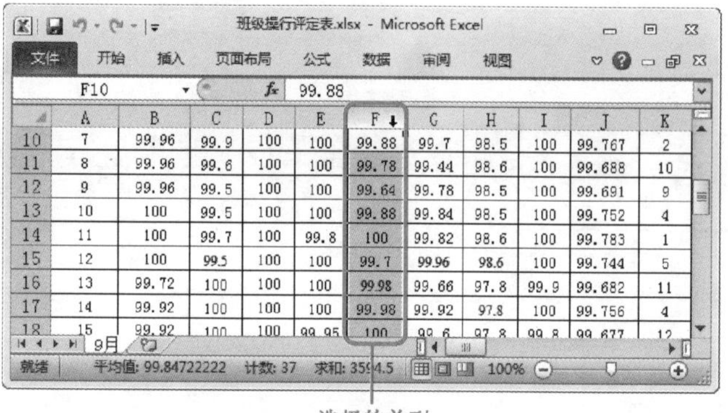

选择的单列

图 3-10

02 完成选择单列的操作

单击鼠标左键，可以看到对应的字母的列已被选中，如图 3-10 所示。

5. 选择连续多列

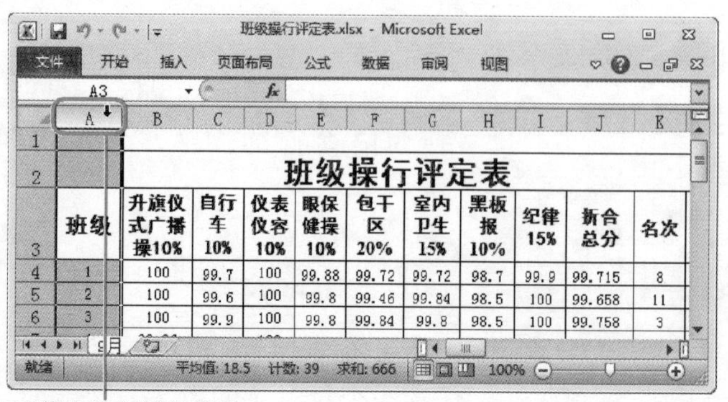

下箭头样式的鼠标指针

图 3-11

01

将鼠标指针停留在准备选择的第一列的字母上，当鼠标指针变成下箭头⬇的样式时，按住鼠标左键不放，拖动至准备选择的最后一列，如图 3-11 所示。

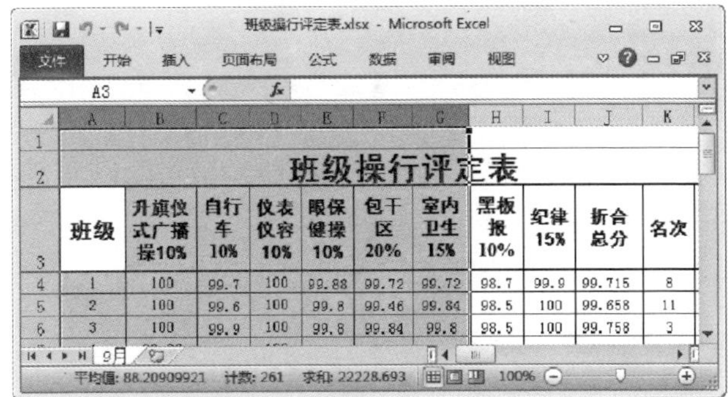

图 3-12

02

释放鼠标左键，可以看到拖动到的所有连续的列已被选中，如图 3-12 所示。

6. 选择间隔多列

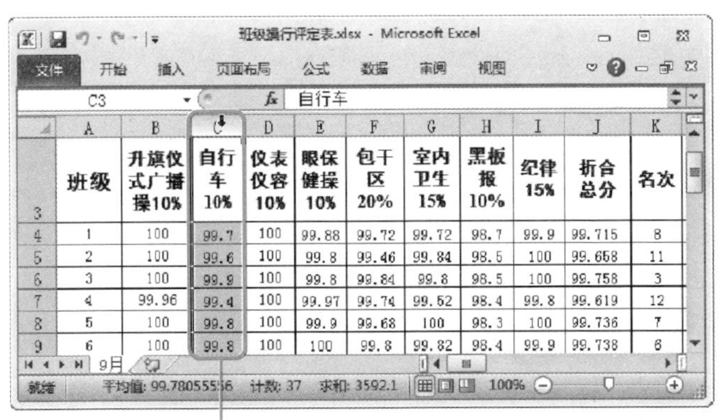

按住键盘上的〈Ctrl〉键单击

图 3-13

01

按住键盘上〈Ctrl〉键，依次单击准备选择的列对应的字母，如图 3-13 所示。

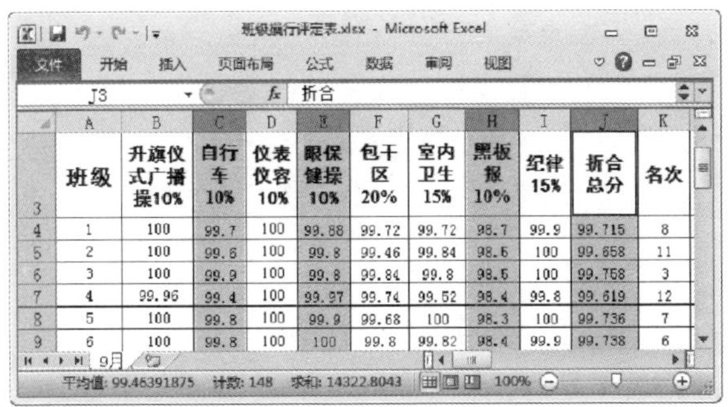

图 3-14

02

可以看到单击的那些列已被选中，如图 3-14 所示。

3.2.2 设置行高和列宽

Excel 2010 默认的单元格高度与宽度，不能完全适合所有数据内容，在为单元格添加数据后，用户可以根据实际工作需要进行修改和调整。

1. 设置行高

如果用户知道单元格需要调整的行高的具体数据，那么可以在【行高】对话框中对单元格的行高进行精确的调整。下面介绍设置行高的操作方法。

图 3-15

No.1 选择准备设置行高的单元格。

No.2 选择【开始】选项卡。

No.3 在【单元格】组中单击【格式】下拉按钮。

No.4 在弹出的下拉菜单中，选择【行高】菜单项，如图3-15所示。

图 3-16

No.1 弹出【行高】对话框，在【行高】文本框中，输入准备设置行高的数据值。

No.2 单击【确定】按钮 确定 ，如图3-16所示。

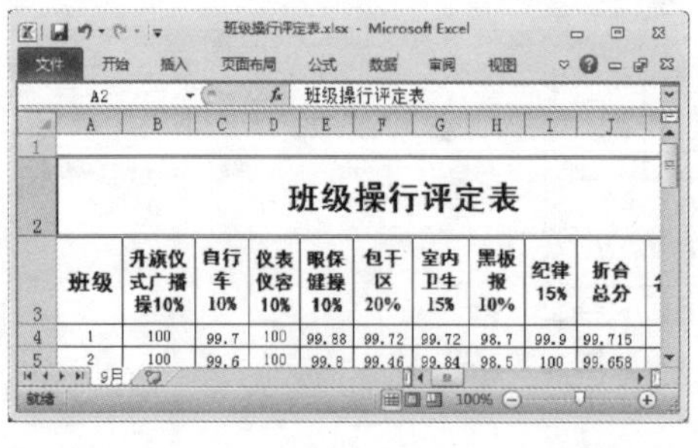

图 3-17

03

返回到工作表界面，可以看到已经调整了的行高，如图3-17所示。

2. 设置列宽

如果用户知道单元格需要调整的列宽的具体数据，那么可以在【列宽】对话框中对单元格的列宽进行精确的调整，下面介绍设置列宽的操作方法。

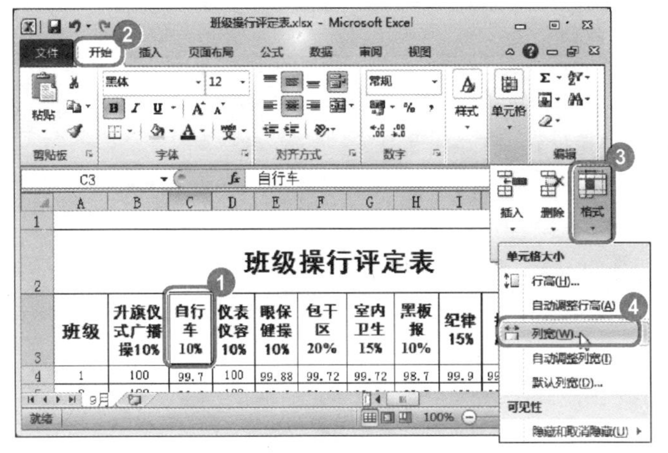

图 3-18

01

No.1 选择准备设置列宽的单元格。

No.2 选择【开始】选项卡。

No.3 在【单元格】组中单击【格式】按钮。

No.4 在弹出的下拉菜单中，选择【列宽】菜单项，如图3-18所示。

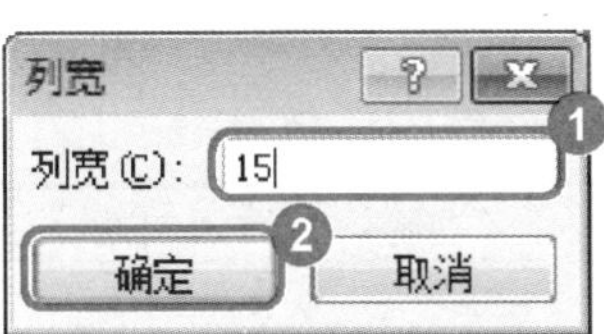

图 3-19

02

No.1 弹出【列宽】对话框，在【列宽】文本框中，输入准备设置的列宽数值。

No.2 单击【确定】按钮 确定 ，如图 3-19 所示。

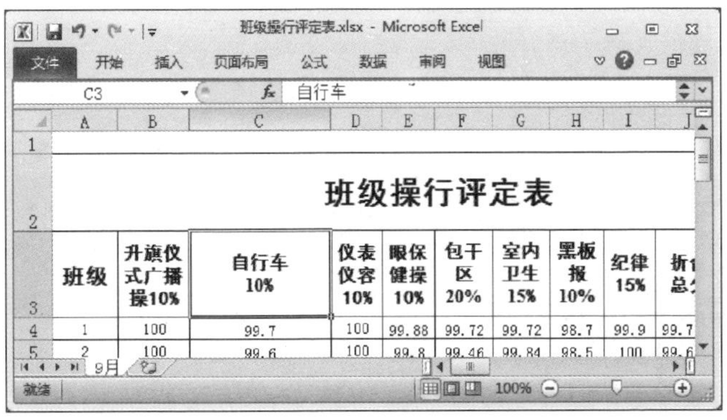

图 3-20

03

返回到工作表界面，可以看到已经调整了的列宽，如图 3-20 所示。

教你一招

通过选项卡中的功能自动调整单元格行高与列宽

选中要调整行高、列宽的单元格后，单击【开始】选项卡下的【单元格】组中的【格式】按钮，在弹出的下拉菜单中选择【自动调整行高】或【自动调整列宽】菜单项，同样可以完成自动调整单元格行高与列宽的操作。

3.2.3 插入行与列

如果在工作表中插入行，当前单元格所在的行会自动下移，如果插入列，当前单元格所在的列将自动右移，下面分别介绍插入行和列的操作方法。

1. 插入行

在 Excel 2010 工作表中，插入行是指在已选定单元格的上方插入整行。下面介绍插入行的操作方法。

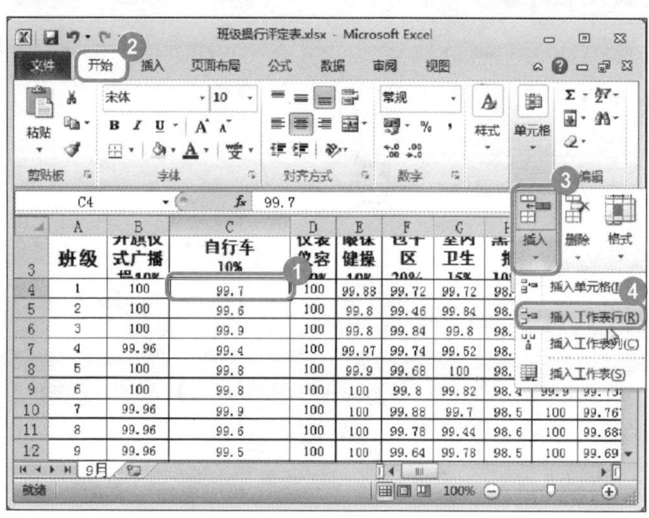

图 3-21

01

No.1 在 Excel 2010 工作表中，选择目标单元格（准备在其上方插入行的单元格）。

No.2 选择【开始】选项卡。

No.3 在【单元格】组中，单击【插入】按钮 。

No.4 在弹出的下拉菜单项中，选择【插入工作表行】菜单项，如图 3-21 所示。

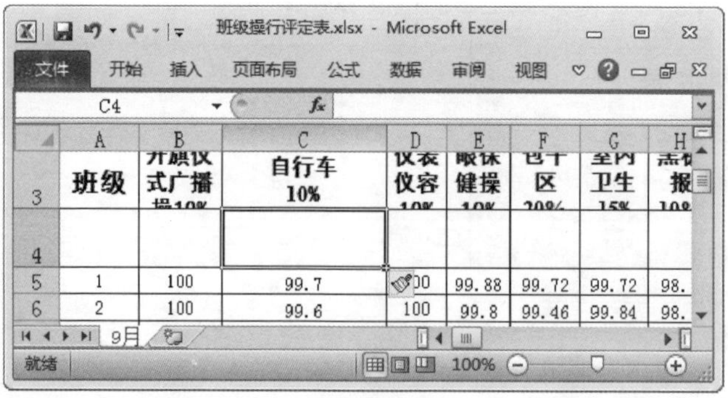

图 3-22

02

可以看到选择的单元格上方已插入一行，如图 3-22 所示。

2. 插入列

在 Excel 2010 工作表中，插入列是指在已选定单元格的左侧插入整列。下面介绍插入列的操作方法。

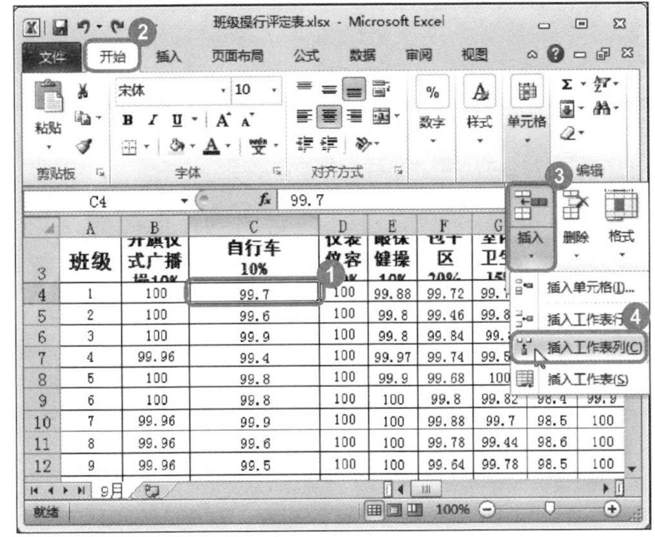

图 3-23

01

No.1 在 Excel 2010 工作表中单击目标单元格（准备在其左侧插入列的单元格）。

No.2 选择【开始】选项卡。

No.3 在【单元格】组中，单击【插入】按钮。

No.4 在弹出的下拉菜单中，选择【插入工作表列】菜单项，如图 3-23 所示。

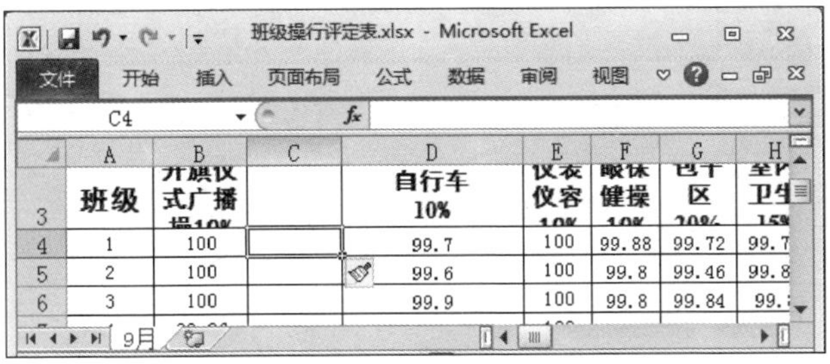

图 3-24

02

可以看到选择的单元格左侧已插入一列，如图 3-24 所示。

教你一招

通过右键快捷菜单插入行或列

选择需要插入的行或列，然后使用鼠标右键单击，在弹出的快捷菜单中选择【插入】菜单项，即可快速完成插入行或列的操作。

3.2.4 移动和复制行与列

在使用 Excel 2010 软件处理数据的过程中，经常会遇到需要将当前数据移动至别处，或者在当前数据保留的前提下复制另外一份数据，这时就可以通过移动和复制行与列来完成。

1. 移动行与列

移动行与列是将当前选中的行或者列移动到其他位置，而原行或者列将不保留数据，下面以移动行为例，详细介绍移动行与列的操作方法。

图 3-25

01 选中准备移动的行，将鼠标指针停留在选中行的边缘，鼠标指针变为✣形状的时候，按住鼠标左键，将选中的行拖拽至准备移动到的位置处，释放鼠标左键，如图 3-25 所示。

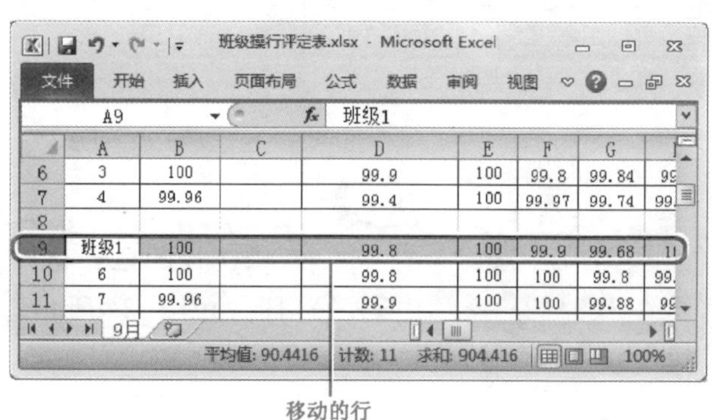

图 3-26

02 可以看到，已经将选择的行移动至目标位置，如图 3-26 所示。

2. 复制行与列

复制行与列是在原行或者列之外，再创建一份数据，原行或者列中的数据仍旧保留，下面以复制列为例，介绍复制行与列的操作方法。

图 3-27

01 选中准备复制的列，按下〈Ctrl〉键，将鼠标指针停留在选中列的边缘，鼠标指针变为✣形状的时候，按住鼠标左键，将选中的列拖拽至准备移动的位置处，释放鼠标左键，如图 3-27 所示。

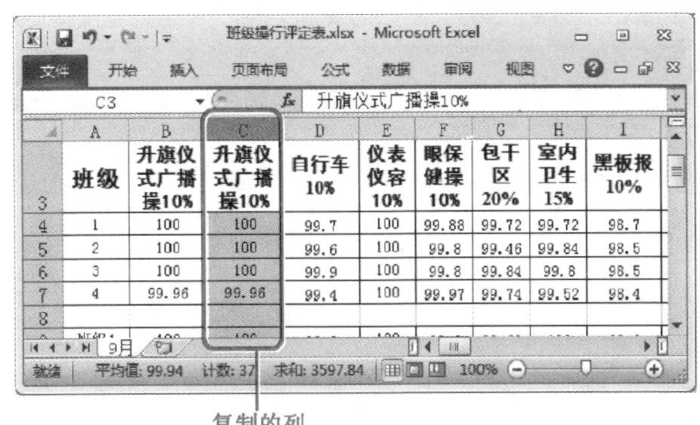

图 3-28

02

可以看到，已经将选择的列复制到指定位置，如图 3-28 所示。

3.2.5 删除行与列

在使用 Excel 2010 工作表编辑表格的时候，如果有不需要的某一个数据行和列，可将其删除，删除后空出的位置由周围的行和列自动填充。下面以删除列为例，详细介绍删除行与列的操作方法。

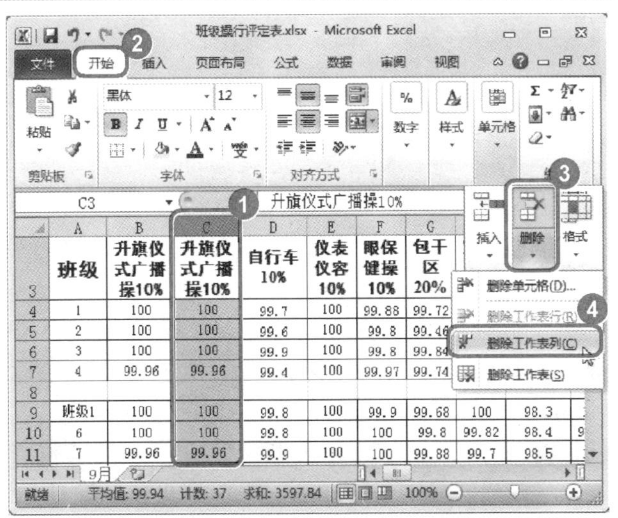
图 3-29

01

No.1 选中准备删除的列。

No.2 选择【开始】选项卡。

No.3 在【单元格】组中单击【删除】下拉按钮。

No.4 在弹出的下拉菜单中，选择【删除工作表列】菜单项，如图 3-29 所示。

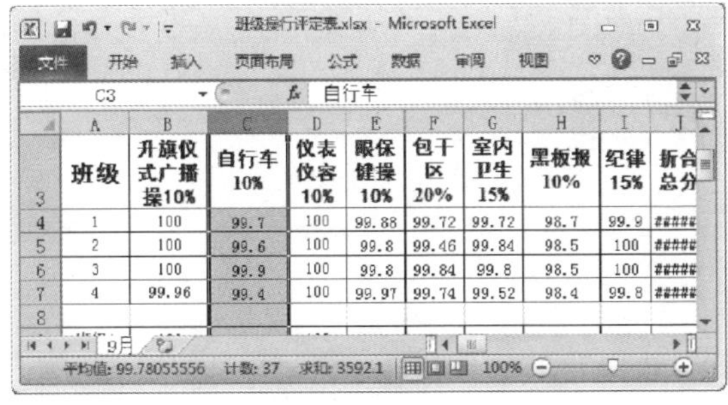
图 3-30

02

返回到工作表界面，可以看到已经将选中的列删除，如图 3-30 所示。

3.2.6 隐藏和显示行与列

1. 隐藏行与列

在打印Excel表格的时候，可以将不需要打印的行或者列隐藏起来。下面以隐藏行为例，介绍隐藏行与列的操作方法。

图 3-31

No.1 选中准备隐藏的行。

No.2 选择【开始】选项卡。

No.3 在【单元格】组中，单击【格式】按钮 格式。

No.4 在弹出的下拉菜单中，选择【隐藏和取消隐藏】菜单项。

No.5 在弹出的子菜单中，选择【隐藏行】子菜单项，如图 3-31 所示。

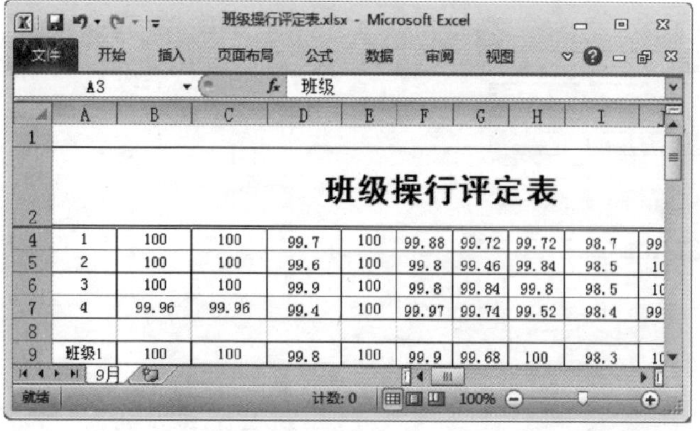

图 3-32

02

返回到工作表界面，可以看到已经将选中的行隐藏，通过以上方法也可完成隐藏列的操作，这里不再赘述，如图 3-32 所示。

2. 显示行与列

如果需要查看或者编辑隐藏的行或列，可以将其显示出来，下面以显示行为例，介绍显示行与列的操作。

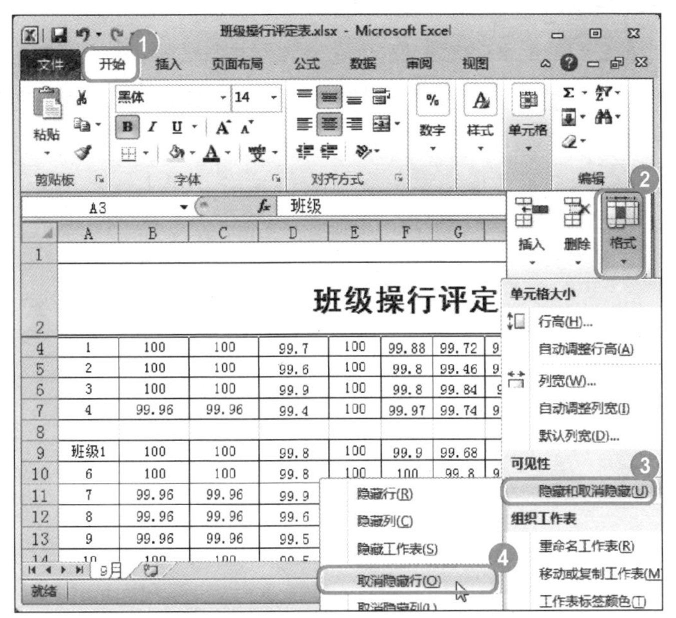

图 3-33

01

No.1 选择【开始】选项卡。

No.2 在【单元格】组中单击【格式】下拉按钮 。

No.3 在弹出的下拉菜单中，选择【隐藏和取消隐藏】菜单项。

No.4 在弹出的子菜单中，选择【取消隐藏行】子菜单项，如图 3-33 所示。

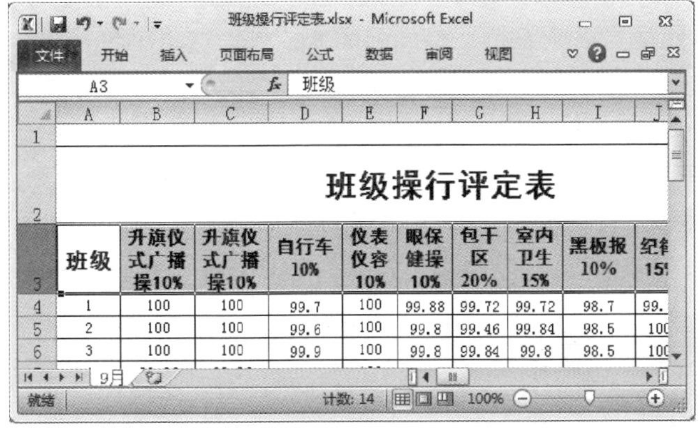

图 3-34

02

返回到工作表界面，可以看到已经将隐藏的行显示出来，通过以上方法也可完成显示列的操作，这里不再赘述，如图 3-34 所示。

Section 3.3

单元格和区域

本节导读

在使用 Excel 程序时，操作次数最多的是单元格以及单元格区域，其中单元格是 Excel 文档的基础，正确掌握单元格的操作是使用 Excel 的必要条件，本节将介绍单元格和区域的相关知识及操作。

3.3.1 单元格的基本概念

单元格是组成工作表的最小单位，单个数据的输入和修改都是在单元格中进行的，单元格可以进行拆分或者合并操作。

例如，单元格地址“D5”指的就是“D”列与第5行交叉位置上的单元格，如图3-35所示。

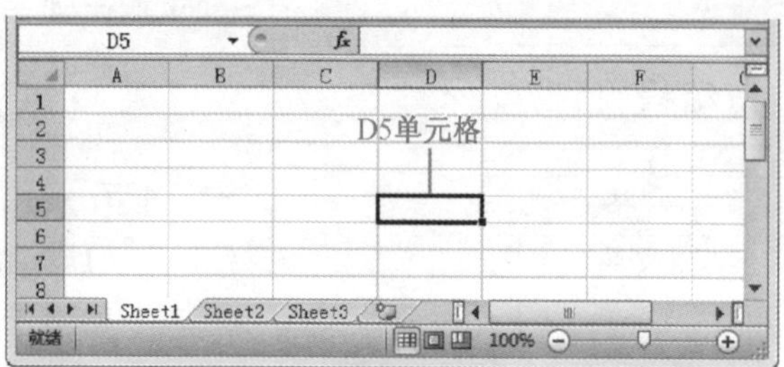

图3-35

3.3.2 区域的基本概念

所谓单元格区域，指的是由多个单元格组成的区域、或者是整行、整列等。多个单元格区域是指在工作表内选择的多个单元格。由于整行、整列前面介绍过，这里不再赘述。

3.3.3 区域的选取

区域的选取操作包括选中相邻的单元格区域、选中不相邻的单元格区域和选中所有单元格。

1. 选中相邻的单元格

选中相邻的单元格是比较常见的区域选取方法，使用鼠标左键即可完成区域选取。

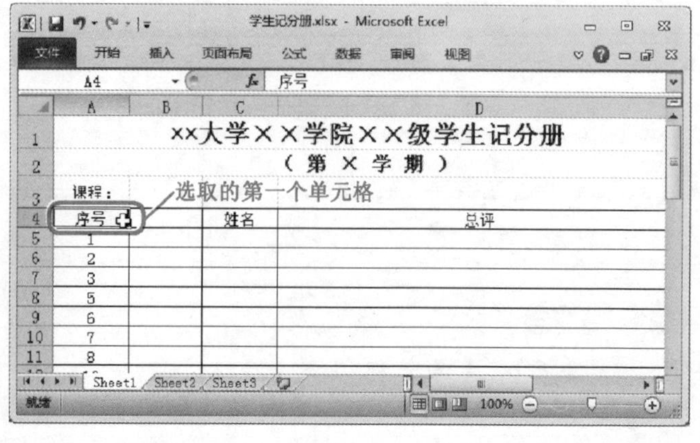

图3-36

01

将鼠标指针停留在准备选取的第一个单元格上例如【A4】单元格，此时，鼠标指针变为✚形状，如图3-36所示。

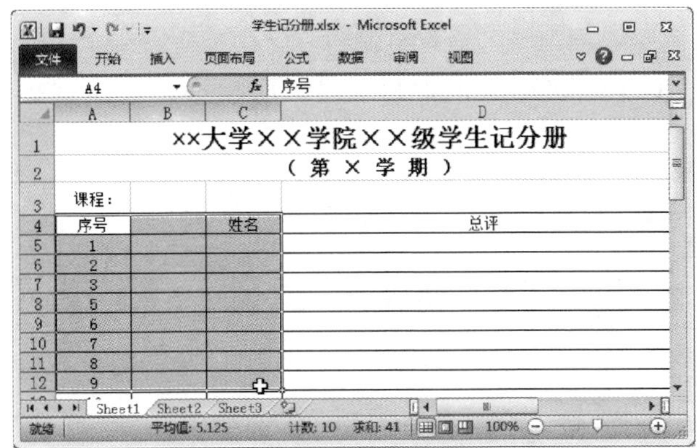

图 3-37

02

按住鼠标左键进行拖拽，拖拽至合适位置后释放鼠标左键，例如【C12】单元格，即可完成选中相邻单元格的操作，效果如图 3-37 所示。

2. 选中不相邻的单元格

选中不相邻的单元格，需要鼠标左键配合〈Ctrl〉键来完成，下面介绍选中不相邻单元格的操作方法。

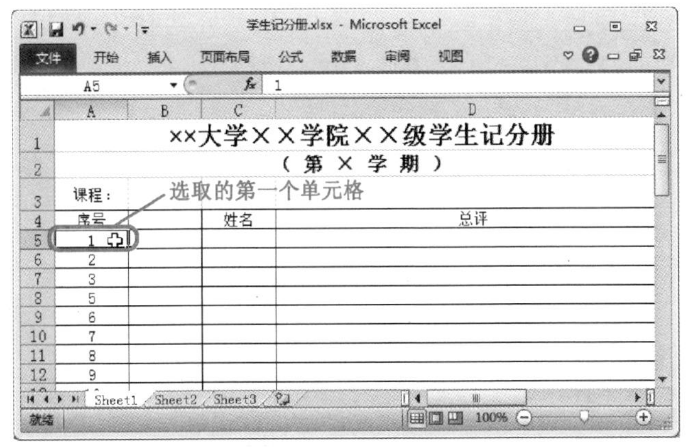

图 3-38

01

将鼠标指针停留在准备选取的第一个单元格上，例如【A5】单元格，鼠标指针变为✚形状，单击鼠标左键，如图 3-38 所示。

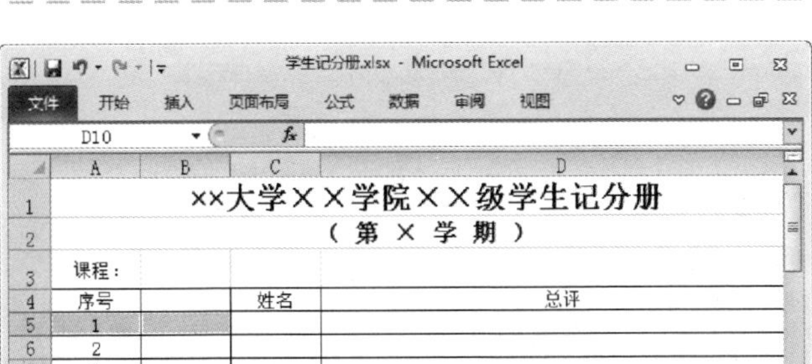

图 3-39

02

按住〈Ctrl〉键，依次单击准备选取的不相邻的单元格，例如【A8】、【B5】、【B8】、【D8】和【D10】单元格，通过以上方法即可完成选中不相邻单元格的操作，效果如图 3-39 所示。

3. 选中所有单元格

选中所有单元格即是选中整张工作表中的内容，下面介绍操作方法。

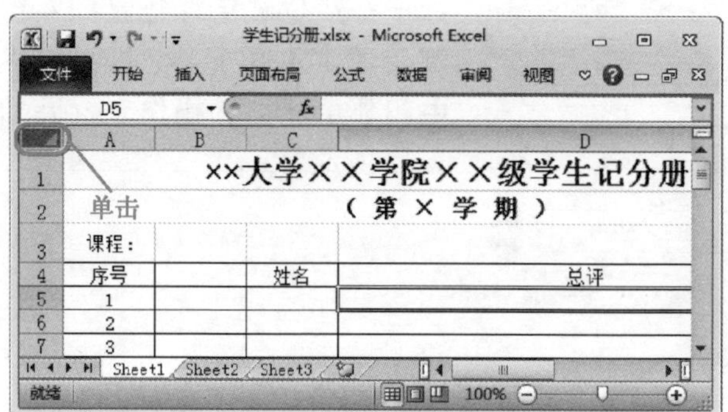
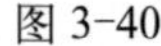

图 3-40

01

单击工作表左上角的行号和列标交叉处的【全选】按钮，如图 3-40 所示。

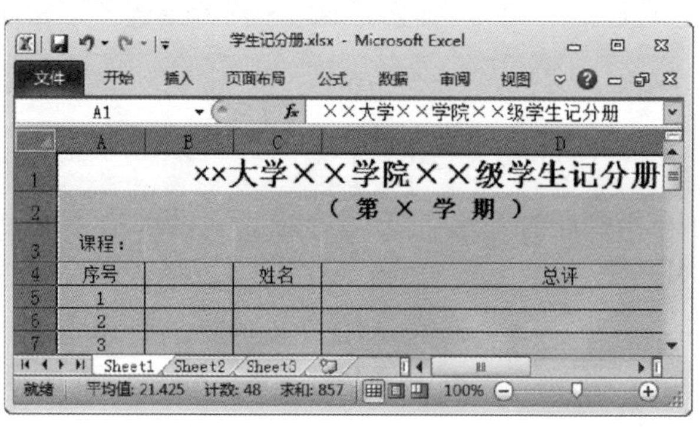

图 3-41

可以看到整张工作表被选中，效果如图 3-41 所示。

3.3.4 通过名称选取区域

如果准备通过名称选取区域，首先要为准备选取的区域设置名称。下面介绍其操作方法。

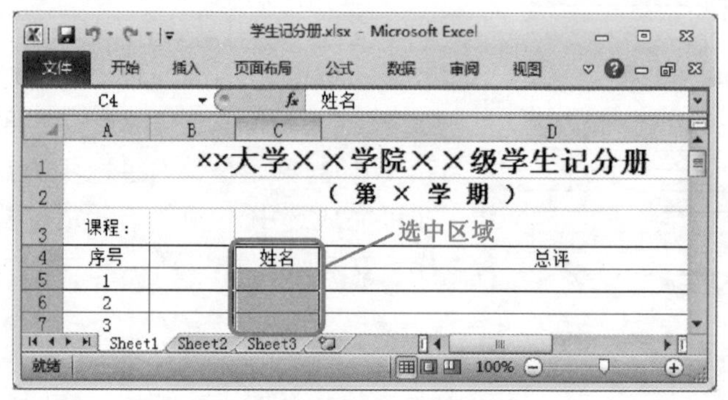

图 3-42

01

选中准备进行设置名称的单元格区域，如图 3-42 所示。

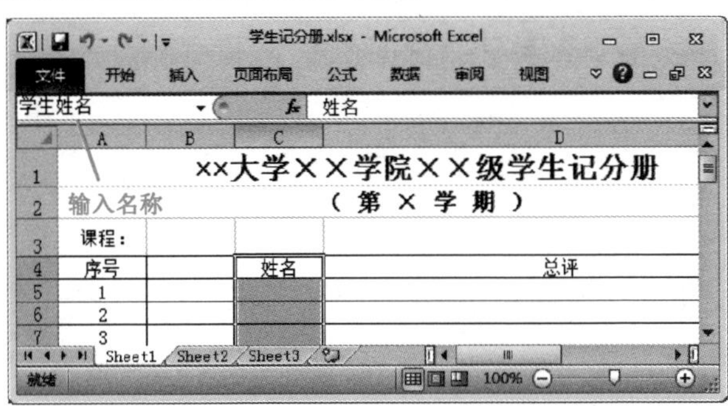

图 3-43

在【名称框】中输入该区域准备使用的名称，并按下〈Enter〉键，如图 3-43 所示。

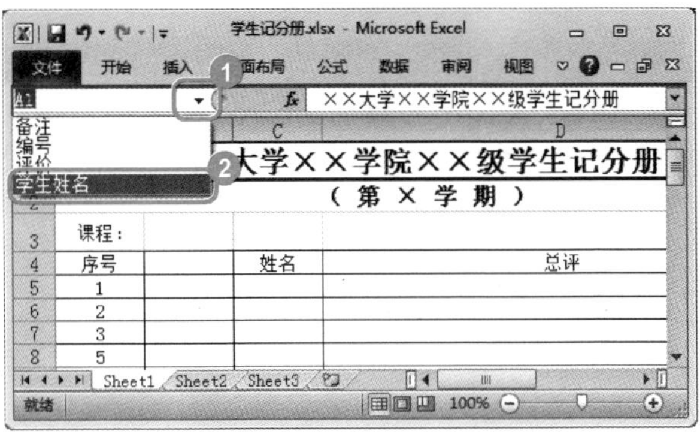

图 3-44

03

No.1 如果准备选取该区域，单击【名称框】下拉按钮。

No.2 在弹出的下拉列表框中，选择该区域的名称列表项，如图 3-44 所示。

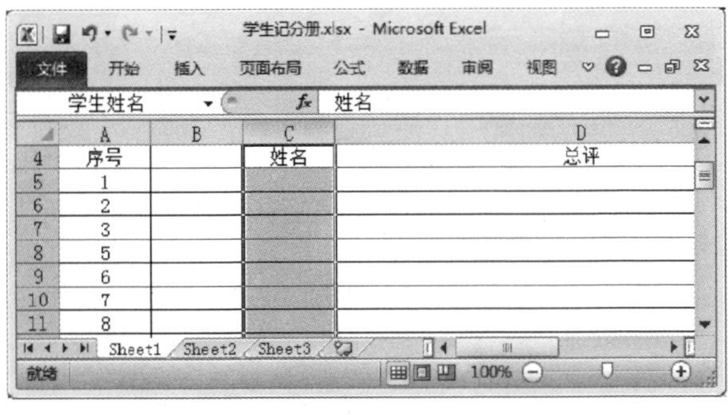

图 3-45

04

可以看到该名称下的区域已被选择，如图 3-45 所示。

Section 3.4 移动与复制单元格区域

本节导读

移动与复制单元格区域，是编辑工作表比较常见的操作，常用的方法包括使用鼠标移动与复制单元格区域和利用剪贴板移动与复制单元格区域。本节介绍有关移动和复制单元格区域的相关知识及操作方法。

3.4.1 使用鼠标移动与复制单元格区域

使用鼠标可以对当前选中的单元格区域进行复制，或者移动的操作。

1. 使用鼠标移动单元格区域

使用鼠标移动单元格区域，是将选中的区域移动到表格中其他位置，原区域中的数据不作保留，下面介绍其操作方法。

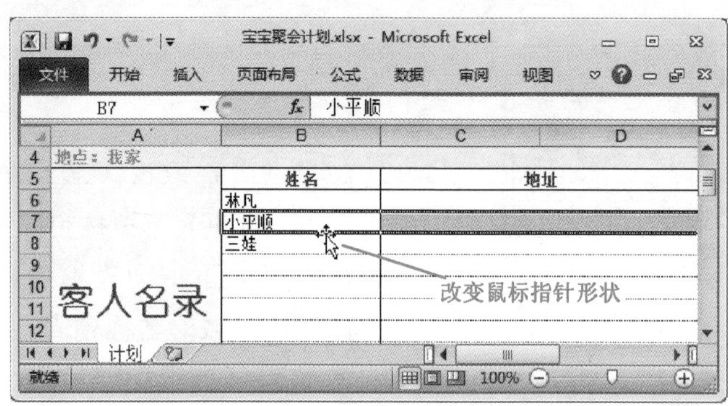

图 3-46

选中准备移动的单元格区域，将鼠标指针停留在选中区域的边缘，鼠标指针变为✥形状，如图 3-46 所示。

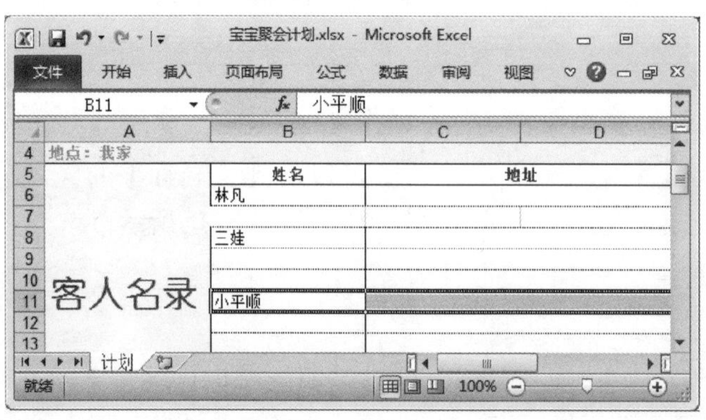

图 3-47

02

按住鼠标左键，对选中的区域进行拖曳，拖曳至目标位置后，释放鼠标左键，即可完成使用鼠标移动单元格区域的操作，如图 3-47 所示。

知识精讲

在使用鼠标拖动的方法复制或移动列和行时，目标单元格中现有的内容将被替换。若要插入复制或剪切的行和列而不替换现有的内容，应该右键单击目标单元格，在弹出的快捷菜单中选择【插入剪切的单元格】或【插入复制的单元格】菜单项。

2. 使用鼠标复制单元格区域

使用鼠标复制单元格区域，是将选中的单元格区域中的数据复制一份，并且移动到其

他位置，原区域中的数据仍保留。下面介绍具体操作方法。

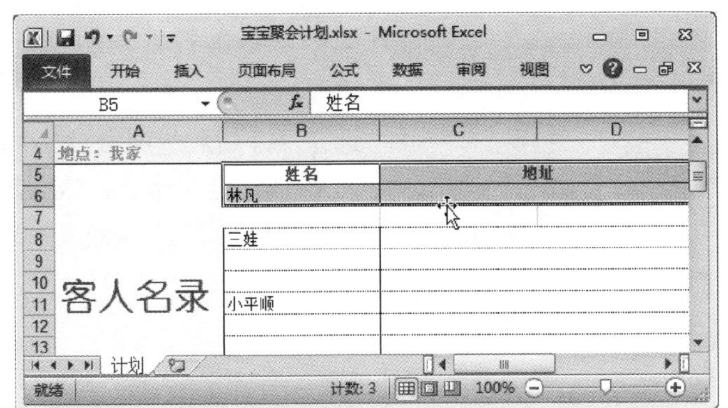

图 3-48

01

选中准备复制的单元格区域，将鼠标指针停留在选中区域的边缘，鼠标指针变为形状，如图 3-48 所示。

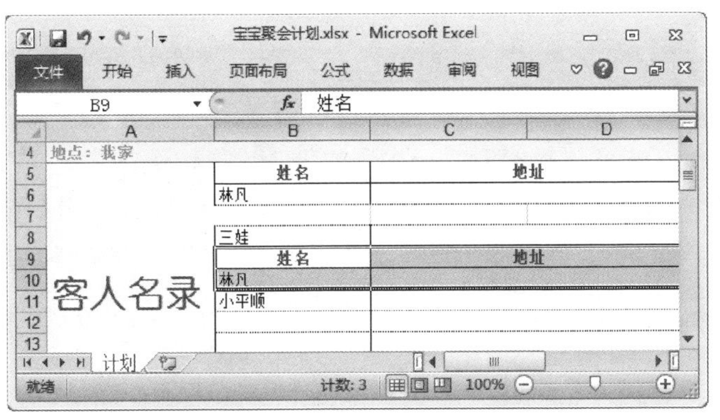

图 3-49

02

按住〈Ctrl〉键，然后使用鼠标左键对选中的区域进行拖拽，拖拽至目标位置后，释放鼠标左键，即可完成使用鼠标复制单元格区域的操作，效果如图 3-49 所示。

知识精讲

确保在整个拖放操作过程中一直按住〈Ctrl〉键，如果在释放鼠标按钮前就释放了〈Ctrl〉键，那么将会是移动单元格区域，而不是进行复制操作。

3.4.2 利用剪贴板移动与复制单元格区域

剪贴板组位于开始选项卡中，利用剪贴板中的复制与粘贴按钮，同样可以完成移动与复制单元格区域的操作。

1. 利用剪贴板移动单元格区域

利用剪贴板移动单元格区域，同样是将选中的区域移动到表格中其他位置，原区域中的数据不作保留，下面介绍其操作方法。

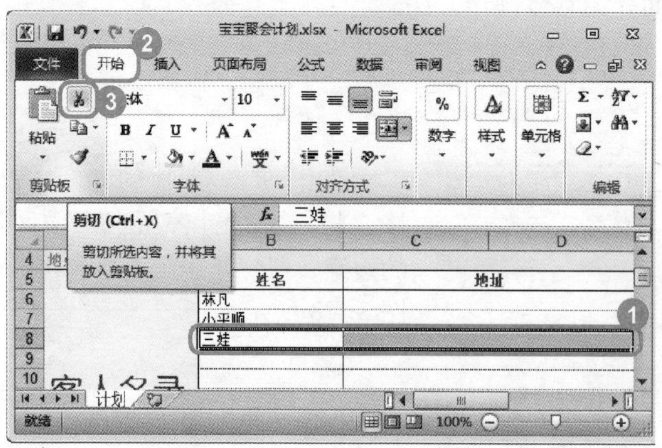

图 3-50

No.1 选中准备进行复制的单元格区域。

No.2 选择【开始】选项卡。

No.3 在【剪贴板】组中，单击【剪切】按钮，如图 3-50 所示。

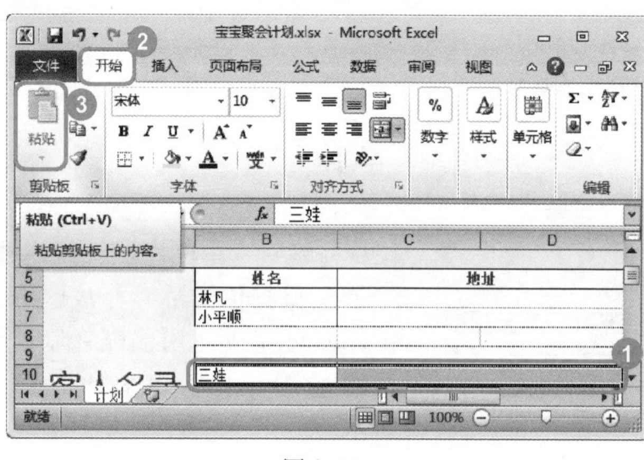

图 3-51

02

No.1 在工作表内选择准备移动到的位置。

No.2 选择【开始】选项卡。

No.3 在【剪贴板】组中，单击【粘贴】按钮，即可完成利用剪贴板移动单元格区域的操作，如图 3-51 所示。

2. 利用剪贴板复制单元格区域

利用剪贴板复制单元格区域，同样是将选中的单元格区域中的数据复制一份，并且移动到其他位置，原区域中的数据仍保留，下面介绍具体的操作方法。

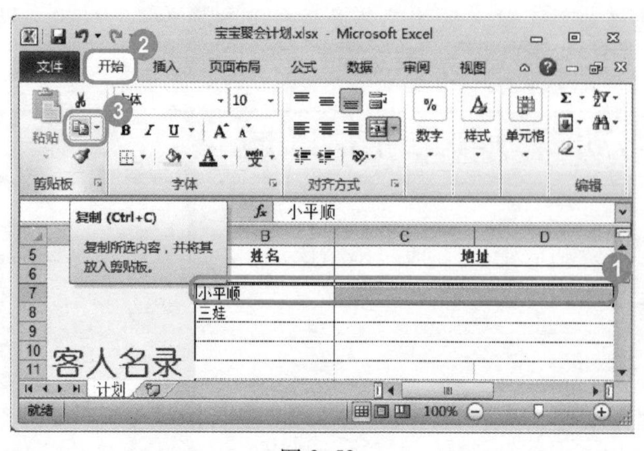

图 3-52

No.1 选中准备进行复制的单元格区域。

No.2 选择【开始】选项卡。

No.3 在【剪贴板】组中，单击【复制】按钮，如图 3-52 所示。

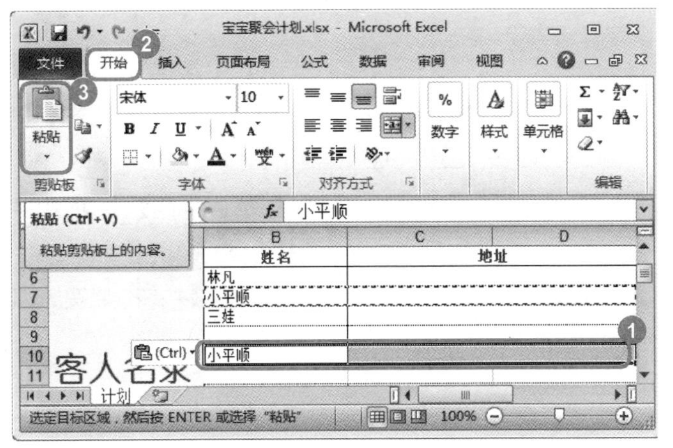

图 3-53

02

No.1 在工作表内选择准备将该区域内容要复制到的位置。

No.2 选择【开始】选项卡。

No.3 在【剪贴板】组中，单击【粘贴】按钮，即可完成利用剪贴板复制单元格区域的操作，如图 3-53 所示。

Section

3.5 实践案例与上机操作

3.5.1 合并单元格

在 Excel 2010 工作表中，用户可根据需要将多个连续的单元格合并成一个单元格。下面介绍合并单元格的操作方法。

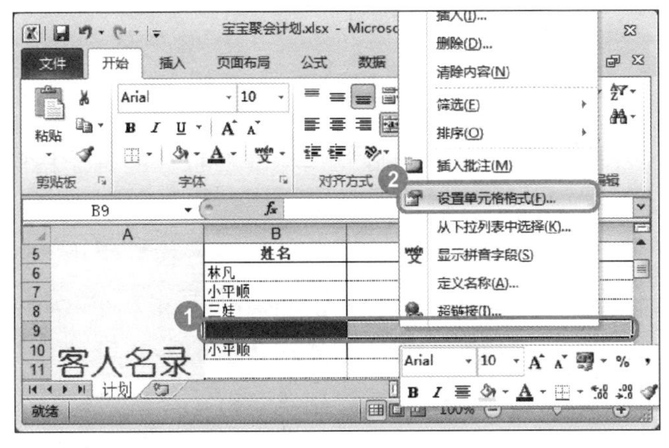

图 3-54

01

No.1 选择需要合并的多个连续单元格，并使用鼠标右键单击。

No.2 在弹出来的快捷菜单中选择【设置单元格格式】菜单项，如图 3-54 所示。

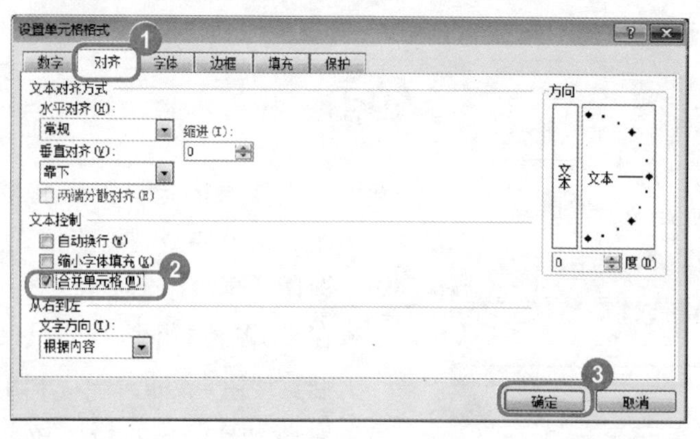

图 3-55

02

No.1 弹出【设置单元格格式】对话框，选择【对齐】选项卡。

No.2 在【文本控制】选项组中选择【合并单元格】复选框。

No.3 单击【确定】按钮，如图 3-55 所示。

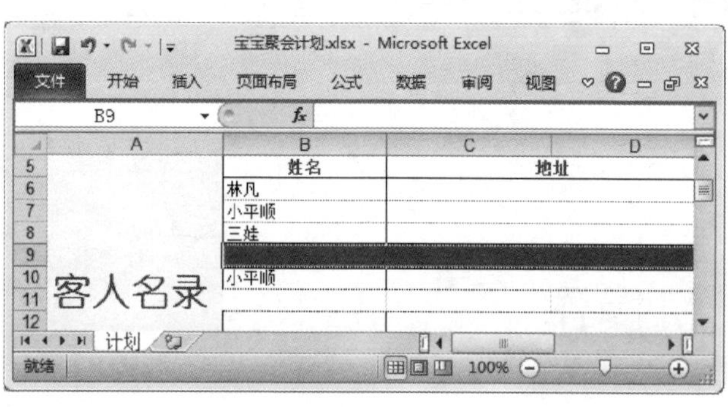

图 3-56

03

刚刚选择的多个连续单元格已被合并成一个单元格，如图 3-56 所示。

3.5.2 拆分合并后的单元格

在 Excel 2010 工作表中，将单元格合并后，如果准备将其还原为原有的单元格数量，可以通过拆分单元格功能还原单元格。下面介绍拆分单元格的操作步骤。

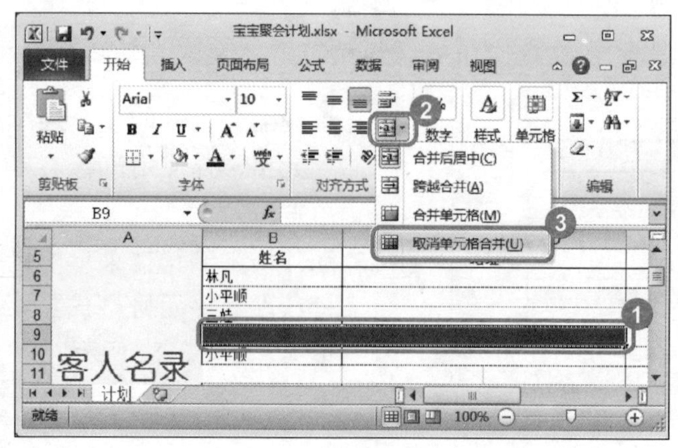

图 3-57

01

No.1 选择准备拆分的单元格区域。

No.2 在【对齐方式】组中，单击【合并后居中】下拉按钮。

No.3 选择【取消单元格合并】选项，如图 3-57 所示。

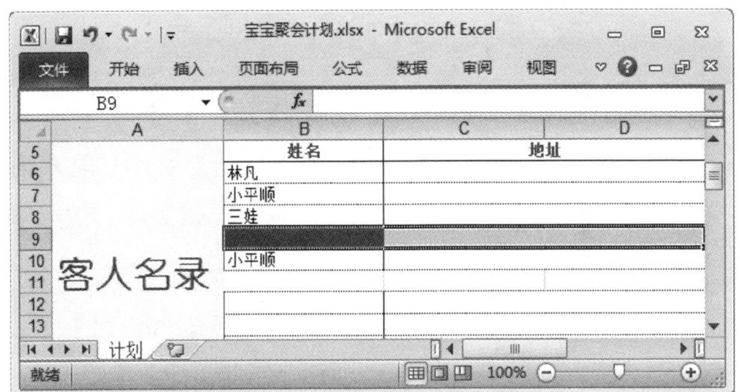

图 3-58

02

返回到工作表中，可以看到合并后的单元格已被拆分，如图 3-58 所示。

3.5.3 复制到其他工作表

在 Excel 工作簿的操作中，复制区域除了可用于本工作表，还可以复制到其他工作表，下面介绍复制到其他工作表的操作方法。

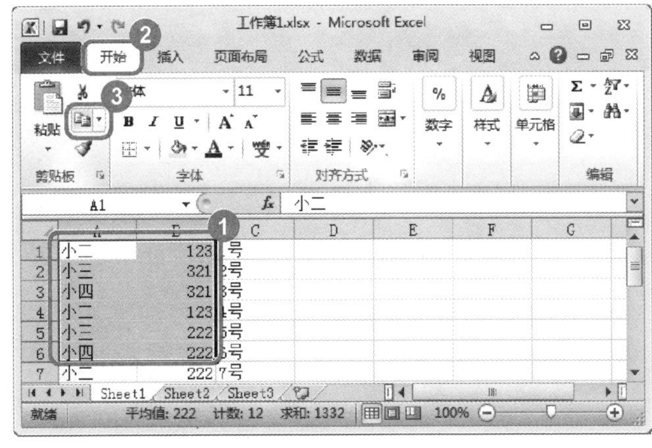

图 3-59

No.1 在【Sheet1】工作表中选择要复制的区域，如选择“A1：B6”区域。

No.2 选择【开始】选项卡。

No.3 在【剪贴板】组中，单击【复制】按钮，如图 3-59 所示。

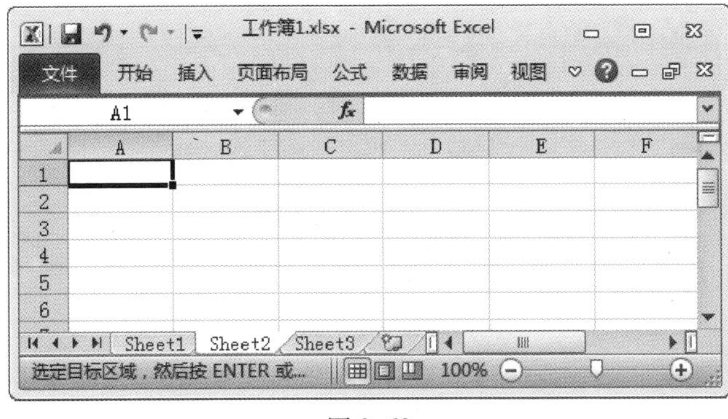

图 3-60

02

在程序下方工作表标签中，单击【Sheet2】标签，选择该工作表，光标停在工作表的第一个单元格 A1 处，如图 3-60 所示。

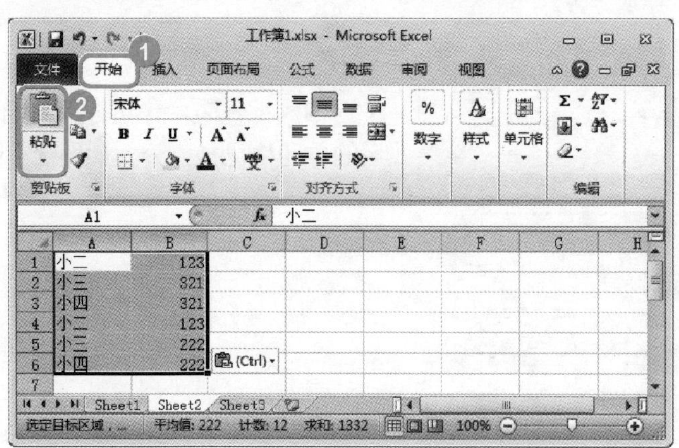

图 3-61

No.1 选择【开始】选项卡。

No.2 在【剪贴板】组中，单击【粘贴】按钮，这时可以看到【Sheet2】工作表中已经粘贴了在【Sheet1】工作表中复制的内容，如图 3-61 所示。

第 4 章

输入和编辑数据

本章主要介绍了在工作表中输入数据、快速填充表格数据和查找与替换数据等知识。在本章的最后还针对实际的工作需求，讲解了一些实例的上机操作方法。

Section

4.1 在工作表中输入数据

本节导读

使用 Excel 2010 在日常办公中对数据进行处理时，用户可以根据具体需要向工作表输入文本、数值、日期与时间及各种专业数据。本节将介绍在工作表中输入数据的相关知识及操作方法。

4.1.1 输入文本

在单元格中输入最多的内容就是文本信息，如输入工作表的标题，图表中的内容等。下面介绍输入文本的操作方法。

图 4-1

01

No.1 单击需要输入文本信息的单元格。

No.2 在选中的单元格中输入文本，如图 4-1 所示。

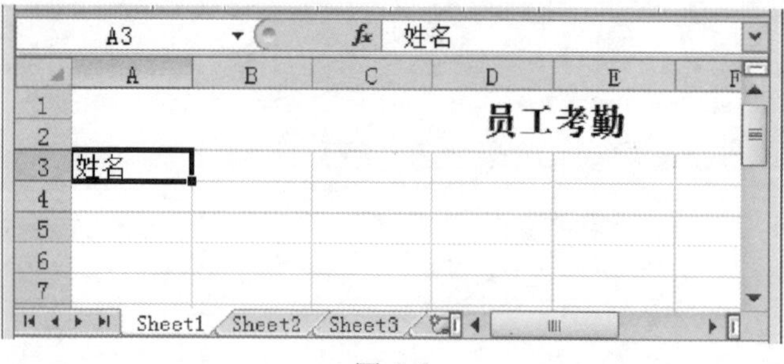

图 4-2

02

可以看到所选单元格中已输入了文本，如图 4-2 所示。

4.1.2 输入数值

在 Excel 2010 工作表的单元格中，可以输入正数或负数，也可以输入整数、小数或分数以及科学计数法数值等。下面将分别介绍输入数值的操作方法。

1. 输入整数

用鼠标左键双击准备输入的单元格，然后在该单元格中输入准备输入的数字，如“25”，最后按下键盘上的〈Enter〉键，即可完成输入整数的操作，如图 4-3 所示。

2. 输入分数

在单元格中可以输入分数，但如果按照普通方式输入分数，那么 Excel 2010 会将其转换为日期格式，如在单元格中输入“2/3”，Excel 2010 会将其转换为“2 月 3 日”。在单元格中输入分数时，需在分子前面加一个空格键，如“␣3/5”（“␣”代表键盘上的空格键），这样 Excel 2010 就会将该数据作为一个分数处理，如图 4-4 所示。

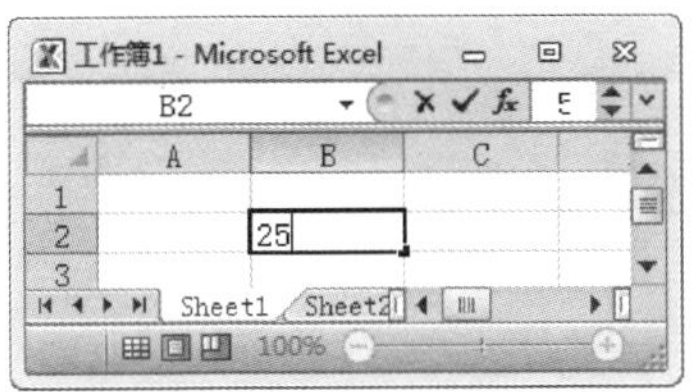

图 4-3

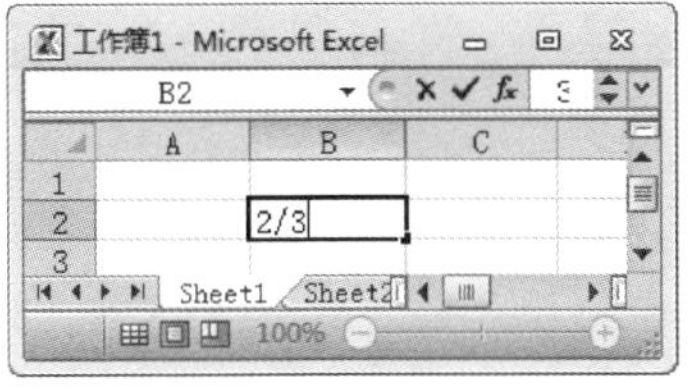

图 4-4

3. 输入科学计数法数值

当在单元格中输入很大或很小的数值时，输入的内容和单元格显示的内容可能不一样，因为 Excel 2010 系统会自动用科学计数法显示输入的数，但在编辑栏中显示的内容与输入的内容一致，如图 4-5 所示。

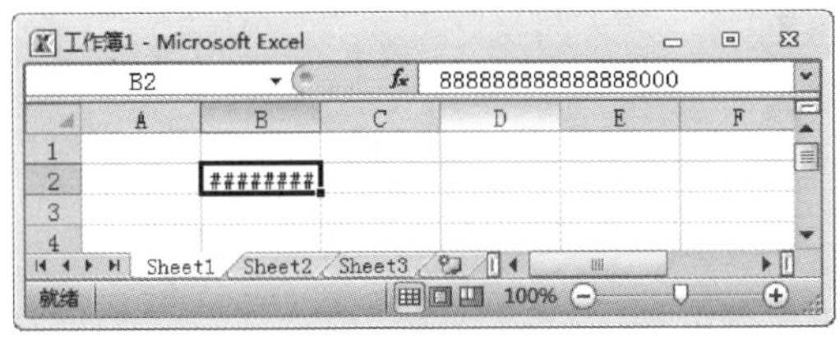

图 4-5

教你一招

通过功能区中的命令输入分数

在单元格中输入数值。然后在【数字】组中单击【常规】下拉按钮，在弹出的列表中选择【分数】列表项。即可将当前单元格中的数字改写成分数形式，从而完成输入分数的操作。

4.1.3 输入日期和时间

在 Excel 2010 工作表中，用户可将单元格的格式设置为日期或时间，这样向单元格中输入数字时即可将数值显示为日期或时间。下面详细介绍其操作方法。

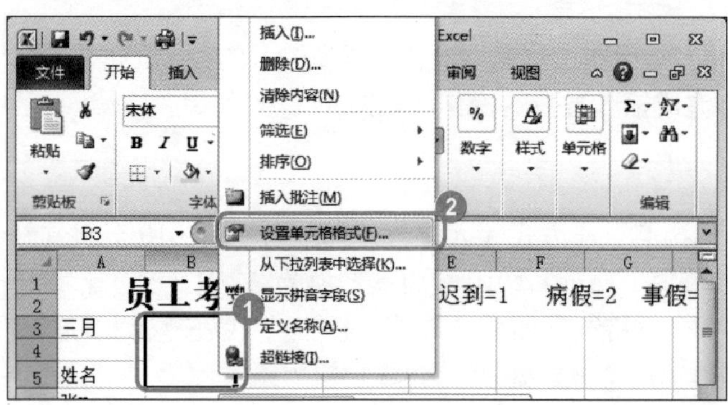

图 4-6

01

No.1 右键单击准备输入日期的单元格，例如“B3”单元格。

No.2 在弹出的快捷菜单中，选择【设置单元格格式】菜单项，如图 4-6 所示。

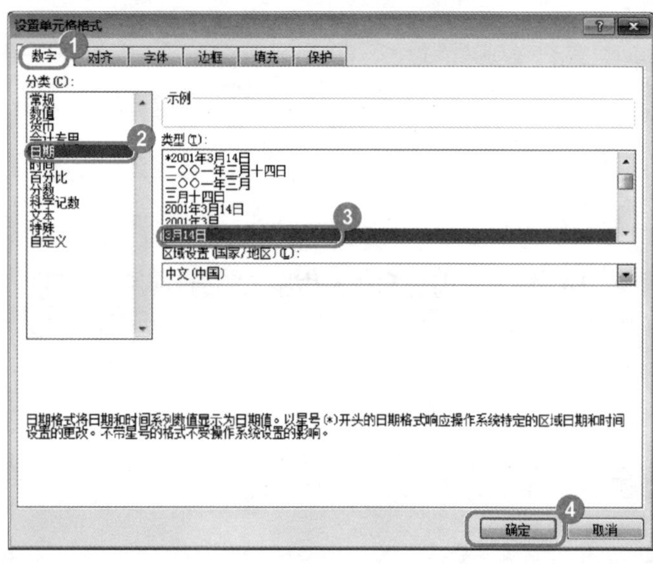

图 4-7

02

No.1 弹出【设置单元格格式】对话框，选择【数字】选项卡。

No.2 在【分类】列表框中，选择【日期】列表项。

No.3 在【类型】列表框中，选择准备应用的日期样式。

No.4 单击【确定】按钮，如图 4-7 所示。

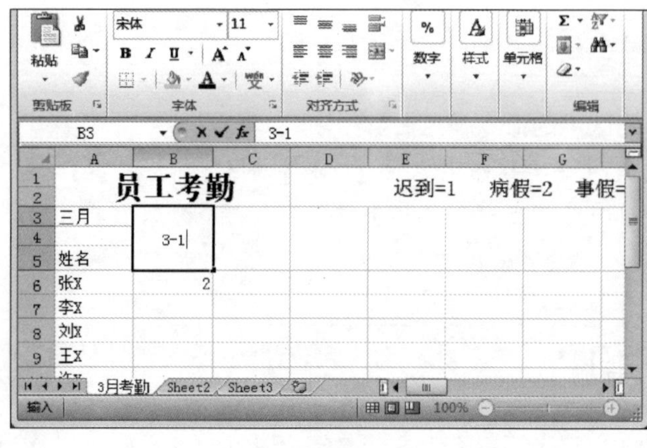

图 4-8

03

返回到工作表界面，选中刚刚设置单元格格式的“B3”单元格，输入数值“3-1”，并按下〈Enter〉键，如图 4-8 所示。

图 4-9

04

可以看到，单元格内的数值自动转换成选择的日期样式，如图 4-9 所示。

4.1.4 逻辑值

逻辑值是比较特殊的一类参数，它只有 TRUE（真）或 FALSE（假）两种类型。当公式条件满足时为 TRUE（真），即非 0；当公式条件不满足时为 FALSE（假），即 0。

例如，公式“=IF(A3=0,″″,A2/A3)”中，“A3=0”是一个可以返回 TRUE（真）或 FALSE（假）两种结果的参数。当“A3=0”为 TRUE（真）时在公式所在单元格中填入“0”，否则在单元格中填入“A2/A3”的计算结果。

4.1.5 错误值

所谓错误值是单元格中的数据不符合单元格格式要求，使单元格不能识别该数据，造成的显示错乱。在 Excel 中常见的错误值有以下几种。

1. #####！

如果单元格所含的数字、日期或时间比单元格宽，或者单元格的日期时间公式产生了一个负值，就会产生 #####！错误。

如果单元格所含的数字、日期或时间比单元格宽，可以通过拖动列表之间的宽度来修改列宽。如果使用的是 1900 年的日期系统。那么 Excel 中的日期和时间必须为正值，用较早的日期或者时间值减去较晚的日期或者时间值就会导致 #####！错误。如果公式正确，也可以将单元格的格式改为非日期和时间型来显示该值。

2. #VALUE!

当使用错误的参数或运算对象类型时，或者当公式自动更正功能不能更正公式时，将产生错误值 #VALUE!。

如果在需要数字或逻辑值时输入了文本，Excel 不能将文本转换为正确的数据类型。可以确认公式或函数所需的运算符或参数正确，并且公式引用的单元格中包含有效的数值。例如：如果单元格 A1 包含一个数字，单元格 A2 包含文本“学籍”，则公式“=A1+A2”将返回错误值 #VALUE!。可以用 SUM 工作表函数将这两个值相加（SUM 函数忽略文本）：=SUM

(A1:A2)。

如果将单元格引用、公式或函数作为数组常量输入。可以确认数组常量不是单元格引用、公式或函数。

如果赋予需要单一数值的运算符或函数一个数值区域，可以将数值区域改为单一数值。修改数值区域，使其包含公式所在的数据行或者列。

3. #DIV/O!

当公式被零除时，将会产生错误值 #DIV/O!。

在公式中，除数使用了指向空单元格或包含零值单元格的单元格引用（在 Excel 中如果运算对象是空白单元格，Excel 将此空值当作 0 值）。可以修改单元格引用，或者在用作除数的单元格中输入不为 0 的值。

如果输入的公式中包含明显的除数零，例如：=5/0。可以将 0 改为非 0 值。

4. #NAME?

在公式中使用了 Excel 不能识别的文本时将产生错误值 #NAME?。

如果删除了公式中使用的名称，或者使用了不存在的名称。首先确认使用的名称确实存在。选择菜单中的【插入】—【名称】—【定义】命令，如果所需名称没有被列出，请使用【定义】命令添加相应的名称。

如果是因为名称的拼写错误。可以修改拼写错误的名称。

如果在公式中使用了标志。可以选择菜单中的【工具】—【选项】命令，打开【选项】对话框，然后单击【重新计算】标签，在【工作薄选项】下，选中【接受公式标志】复选框。

如果在公式中输入文本时没有使用双引号。Excel 将其解释为名称，而不理会用户准备将其用作文本的想法，将公式中的文本括在双引号中。例如：下面的公式将一段文本“总计：”和单元格 B50 中的数值合并在一起：=“总计：”&B50

如果在区域的引用中缺少冒号。可以确认公式中使用的所有区域引用都使用冒号。例如：SUM (A2:B34)。

5. #N/A

当在函数或公式中没有可用数值时，将产生错误值 #N/A。如果工作表中某些单元格暂时没有数值，请在这些单元格中输入“#N/A”，公式在引用这些单元格时，将不进行数值计算，而是返回 #N/A。

6. #REF!

当单元格引用无效时将产生错误值 #REF！。例如，删除了由其他公式引用的单元格，或将移动单元格粘贴到由其他公式引用的单元格中。

可以更改公式或者在删除或粘贴单元格之后，立即单击【撤消】按钮，以恢复工作表中的单元格。

7. #NUM！

当公式或函数中某个数字有问题时将产生错误值 #NUM！。

如果在需要数字参数的函数中使用了不能接受的参数。可以确认函数中使用的参数类型正确无误。

如果使用了迭代计算的工作表函数，例如：IRR 或 RATE，并且函数不能产生有效的结果。可以为工作表函数使用不同的初始值。

如果由公式产生的数字太大或太小，Excel 不能表示。可以修改公式，使其结果在有效数字范围内。

8. #NULL！

当试图为两个并不相交的区域指定交叉点时将产生错误值 #NULL！。例如，使用了不正确的区域运算符或不正确的单元格引用。

如果要引用两个不相交的区域，请使用联合运算符逗号“，”。公式要对两个区域求和，请确认在引用这两个区域时，使用逗号。如：SUM（A1:A13，D12:D23）。如果没有使用逗号，Excel 将试图对同时属于两个区域的单元格求和，但是由于 A1:A13 和 D12:D23 并不相交，所以他们没有共同的单元格。

Section 4.2 快速填充表格数据

本节导读

自动填充功能是 Excel 的一项特殊功能，利用该功能可以将一些有规律的数据或公式方便快速地填充到需要的单元格中，从而减少重复操作，提高工作效率，本节将详细介绍快速填充表格数据的相关知识及操作方法。

4.2.1 填充相同的数据

填充柄是位于选定单元格或单元格区域右下方的小黑方块，把鼠标指针指向填充柄，当鼠标指针变为“+”形状时，向下拖动鼠标即可填充数据。如果准备在一行或一列表格中输入相同的数据时，那么可以使用填充柄快速输入相同数据。下面介绍其操作方法。

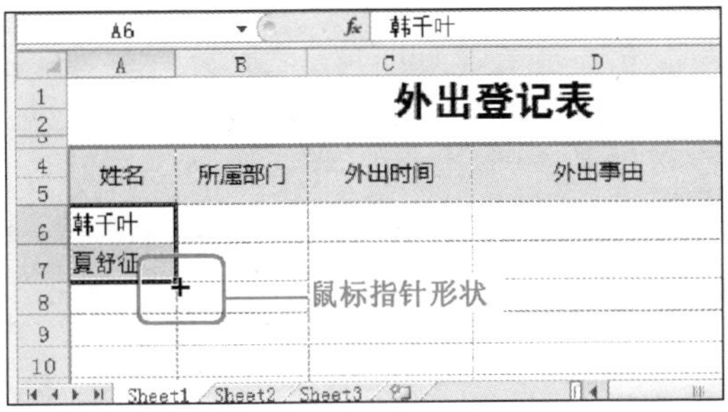

A	B	C	D
外出登记表			
姓名	所属部门	外出时间	外出事由
韩千叶			
夏舒征			

鼠标指针形状

图 4-10

选中准备进行快速填充的数据单元格区域，然后将鼠标停留在单元格区域的右下角，此时鼠标指针会变为+形状。如图 4-10 所示。

图 4-11

02

按住鼠标左键进行拖动，拖动至目标位置后，释放鼠标左键，可以看到，目标位置已经填充了相同的数据，如图 4-11 所示。

4.2.2 快速填充有序列的数据

有序列的数据填充方式包括等差序列、等比序列、日期和自动填充等。下面以填充日期为例，介绍快速填充有序列数据的操作方法。

图 4-12

01

No.1 选中准备快速填充的数据单元格区域。

No.2 单击【编辑】组中【填充】下拉按钮。

No.3 在弹出的下拉菜单中，选择【系列】菜单项，如图 4-12 所示。

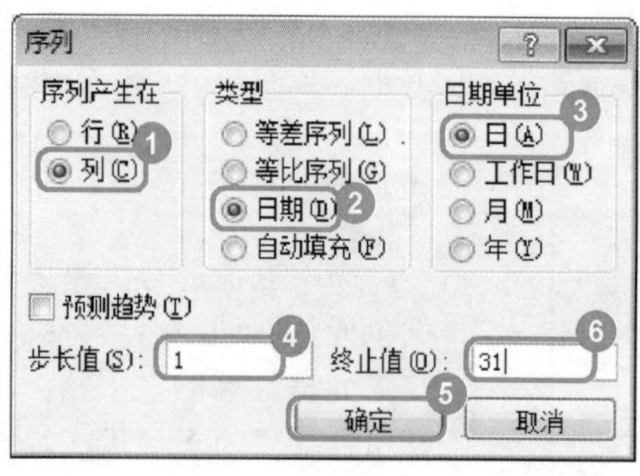

图 4-13

02

No.1 弹出【序列】对话框，再选择【列】单选项。

No.2 选择【日期】单选项。

No.3 在【步长值】文本框中，输入数值“1”。

No.4 在【终止值】文本框中，输入数字“31”。

No.5 选择【日】单选项

No.6 单击【确定】按钮，如图 4-13 所示。

图 4-14

03

返回到工作表界面，将鼠标停留在选中单元格区域的右下角，鼠标指针变为✚形状，如图 4-14 所示。

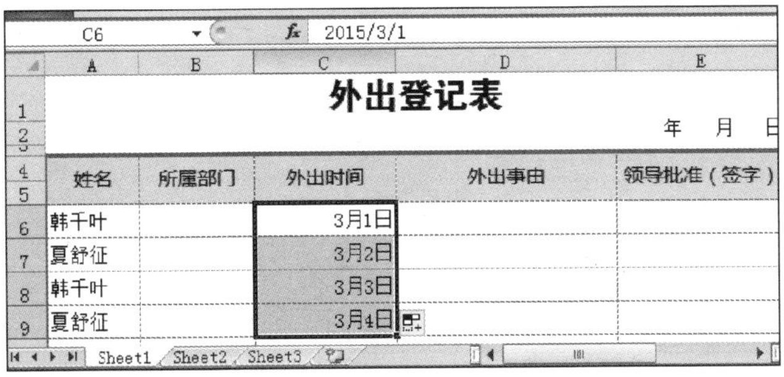

图 4-15

04

按住鼠标左键进行拖动，拖动至目标位置后，释放鼠标左键，这样即可完成快速填充有序列的数据的操作，如图 4-15 所示。

注意

设置日期的终止值时，数值不能超过当月的天数，如果超过该月的天数，则程序不会执行填充操作。

4.2.3 同时填充多个数据

利用序列的数据填充方式中的自动填充，可以很快地同时填充多个数据，无需对步长值、终止值等选项进行设置。下面介绍同时填充多个数据的操作方法。

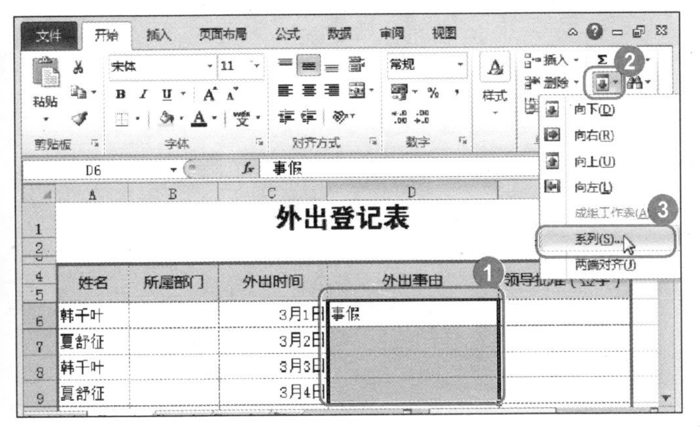

图 4-16

01

No.1 选中准备同时填充多个数据的单元格区域。

No.2 单击【编辑】组中【填充】下拉按钮。

No.3 在弹出的下拉菜单中，选择【系列】菜单项，如图 4-16 所示。

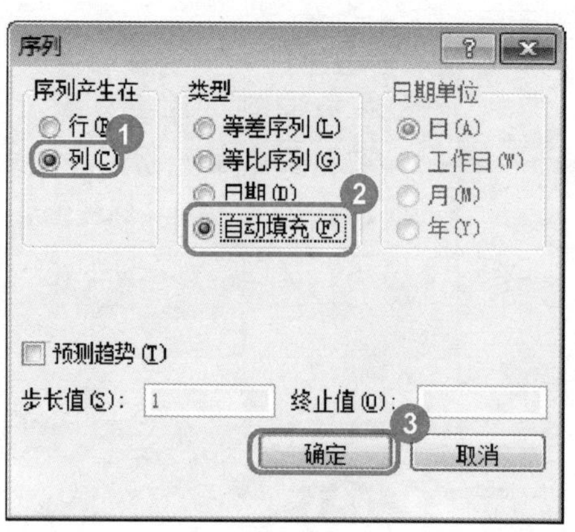

图 4-17

No.1 弹出【序列】对话框，在【序列产生在】区域中，选择【列】单选项。

No.2 在【类型】区域中，选择【自动填充】单选项。

No.3 单击【确定】按钮，如图 4-17 所示。

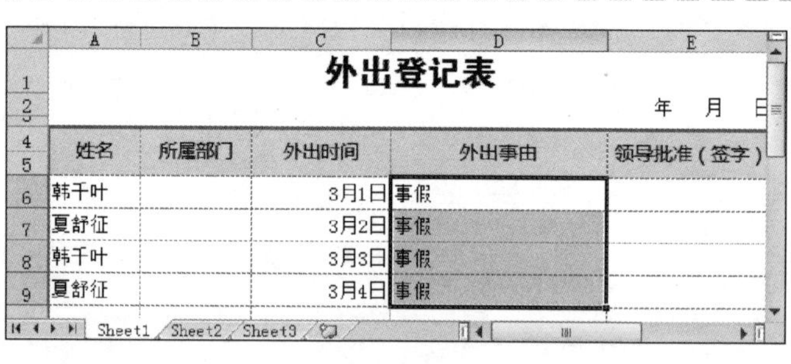

图 4-18

03

返回到工作表界面，可以看到选中的单元格区域已经填充多个数据，如图 4-18 所示。

4.2.4 自定义填充序列

自定义填充序列是指用户个人设置填充的内容，当用户在工作表中输入已经设置在序列中的第一个数据时，使用鼠标拖动该数据的单元格，程序会自动为其他单元格填充已经设置好的内容，下面介绍具体的操作方法。

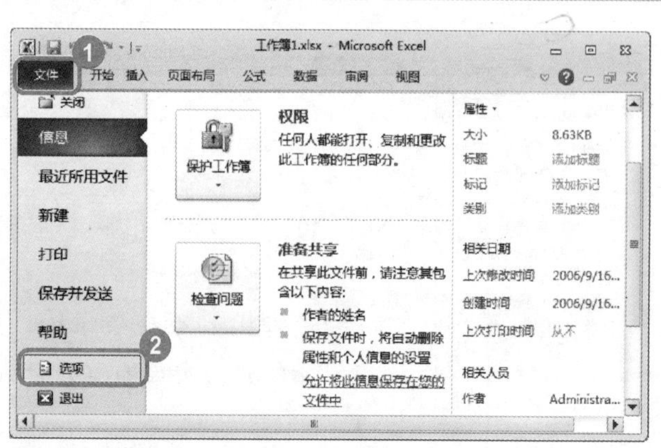

图 4-19

No.1 在功能区中选择【文件】选项卡。

No.2 在视图中选择【选项】命令按钮 选项，如图 4-19 所示。

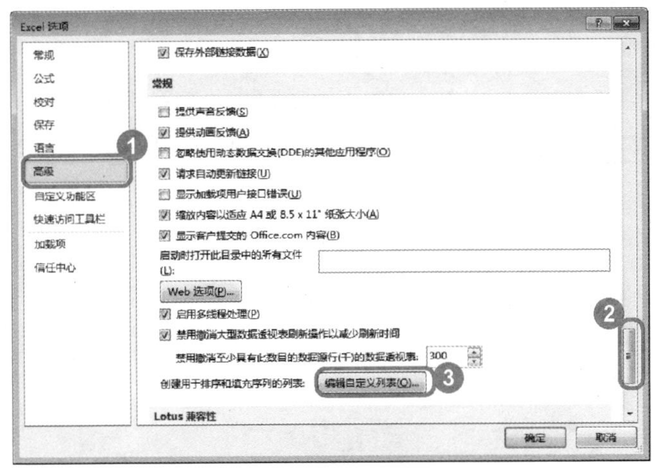

图 4-20

02

No.1 弹出【Excel 选项】对话框，单击选择【高级】选项卡。

No.2 拖动垂直滑块至对话框底部。

No.3 在【常规】区域中，单击【编辑自定义列表】按钮 编辑自定义列表(O)... ，如图 4-20 所示。

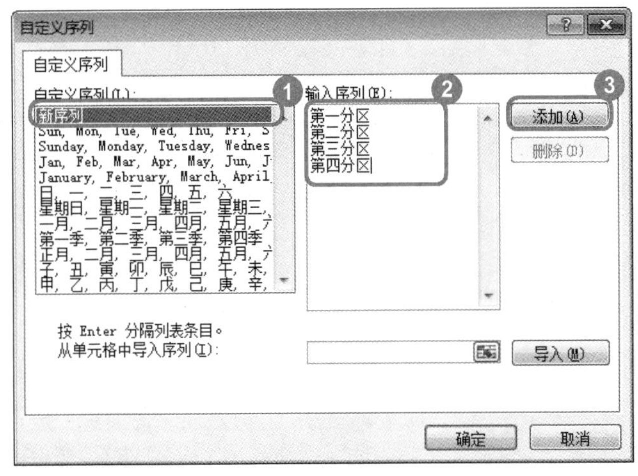

图 4-21

03

No.1 弹出【自定义序列】对话框，在【自定义序列】列表框中，选择【新序列】列表项。

No.2 在【输入序列】文本框中输入准备设置的序列，如输入“第一分区～第四分区”。

No.3 单击【添加】按钮 添加(A) ，如图 4-21 所示。

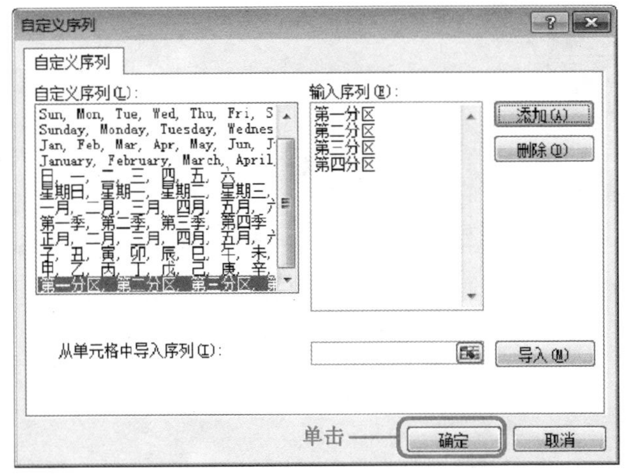

图 4-22

04

可以看到刚刚输入的新序列已经被添加到【自定义序列】中，确认操作后，单击【确定】按钮，如图 4-22 所示。

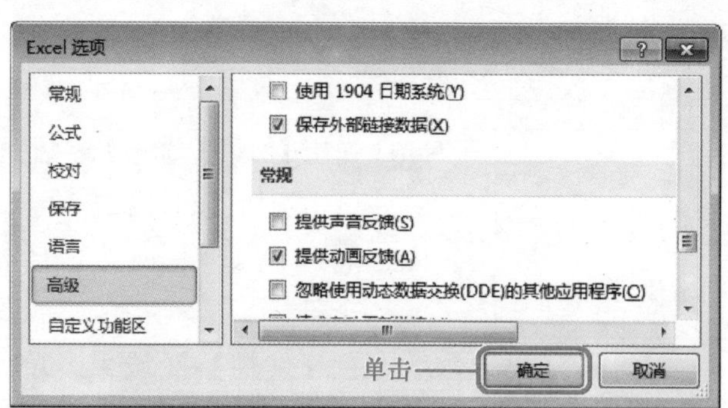

图 4-23

05

返回到【Excel 选项】对话框，确认操作后，单击【确定】按钮，如图 4-23 所示。

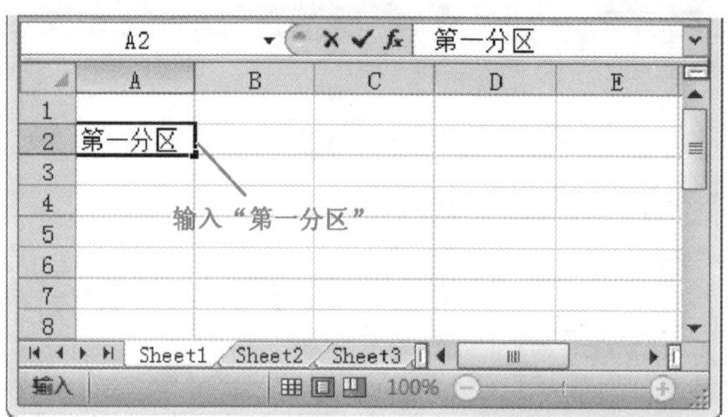

图 4-24

06

返回到工作表编辑界面，在准备使用填充序列的单元格输入自定义设置好的填充内容，如"第一分区"，如图 4-24 所示。

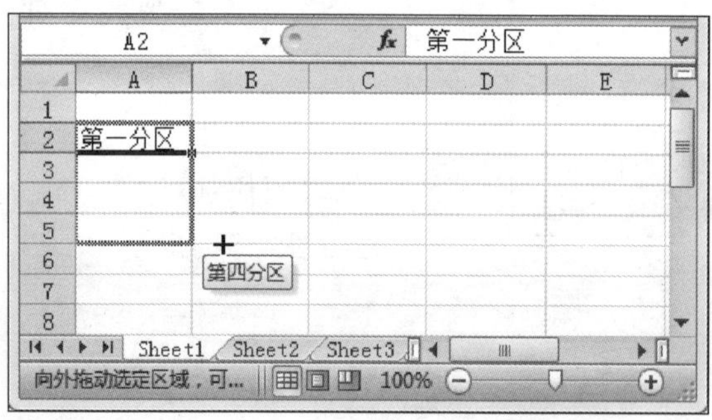

图 4-25

07

选中准备填充内容的单元格区域，并且将鼠标指针移动至填充柄上，拖动鼠标至准备填充的单元格位置。如图 4-25 所示。

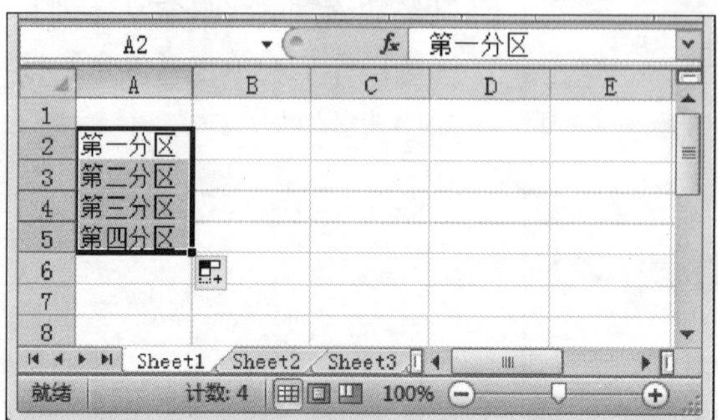

图 4-26

08

释放鼠标，可以看到准备填充的内容已经被填充至所需的行或列中，如图 4-26 所示。

Section 4.3

查找与替换数据

本节导读

当表格中的数据内容较多，需要对表格中的数据进行查找或更改时，如果只靠用肉眼查找既浪费时间，又不能保证全部查找到，此时用户可以使用程序提供的查找和替换功能，以帮助用户完美地完成数据的查找和替换任务，本节将详细介绍查找与替换数据的相关知识。

4.3.1 查找数据

在 Excel 2010 程序中，用户使用查找数据功能，可以查找到与准备使用数据的关键字相关的单元格或单元格区域，下面介绍查找数据的相关操作方法。

图 4-27

01

No.1 选择【开始】选项卡。

No.2 在【编辑】组中单击【查找和选择】按钮。

No.3 在弹出的菜单中，选择【查找】菜单项，如图 4-27 所示。

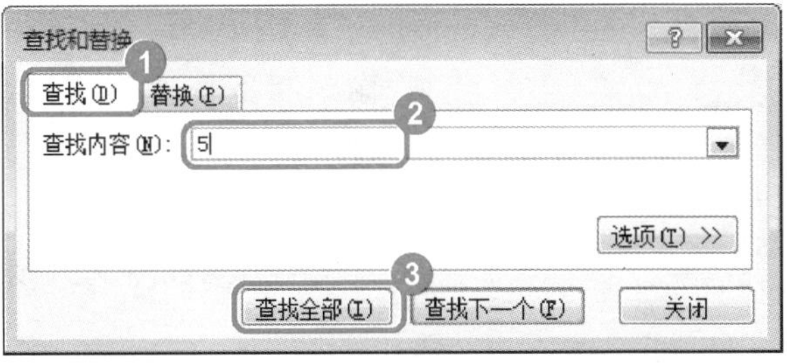

图 4-28

02

No.1 弹出【查找和替换】对话框，选择【查找】选项卡。

No.2 在【查找内容】文本框中，输入准备查找的关键字，如输入数字“5”。

No.3 单击【查找全部】按钮，如图 4-28 所示。

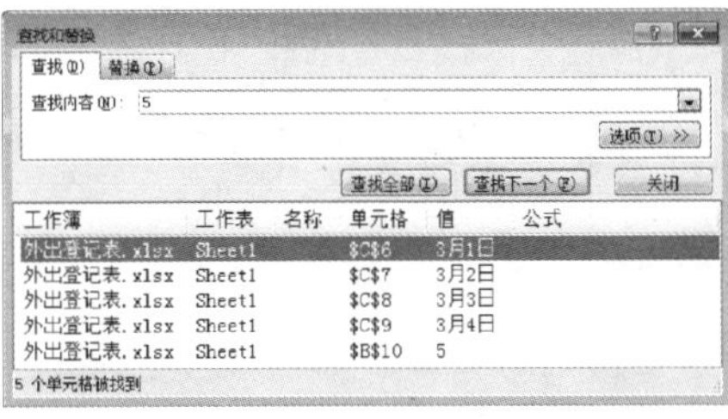

图 4-29

03

可以看到所需查找的数据出现在对话框下方的列表框中，如图 4-29 所示。

4.3.2 替换数据

如果用户准备在工作表的不同单元格中修改很多相同的数据，那么可以通过 Excel 2010 程序的替换数据功能完成操作，下面介绍替换数据的相关操作方法和技巧。

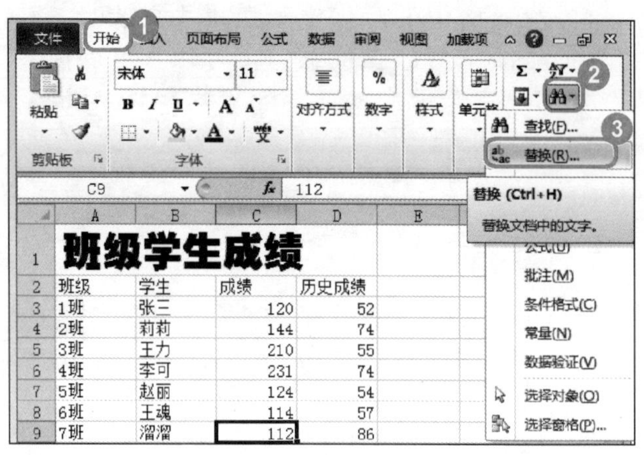

图 4-30

01

No.1 选择【开始】选项卡。

No.2 在【编辑】组中单击【查找和选择】按钮。

No.3 在弹出的菜单中，选择【替换】菜单项，如图 4-30 所示。

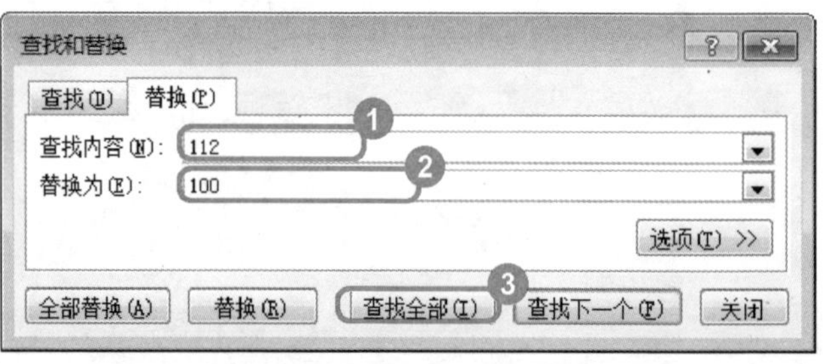

图 4-31

02

No.1 弹出【查找和替换】对话框，在【查找内容】文本框中，输入准备查找的文本，如“112”。

No.2 在【替换为】文本框中，输入准备替换的文本，如输入数字“100”。

No.3 单击【查找全部】按钮 查找全部(I)，如图 4-31 所示。

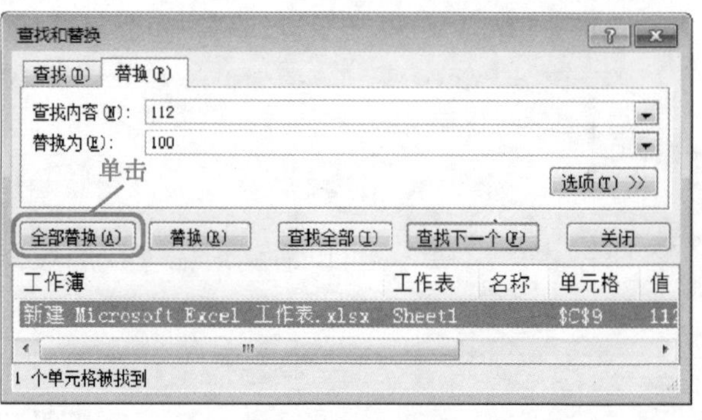

图 4-32

03

可以看到所需查找的数据出现在对话框下方的列表框中，单击【全部替换】按钮 全部替换(A)，如图 4-32 所示。

图 4-33

04

弹出【Microsoft Excel】对话框，提示用户已经完成搜索并进行了多少处替换操作，确定结果后，单击【确定】按钮，如图 4-33 所示。

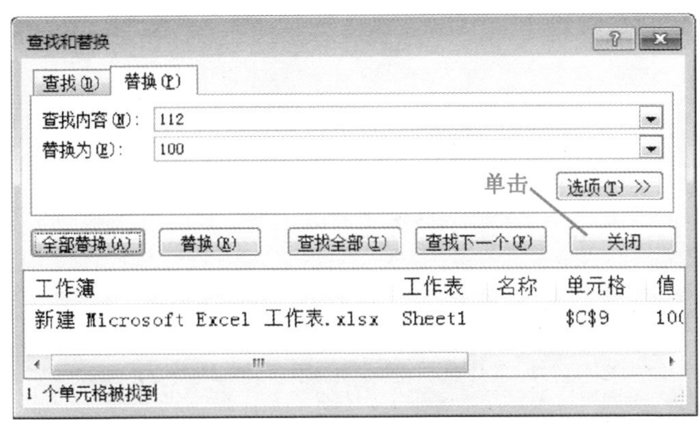

图 4-34

05

返回到【查找和替换】对话框，单击【关闭】按钮 关闭 ，如图 4-34 所示。

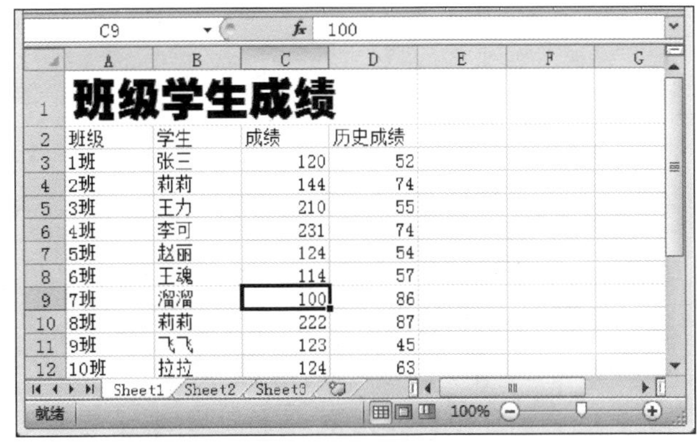

	A	B	C	D
1	班级学生成绩			
2	班级	学生	成绩	历史成绩
3	1班	张三	120	52
4	2班	莉莉	144	74
5	3班	王力	210	55
6	4班	李可	231	74
7	5班	赵丽	124	54
8	6班	王魂	114	57
9	7班	溜溜	100	86
10	8班	莉莉	222	87
11	9班	飞飞	123	45
12	10班	拉拉	124	63

图 4-35

06

返回到工作表页面，可以看到工作表中的数字“112”已经被替换为数字“100”，如图 4-35 所示。

教你一招

替换某一处文本

在替换的过程中，如果表格中有多处查找的内容，但是用户只想替换其中一处时，可以在设置了查找与替换的内容后，连续单击【查找下一个】按钮，直到查找到需要替换的内容后，再单击【替换】按钮，即可完成操作。

Section 4.4

实践案例与上机操作

4.4.1 输入平方与立方

平方与立方是在日常工作中比较常见的数据显示方式，下面介绍在Excel 2010工作表中输入平方与立方的操作方法。

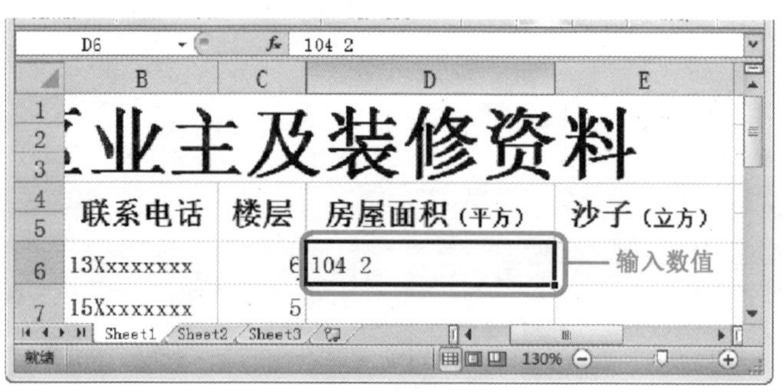

图 4-36

选择准备要输入平方数的单元格，例如“D6”单元格，并在单元格内输入相关数值，如图4-36所示。

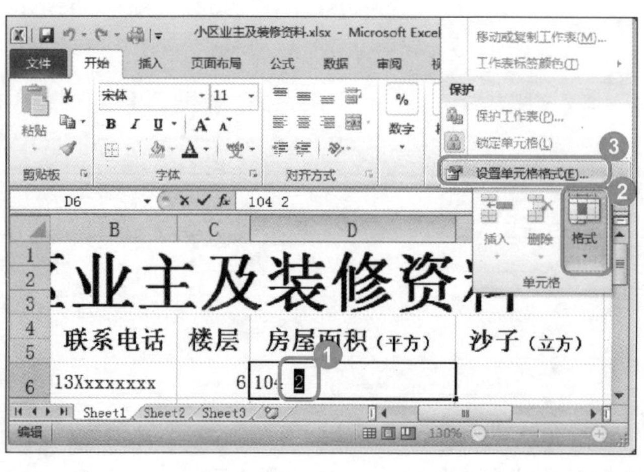

图 4-37

02

No.1 选中单元格内准备设置为平方的数值“2”。

No.2 单击【单元格】组中的【格式】下拉按钮。

No.3 在弹出的下拉菜单中，选择【设置单元格格式】菜单项，如图4-37所示。

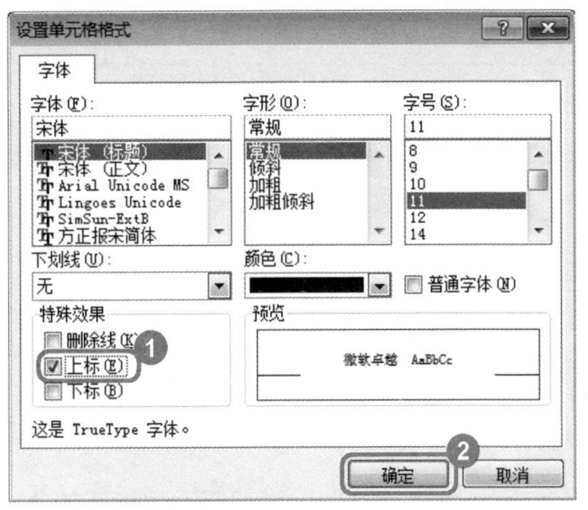

图 4-38

03

No.1 弹出【设置单元格格式】对话框，在【特殊效果】区域下方，选择【上标】复选项。

No.2 单击【确定】按钮 ，如图 4-38 所示。

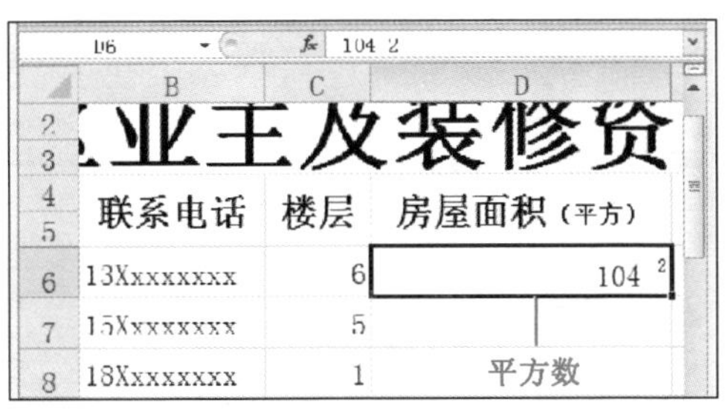

图 4-39

04

返回到工作表界面，可以看到单元格内的数据已经以平方的形式显示，如图 4-39 所示。

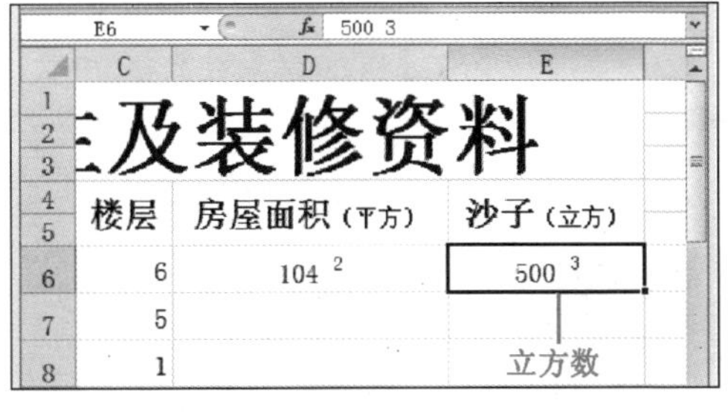

图 4-40

05

选择“E6”单元格，用上述方法设置用户装修使用沙子的立方数，如图 4-40 所示。

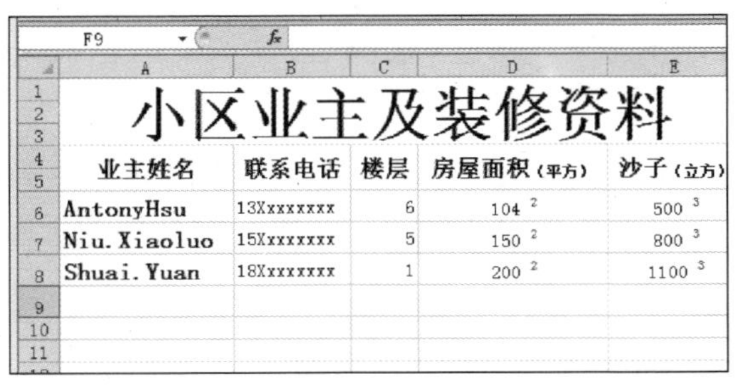

业主姓名	联系电话	楼层	房屋面积（平方）	沙子（立方）
AntonyHsu	13Xxxxxxxx	6	104^{2}	500^{3}
Niu.Xiaoluo	15Xxxxxxxx	5	150^{2}	800^{3}
Shuai.Yuan	18Xxxxxxxx	1	200^{2}	1100^{3}

图 4-41

06

将剩下的单元格分别填入相关的平方数以及立方数，即可完成输入平方与立方的操作，如图 4-41 所示。

4.4.2 快速输入特殊符号

在 Excel 表格中编辑数据时，有时需要输入一些特殊符号，如★、◎、※ 等，此时用户可以使用 Excel 2010 程序中自带的特殊符号库进行输入。下面介绍快速输入特殊符号的相关操作方法。

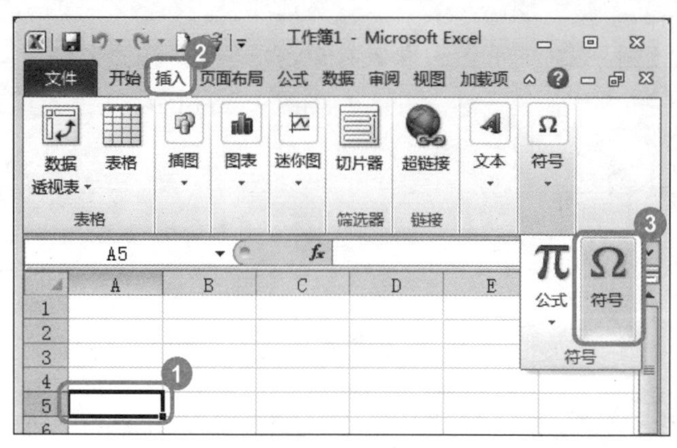

图 4-42

01

No.1 选择准备输入特殊符号的单元格。

No.2 在功能区中，选择【插入】选项卡。

No.3 在【符号】组中，单击【符号】按钮。如图 4-42 所示。

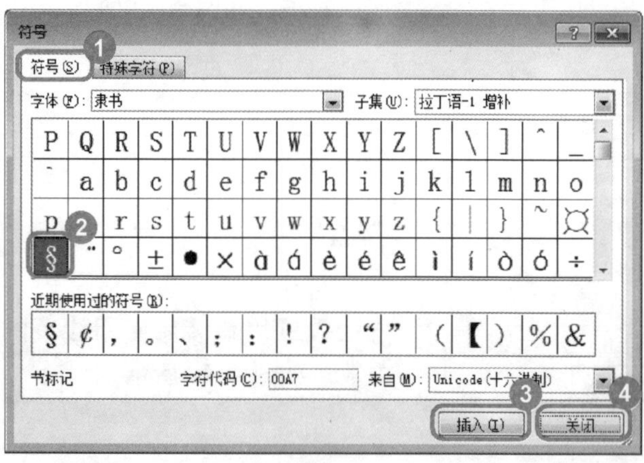

图 4-43

02

No.1 弹出【符号】对话框，选择【符号】选项卡。

No.2 在【符号】库中，选择准备插入的特殊符号，如选择“§”。

No.3 单击【插入】按钮 插入(I)。

No.4 单击【关闭】按钮 关闭，如图 4-43 所示。

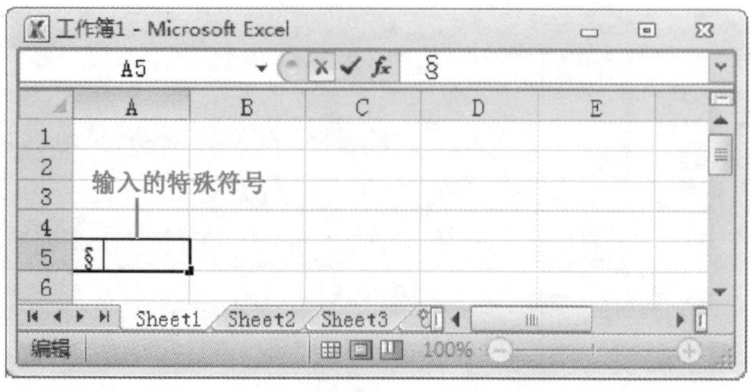

图 4-44

03

返回到 Excel 工作表编辑页面，在之前选中的单元格中可以看到已经插入特殊符号“§”，如图 4-44 所示。

4.4.3 清除单元格

在清除单元格时，可以选择性地清除单元格中的数据或数据的格式。下面介绍清除单元格的操作方法。

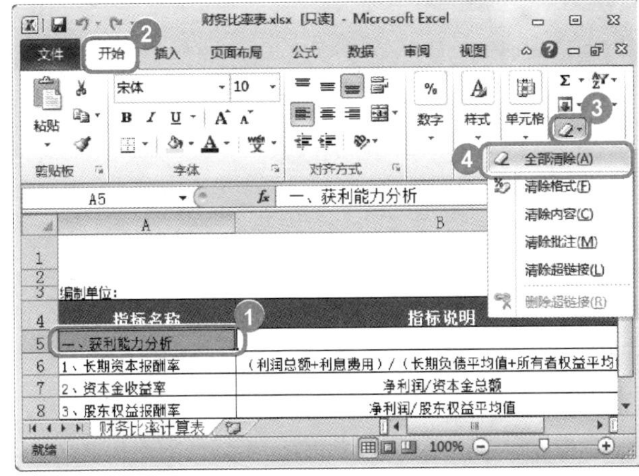

图 4-45

No.1 选中准备进行清除内容的单元格。

No.2 选择【开始】选项卡。

No.3 在【编辑】组中，单击【清除】按钮右侧的下三角按钮。

No.4 在弹出的快捷菜单中选择【全部清除】菜单项，如图 4-45 所示。

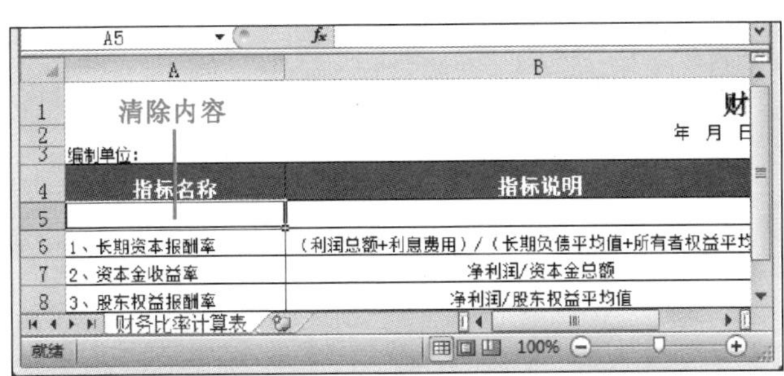

图 4-46

经过以上步骤即可完成清除单元格内容的操作，如图 4-46 所示。

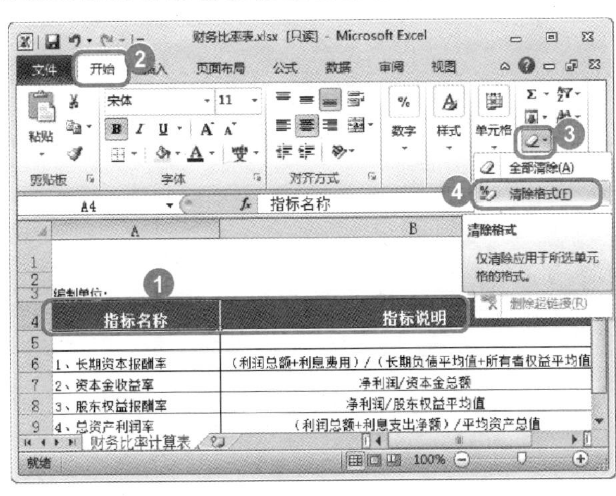

图 4-47

No.1 选中准备进行清除格式的单元格。

No.2 选择【开始】选项卡。

No.3 在【编辑】组中，单击【清除】按钮右侧的下三角按钮。

No.4 在弹出的快捷菜单中选择【清除格式】菜单项，如图 4-47 所示。

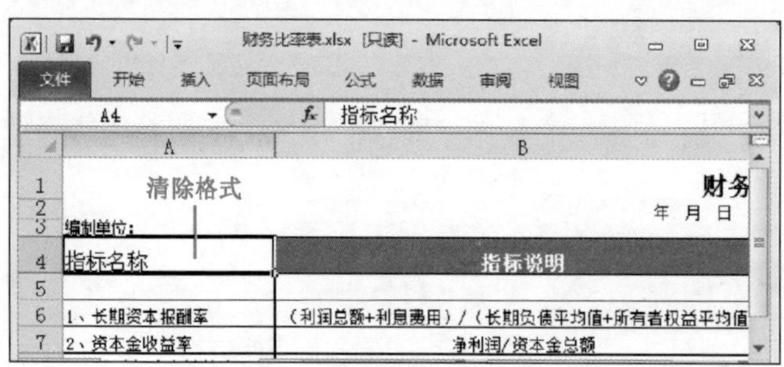

图 4-48

04

可以看到选中的单元格中的格式已被清除，效果如图 4-48 所示。

注意

在清除单元格中的全部数据内容时，按下键盘上〈Delete〉键即可快捷地完成清除操作。

第 5 章

美化Excel工作表

本章主要介绍美化工作表的基本操作、设置对齐方式、设置外框与填充格式和使用批注的基础知识，同时还讲解了应用主题的操作。在本章最后还针对实际的工作需要，讲解了一些实例的上机操作方法。

Section

5.1 美化工作表的基本操作

本节导读

美化 Excel 工作表的基本操作主要包括设置字体、字号、字形和设置文字颜色等。本节将介绍美化工作表的基本操作方法。

5.1.1 设置字体和字号

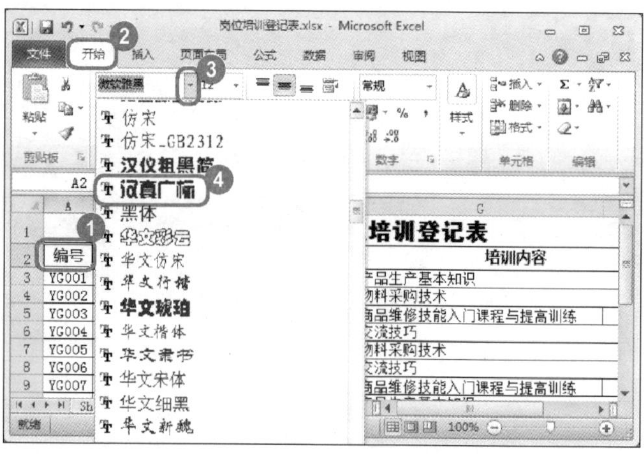

图 5-1

No.1 选择准备设置字体的单元格。

No.2 选择【开始】选项卡。

No.3 在【字体】组中单击【字体】下拉按钮▼。

No.4 在弹出的下拉列表中，选择准备设置的字体，如图 5-1 所示。

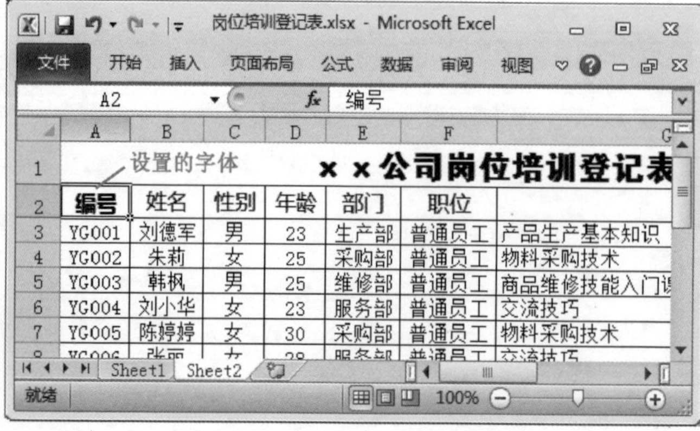

图 5-2

02

可以看到所选择的单元格中的字体已被改变，如图 5-2 所示。

举一反三

将鼠标指针移到字体名上时，单元格中的文字马上改变为对应的字体样式，可方便地预览设置的效果。

图 5-3

03

No.1 选择准备设置字号的单元格。

No.2 选择【开始】选项卡。

No.3 在【字体】组中单击【字号】下拉按钮。

No.4 在弹出的下拉列表中，选择准备应用的字号，如图 5-3 所示。

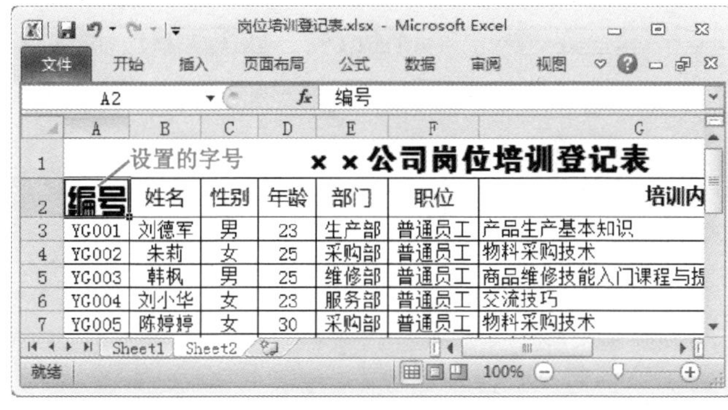

图 5-4

可以看到所选择的单元格中的字号已被改变，如图 5-4 所示。

教你一招

设置更大的字号

在字号列表中显示的最大值为 72 磅，如果需要设置更大的字号，可以单击【字号】输入框，在其中输入具体的数值，输入的范围为 1~409 磅。

5.1.2 设置字体颜色

对字体设置适当的颜色，可以起到突出主题的作用，也可以使表格更加美观。下面介绍设置字体颜色的操作方法。

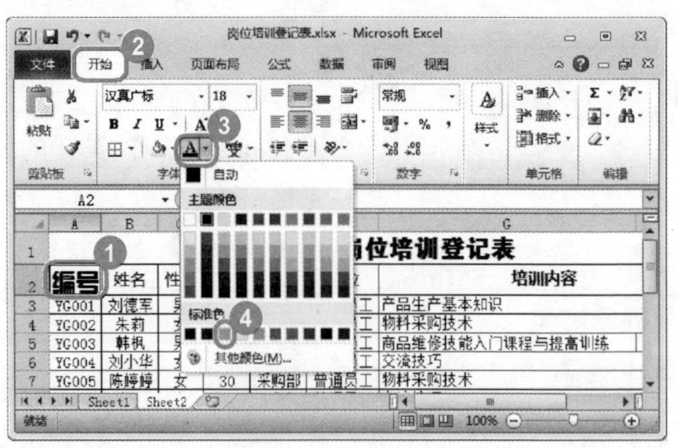

图 5-5

01

No.1 选择准备设置文字颜色的单元格。

No.2 选择【开始】选项卡。

No.3 在【字体】组中单击【文字颜色】下拉按钮A·。

No.4 在弹出的下拉列表中，选择准备使用的文字颜色，如图 5-5 所示。

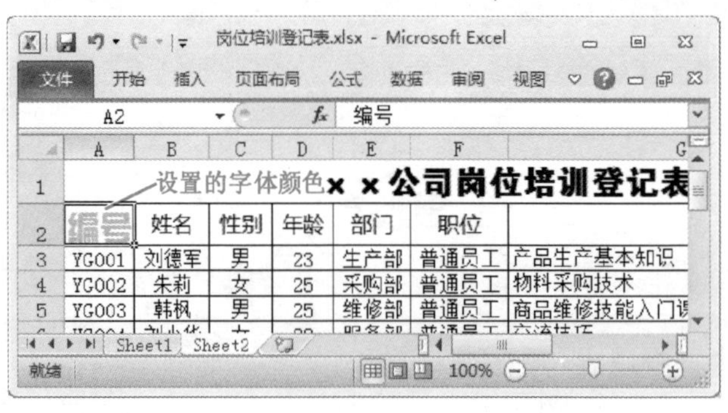

图 5-6

02

返回到工作表界面，可以看到，已经将选中的单元格中的文字颜色改变，如图 5-6 所示。

Section 5.2 设置对齐方式

本节导读

设置对齐方式是指，设置数据在单元格中显示的位置，包括居中对齐、文本左对齐、文本右对齐三种横向对齐方式和顶端对齐、垂直居中、底端对齐三种垂直对齐方式，本节将介绍设置对齐方式的操作。

5.2.1 对齐方式

设置单元格对齐方式有两种方法：一种方法是通过功能区设置对齐方式，另一种是通过启动器按钮设置对齐方式。

1. 通过功能区设置对齐方式

文本基本对齐包括左对齐、右对齐、居中对齐、顶端对齐、底端对齐和垂直居中 6 种情况，下面以文本居中对齐为实例，介绍其操作方法。

图 5-7

No.1 选择准备设置对齐方式的单元格。

No.2 选择【开始】选项卡。

No.3 在【对齐方式】组中，单击【居中】按钮，如图 5-7 所示。

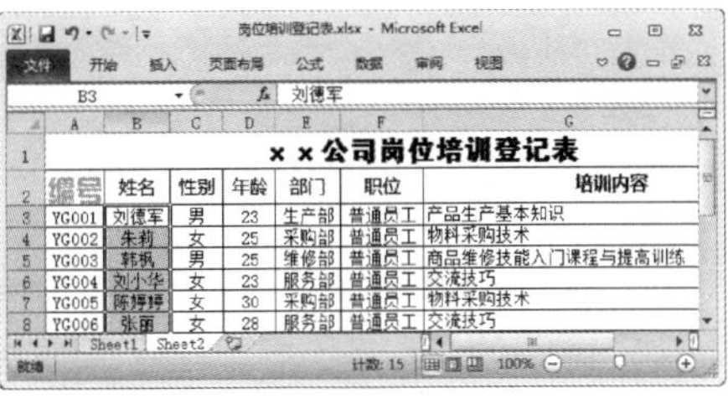

图 5-8

02 完成通过功能区设置对齐方式的操作

返回到工作表界面，可以看到选中的单元格中的文本已以居中的方式显示，如图 5-8 所示。

2. 通过启动器按钮设置对齐方式

通过启动器按钮设置文本对齐方式是指，单击【单元格格式】启动器按钮，在弹出的对话框中，选择准备设置的对齐方式。下面介绍通过启动器按钮设置对齐方式的操作。

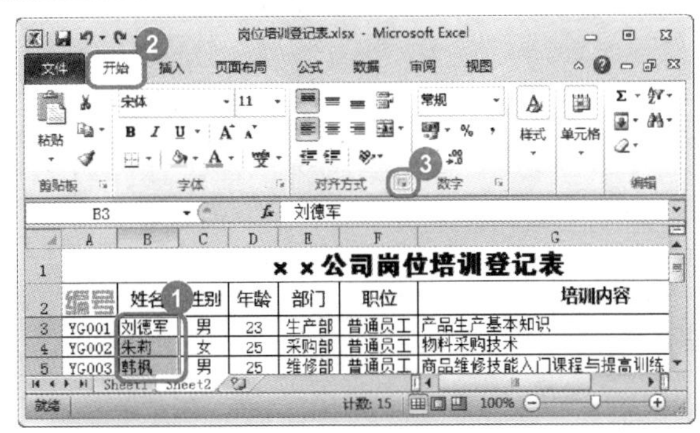

图 5-9

No.1 选择准备设置对齐方式的单元格。

No.2 选择【开始】选项卡。

No.3 在【对齐方式】组中，单击【设置单元格格式】启动器按钮，如图 5-9 所示。

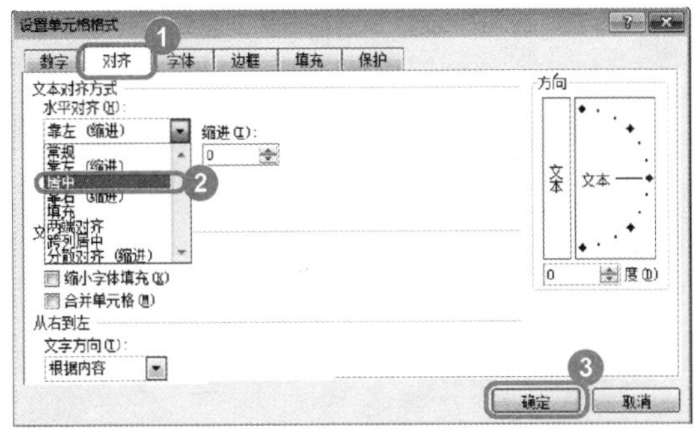

图 5-10

02

No.1 弹出【设置单元格格式】对话框，选择【对齐】选项卡。

No.2 在【水平对齐】下拉列表框中，选择【居中】列表项。

No.3 单击【确定】按钮，如图 5-10 所示。

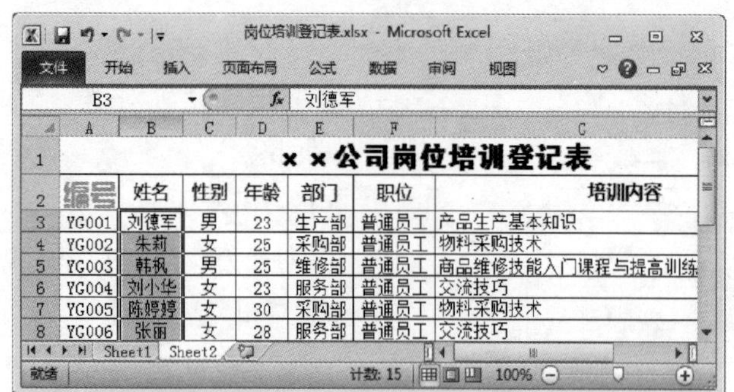

图 5-11

03

返回到工作表界面，可以看到选中的单元格中的文本已以居中的方式显示，如图 5-11 所示。

5.2.2 使用格式刷复制格式

用户可以使用格式刷工具，复制某个单元格区域中的格式，然后应用于其他单元格区域。下面介绍使用格式刷复制格式的操作方法。

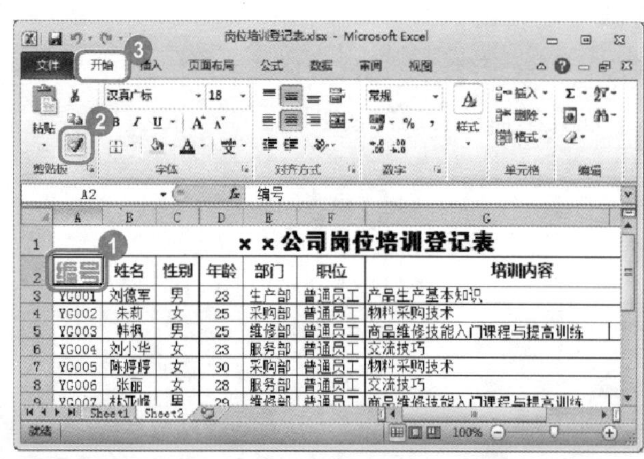

图 5-12

01

No.1 选择准备复制格式的单元格区域。

No.2 选择【开始】选项卡。

No.3 在【剪贴板】组中，单击【格式刷】按钮，如图 5-12 所示。

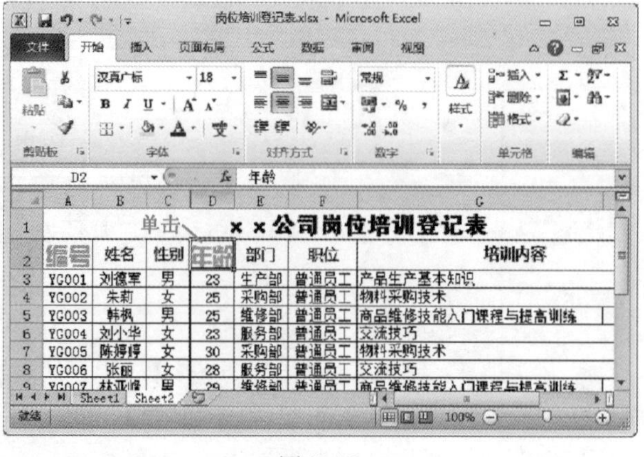

图 5-13

02

使用鼠标左键单击准备复制格式的目标单元格区域，通过以上方法即可完成使用格式刷复制格式的操作，如图 5-13 所示。

Section

5.3 设置外框与填充格式

本节导读

可以在单元格周围快速添加边框，以获得各种不同的边线格式效果。用户还可以改变单元格中的背景颜色，以突出显示或美化部分单元格。本节将介绍设置外框与填充格式的相关操作。

5.3.1 设置表格边框

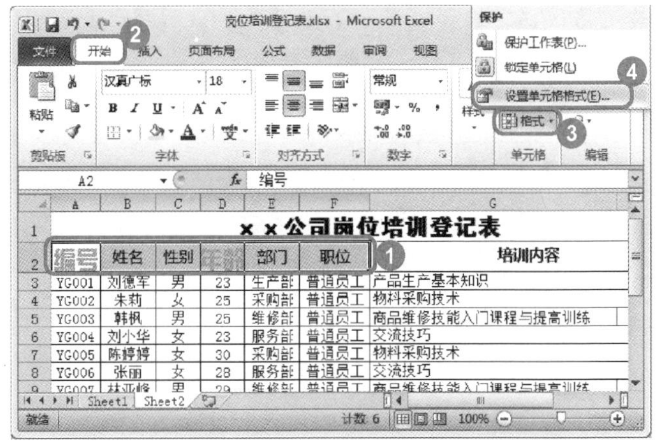

图 5-14

No.1 选择准备设置表格边框的单元格或单元格区域。

No.2 选择【开始】选项卡。

No.3 在【单元格】组中，单击【格式】按钮。

No.4 在弹出的【格式】下拉菜单中，选择【设置单元格格式】菜单项，如图 5-14 所示。

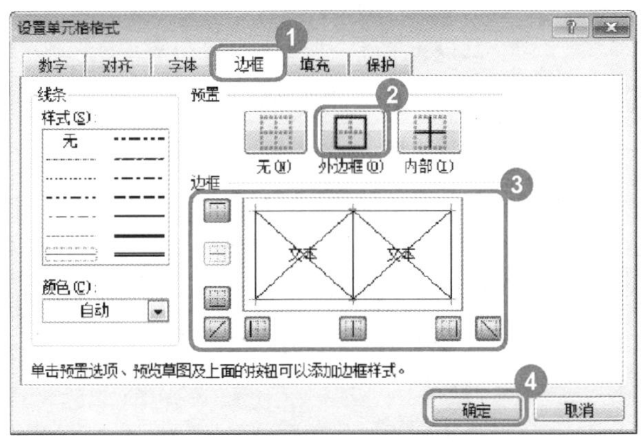

图 5-15

02

No.1 弹出【设置单元格格式】对话框，选择【边框】选项卡。

No.2 在【预置】区域中，单击【外边框】按钮。

No.3 在【边框】区域中，选择准备使用的边框线。

No.4 单击【确定】按钮，如图 5-15 所示。

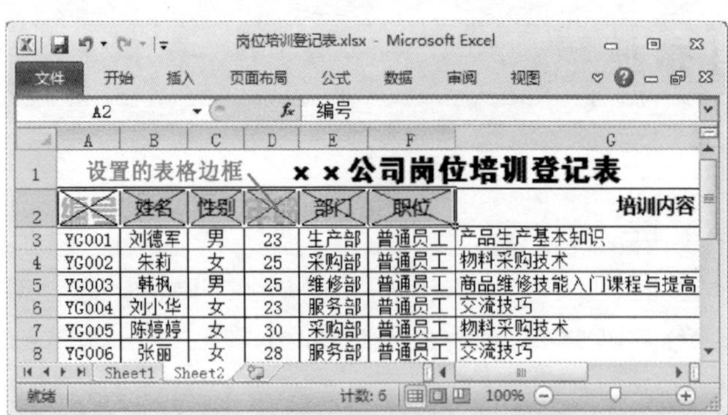

图 5-16

返回到工作表界面，可以看到，已经为选中的单元格区域设置了表格边框，如图 5-16 所示。

教你一招

使用功能区设置边框

选择准备设置表格边框的单元格区域，选择【开始】选项卡，在【字体】组中，单击【边框】下拉按钮，在弹出的下拉菜单中，根据需要选择所需的边框线，即可快速地利用功能区设置边框。

5.3.2 填充图案与颜色

1. 填充图案

在 Excel 2010 工作表中，可以通过填充图案突出显示单元格数据，下面介绍填充图案的操作方法。

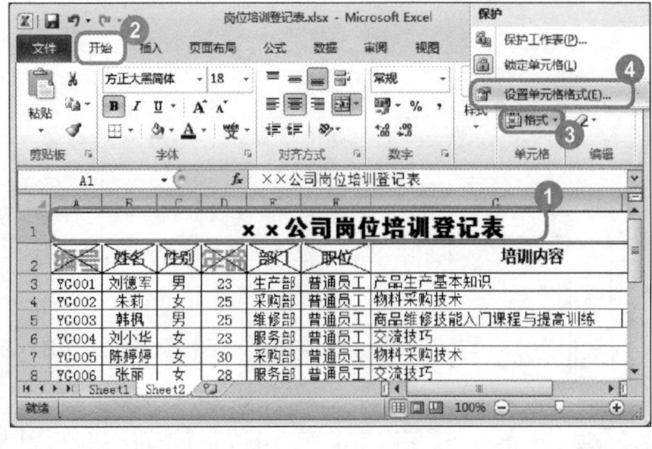

图 5-17

01

No.1 选择准备填充图案的单元格区域。

No.2 选择【开始】选项卡。

No.3 在【单元格】组中，单击【格式】按钮。

No.4 在弹出的【格式】下拉菜单中，选择【设置单元格格式】菜单项，如图 5-17 所示。

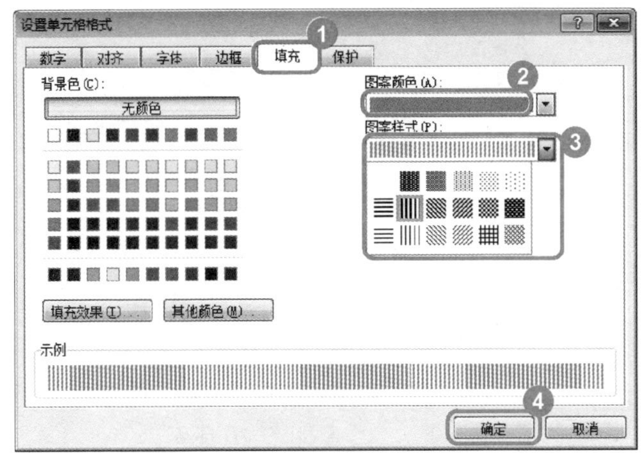

图 5-18

02

No.1 弹出【设置单元格格式】对话框，选择【填充】选项卡。

No.2 在【图案颜色】下拉列表框中，选择准备使用的图案颜色。

No.3 在【图案样式】下拉列表框中，选择准备使用的图案样式。

No.4 单击【确定】按钮，如图 5-18 所示。

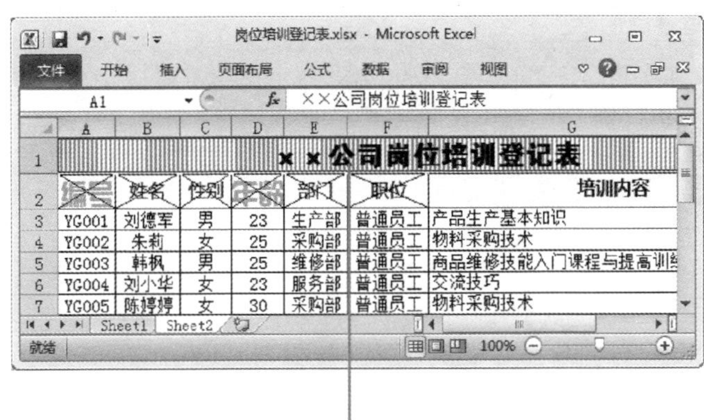

图 5-19

03

返回到工作表界面，可以看到，已经将图案填充到选中的单元格区域，如图 5-19 所示。

知识精讲

打开【设置单元格格式】对话框后，在【背景色】区域下方，用户可以单击【其他颜色】按钮，系统会打开【颜色】对话框，在这里可以选择更多的背景色，并且还可以进行自定义颜色。

2. 填充颜色

每个工作表中的单元格在默认的情况下都是没有填充颜色的，为了突出显示单元格中的内容，用户可以根据单元格的内容，为其添加上不同的颜色，下面介绍填充颜色的操作方法。

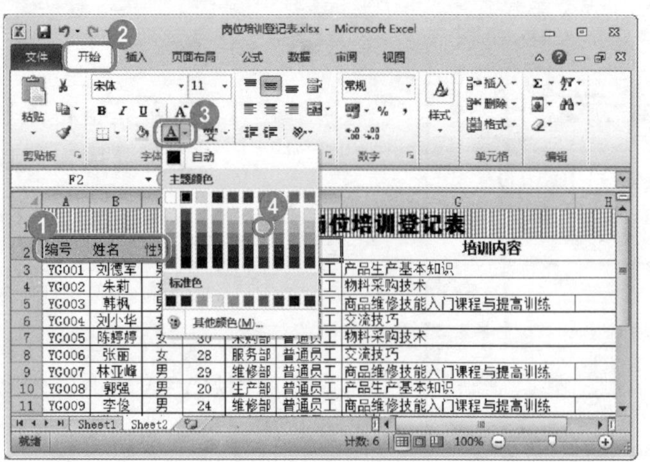

图 5-20

01

No.1 选择准备填充颜色的单元格区域。

No.2 选择【开始】选项卡。

No.3 在【字体】组中单击【填充颜色】下拉按钮。

No.4 在弹出的下拉列表中，选择准备填充的颜色，如图 5-20 所示。

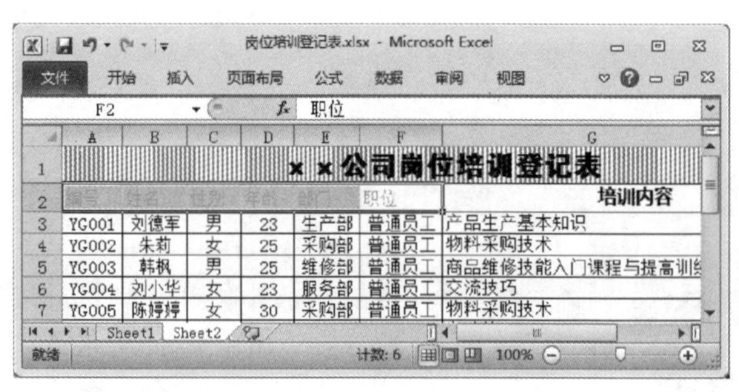

图 5-21

02

返回到工作表界面，可以看到已经将颜色填充到选中的单元格区域，如图 5-21 所示。

5.3.3 设置背景

在Excel 2010工作表中，用户可以将图片设置为工作表的背景，工作表背景不会被打印，也不会保留在另存为网页的项目中，下面介绍设置背景的操作方法。

图 5-22

01

No.1 单击工作表中的任意单元格。

No.2 选择【页面布局】选项卡。

No.3 单击【页面设置】组中的【背景】按钮，如图 5-22 所示。

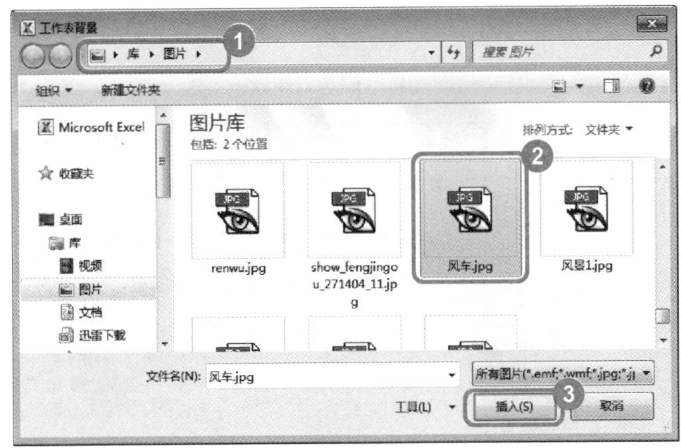

图 5-23

02

No.1 弹出【工作表背景】对话框，在对话框的导航窗格中，选择准备插入图片的目标磁盘。

No.2 选择准备插入的图片。

No.3 单击【插入】按钮，如图 5-23 所示。

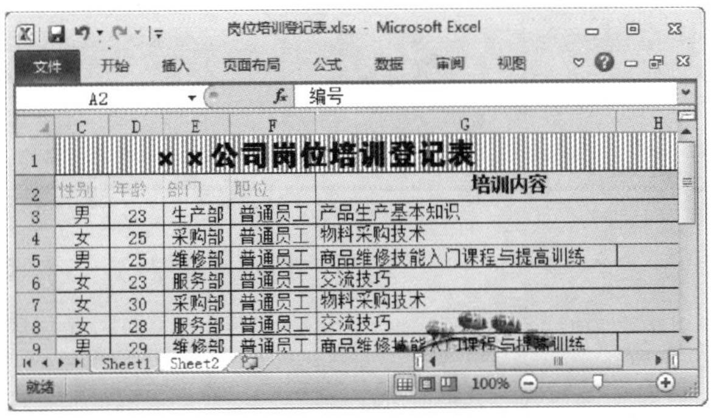

图 5-24

03

返回到工作表界面，可以看到工作表中已显示刚刚插入的背景图案，如图 5-24 所示。

5.3.4　设置底纹

设置底纹是指在单元格区域中，同时添加背景颜色和背景纹理，以突出显示该单元格区域，方便阅读，下面介绍设置底纹的操作方法。

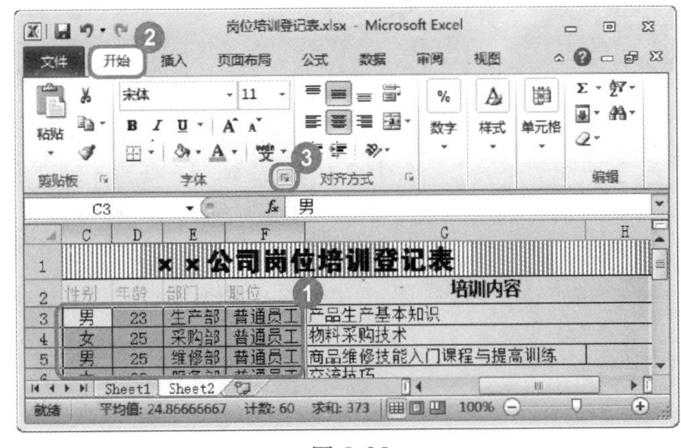

图 5-25

01

No.1 选择准备设置底纹的单元格或单元格区域。

No.2 选择【开始】选项卡。

No.3 在【字体】组中，单击【设置单元格格式】启动器按钮，如图 5-25 所示。

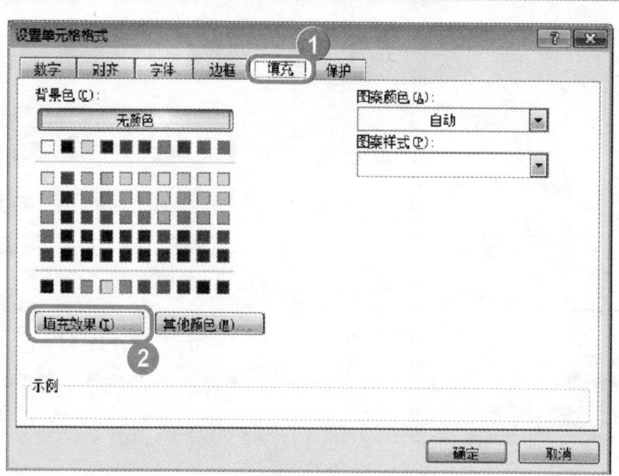

图 5-26

02

No.1 弹出【设置单元格格式】对话框，选择【填充】选项卡。

No.2 单击左下角的【填充效果】按钮 填充效果(I)... ，如图 5-26 所示。

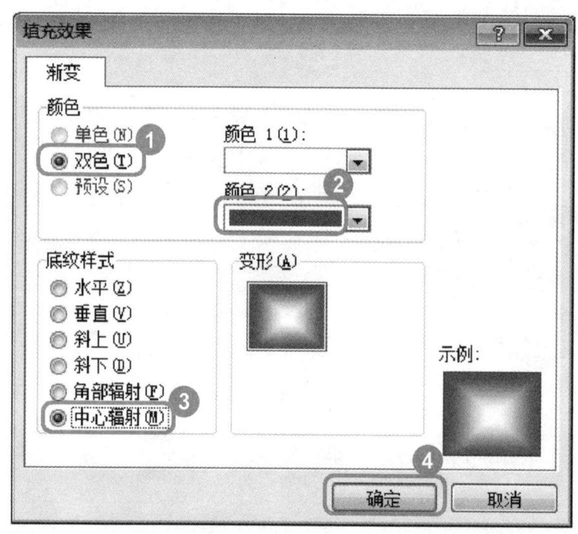

图 5-27

03

No.1 选择【双色】单选项。

No.2 弹出【填充效果】对话框，在【颜色 2(2)】下拉列表框中选择准备设置底纹的颜色。

No.3 在【底纹样式】区域中，选择准备设置的底纹样式，如选择【中心辐射】单选项。

No.4 单击【确定】按钮 确定 ，如图 5-27 所示。

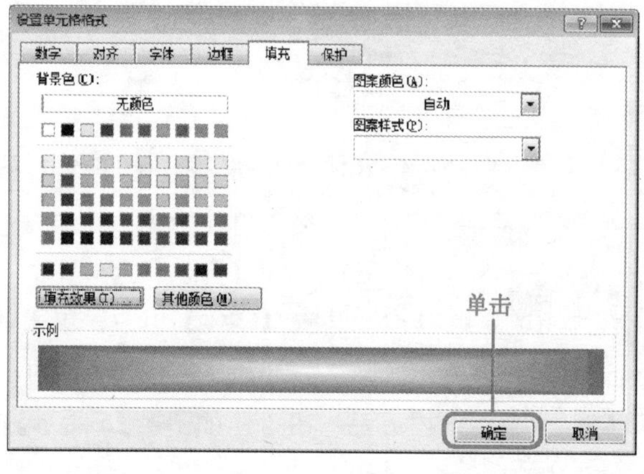

图 5-28

04

返回至【设置单元格格式】对话框，此时在对话框【示例】区域中，可以看到已经显示刚设置的底纹样式，单击【确定】按钮，如图 5-28 所示。

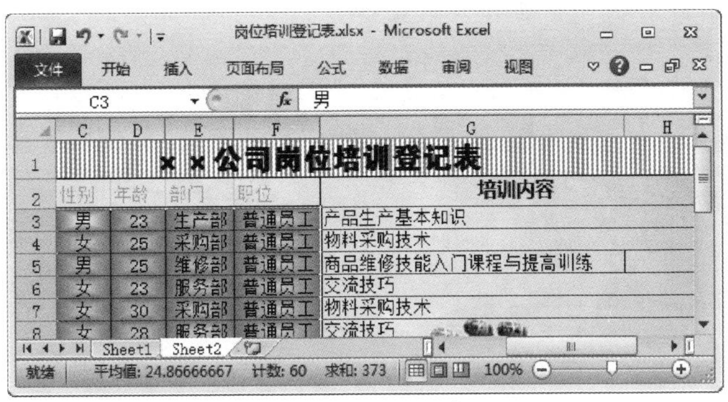

图 5-29

05

返回到工作表界面，可以看到，已经将选中的单元格区域设置了底纹，如图 5-29 所示。

Section

5.4 使用批注

本节导读

在 Excel 2010 工作表中，可以通过插入批注来对单元格添加注释性文本，如对于公式单元格，可以在批注中写出公式的计算依据等。批注中的文字可以进行编辑，对于不需要的批注，也可以将其删除。本节介绍使用批注的相关知识及操作方法。

5.4.1 插入单元格批注

要使用或者查看批注，首先要将批注插入单元格，用户可以向工作表中的每个单元格添加不同的批注。下面介绍插入单元格批注的操作方法。

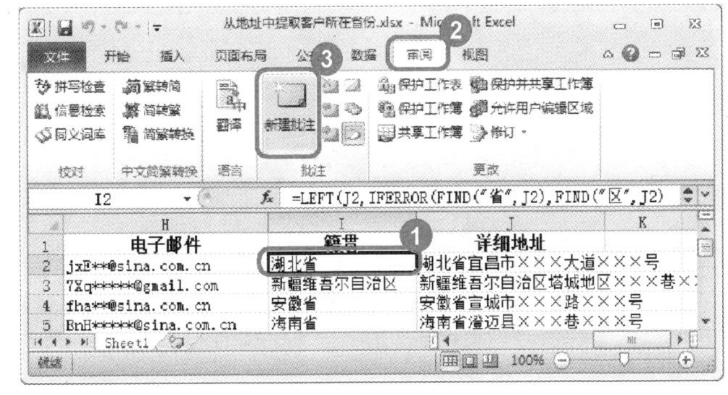

图 5-30

01

No.1 选中准备插入单元格批注的单元格。

No.2 选择【审阅】选项卡。

No.3 单击【批注】组中【新建批注】按钮，如图 5-30 所示。

输入批注信息

	H	I	J
1	电子邮件	籍贯	
2	jxE**@sina.com.cn	湖北省	deeplm: 利用LEFT函数计算出 ……
3	7Xq*****@gmail.com	新疆维吾尔自治区	
4	fha**@sina.com.cn	安徽省	
5	BnH*****@sina.com.cn	海南省	
6	Wth***@139.com	海南省	海南省定安县×××街×
7	9jN*****@126.com	广西壮族自治区	广西壮族自治区玉林市×
8	fqS****@126.com	安徽省	安徽省滁州市×××巷×
9	cv3***@live.cn	福建省	福建省宁德市×××大道
10	NKO******@tom.com	河南省	河南省许昌市×××大道

图 5-31

02

此时在选中的单元格旁边，系统会弹出【批注】文本框，在文本框中输入批注信息，如图 5-31 所示。

小三角符号

	H	I	J
1	电子邮件	籍贯	详细地址
2	jxE**@sina.com.cn	湖北省	湖北省宜昌市×××大道
3	7Xq*****@gmail.com	新疆维吾尔自治区	新疆维吾尔自治区塔城地区
4	fha**@sina.com.cn	安徽省	安徽省宣城市×××路×
5	BnH*****@sina.com.cn	海南省	海南省澄迈县×××巷×
6	Wth***@139.com	海南省	海南省定安县×××街×
7	9jN*****@126.com	广西壮族自治区	广西壮族自治区玉林市×
8	fqS****@126.com	安徽省	安徽省滁州市×××巷×
9	cv3***@live.cn	福建省	福建省宁德市×××大道
10	NKO******@tom.com	河南省	河南省许昌市×××大道

图 5-32

03

单击任意单元格后批注被隐藏，被批注的单元格右上角出现小三角符号，如图 5-32 所示。

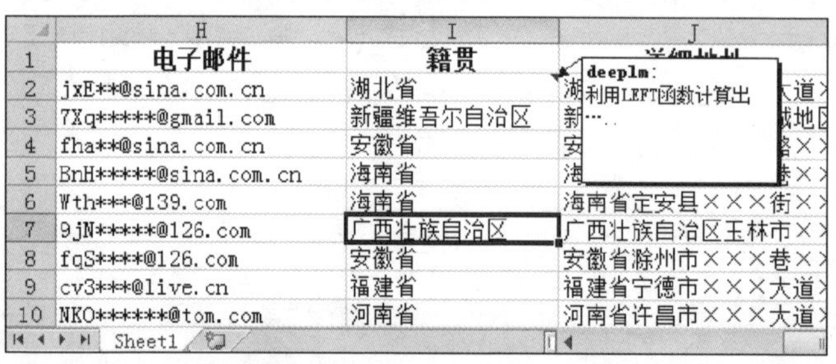

	H	I	J
1	电子邮件	籍贯	deeplm: 利用LEFT函数计算出 ……
2	jxE**@sina.com.cn	湖北省	
3	7Xq*****@gmail.com	新疆维吾尔自治区	
4	fha**@sina.com.cn	安徽省	
5	BnH*****@sina.com.cn	海南省	
6	Wth***@139.com	海南省	海南省定安县×××街×
7	9jN*****@126.com	广西壮族自治区	广西壮族自治区玉林市×
8	fqS****@126.com	安徽省	安徽省滁州市×××巷×
9	cv3***@live.cn	福建省	福建省宁德市×××大道
10	NKO******@tom.com	河南省	河南省许昌市×××大道

图 5-33

04 完成插入单元格批注的操作

将鼠标指针停留在插入批注的单元格上，批注会自动显示出来，如图 5-33 所示。

知识精讲

在批注中，Excel 将自动显示用户名称，用户名称可以通过【Excel 选项】对话框中的“个性化设置”进行修改。

5.4.2 编辑批注

在插入单元格批注后，【批注】组中的【新建批注】按钮，转变为【编辑批注】按钮，如果对插入的单元格批注不满意，可以对单元格批注进行重新编辑。下面介绍编辑批注的操作方法。

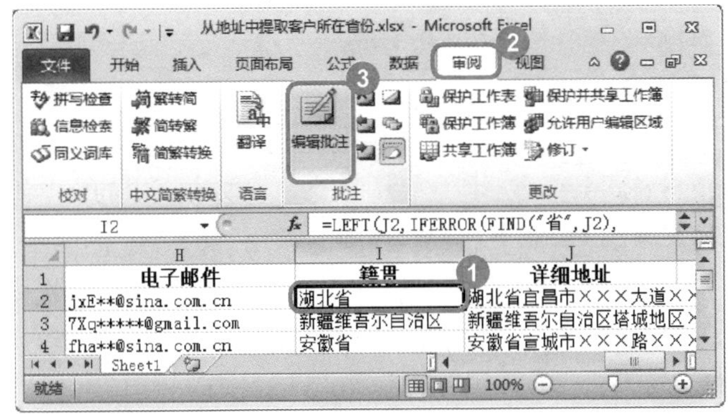

图 5-34

No.1 选中需要编辑单元格批注的单元格。

No.2 选择【审阅】选项卡。

No.3 单击【批注】组中【编辑批注】按钮，如图 5-34 所示。

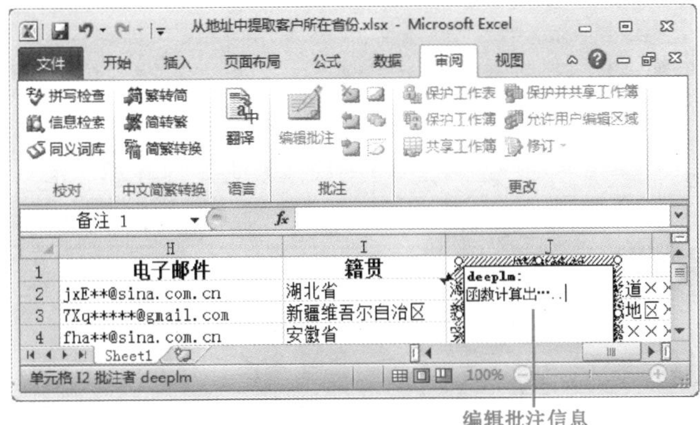

图 5-35

02

此时选中的单元格会自动弹出批注文本框，按〈BackSpace〉键，删除文本框中的内容，并输入新的批注内容，单击其他单元格，批注会自动隐藏，通过以上方法即可完成编辑批注的操作，如图 5-35 所示。

5.4.3 批注的格式及样式

在 Excel 2010 工作表中，批注默认都是浅黄色的矩形，看起来比较单调，为了美化工作表，用户可以自定义批注的格式以及样式。

1. 更改批注的格式

更改批注的格式包括更改批注中文字的字体、字形、字号、下划线、颜色以及特殊效果等。下面介绍更改批注格式的操作方法。

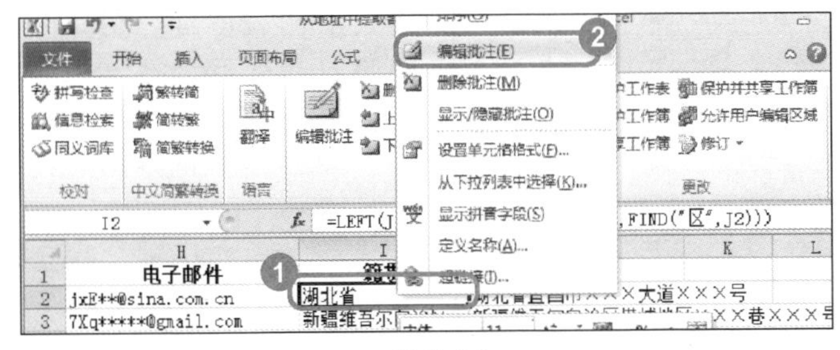

图 5-36

No.1 右键单击需要更改批注格式的单元格。

No.2 在弹出的快捷菜单中，选择【编辑批注】菜单项，如图 5-36 所示。

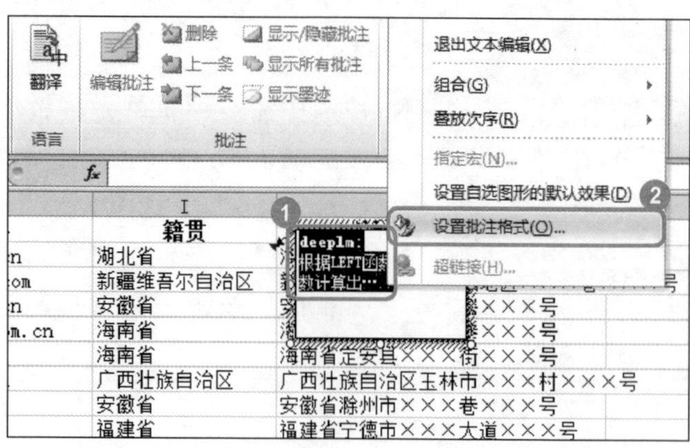

图 5-37

02

No.1 批注文本框显示为可编辑状态，将文本框中的文字选中，并用鼠标右键单击。

No.2 在弹出的快捷菜单中，选择【设置批注格式】菜单项，如图 5-37 所示。

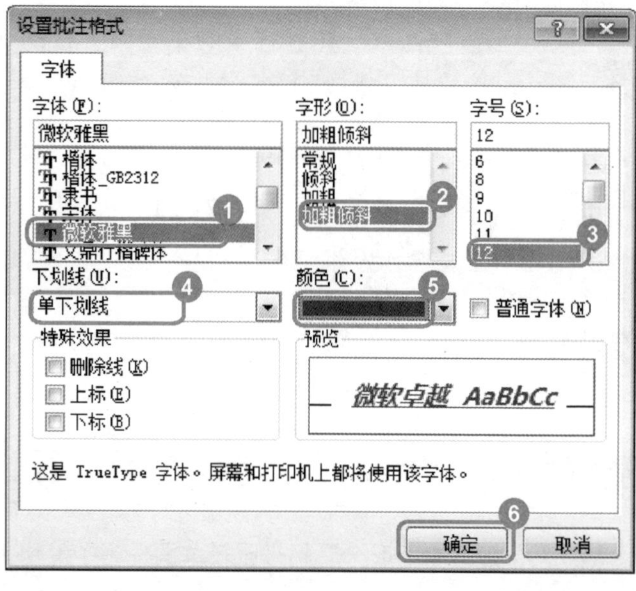

图 5-38

03

No.1 弹出【设置批注格式】对话框，在【字体】列表框中，选择准备设置的字体。

No.2 在【字形】列表框中，选择准备设置的字形。

No.3 在【字号】列表框中，选择准备设置的字号。

No.4 在【下划线】下拉列表框中，选择下划线类型。

No.5 在【颜色】下拉列表框中，设置文字的颜色。

No.6 单击【确定】按钮，如图 5-38 所示。

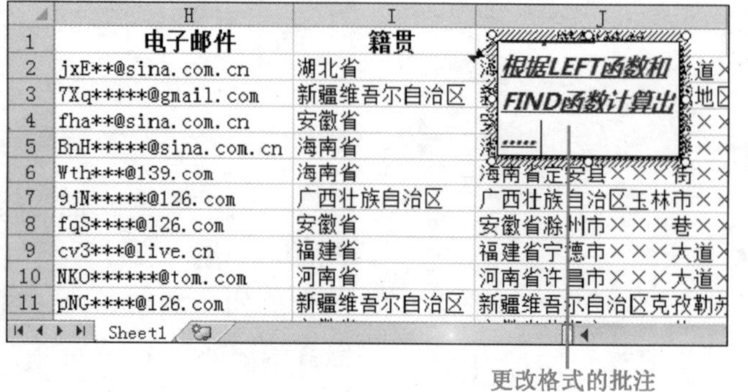

图 5-39

04

返回到工作表界面，可以看到，已经将批注的格式更改，如图 5-39 所示。

知识精讲

在编辑批注的时候，【批注】文本框周围会出现阴影，将鼠标指针停留在阴影处，鼠标指针会变成✣形状，这时按住鼠标左键并进行拖动，可以将当前批注移动至目标位置；在【批注】文本框周围的阴影上，会出现多个控制点，用鼠标对控制点进行拖动，可以调整批注的大小及长宽。

2. 更改批注的样式

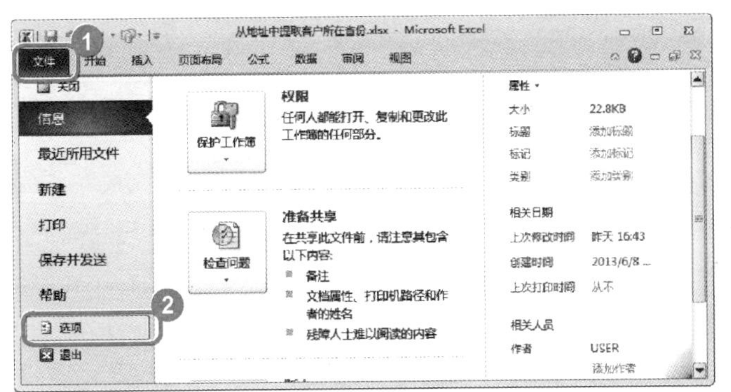

图 5-40

01

No.1 选择【文件】选项卡。

No.2 在打开的视图中选择【选项】选项，如图 5-40 所示。

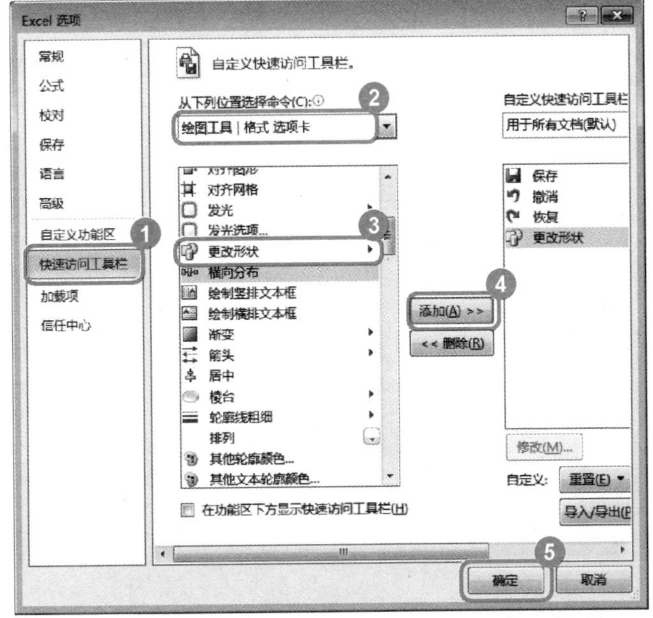

图 5-41

02

No.1 弹出【Excel 选项】对话框，选择【快速访问工具栏】选项卡。

No.2 在【从下列位置选择命令】列表中，选择【绘图工具 | 格式 选项卡】列表项。

No.3 在【绘图工具 | 格式 选项卡】列表框中，选择【更改形状】列表项。

No.4 单击【添加】按钮 添加(A)>> 。

No.5 单击【确定】按钮，如图 5-41 所示。

图 5-42

No.1 返回到工作表界面，将准备更改样式的批注改变为可编辑状态，并单击批注边缘处。

No.2 在【快速访问工具栏】中，单击刚刚添加的【更改形状】下拉按钮。

No.3 在弹出的下拉列表中，选择准备设置的批注形状，如图 5-42 所示。

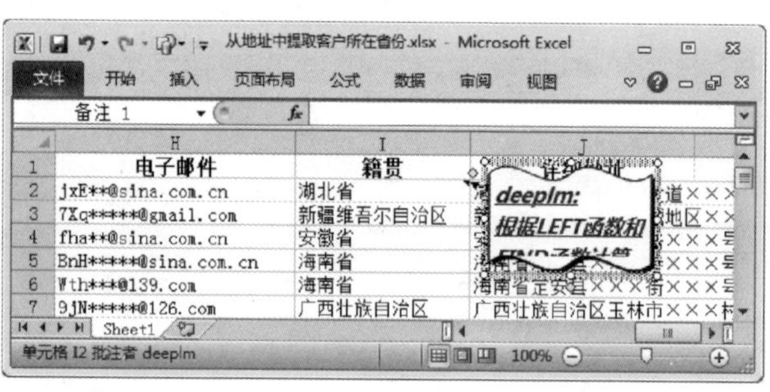

图 5-43

04 完成更改批注样式的操作

可以看到已经将批注的样式改变，如图 5-43 所示。

5.4.4 删除批注

在 Excel 2010 工作表中，不再使用的单元格批注，可以将其删除。下面介绍删除批注的操作方法。

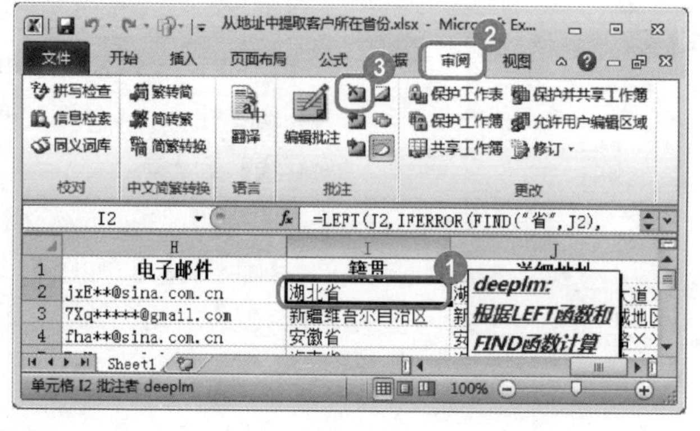

图 5-44

No.1 选择准备删除批注的单元格。

No.2 选择【审阅】选项卡。

No.3 单击【批注】组中的【删除】按钮，如图 5-44 所示。

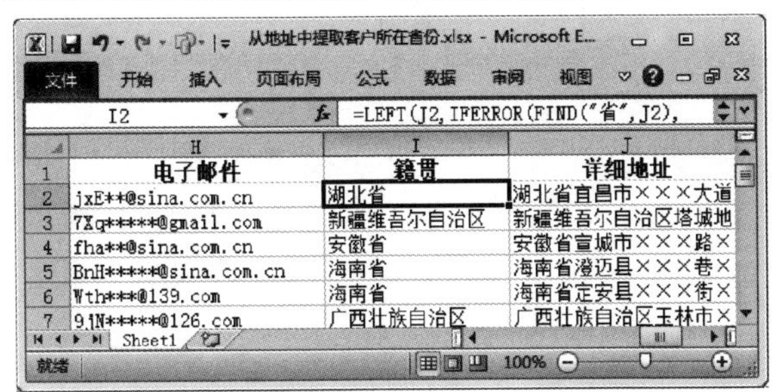

图 5-45

02

可以看到选中的单元格批注已经被删除，如图 5-45 所示。

Section 5.5

实践案例与上机操作

5.5.1 设置数字格式

在 Excel 2010 表格中输入数字后，默认情况下，其数字格式是常规格式，下面以设置数字格式为“会计专用”为例，介绍设置数字格式的操作方法。

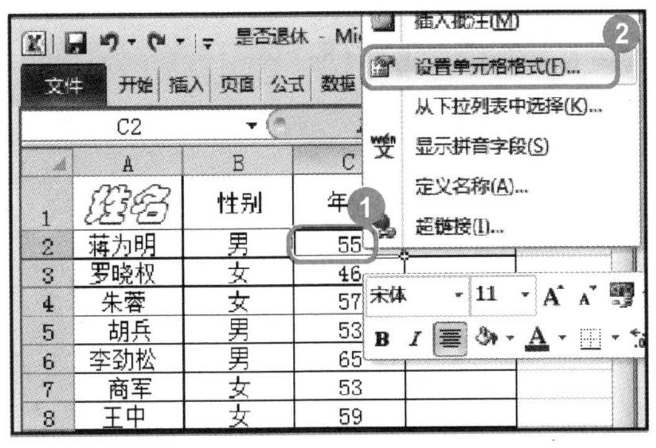

图 5-46

No.1 选中准备设置数字格式的单元格并右键单击。

No.2 在弹出的快捷菜单中选择【设置单元格格式】菜单项，如图 5-46 所示。

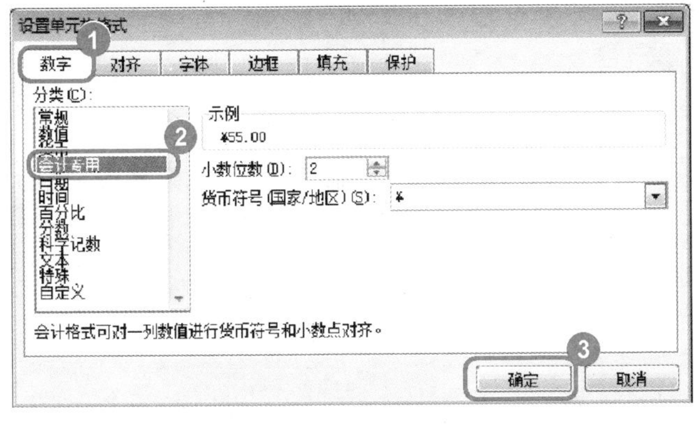

图 5-47

No.1 弹出【设置单元格格式】对话框，选择【数字】选项卡。

No.2 在【分类】区域下方选择准备设置数字的格式，如选择“会计专用”。

No.3 单击【确定】按钮，如图 5-47 所示。

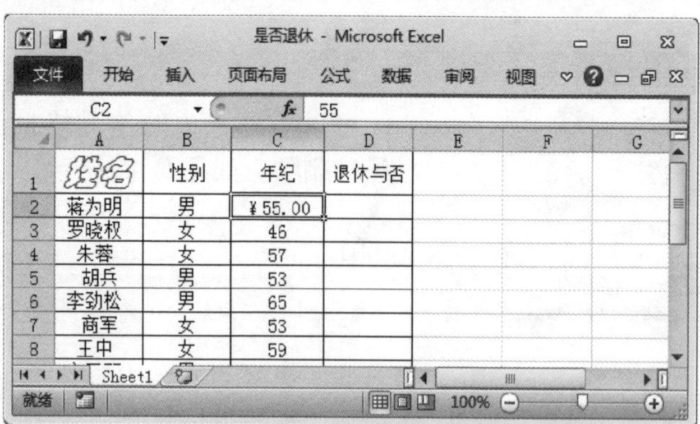

图 5-48

03 完成设置数字格式的操作

返回到工作表中，可以看到选择的单元格中的数字格式已被设置为“会计专用”格式，如图 5-48 所示。

5.5.2 设置合并样式

合并样式是指将其他工作表中的样式合并到现在的工作表中。在新建样式时，样式会保存在当前工作表中，如果用户需要在另一个工作表中也应用自定义建立的样式，可通过合并样式功能完成操作。下面介绍合并样式的操作方法。

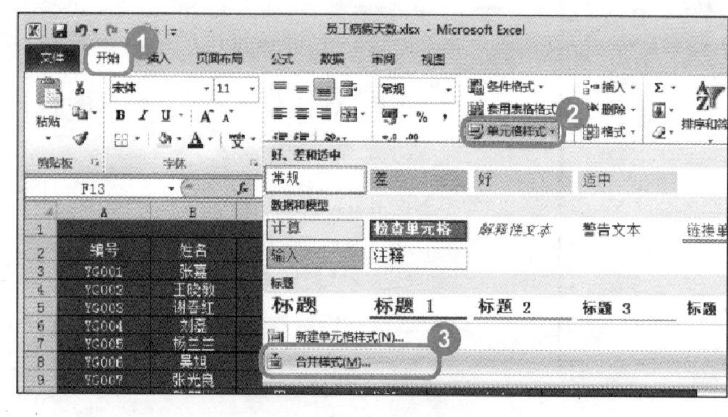

图 5-49

01

No.1 选择【开始】选项卡。

No.2 单击【样式】组中的【单元格样式】下拉按钮。

No.3 在展开的下拉列表框中选择【合并样式】选项，如图 5-49 所示。

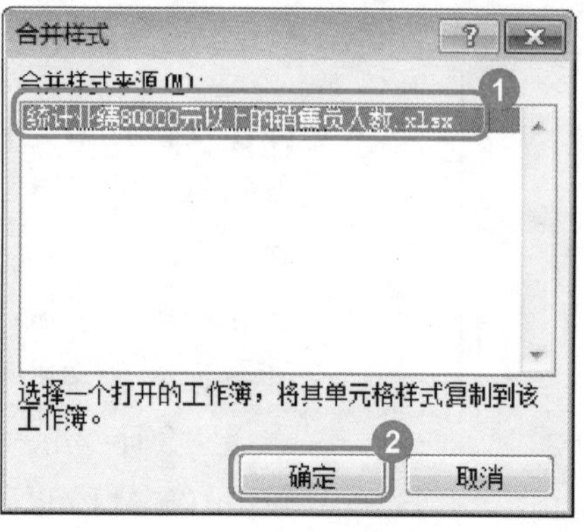

图 5-50

02

No.1 弹出【合并样式】对话框，在【合并样式来源】区域下方选择要合并样式的工作表。

No.2 单击【确定】按钮，如图 5-50 所示。

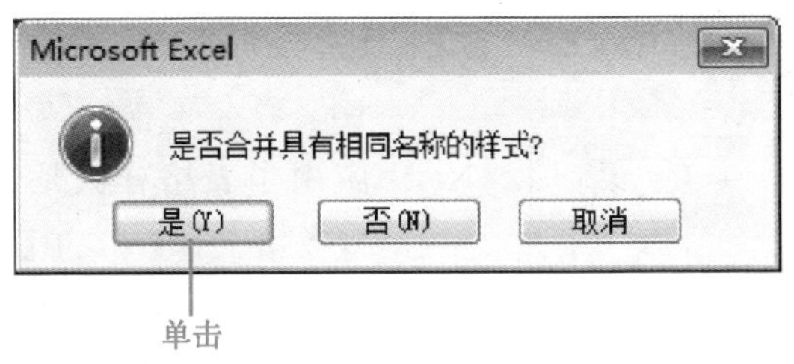

图 5-51

03

弹出【Microsoft Excel】对话框，提示是否合并具有相同名称的样式，单击【是】按钮 是(Y)，如图 5-51 所示。

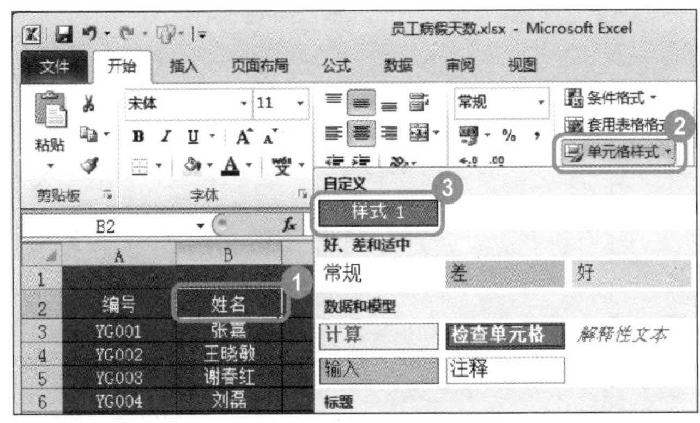
图 5-52

04

No.1 返回到工作表中，选中要应用格式的单元格。

No.2 单击【样式】组中的【单元格样式】下拉按钮。

No.3 在展开的下拉列表框中选择要合并样式的图标，如图 5-52 所示。

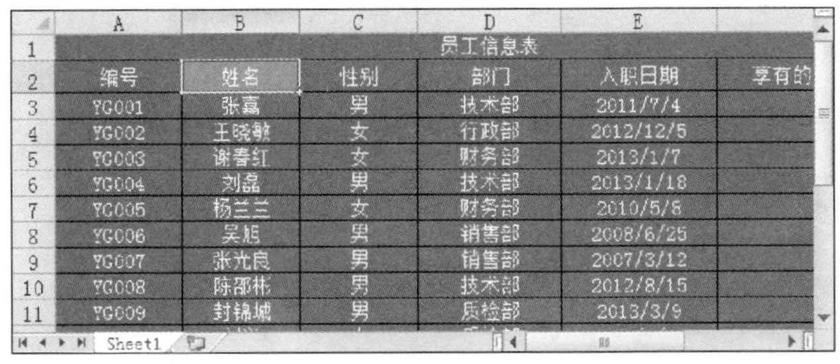
图 5-53

05

可以看到选择的单元格已被应用了合并的样式，如图 5-53 所示。

教你一招

精确选择软件

当需要合并更多工作表的样式时，首先将所有要合并样式的工作表打开，然后在执行合并的操作时，选择相应来源即可。

5.5.3 将应用样式的表格转换为普通区域

应用了样式之后，用户可能不想继续使用该软件所带的表格功能。若要停止处理表格数据而又不丢失所应用的任何样式格式，可以将应用样式的表格转换为普通区域。

图 5-54

No.1 应用了表格样式后，选择【表格工具】中的【设计】选项卡。

No.2 单击【工具】组中的【转换为区域】按钮，如图 5-54 所示。

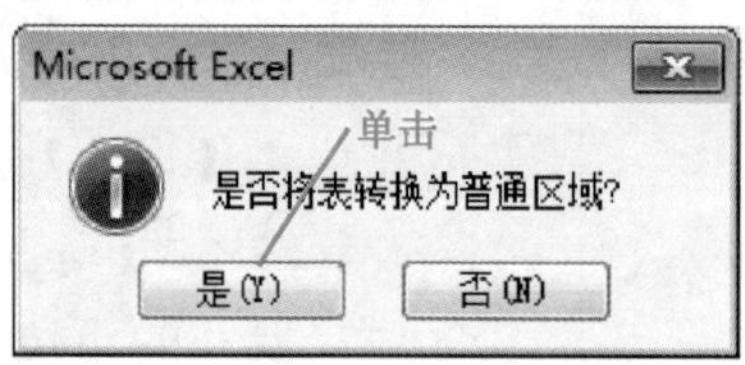

图 5-55

02

弹出【Microsoft Excel】对话框，单击【确定】按钮 确定 ，如图 5-55 所示。

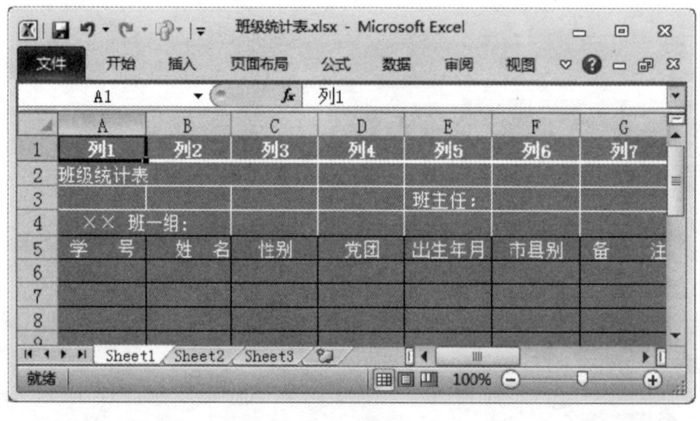

图 5-56

03 完成将应用样式的表格转换为普通区域的操作

返回到工作表中，可以看到工作表中应用样式的表格已被转换为普通区域，如图 5-56 所示。

教你一招

精确选择软件

Excel 预设了浅色、中等深浅、深色 3 种类型的表格样式，可以直接为表格应用预设样式，并且应用后还可以根据需要再对表格中要显示的元素进行设置。

第 6 章

使用图形对象修饰工作表

本章主要介绍插入剪贴画与图片、使用艺术字、使用 SmartArt 图形和使用形状的基础知识，同时还讲解了使用文本框的操作。在本章的最后还针对实际的工作需要，讲解了一些实例的上机操作方法。通过本章的学习，读者可以掌握使用图形对象修饰工作表方面的知识。

Section

6.1　插入剪贴画与图片

本节导读

为了更好地展示工作表的内容，仅仅依靠文本是远远不够的。在工作表中适当的插入一些图形或图片，不仅可以丰富工作表的内容，还可以大大提高工作表的可阅读性，本节介绍插入剪贴画与图片的相关知识及操作方法。

6.1.1　插入剪贴画

剪贴画是Microsoft Office提供的插图、照片和其他图像，用户还可以到Microsoft Office的官方网站上下载剪贴画。下面介绍插入剪贴画的操作方法。

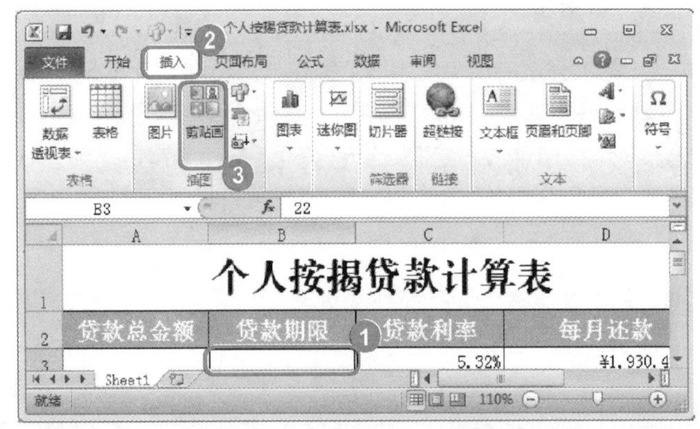

图 6-1

01

No.1 选择准备插入剪贴画的单元格。

No.2 选择【插入】选项卡。

No.3 单击【插图】组中的【剪贴画】按钮，如图6-1所示。

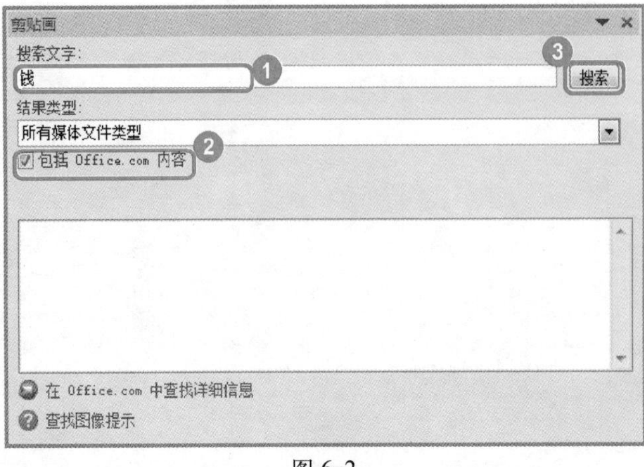

图 6-2

02

No.1 弹出【剪贴画】任务窗格，在【搜索文字】文本框中，输入准备搜索剪贴画的名称。

No.2 选择【包括Office.com内容】复选项。

No.3 单击【搜索】按钮，如图6-2所示。

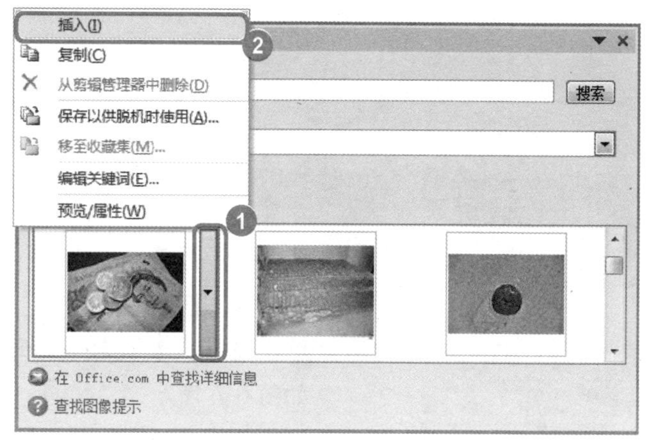

图 6-3

03

No.1 经过一段时间的搜索，在搜索结果列表中，单击准备插入的剪贴画的右侧的下拉箭头 。

No.2 在弹出的菜单中，选择【插入】菜单项，如图 6-3 所示。

图 6-4

04

返回到工作表界面，可以看到，已经将剪贴画插入工作表中，如图 6-4 所示。

6.1.2 插入图片

在工作表中插入一些图片，可以使工作表更加生动形象，用户可以将计算机中储存的图片插入工作表。下面介绍插入图片的操作方法。

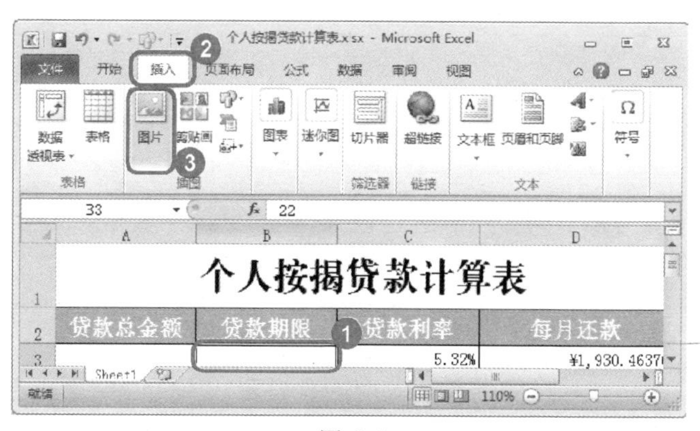

图 6-5

01

No.1 单击准备插入图片的单元格。

No.2 在弹出的菜单中，选择【插入】菜单项，如图 6-3 所示。

No.3 在【插图】组中，单击【图片】按钮 ，如图 6-5 所示。

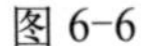

图 6-6

02

No.1 弹出【插入图片】对话框，在导航窗格中，选择准备插入图片的目标位置。

No.2 选择准备插入的图片。

No.3 单击【插入】按钮，如图 6-6 所示。

	A	B	C	D
1	个人按揭贷款计算表			
2	贷款总金额	贷款	贷款利率	每月还款
3	300000		5.32%	¥1,930.463
4			5.38%	¥1,940.796
5			6.10%	¥2,066.990
6			6.33%	¥2,108.143
7			7.09%	¥2,246.927
8			7.26%	¥2,278.545

Sheet1

图 6-7

03

返回到工作表中，可以看到选择的图片已被插入到指定位置，如图 6-7 所示。

教你一招

同时插入多张图片

在【插入图片】对话框中，按住键盘上的〈Ctrl〉键，可选择多张图片文件，单击【插入】按钮，则可以将选择的多张图片同时插入到工作表中。

6.1.3 设置剪贴画格式

在工作表中插入剪贴画后，用户可以对插入的剪贴画进行设置，例如更正亮度和对比度、重新设置颜色和应用图片样式等。

1. 更正

更正功能可以对插入的剪贴画的亮度、对比度或者清晰度进行设置。下面介绍更正功能的使用方法。

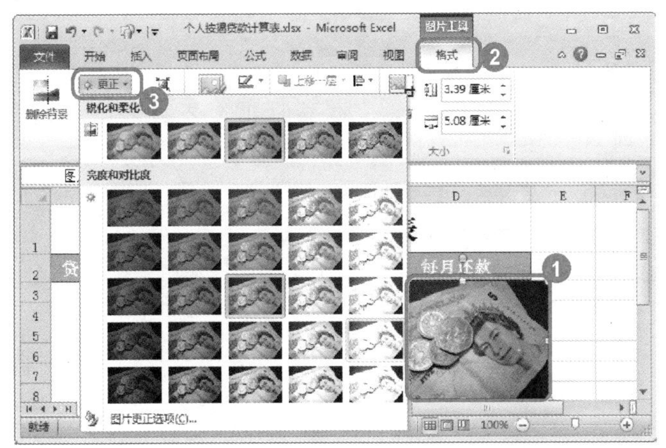

图 6-8

01

No.1 选择准备进行更正的剪贴画。

No.2 选择【格式】选项卡。

No.3 在【调整】组中，单击【更正】下拉按钮。在弹出的下拉列表中，选择准备使用的格式即可，如图 6-8 所示。

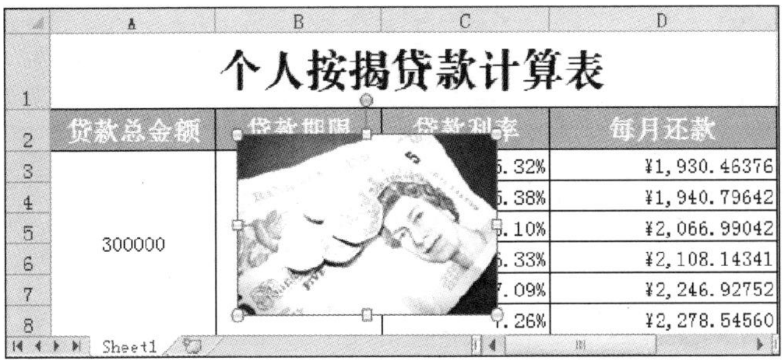

	A	B	C	D
1	个人按揭贷款计算表			
2	贷款总金额	贷款期限	贷款利率	每月还款
3			5.32%	¥1,930.46376
4			5.38%	¥1,940.79642
5	300000		5.10%	¥2,066.99042
6			6.33%	¥2,108.14341
7			7.09%	¥2,246.92752
8			7.26%	¥2,278.54560

Sheet1

图 6-9

02

返回到工作表界面，可以看到，选中的剪贴画已经被设置为更正之后的格式，如图 6-9 所示。

2. 颜色

更改图片的颜色可以提高图片的质量，或者更匹配文档的内容。下面介绍颜色功能的相关操作方法。

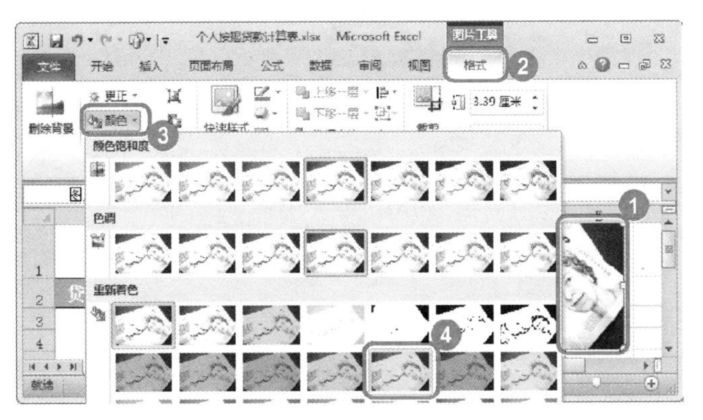

图 6-10

01

No.1 选择准备更改颜色的剪贴画。

No.2 选择【格式】选项卡。

No.3 在【调整】组中，单击【颜色】下拉按钮。

No.4 在弹出的下拉列表中，选择准备使用的颜色，如图 6-10 所示。

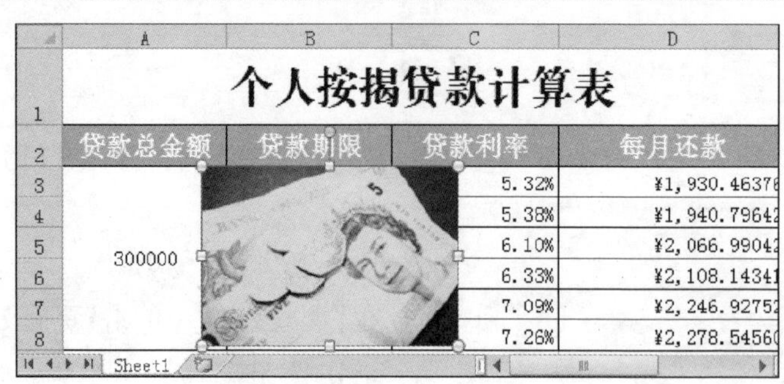

图 6-11

02

返回到工作表界面，可以看到，选中的剪贴画颜色已经改变，如图 6-11 所示。

3. 应用图片样式

用户可以使用 Excel 2010 内置的应用图片样式功能，对图片进行美化操作。下面介绍应用图片样式的操作方法。

图 6-12

01

No.1 选择准备应用图片样式的剪贴画。

No.2 选择【格式】选项卡。

No.3 在【图片样式】组中，单击【快速样式】下拉按钮。

No.4 在弹出的下拉列表中， 选择图片所需的图片样式，如图 6-12 所示。

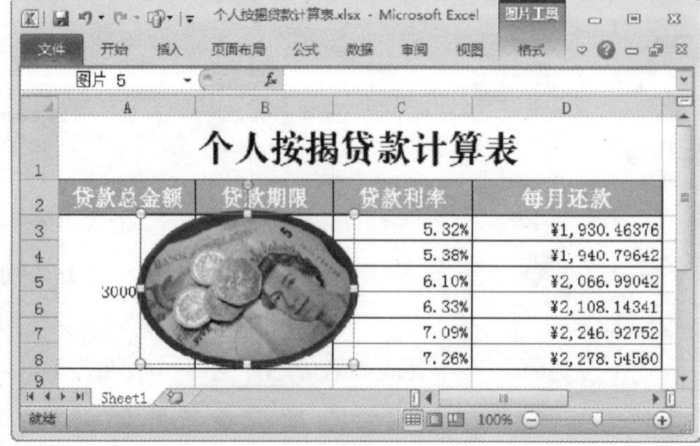

图 6-13

02

返回到工作表界面，可以看到，选中的剪贴画样式已经改变，如图 6-13 所示。

Section
6.2 使用艺术字

本节导读

虽然通过对字符进行格式化设置后可以在很大程度上改善视觉效果，但不能对这些字符文本随意改变位置或形状。而使用艺术字，则可以方便地调整它们的大小、位置以及形状等。本节介绍使用艺术字的相关知识及操作方法。

6.2.1 插入艺术字

艺术字是一个文字样式库，用户可以将艺术字添加到Excel文档中，制作出装饰性效果。下面介绍插入艺术字的操作方法。

图 6-14

01

No.1 选择【插入】选项卡。

No.2 单击【文本】组中【艺术字】下拉按钮。

No.3 在弹出的下拉列表中，选择准备使用的艺术字样式，如图 6-14 所示。

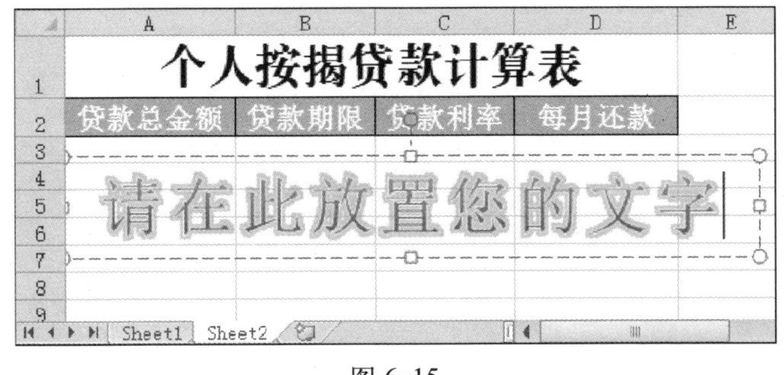

图 6-15

02

返回到工作表界面，工作表中会出现新建艺术字样式文本框，将光标停留在文本框中文字的最后面，如图 6-15 所示。

图 6-16

03

删除文本框中的内容，并重新输入准备使用的艺术字文本，如图 6-16 所示。

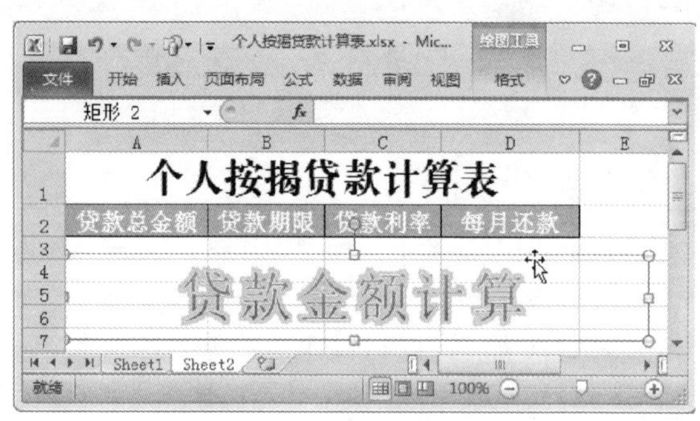

图 6-17

04

将鼠标指针停留在艺术字样式上，鼠标指针会变为形状，将其拖动至目标位置后，释放鼠标左键，即可完成插入艺术字的操作，如图 6-17 所示。

6.2.2 设置艺术字格式

创建艺术字之后，用户可以对艺术字进行设置和修饰，如更改艺术字的样式、设置艺术字字体样式和艺术字应用文本效果等。

1. 设置艺术字样式

创建艺术字之后，为使艺术字可以更加美观，用户对艺术字进行艺术字样式的设置。Excel 2010 中内置的艺术字样式多种多样，用户可以根据工作需要进行选择。下面介绍设置艺术字样式的操作方法。

图 6-18

01

No.1 选中艺术字文本。

No.2 选择【格式】选项卡。

No.3 单击【艺术字样式】组中【快速样式】按钮。

No.4 在弹出的下拉列表中，选择准备设置的艺术字样式，如图 6-18 所示。

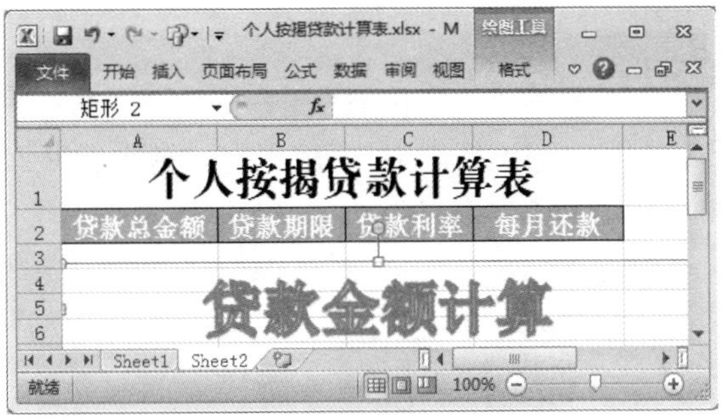

图 6-19

02

返回到工作表界面，可以看到艺术字的样式已经改变，如图 6-19 所示。

2. 设置艺术字的字号以及字体

图 6-20

No.1 选中艺术字文本。

No.2 选择【开始】选项卡。

No.3 在【字体】组中分别设置艺术字的字号以及字体，如图 6-20 所示。

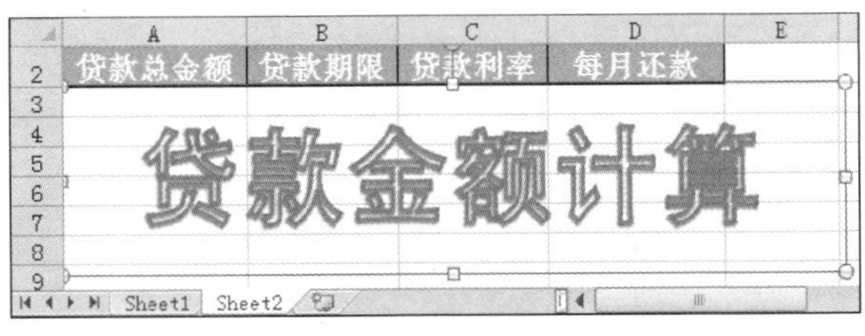

图 6-21

02

通过以上方法即可完成设置艺术字的字号以及字体的操作，如图 6-21 所示。

Section 6.3 使用 SmartArt 图形

本节导读

SmartArt 图形是信息和观点的视觉表示形式，用户可以从多种不同布局中进行选择，来创建专业的 SmartArt 图形，从而快速、轻松、有效地传达信息。本节介绍使用 SmartArt 图形的相关知识。

6.3.1 插入 SmartArt 图形

用户可以在电子表格中插入 SmartArt 图形，使用 SmartArt 图形可以使表格更加美观地阐述用户的论据。下面介绍在 Excel 2010 中，如何插入 SmartArt 图形的操作方法。

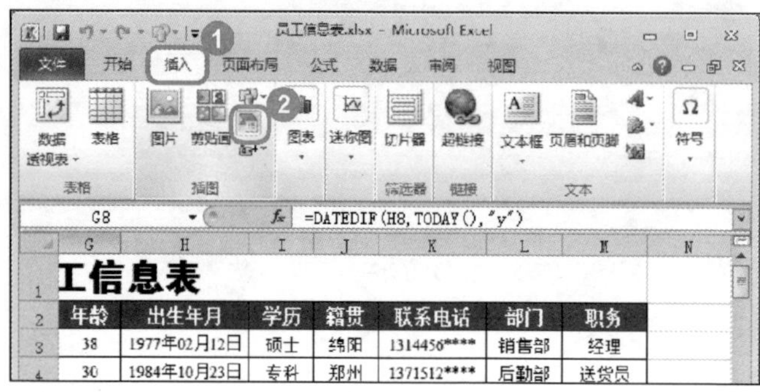

图 6-22

No.1 选择【插入】选项卡。

No.2 在【插图】组中，单击【SmartArt 图形】按钮，如图 6-22 所示。

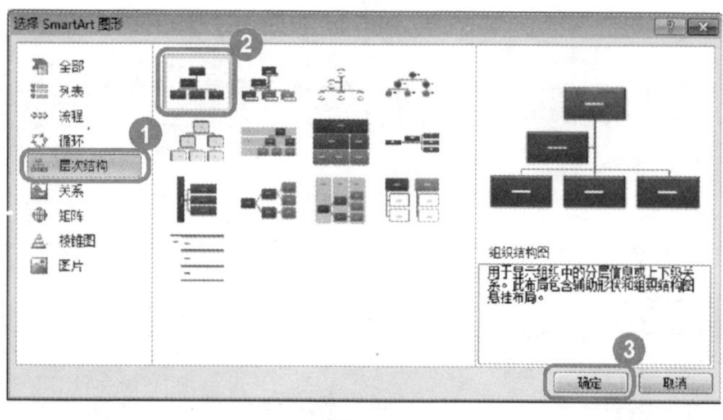

图 6-23

02

No.1 弹出【选择 SmartArt 图形】对话框，选择准备创建 SmartArt 图形的类型。

No.2 选择准备创建的 SmartArt 图形的布局。

No.3 单击【确定】按钮，如图 6-23 所示。

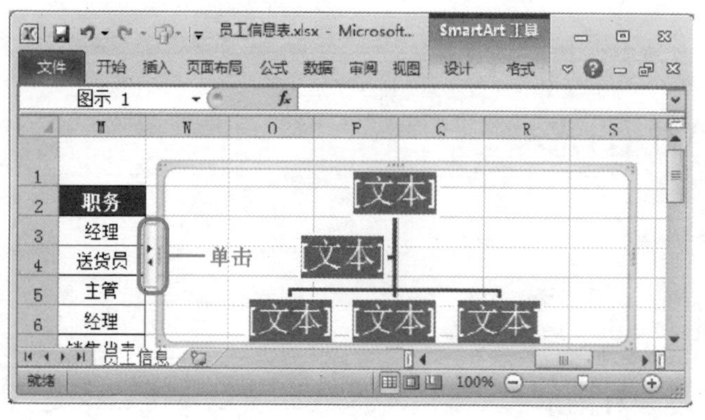

图 6-24

03

返回到工作表界面，可以看到在工作表中，插入的 SmartArt 图形，单击文本窗格右侧的上下箭头按钮，如图 6-24 所示。

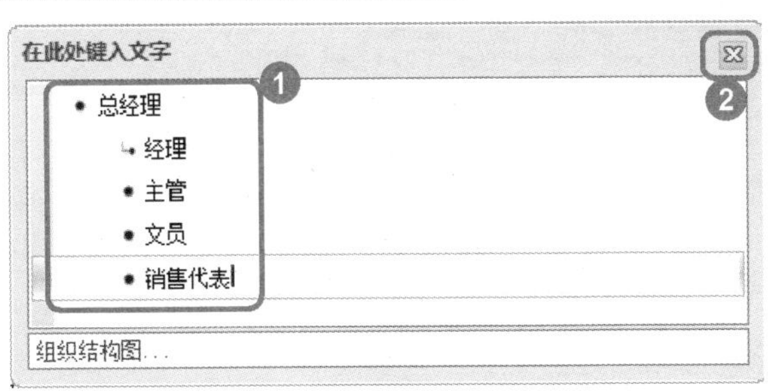

图 6-25

04

No.1 弹出【在此处键入文字】对话框，在文本框中输入准备输入的文字。

No.2 单击对话框右上角的【关闭】按钮，如图 6-25 所示。

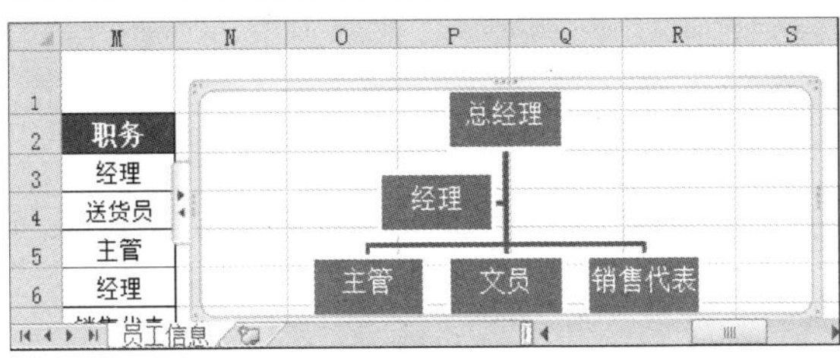

图 6-26

05

通过以上方法，即可完成插入 SmartArt 图形的操作，如图 6-26 所示。

6.3.2 设置 SmartArt 图形格式

设置 SmartArt 图形格式包括更改 SmartArt 图形颜色和使用 SmartArt 图形快速样式。

1. 更改 SmartArt 图形颜色

在设置 SmartArt 图形之后，可以更改图形的颜色，以达到美化图形的效果，下面介绍更改 SmartArt 图形颜色的操作方法。

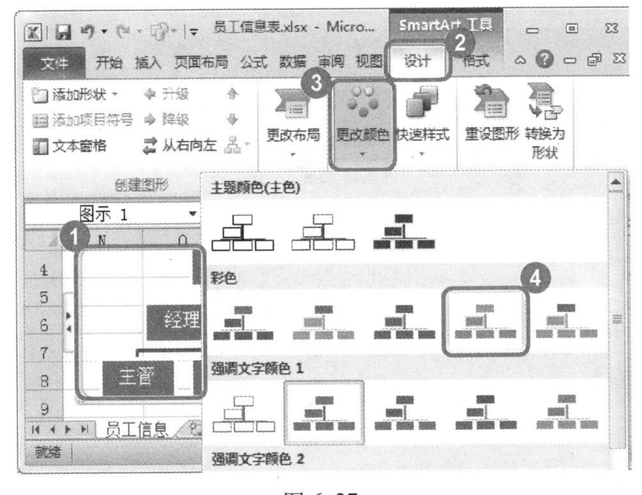

图 6-27

01

No.1 选中 SmartArt 图形。

No.2 选择【设计】选项卡。

No.3 单击【SmartArt 样式】组中【更改颜色】下拉按钮。

No.4 在弹出的下拉列表中，选择准备更改的图形颜色，如图 6-27 所示。

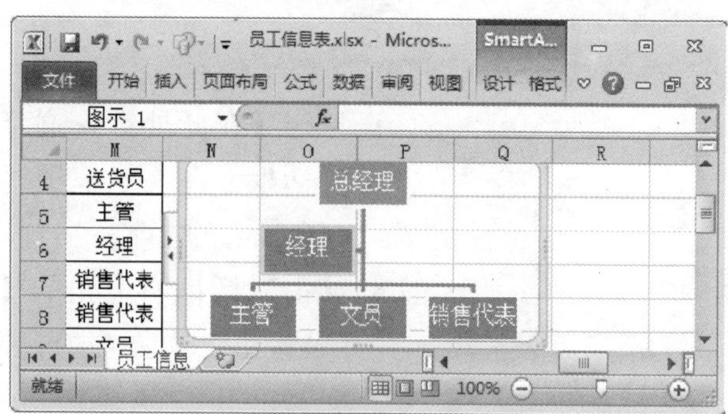

图 6-28

02

返回到工作表界面，可以看到已经更改颜色的SmartArt图形，如图6-28所示。

2. 使用SmartArt图形快速样式

使用SmartArt图形快速样式功能，可以将插入的SmartArt图形快速变换样式，以达到美化的目的。下面介绍使用SmartArt图形快速样式的操作方法。

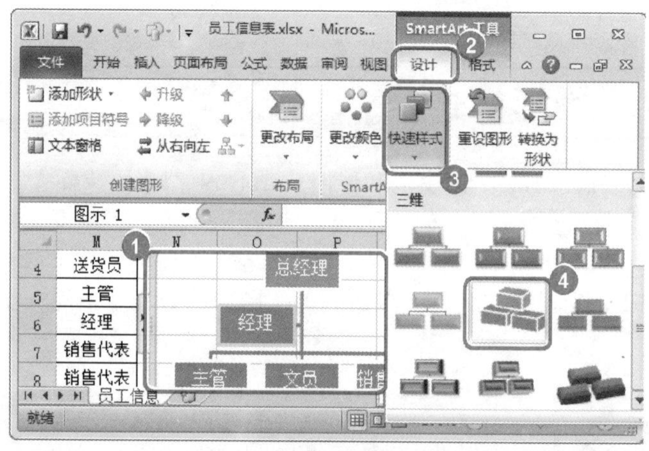

图 6-29

01

No.1 选中SmartArt图形。

No.2 选择【设计】选项卡。

No.3 单击【SmartArt样式】组中的【快速样式】下拉按钮。

No.4 在弹出的下拉列表中，选择准备更改的图形样式，如图6-29所示。

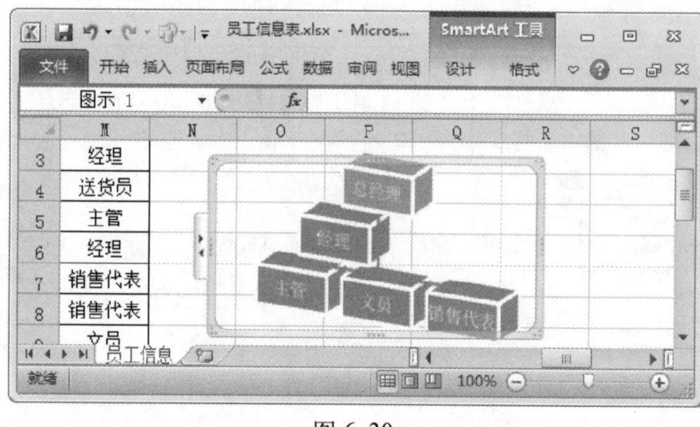

图 6-30

02

返回到工作表界面，可以看到已经更改样式的SmartArt图形，如图6-30所示。

6.3.3　更改 SmartArt 图形布局

在插入 SmartArt 图形之后，如果用户对当前的图形布局不满意，可以更改 SmartArt 图形的布局。下面介绍更改 SmartArt 图形布局的操作方法。

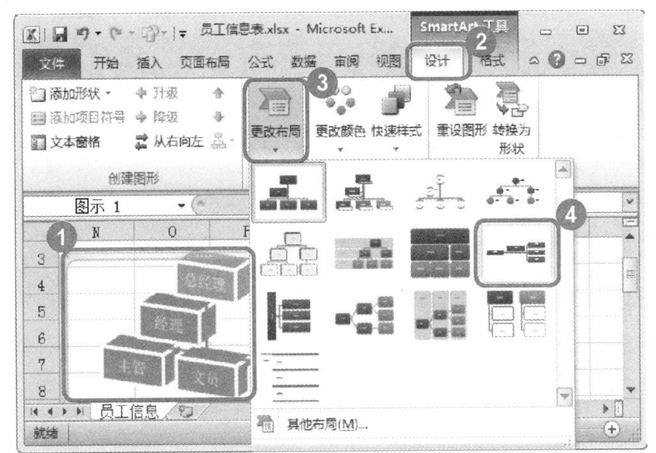

图 6-31

01

No.1 选中 SmartArt 图形。

No.2 选择【设计】选项卡。

No.3 单击【布局】组中【更改布局】下拉按钮。

No.4 在弹出的下拉列表中，选择准备更改的图形布局，如图 6-31 所示。

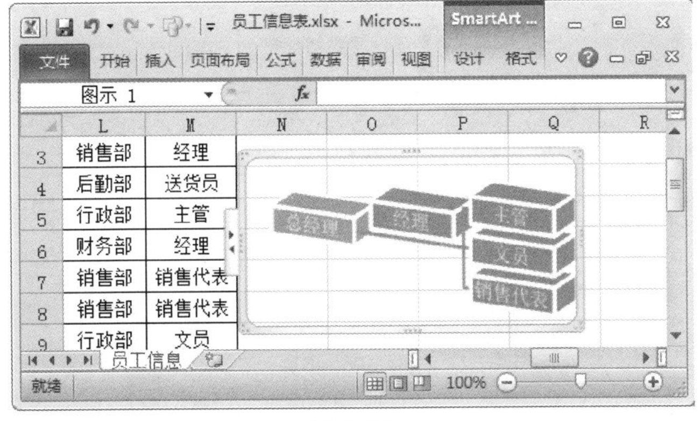

图 6-32

02

返回到工作表界面，可以看到已经更改布局的SmartArt 图形，如图 6-32 所示。

Section 6.4　使用形状

本节导读

用户在使用 Excel 2010 的过程中，可以通过 Excel 2010 内置的绘图功能，在表格中绘制出各种线条、基本形状、流程图和标注等形状，本节介绍使用形状的相关知识及操作方法。

6.4.1 形状类型

在 Excel 2010 中，形状根据绘制的类型可分为线条、矩形、基本形状、箭头总汇、公式形状、流程图、星与旗帜和标注等八个种类。用户可以根据需要从中选择适当的图形。下面介绍这几种形状类型。

1. 线条

包括直线、单箭头、双箭头、曲线、任意多边形、自由曲线和连接符等，如图 6-33 所示。

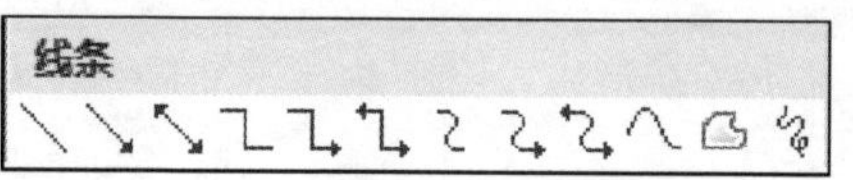

图 6-33

2. 矩形

包括矩形、圆角矩形、剪角矩形、单圆角矩形、同侧圆角矩形和对角圆角矩形等。使用这些形状按钮可以绘制出不同的矩形形状，如图 6-34 所示。

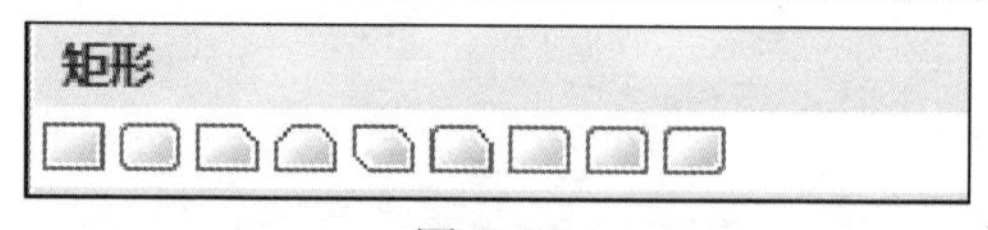

图 6-34

3. 基本形状

基本形状包含几十个简单的图形，其中包括文本框，如图 6-35 所示。

4. 箭头总汇

用户可以在箭头总汇区域中，选择插入各种箭头，如图 6-36 所示。

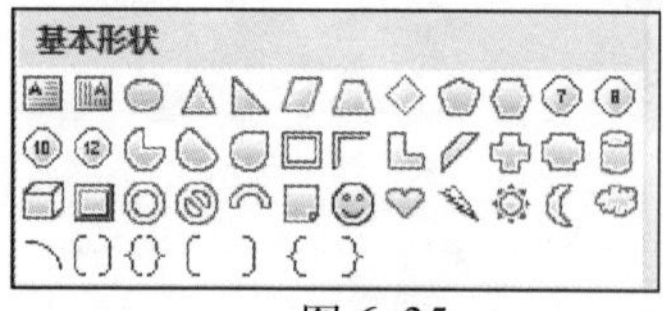

图 6-35

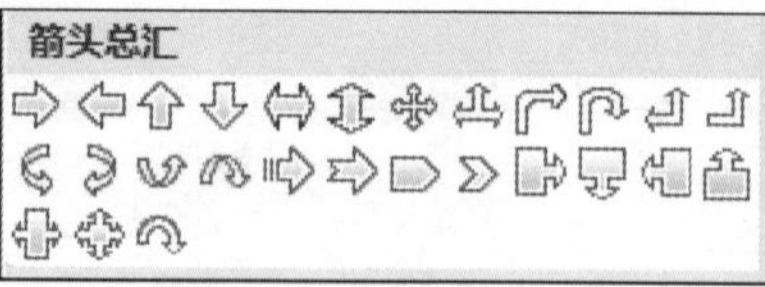

图 6-36

5. 公式形状

公式形状区域包括 6 个公式符号形状，如图 6-37 所示。

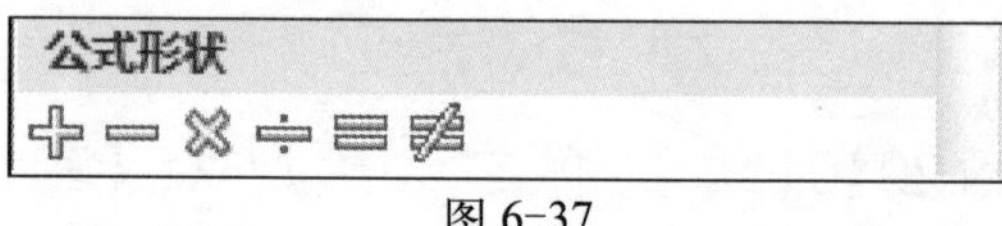

图 6-37

6. 流程图

这是专门为编写流程图的用户设计的一类图形。使用流程图，可以满足编写流程图的要求，如图 6-38 所示。

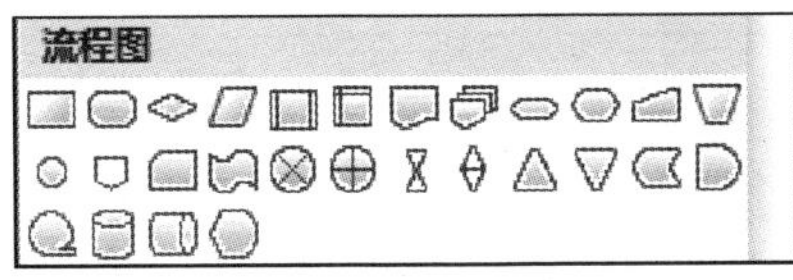

图 6-38

7. 星与旗帜

包括一些简单的图形，用户可以利用星与旗帜的图形绘制出更多更丰富的图形，如图 6-39 所示。

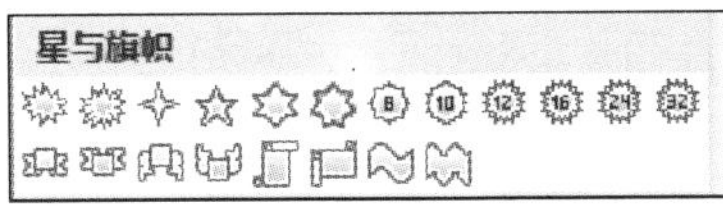

图 6-39

8. 标注

用于标注图形或文字的符号，如图 6-40 所示。

图 6-40

6.4.2 插入形状

在 Excel 2010 工作表中，用户也可以插入现成的形状，如矩形、圆、箭头、线条等。下面介绍绘制形状的操作方法。

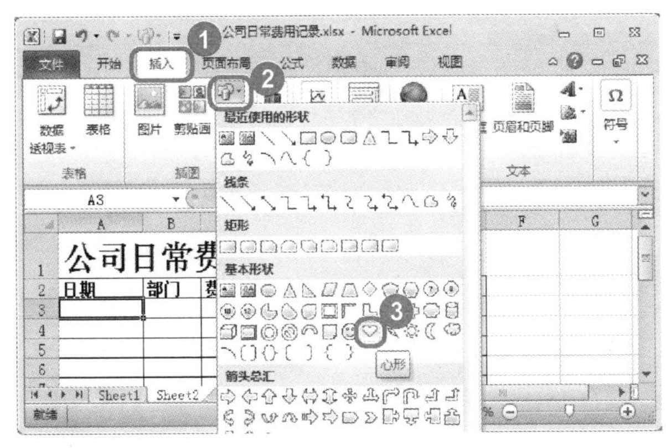

图 6-41

01

No.1 选择【插入】选项卡。

No.2 单击【插入】组中的【形状】下拉按钮。

No.3 在弹出的下拉列表框中，选择准备插入的形状，例如“心形”，如图 6-41 所示。

图 6-42

02

返回至工作表界面，此时鼠标指针变为“+”形状，单击并拖动鼠标指针至准备拖动的目标位置，绘制用户想要的形状，如图 6-42 所示。

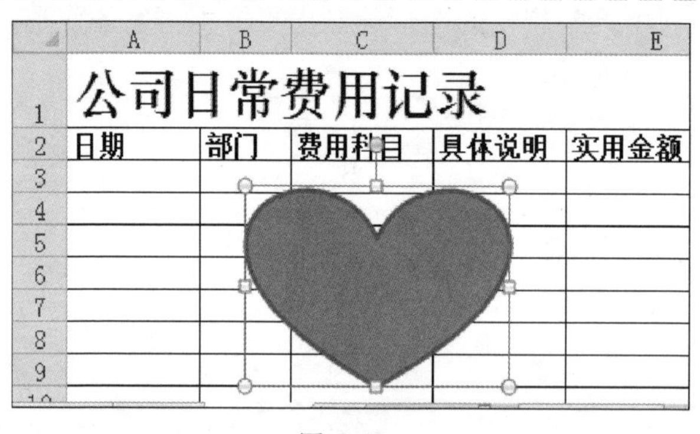

图 6-43

03

可以看到选择的形状图案已被插入到工作表中，并绘制完成，如图 6-43 所示。

6.4.3 设置形状格式

插入形状图形之后，用户可以对插入的形状进行颜色、轮廓、效果的设置，以达到美化的目的。

1. 应用形状预置样式

在插入形状图形之后，用户可以使用 Excel 内置的预置样式，对形状图形进行美化。

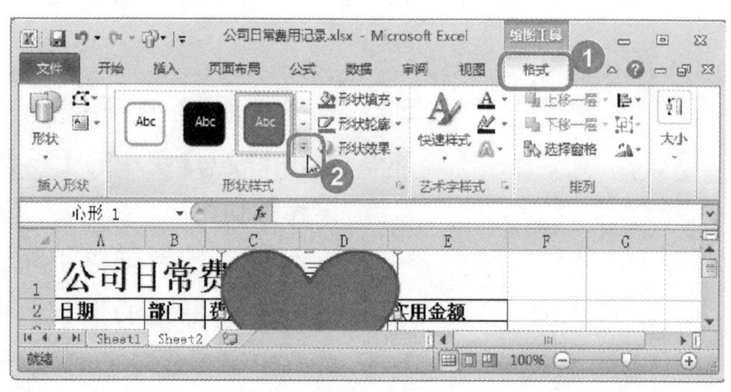

图 6-44

No.1 在插入形状图形之后，选择【格式】选项卡。

No.2 在【形状样式】组中，单击【最近浏览样式】窗口右侧的下拉按钮，如图 6-44 所示。

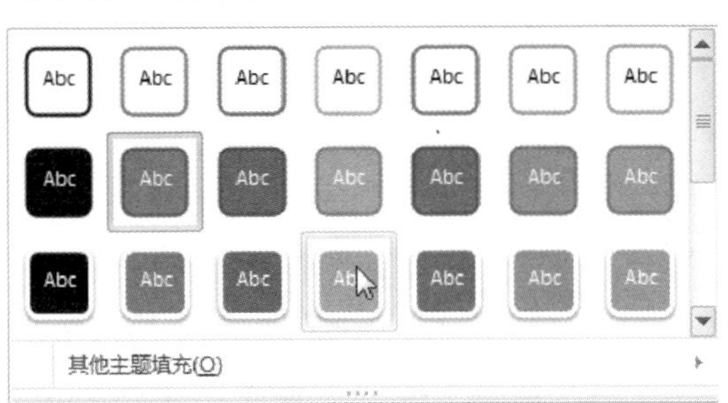

图 6-45

02

弹出【预置样式】下拉列表框，选择准备应用的形状样式，如图 6-45 所示。

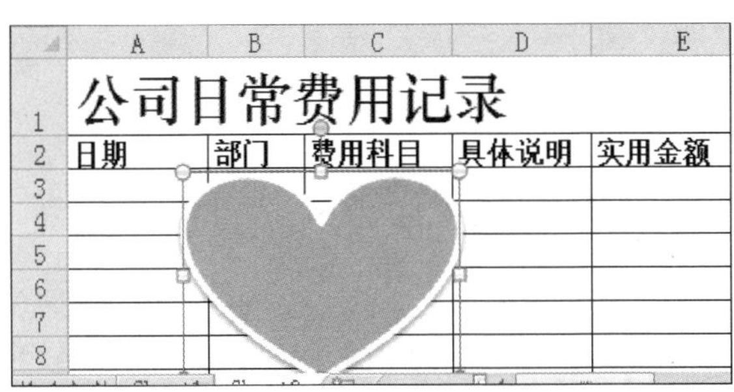

图 6-46

03

可以看到，插入的形状图形的样式已经改变，如图 6-46 所示。

知识精讲

用户还可以通过单击“其他填充颜色”命令来调整形状的透明度。在【颜色】对话框的底部，移动【透明度】滑块或者在旁边的文本框中输入一个数值即可。

2. 设置形状图形颜色

设置形状图形的颜色包括设置填充形状颜色和设置轮廓颜色，下面介绍设置形状图形颜色的操作方法。

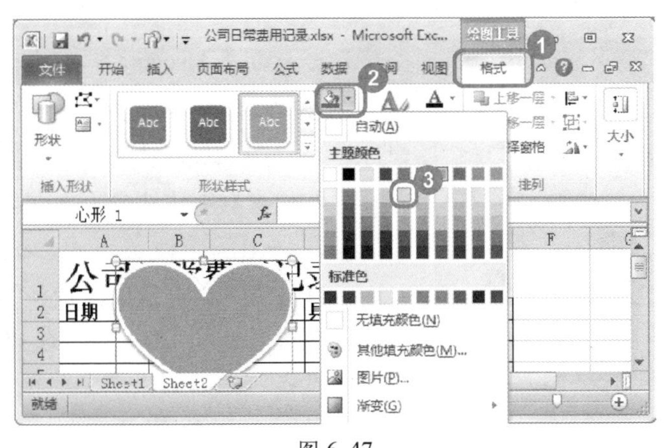

图 6-47

01

No.1 在插入形状图形之后，选择【格式】选项卡。

No.2 单击【形状样式】组中【形状填充】按钮。

No.3 在弹出的下拉列表中，选择形状图形准备使用的填充颜色，如图 6-47 所示。

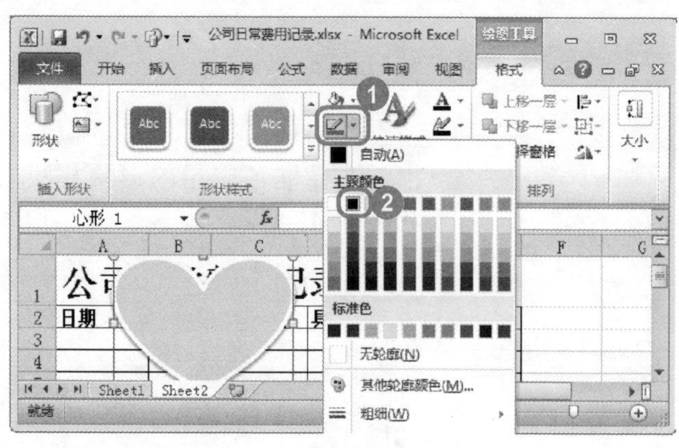

图 6-48

No.1 单击【形状样式】组中【形状轮廓】下拉按钮。

No.2 在弹出的下拉列表中，选择形状图形准备应用的轮廓颜色，如图 6-48 所示。

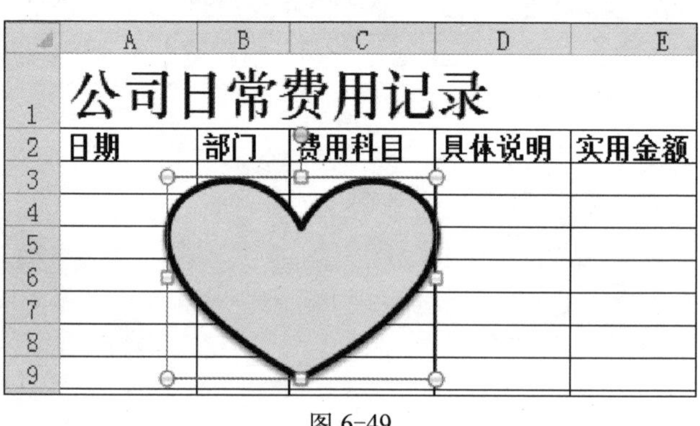

图 6-49

03

可以看到形状已被填充颜色和设置轮廓颜色，如图 6-49 所示。

3. 设置形状图形效果

设置形状图形的效果包括预设、阴影、映像、发光、柔滑边缘、棱台和三位旋转。下面以发光为例，介绍设置形状图形效果的操作方法。

图 6-50

01

No.1 在插入形状图形之后，选择【格式】选项卡。

No.2 单击【形状样式】组中【形状效果】下拉按钮。

No.3 在弹出的下拉菜单中，选择【发光】菜单项。

No.4 在弹出的子菜单中，选择准备应用的效果子菜单项，如图 6-50 所示。

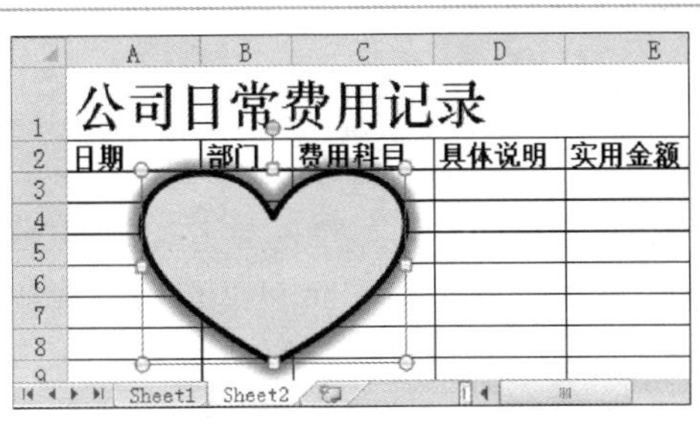

图 6-51

02

返回到工作表界面，可以看到插入的形状图形已经设置为发光效果，如图 6-51 所示。

教你一招

设置形状图形效果叠加

用户可以将设置形状图形效果叠加。例如，可以先选择【棱台】菜单项，在弹出的子菜单中，选择相应的效果，然后再选择【发光】菜单项，在弹出的子菜单中，选择相应的发光效果，这样形状图形就会显示为棱台效果加发光的效果了。

Section

6.5 使用文本框

本节导读

使用文本框，用户可以将文字输入并放置到工作表的任意位置上，方便用户对工作表格进行排版。本节介绍使用文本框的相关知识及操作方法。

6.5.1 插入文本框

插入文本框可以使工作表更加美观，插入文本框包括插入横排文本框和垂直文本框。下面以插入垂直文本框为例，介绍插入文本框的操作方法。

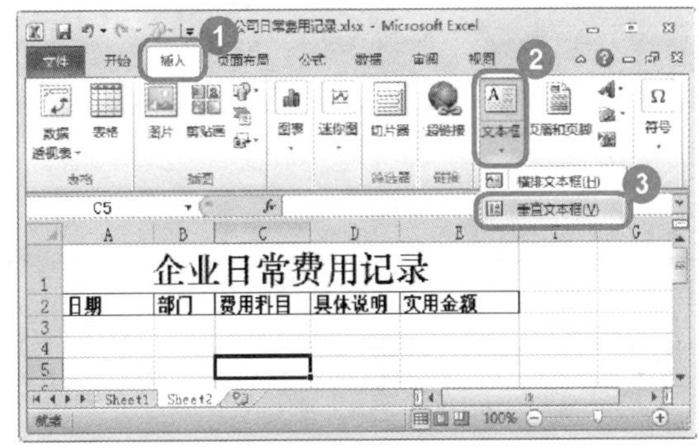

图 6-52

01

No.1 选择【插入】选项卡。

No.2 单击【文本】组中【文本框】下拉按钮。

No.3 在弹出的下拉菜单中，选择【垂直文本框】菜单项，如图 6-52 所示。

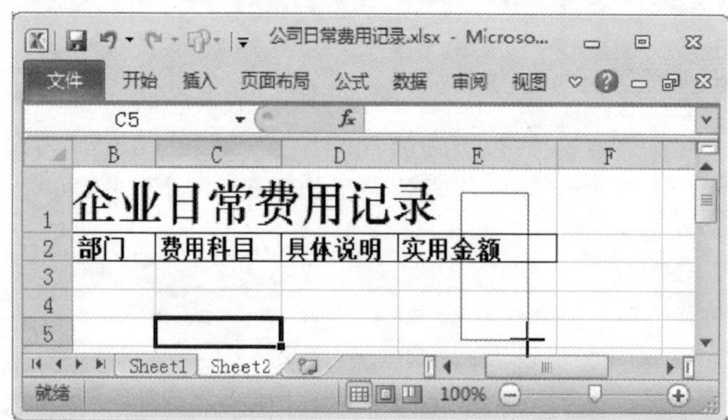

图 6-53

将鼠标指针停留在准备插入文本框的位置，按住鼠标左键不放，并拖动至目标位置，释放鼠标左键，如图 6-53 所示。

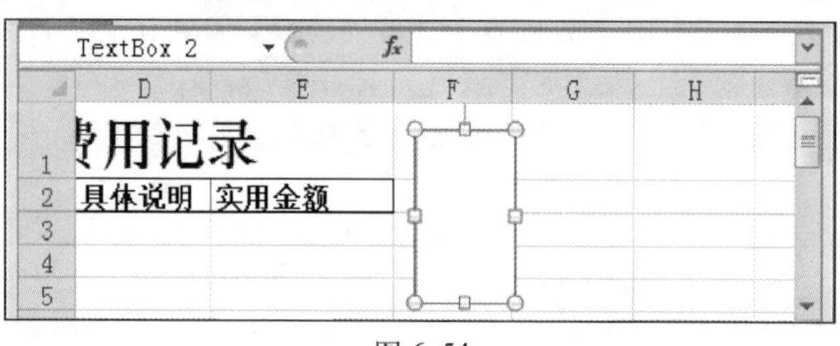

图 6-54

03

在工作表中，使用鼠标左键拖动出的矩形框，转换为可输入文字的文本框，如图 6-54 所示。

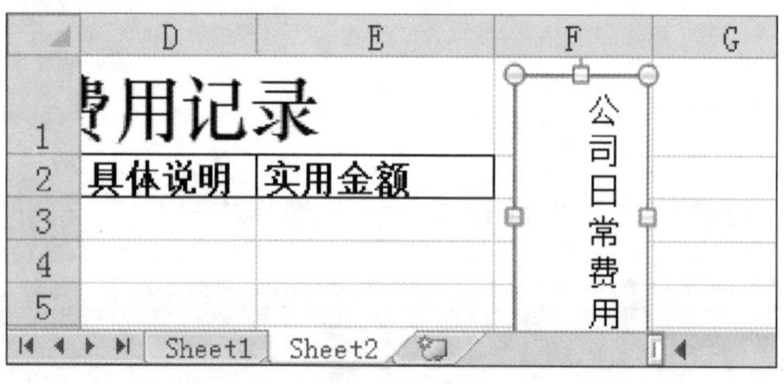

图 6-55

04

在文本框中输入所需的文本，通过以上方法，即可完成插入文本框的操作，如图 6-55 所示。

知识精讲

在文本框菜单中，选择横排文本框，用户可以在文本框中输入横向的文本内容。

6.5.2 设置文本框格式

在工作表中插入文本框后，可以对文本框进行相关的格式设置，包括设置字体、设置文本框位置和大小、设置文本框外观样式等。

1. 设置字体格式

在插入文本框之后，需要在文本框中输入文本内容，用户可以对文本的字体格式进行相关的设置。下面介绍设置字体格式的操作方法。

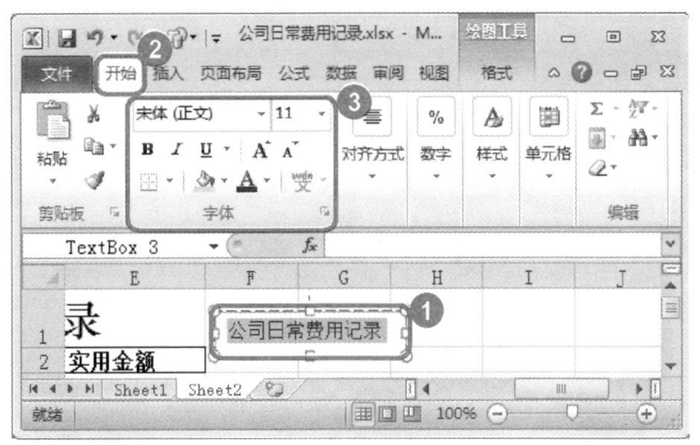

图 6-56

No.1 在插入文本框之后，将文本框中的文字选中。

No.2 选择【开始】选项卡。

No.3 在【字体】组中对选中的文本进行格式设置，如图 6-56 所示。

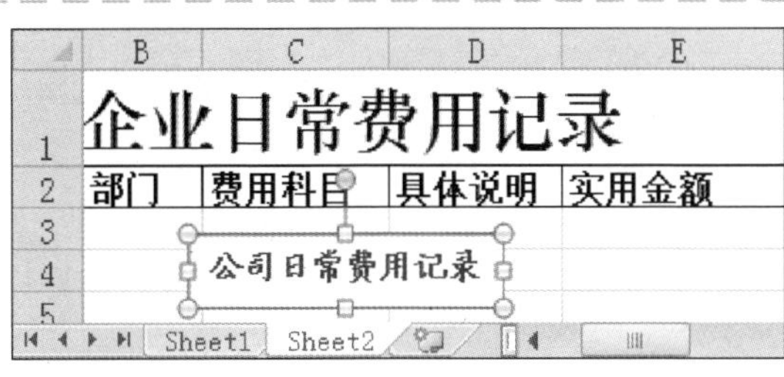

图 6-57

02

通过以上方法即可完成设置字体格式的操作，如图 6-57 所示。

2. 设置文本框的大小和位置

用户在插入文本框之后，可以对文本框的大小以及位置进行设置。下面介绍设置文本框的大小和位置的操作方法。

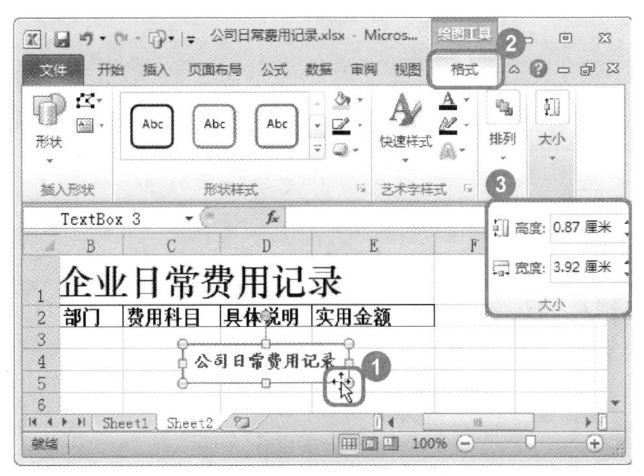

图 6-58

No.1 在插入文本框之后，将鼠标指针移动至文本框边缘，当指针变为✥形状，将文本框拖动至目标位置，即可移动位置。

No.2 选择【格式】选项卡。

No.3 在【大小】组中对文本框的高度和宽度进行设置，如图 6-58 所示。

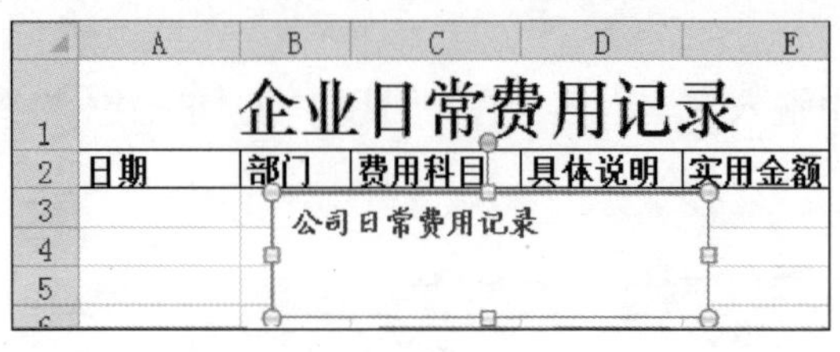

图 6-59

02

通过以上方法即可完成设置文本框的大小和位置的操作，如图 6-59 所示。

3. 设置文本框的外观样式

在插入文本框之后，用户可以对文本框的外观样式进行设置，以达到美化的效果。下面介绍设置文本框外观样式的操作方法。

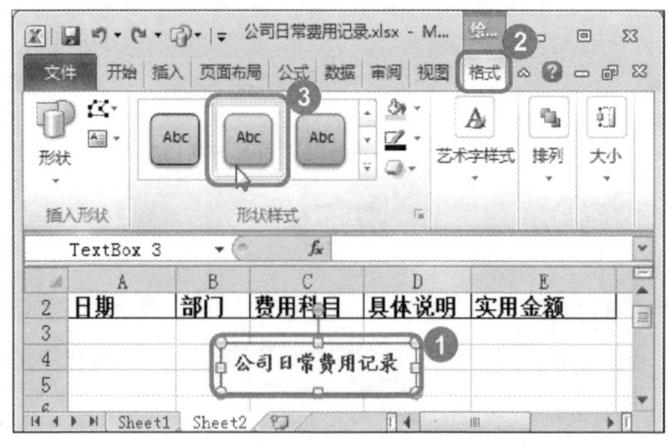

图 6-60

01

- No.1 在插入文本框之后，选中文本框。
- No.2 选择【格式】选项卡。
- No.3 在【形状样式】组中，在外观样式列表框中选择准备设置的外观样式，如图 6-60 所示。

图 6-61

02

在【艺术字样式】组中，在艺术字样式列表框中，选择准备设置的艺术字样式，如图 6-61 所示。

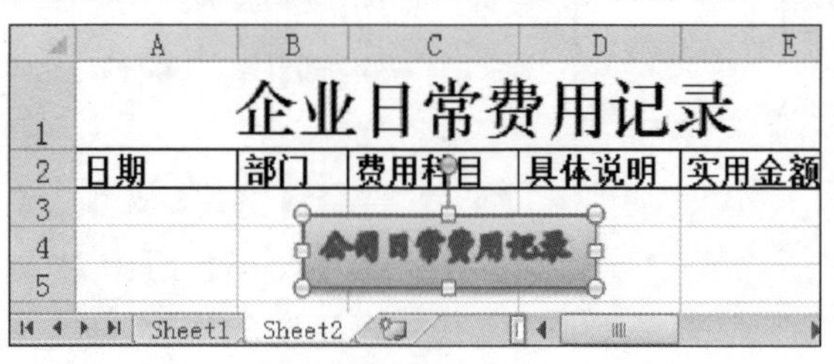

图 6-62

03

通过以上方法，即可完成设置文本框的外观样式的操作，如图 6-62 所示。

Section
6.6 实践案例与上机操作

6.6.1 更改图片与剪贴画的叠放顺序

如果在 Excel 2010 工作表中有不止一个图形和剪贴画，用户可以更改图片与剪贴画的叠放顺序。更改图片与剪贴画的叠放顺序的操作方法有两种。下面介绍更改图片与剪贴画的叠放顺序的操作方法。

1. 通过功能区更改图片与剪贴画的叠放顺序

用户更改图片与剪贴画的叠放顺序的第一种方法是，通过功能区来更改图片与剪贴画的叠放顺序。

图 6-63

01

No.1 在工作表中，插入图片后，选择需要调整次序的图形或剪贴画。

No.2 选择【格式】选项卡。

No.3 在【排列】组中单击【下移一层】右侧的按钮▾。

No.4 在弹出的下拉列表中，选择【置于底层】选项，如图 6-63 所示。

图 6-64

02

通过以上方法即可完成通过功能区更改图片与剪贴画的顺序的操作，如图 6-64 所示。

2. 通过右键菜单更改图片与剪贴画的叠放顺序

用户更改图片与剪贴画的叠放顺序的另一种方法是，通过右键菜单来更改图片与剪贴画的叠放顺序。

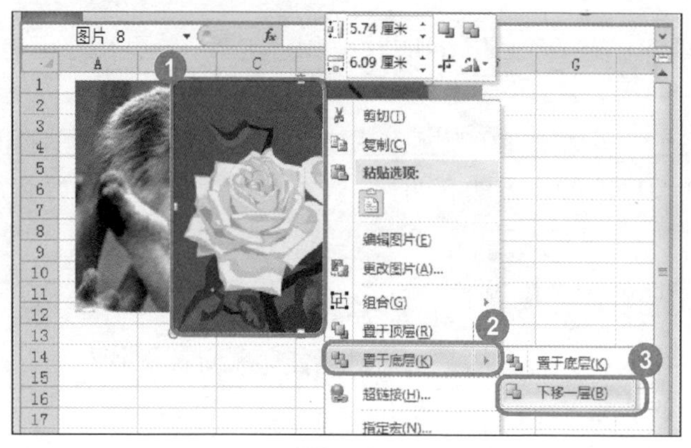

图 6-65

No.1 右键单击需要调整次序的图形或剪贴画。

No.2 在弹出的快捷菜单中选择【置于底层】菜单项。

No.3 在展开的子菜单中，选择【下移一层】子菜单项，如图 6-65 所示。

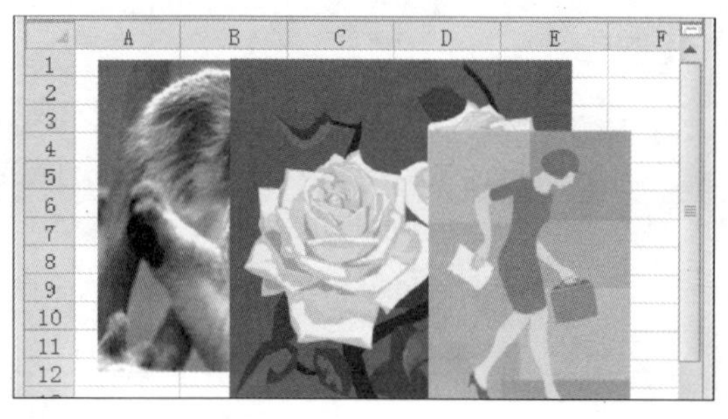

图 6-66

02

可以看到选择的图形已被下移了一层，如图 6-66 所示。

6.6.2 删除图片背景

删除图片背景是 Excel 2010 新增加的功能，用户可以快速删除图片不需要的区域，使图片仅保留所需的部分，下面介绍删除图片背景的操作方法。

图 6-67

01

No.1 选择准备删除图片背景的剪贴画。

No.2 选择【格式】选项卡。

No.3 在【调整】组中，单击【删除背景】按钮，如图 6-67 所示。

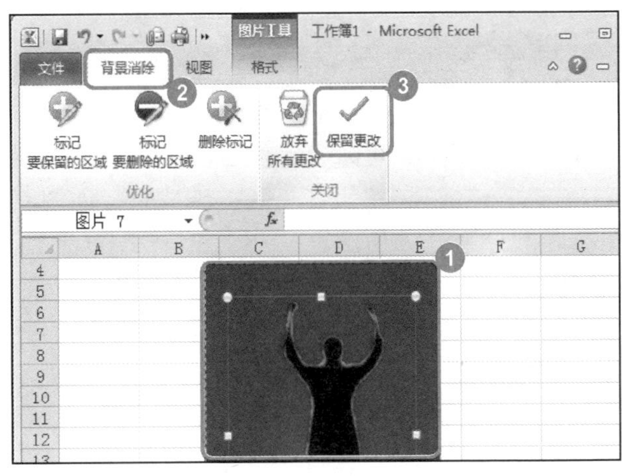

图 6-68

02

No.1 进入新的页面，此时插入工作表中的图片，其删除的区域会以淡紫色显示。

No.2 在【图片工具】选项卡区域下方，选择【背景消除】选项卡。

No.3 单击【保留修改】按钮，如图 6-68 所示。

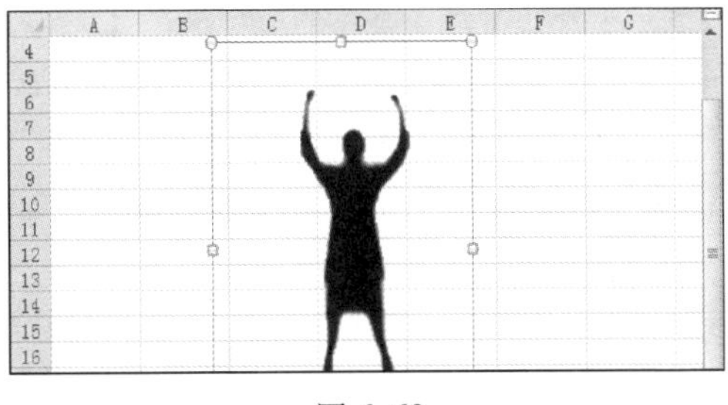
图 6-69

03

可以看到选择的剪贴画背景已被删除，如图 6-69 所示。

6.6.3 在 SmartArt 图形中添加图片

图片或图像是创建美观的工作表必不可少的部分，SmartArt 图形也允许插入各种图片，在 SmartArt 图形中有一些形状被设计为图片的占位符，通过使用含有图片占位符形状的布局，可以获得更具专业外观的 SmartArt 图形。下面介绍在 SmartArt 图形中添加图片的操作方法。

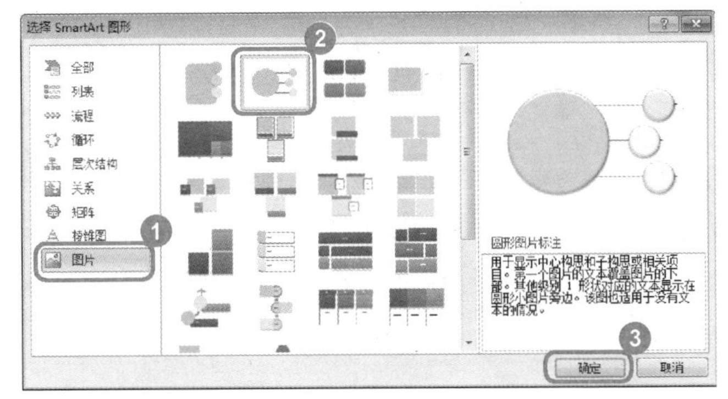

图 6-70

01

No.1 使用上面介绍过的方法打开【选择 SmartArt 图形】对话框，选择【图片】选项卡。

No.2 选择准备插入 SmartArt 图形的布局。

No.3 单击【确定】按钮，如图 6-70 所示。

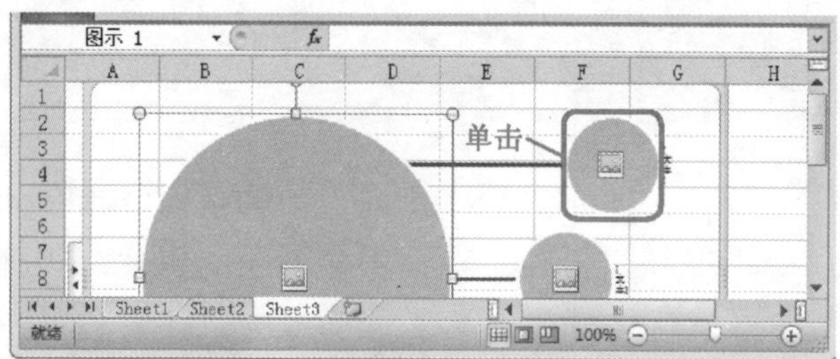

图 6-71

02

插入选择的SmartArt图形后，可以看到在图形中有一个【图片】按钮，单击该按钮，如图 6-71 所示。

图 6-72

03

No.1 弹出【插入图片】对话框，在导航窗格中，选择准备插入图片的目标位置。

No.2 选择准备插入的图片。

No.3 单击【插入】按钮，如图 6-72 所示。

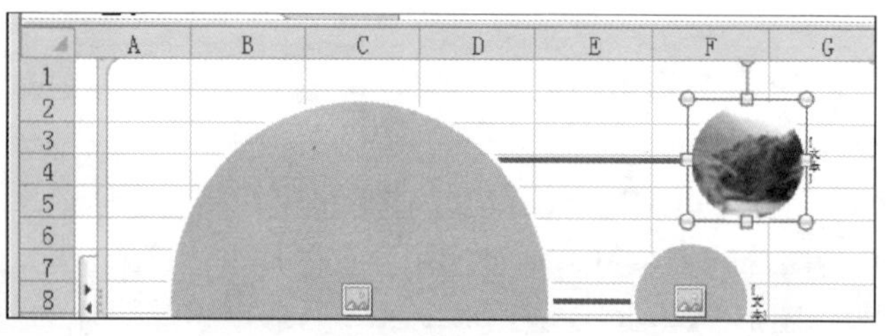

图 6-73

04

返回到工作表中可以看到选择的图形已被插入图片，如图 6-73 所示。

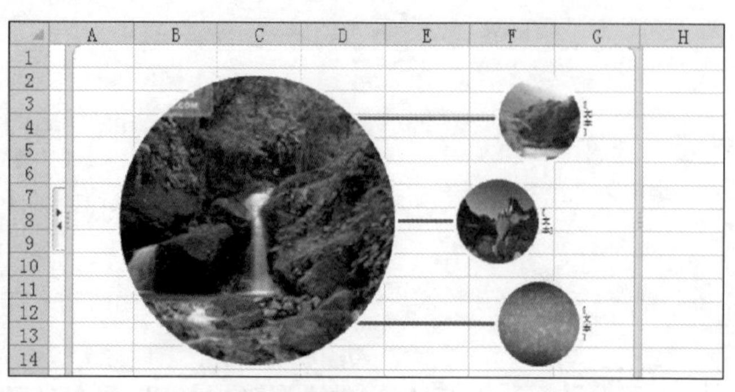

图 6-74

05

使用同样的方法将剩下的几个图形分别插入图片，通过以上步骤即可完成在SmartArt图形中添加图片的操作，如图 6-74 所示。

第1章

页面设置与打印工作表

本章主要介绍页面设置和设置打印区域和打印标题的基础知识，同时还讲解了打印预览与输出的操作。在本章的最后还针对实际的工作需要，讲解了一些实例的上机操作方法。

Section

7.1 页面设置

本节导读

在完成对工作表数据的输入和编辑后，可将它打印成报表。打印报表时需要进行一些设置，页面设置包括设置页边距、设置纸张方向与大小、设置页眉和页脚等，本节介绍页面设置的相关知识及操作方法。

7.1.1 设置页面

设置页面主要包括设置纸张的方向与大小，用户可以根据需要，对纸张的方向设置成横向或者纵向，也可以设置纸张的大小标准。下面介绍设置页面的操作方法。

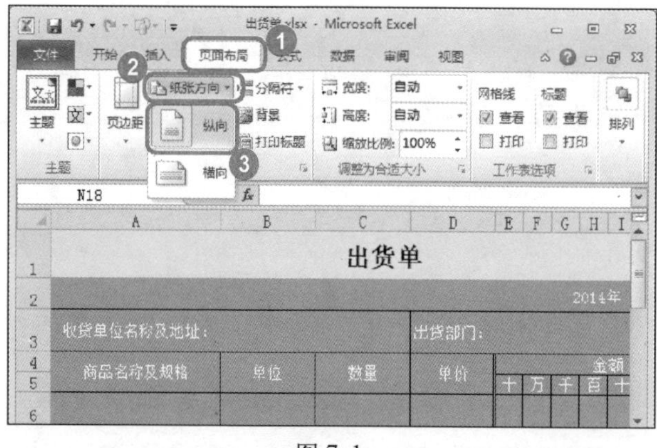

图 7-1

01

No.1 选择【页面布局】选项卡。

No.2 单击【页面设置】组中【纸张方向】下拉按钮。

No.3 在弹出的下拉菜单中，选择【纵向】菜单项，如图 7-1 所示。

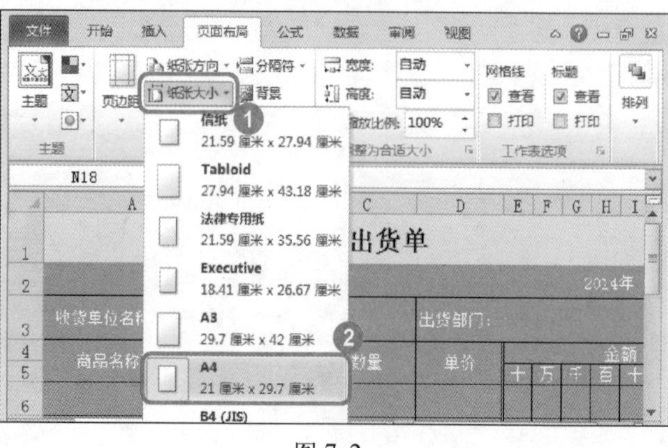

图 7-2

02

No.1 单击【纸张大小】下拉按钮。

No.2 在弹出的下拉菜单中，选择【A4】菜单项。通过以上方法，即可完成设置页面的操作，如图 7-2 所示。

7.1.2 设置页边距

页边距是指正文与页面边缘的距离，下面介绍在【页面布局】视图中设置页边距的操作方法。

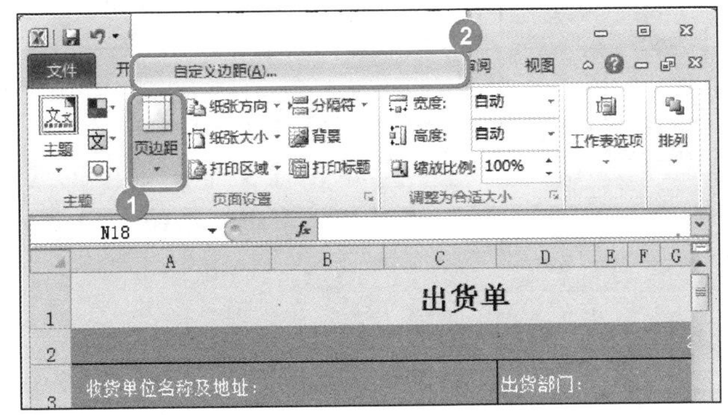

图 7-3

01

No.1 进入【页面布局】视图，单击【页面设置】组中【页边距】下拉按钮。

No.2 在弹出的下拉菜单中，选择【自定义边距】菜单项，如图 7-3 所示。

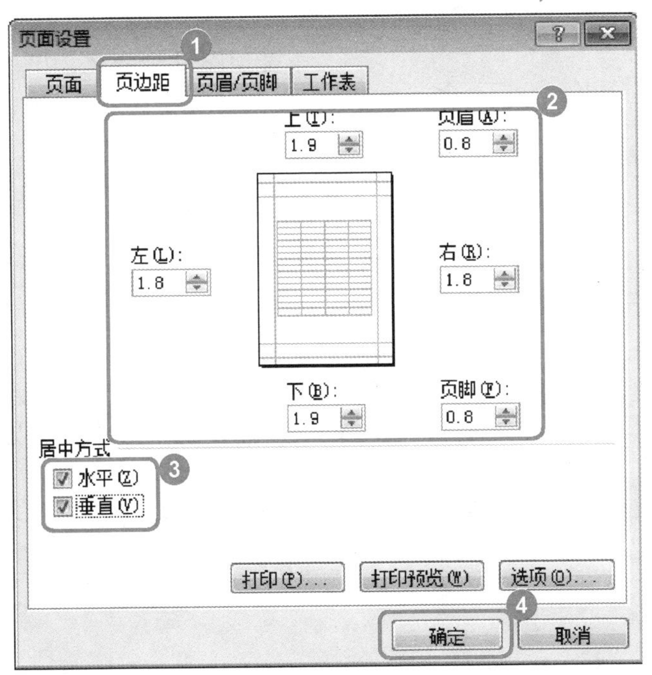

图 7-4

02

No.1 弹出【页面设置】对话框，选择【页边距】选项卡。

No.2 在【上】、【下】、【左】、【右】微调框中，分别调整准备打印的页边距值。

No.3 在【居中方式】区域中，选择【水平】和【垂直】复选项。

No.4 单击【确定】按钮，即可完成设置页边距的操作，如图 7-4 所示。

知识精讲

通过拖动标尺栏来调整页边距

进入【页面布局】视图模式，即可使用与 Word 中类似的方法，通过拖动标尺栏快速地调整页边距。

7.1.3 设置页眉和页脚

页眉是表格中每个页面的顶部区域。常用于显示文档的附加信息，页脚是表格中每个页面的底部区域，常用于添加页码、日期等。下面介绍设置页眉和页脚的操作方法。

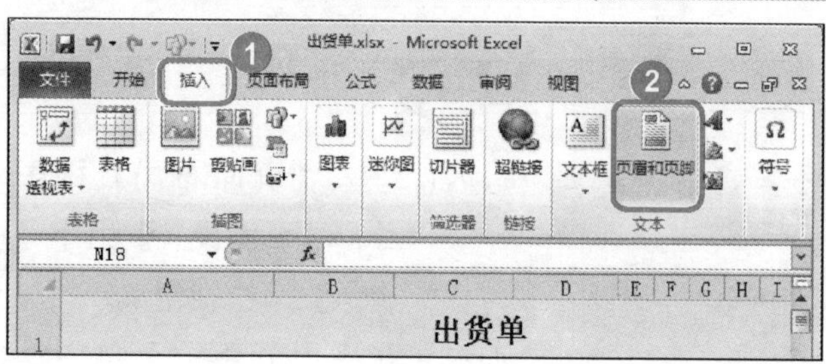

图 7-5

No.1 选择【插入】选项卡。

No.2 单击【文本】组中的【页眉和页脚】按钮，如图 7-5 所示。

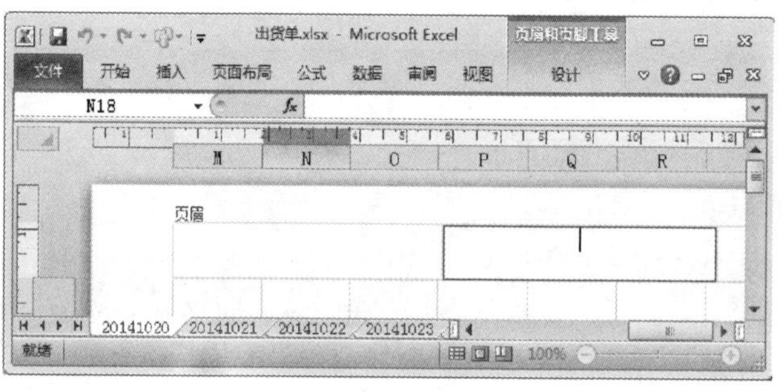

图 7-6

工作表顶端发生变化，出现页眉文本框，并出现闪烁的光标，如图 7-6 所示。

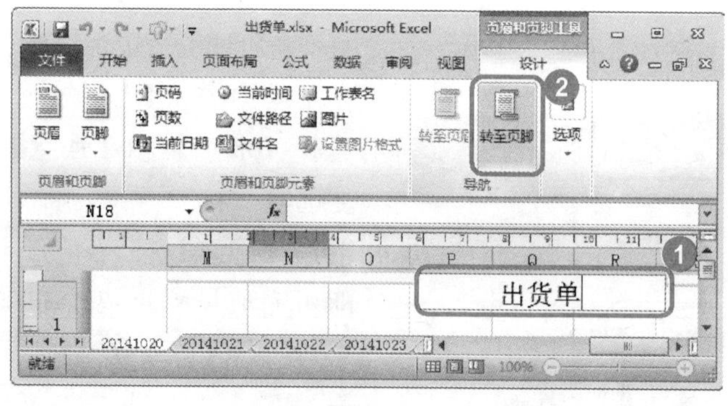

图 7-7

No.1 在页眉文本框中，输入准备输入的信息。

No.2 单击【导航】组中【转至页脚】按钮，如图 7-7 所示。

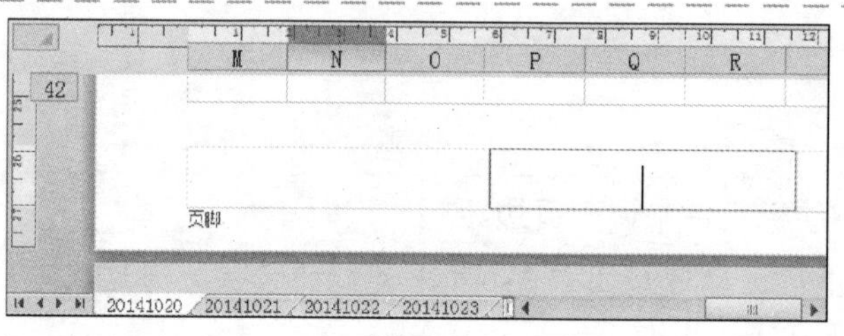

图 7-8

工作表页面自动跳转至底部，出现页脚文本框，并出现闪烁的光标，如图 7-8 所示。

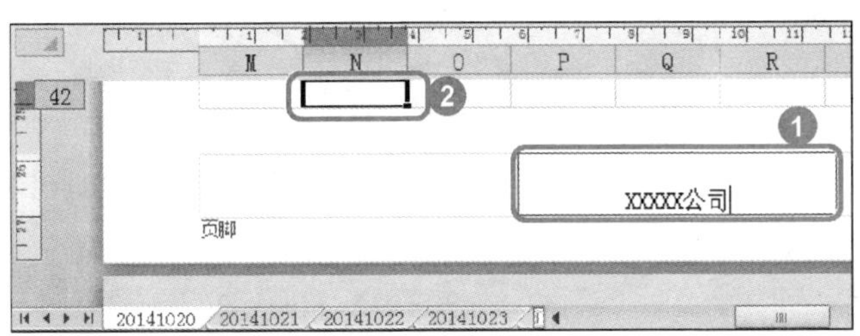

图 7-9

05

No.1 在页脚文本框中，输入准备输入的信息。

No.2 单击工作表中任意单元格，如图 7-9 所示。

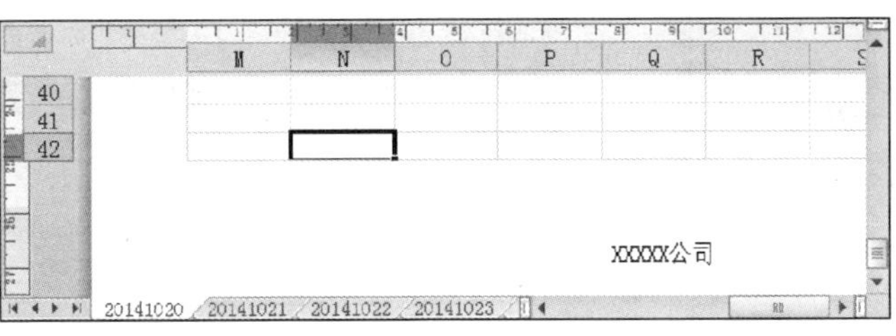

图 7-10

06

通过以上方法，即可完成设置页眉和页脚的操作，如图 7-10 所示。

知识精讲

用户在设置页眉和页脚的时候，在页眉或者页脚的文本框中，输入相关的文本信息之后，可以在【开始】选项卡中，对输入的文本进行格式设置，例如字号、字形等，以达到美化页眉页脚的目的。

Section 7.2 设置打印区域和打印标题

本节导读

对于在 Excel 建立的工作表，在完成对工作表数据的输入和编辑后，可以轻松地打印成报表。

7.2.1 设置打印区域

在 Excel 2010 工作表中，用户可以选取部分单元格区域，并将其设置为打印区域。下面介绍设置打印区域的操作方法。

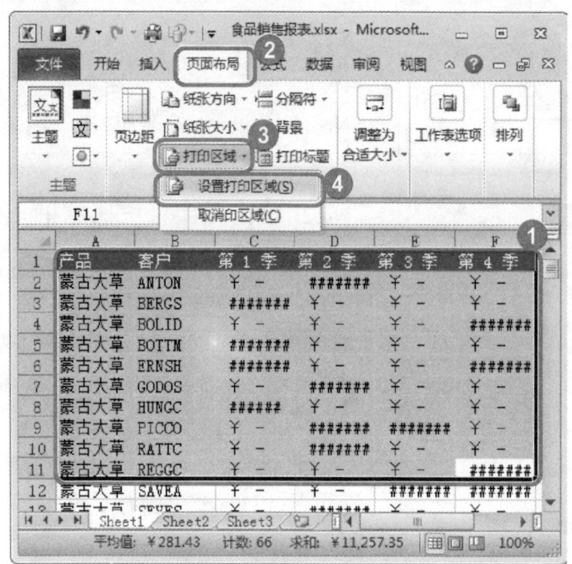

图 7-11

01

No.1 选中准备打印的单元格区域。

No.2 选择【页面布局】选项卡。

No.3 单击【页面设置】组中的【打印区域】下拉按钮。

No.4 在弹出的下拉菜单中，选择【设置打印区域】菜单项，如图 7-11 所示。

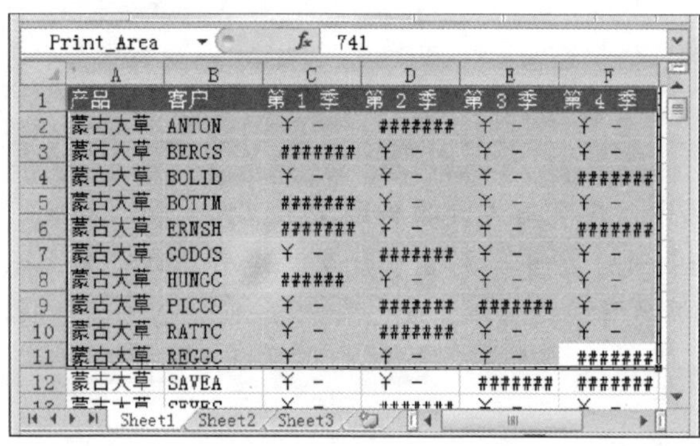

图 7-12

02

返回到工作表界面，可以看到选中的单元格区域，显示为被框选的状态，如图 7-12 所示。

教你一招

取消设置后的打印区域

激活工作表后，单击【页面设置】组中的【打印区域】下拉按钮，在弹出的下拉菜单中，选择【取消打印区域】菜单项，可取消前面设置的打印区域，这样又可以打印输出整个工作表中的数据了。

7.2.2 设置打印标题

若要使行和列在打印输出中更易于识别，可以显示打印标题。行标题是工作表左侧的行号；列标题是工作表上列顶部显示的字母或数字。下面介绍设置打印标题的操作方法。

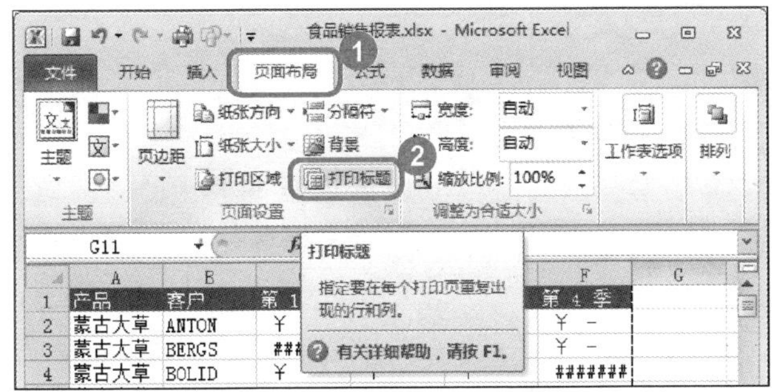

图 7-13

01

No.1 选择【页面布局】选项卡。

No.2 单击【页面设置】组中的【打印标题】按钮，如图 7-13 所示。

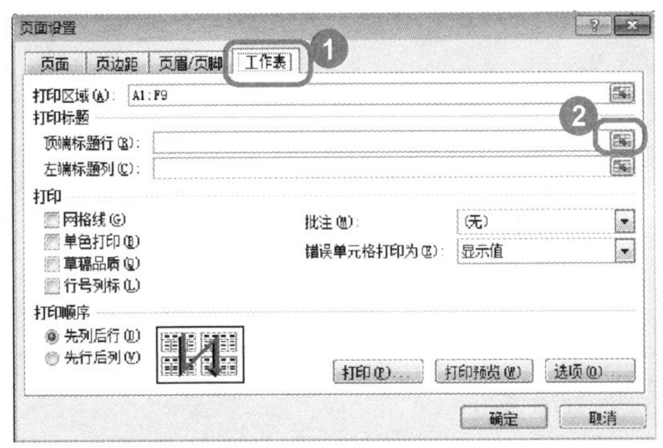

图 7-14

02

No.1 弹出【页面设置】对话框，选择【工作表】选项卡。

No.2 单击【顶端标题行】右侧的【折叠】按钮，如图 7-14 所示。

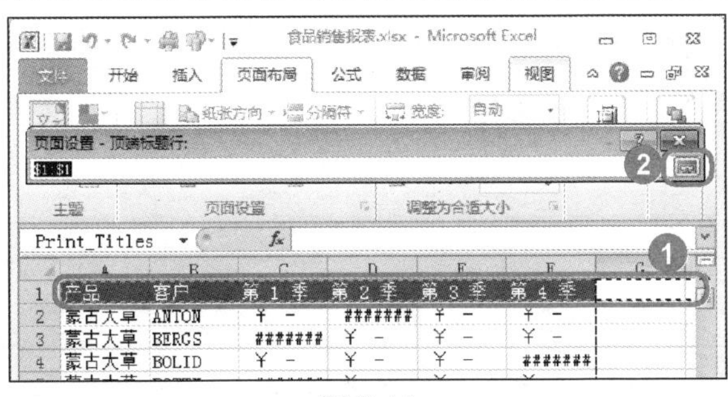

图 7-15

No.1 选择准备设置顶端标题的单元格区域。

No.2 单击【顶端标题行】右侧的【折叠】按钮，如图 7-15 所示。

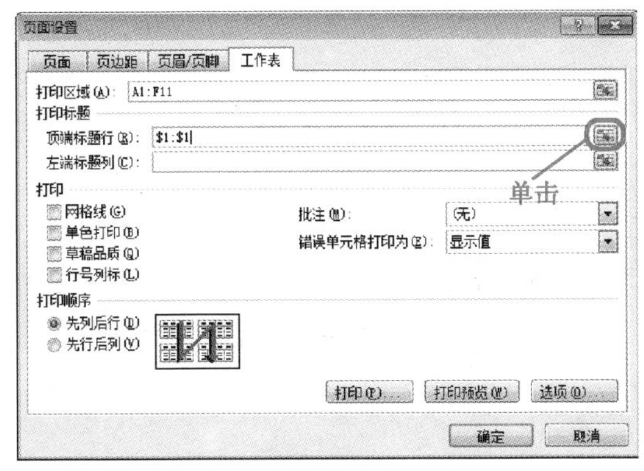

图 7-16

04

返回【页面设置】对话框，选择【工作表】选项卡，单击【左端标题列】右侧的【折叠】按钮，如图 7-16 所示。

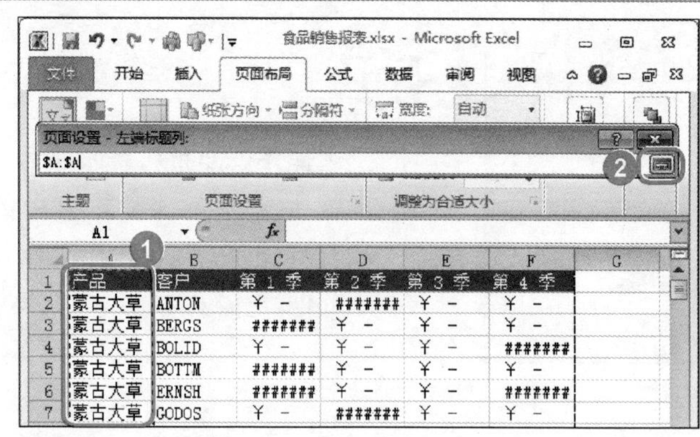

图 7-17

No.1 选择准备设置左端标题的单元格区域。

No.2 单击【左端标题列】右侧的【折叠】按钮，如图 7-17 所示。

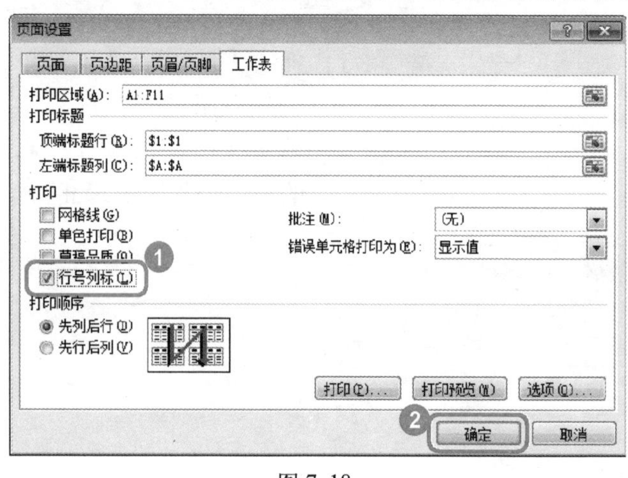

图 7-18

06

No.1 返回【页面设置】对话框，选择【打印】区域中【行号列标】复选项。

No.2 单击【确定】按钮，即可完成设置打印标题的操作，如图 7-18 所示。

7.2.3 分页预览

分页预览是 Excel 2010 的新功能，能够帮助用户快速区分打印区域和非打印区域，并在工作表中显示分页符和页码。下面介绍分页预览的操作方法。

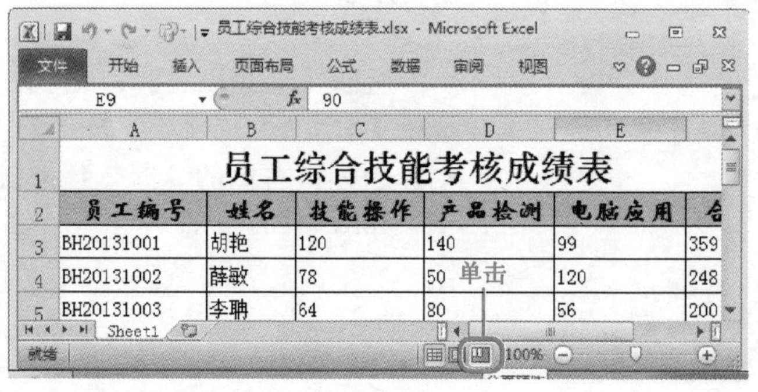

图 7-19

打开准备进行分页预览的工作表，然后单击【状态栏】中的【分页预览】按钮，如图 7-19 所示。

	A	B	C	D	E	F
2	员工编号	姓名	技能操作	产品检测	电脑应用	合计
3	BH20131001	胡艳	120	140	99	359
4	BH20131002	薛敏	78	50	120	248
5	BH20131003	李聘	64	80	56	200
6	BH20131004	李霞	113	50	59	222
7	BH20131005	刘雪	140	113	102	355
8	BH20131006	祝苗	120	120	105	345
9	BH20131007	张林	65	40	90	195
10	BH20131008	周纳	78	50	50	178
11	BH20131009	董天保	95	56	80	231
12	BH20131010	王敏	96	40	50	186
13	BH20131011	杨晓莲	78	120	110	308

第 1 页

图 7-20

此时工作表显示为分页预览状态，通过以上方法即可完成分页预览的操作，如图 7-20 所示。

Section

7.3 打印预览与输出

本节导读

设置完打印页面后，本节介绍打印预览与输出的相关知识及操作方法。

7.3.1 预览打印效果

把各项打印选项设置完成后，在正式打印之前，用户可以使用 Excel 2010 提供的打印预览功能预览打印效果，用来检查之前的设置是否正确，以保证打印的质量，预览打印效果的方法如下。

打开准备进行打印预览的工作表，选择【文件】选项卡，然后在打开的视图中，选择【打印】选项，此时在右侧区域中会显示打印预览效果，这样即可完成预览打印效果的操作，如图 7-21 所示。

图 7-21

7.3.2 打印工作表

打印项目设置完成后，如打印预览效果较为满意，就可以在打印机上进行真实报表的打印输出了。下面介绍打印工作表的操作方法。

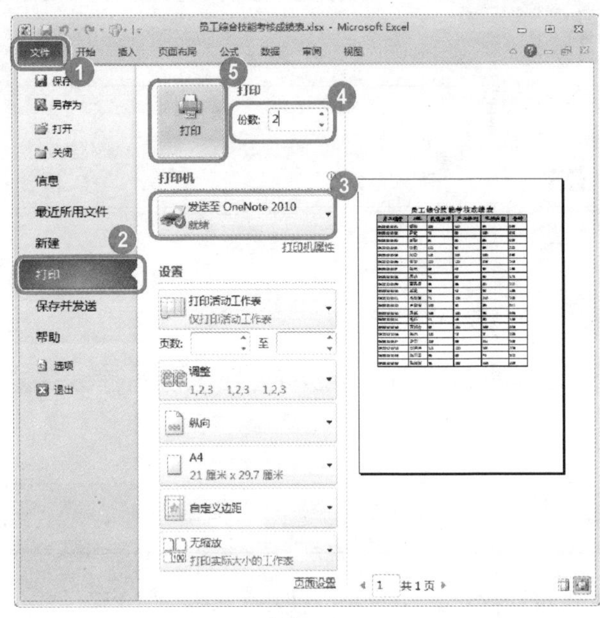

图 7-22

01

No.1 打开准备进行打印的工作表，选择【文件】选项卡。

No.2 选择【打印】选项。

No.3 在【打印机】下拉列表中，选择准备使用的打印机。

No.4 在【份数】微调框中，输入准备打印的份数。

No.5 单击【打印】按钮，如图 7-22 所示。

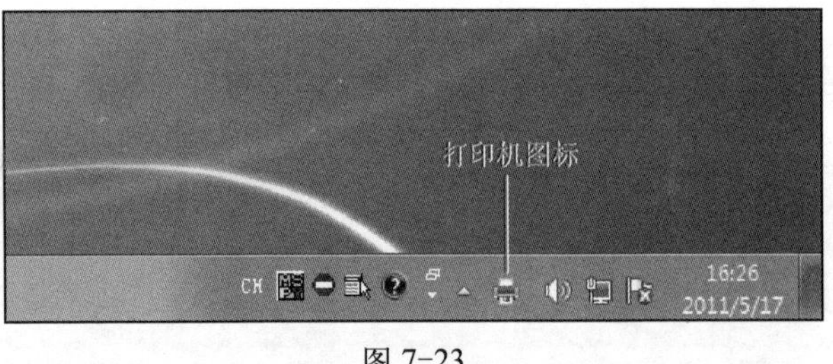

图 7-23

02

此时在系统桌面的状态栏中会显示打印机图标，提示工作表打印状态。通过以上方法即可完成打印工作表的操作，如图 7-23 所示。

Section 7.4 实践案例与上机操作

7.4.1 打印表格中的网格线

在 Excel 2010 表格的打印中，默认是不能将表格中的网格线打印出来的，但用户可以通过简单的设置来实现网格线的打印。下面介绍打印表格中网格线的操作方法。

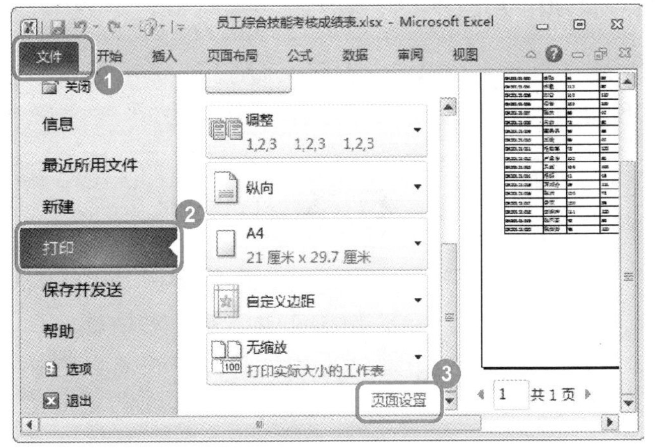

图 7-24

01

No.1 打开准备打印网格线的表格文件，选择【文件】选项卡。

No.2 打开的视图中，选择【打印】选项。

No.3 在【设置】区域中，单击【页面设置】链接项，如图 7-24 所示。

图 7-25

02

No.1 弹出【页面设置】对话框，选择【工作表】选项卡。

No.2 选择【打印】区域中的【网格线】复选项。

No.3 单击【确定】按钮，如图 7-25 所示。

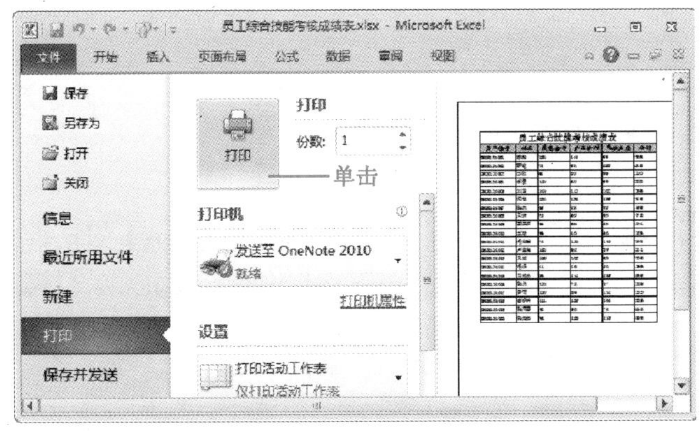

图 7-26

03

返回到【打印】界面，在【预览】区域中可以看到打印预览，单击【打印】按钮，这样即可完成打印表格中网格线的操作，如图 7-26 所示。

7.4.2 在打印预览中添加页眉和页脚

在以前的版本中，用户只能通过【页面设置】对话框来设置页眉和页脚，在Excel 2010中，也可以使用该功能来设置页眉和页脚，下面介绍其操作方法。

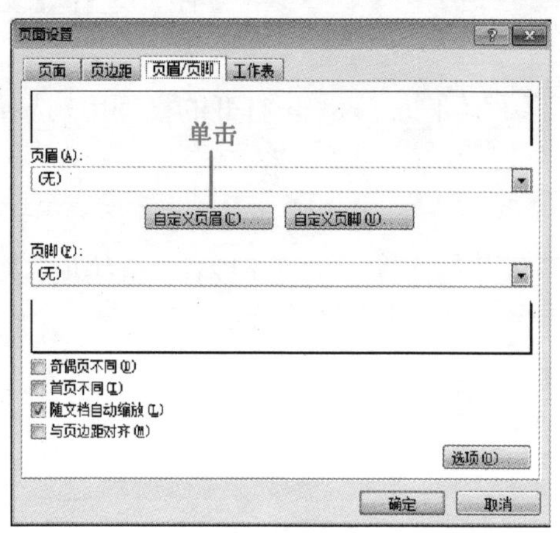

图 7-27

使用上面小节中介绍的方法，打开【页面设置】对话框，在该对话框中选择【页眉/页脚】选项卡，然后单击【自定义页眉】按钮，如图 7-27 所示。

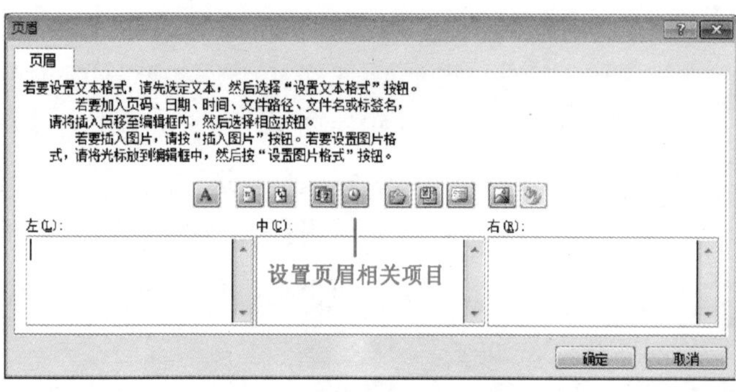

图 7-28

02

系统会弹出【页眉】对话框，用户可以在【左】、【中】、【右】输入框中输入页眉内容，或单击输入框上的快捷按钮，插入页眉的相关项目，单击【确定】按钮，即可完成页眉的设置，如图 7-28 所示。

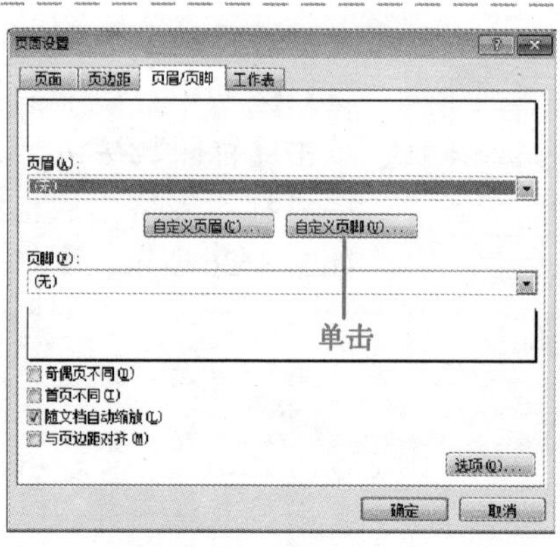

图 7-29

返回到【页面设置】对话框，在该对话框中选择【页眉/页脚】选项卡，然后单击【自定义页脚】按钮，如图 7-29 所示。

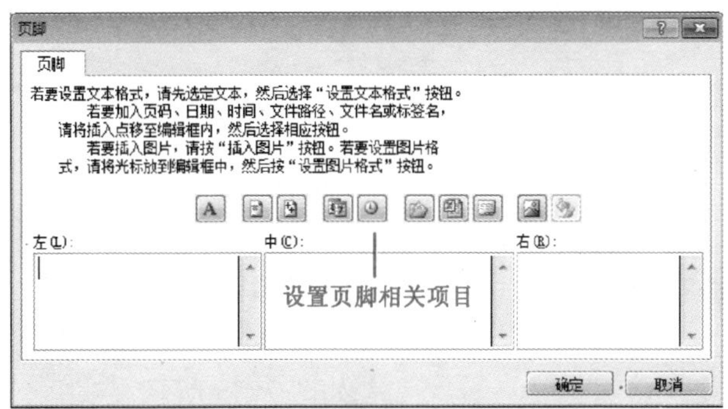

图 7-30

04

弹出【页脚】对话框，用户可以在【左】、【中】、【右】输入框中输入页脚内容，或单击输入框上的快捷按钮，插入页脚的相关项目，单击【确定】按钮，即可完成页脚的相关设置，如图 7-30 所示。

7.4.3 插入和删除分隔符

要打印所需的准确页数，可以使用“分页预览”视图来快速调整分页符，在此视图中，手动插入的分页符以实线显示，虚线为 Excel 自动分页的位置。下面介绍插入和删除分隔符的操作方法。

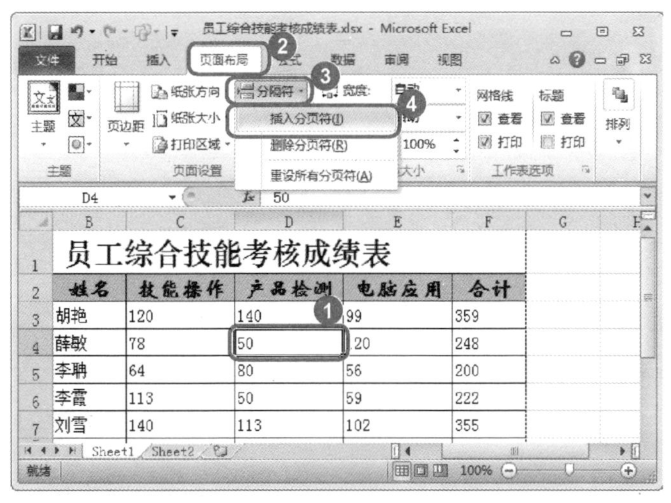

图 7-31

01

No.1 选择准备插入垂直或水平分隔符的位置。

No.2 选择【页面布局】选项卡。

No.3 单击【页面设置】组中的【分隔符】下拉按钮 分隔符 。

No.4 在弹出的下拉菜单中，选择【插入分页符】菜单项，如图 7-31 所示。

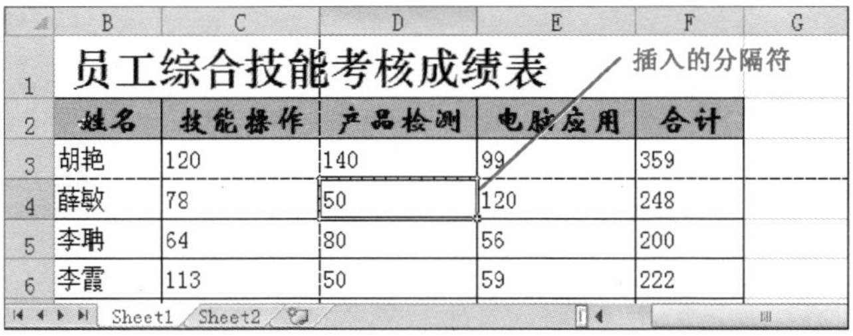

	B	C	D	E	F
1	员工综合技能考核成绩表				
2	姓名	技能操作	产品检测	电脑应用	合计
3	胡艳	120	140	99	359
4	薛敏	78	50	120	248
5	李聃	64	80	56	200
6	李霞	113	50	59	222

插入的分隔符

图 7-32

02

此时，即可在工作表中看到已经插入了分隔符，如图 7-32 所示。

图 7-33

03

No.1 选择【页面布局】选项卡。

No.2 单击【页面设置】组中的【分隔符】下拉按钮![分隔符]。

No.3 在弹出的下拉菜单中，选择【删除分页符】菜单项，如图 7-33 所示。

	B	C	D	E	F
1	员工综合技能考核成绩表				
2	姓名	技能操作	产品检测	电脑应用	合计
3	胡艳	120	140	99	359
4	薛敏	78	50	120	248
5	李聃	64	80	56	200

Sheet1 Sheet2

图 7-34

04

此时，即可在工作表中看到已经删除了分隔符，如图 7-34 所示。

第 8 章

使用公式计算数据

本章主要介绍了公式、命名单元格或单元格区域、单元格引用、输入与编辑公式、数组公式和使用数组公式的基础知识，在本章的最后还针对实际的工作要求，讲解了一些实例的上机操作方法。

Section

8.1 公式简介

本节导读

公式的作用在于计算，利用公式用户可以进行简单的计算，如加、减、乘、除等，也可以完成很复杂的计算，如财务、统计、科学计算等。工作表中需要计算结果时，使用公式是最好的选择，本节将介绍公式的相关基础知识。

8.1.1 认识公式

公式是Excel工作表中进行数值计算的等式。公式输入是以“=”开始的。简单的公式有加、减、乘、除等计算。

通常情况下，公式由函数、参数、常量和运算符组成，下面分别予以介绍。

函数：在Excel中包含的许多预定义公式，可以对一个或多个数据执行运算，并返回一个或多个值。函数可以简化或缩短工作表中的公式。

参数：函数中用来执行操作或计算单元格或单元格区域的数值。

常量：是指在公式中直接输入的数字或文本值，这些数值不参与运算且不发生改变。

运算符：用来连接公式中准备进行计算的符号或标记，运算符可以表达公式内执行计算的类型，有数学、比较、逻辑和引用运算符。

8.1.2 运算符

公式中用于连接各种数据的符号或标记称之为运算符，可以指定准备对公式中的元素执行的计算类型。运算符可以分为算术运算符、比较运算符、文本连接运算符以及引用运算符共4种。

1. 文本连接运算符

文本连接运算符是可以将一个或多个文本连接为一个组合文本的一种运算符号，文本连接运算符使用符号“&”连接一个或多个文本字符串，从而产生新的文本字符串，文本连接运算符的基本含义如表8-1所示。

表8-1 文本连接运算符

文本连接运算符	含　义	示　例
&（和号）	将两个文本连接起来产生一个连续的文本值	“漂”&“亮”得到漂亮

2. 算术运算符

算术运算符用来完成基本的数学运算，如“加、减、乘、除等运算”，算术运算符的基本含义如表 8-2 所示。

表 8–2　算术运算符

算术运算符	含　义	示　例
+（加号）	加法	9+8
–（减号）	减法或负号	9 – 8；– 8
*（星号）	乘法	3*8
/（正斜号）	除法	8/4
%（百分号）	百分比	68%
^（脱字号）	乘方	6^2
！（阶乘）	连续乘法	3！ = 3*2*1

3. 比较运算符

比较运算符用于比较两个数值间的大小关系，并产生逻辑值 TRUE（真）或 FALSE（假），比较运算符的基本含义如表 8-3 所示。

表 8–3　比较运算符

比较运算符	含　义	示　例
=（等号）	等于	A1=B1
>（大于号）	大于	A1>B1
<（小于号）	小于	A1<B1
> =（大于等于号）	大于或等于	A1>=B1
< =（小于等于号）	小于或等于	A1<=B1
<>（不等号）	不等于	A1<>B1

4. 引用运算符

引用运算符是对多个单元格区进行合并计算的运算符，如“F1=A1+B1+C1+D1”，使用引用运算符后，可以将公式变更为“F1=SUM(A1:D1)”。引用运算符的基本含义如表 8-4 所示。

表 8–4　引用运算符

引用运算符	含　义	示　例
:（冒号）	区域运算符，生成对两个引用之间所有单元格的引用	A1:A2
,（逗号）	联合运算符，用于将多个引用合并为一个引用	SUM(A1:A2,A3:A4)
（空格）	交集运算符，生成在两个引用中共有的单元格引用	SUM(A1:A6 B1:B6)

8.1.3 运算符优先级

运算符优先级是指一个公式中含有多个运算符的情况下 Excel 的运算顺序。如果一个公式中的若干运算符都具有相同的优先顺序，那么 Excel 2010 将按照从左到右的顺序依次的去进行计算。如“7+8+6+3*2，Excel 2010 将先进行乘法运算，然后再进行加法运算；如果使用括号将公式改为（7+8+6+3）*2，那么 Excel 2010 将先计算括号里的数值”。运算符的优先级如表 8-5 所示。

表 8-5 运算符优先级

优先级	运算符类型	说明
1	引用运算符	：（冒号）
2		（空格）
3		，（逗号）
4	算术运算符	–（负数）
5		%（百分比）
6		^（乘方）
7		* 和 /（乘和除）
8		+ 和 –（加和减）
9	文本连接运算符	&（连接两个文本字符串）
10	比较运算符	=
11		<、>
12		< =
13		> =
14		<>

Section 8.2 命名单元格或单元格区域

本节导读

Excel 提供了为单元格或单元格区域命名的方法，允许为某个单元格或单元格区域定义一个有意义的名称。引用这个单元格或单元格区域的地方可以用名称来代替。在公式中使用单元格名称，比直接使用单元格地址更容易理解计算过程和公式含义。

8.2.1 为单元格命名

在 Excel 2010 工作表中，单元格默认情况下都是根据行、列标题进行命名的，如“A1、B3、D5”等，用户也可以自行命名单元格。下面介绍为单元格命名的操作方法。

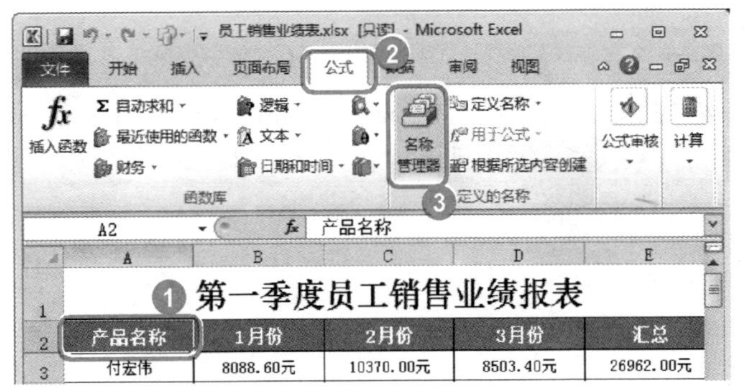

图 8-1

01

No.1 选择准备进行命名的单元格。

No.2 选择【公式】选项卡。

No.3 在【定义的名称】组中，单击【名称管理器】按钮，如图 8-1 所示。

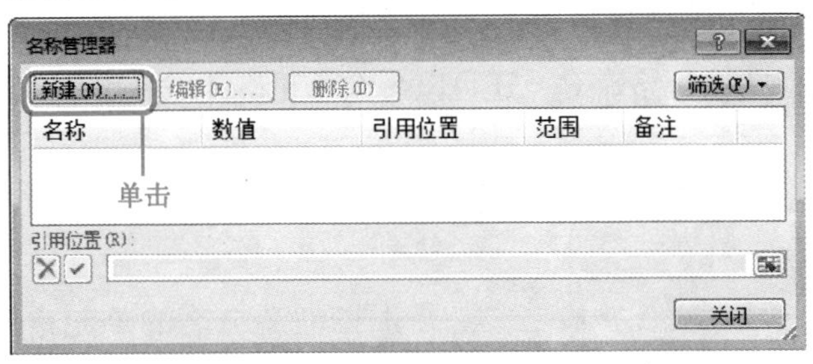

图 8-2

02

弹出【名称管理器】对话框，单击左上角的【新建】按钮 新建(N)...，如图 8-2 所示。

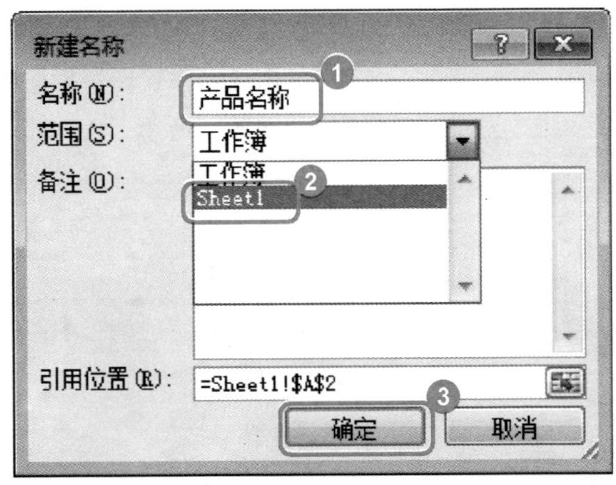

图 8-3

03

No.1 弹出【新建名称】对话框，在【名称】文本框中输入准备命名的单元格名称。

No.2 在【范围】下拉列表中，选择单元格所在的工作表，如"Sheet1"。

No.3 单击【确定】按钮 确定，如图 8-3 所示。

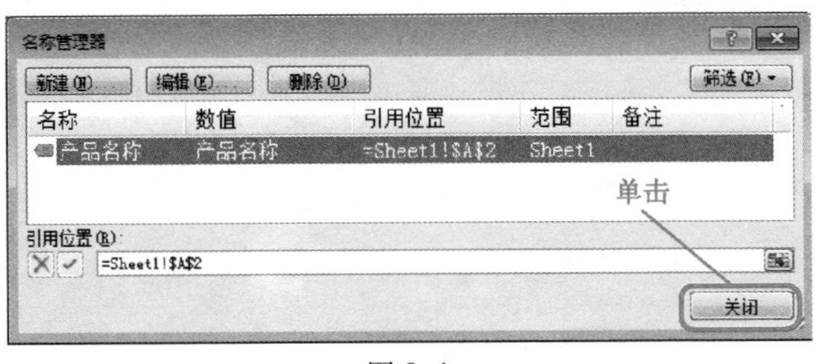

图 8-4

04

返回到【名称管理器】对话框界面，单击【关闭】按钮 关闭，如图 8-4 所示。

产品名称 | *fx* 产品名称

	A	B	C	D	E
1	第一季度员工销售业绩报表				
2	产品名称	1月份	2月份	3月份	汇总
3	付宏伟	8088.60元	10370.00元	8503.40元	26962.00元
4	夏沙	6014.60元	8088.60元	8192.30元	22295.50元
5	陈红	9851.50元	8710.80元	6014.60元	24576.90元
6	谢晓琪	8192.30元	6325.70元	6947.90元	21465.90元

图 8-5

05

返回到工作表中，可以看到选择的单元格名称已被重新命名，如图 8-5 所示。

8.2.2 为单元格区域命名

在 Excel 2010 工作表中，不仅可以为单元格命名，还可以命名单元格区域。下面介绍为单元格区域命名的操作方法。

图 8-6

No.1 选择准备命名的单元格区域。

No.2 选择【公式】选项卡。

No.3 在【定义的名称】组中，单击【名称管理器】按钮，如图 8-6 所示。

举一反三

用户也可以直接在【名称】框中进行命名。

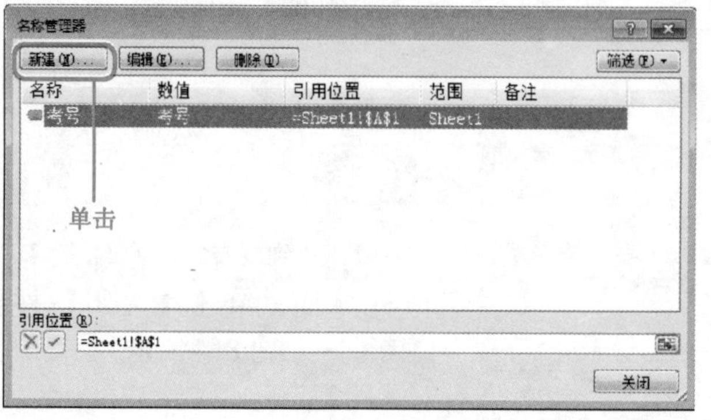

图 8-7

弹出【名称管理器】对话框，单击左上角的【新建】按钮 新建(N)... ，如图 8-7 所示。

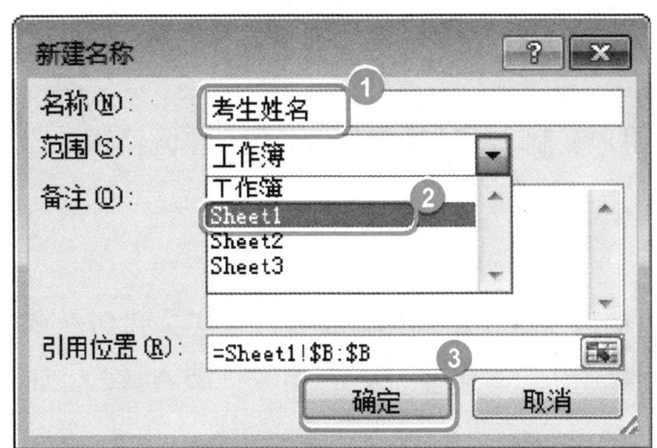

图 8-8

03

No.1 弹出【新建名称】对话框，在【名称】文本框中输入准备命名的单元格区域名称。

No.2 在【范围】下拉列表中，选择单元格区域所在的工作表，如“Sheet1”。

No.3 单击【确定】按钮，如图 8-8 所示。

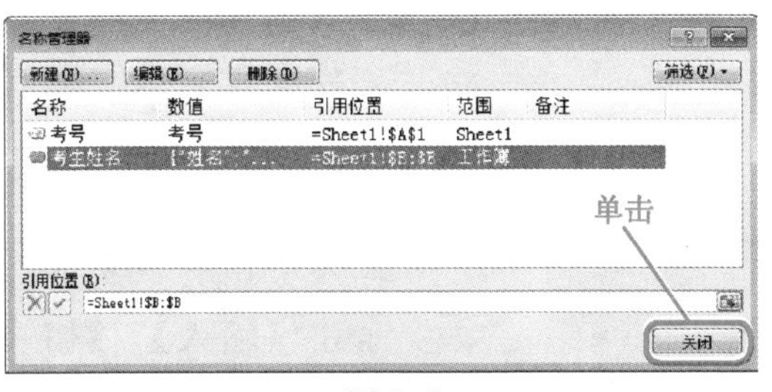

图 8-9

04

返回到【名称管理器】对话框界面，单击【关闭】按钮，如图 8-9 所示。

	A	B	C	D
1	考号	姓名	语文	数学
2	70601	沙龙x	123	148
3	70602	刘x帅	120	143
4	70603	王x雪	131	135
5	70604	韩x萌	129	133
6	70605	杨x	131	143
7	70606	李x学	126	135

图 8-10

05

返回到工作表中，可以看到选择的单元格区域名称已被重新命名，如图 8-10 所示。

Section 8.3 单元格引用

本节导读

单元格引用是 Excel 中的术语，指用单元格在表中的坐标位置的标识。Excel 单元格的引用包括绝对引用、相对引用和混合引用以及多单元格和单元格区域的引用、引用本工作簿其他工作表的单元格和引用其他工作簿中的单元格。本节介绍单元格引用的相关知识及操作方法。

8.3.1 相对引用、绝对引用和混合引用

相对引用、绝对引用、混合引用方便用户复制公式的操作，不必逐个单元格输入公式。下面分别予以介绍。

1. 相对引用

公式中的相对引用，是基于包含公式和引用单元格的相对位置，如果公式所在单元格的位置改变，引用也随之改变。如果多行或多列地复制公式，引用会自动调整。下面介绍相对引用的操作方法。

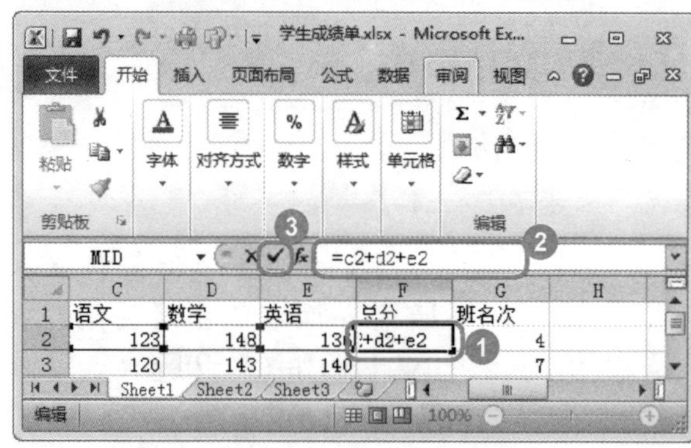

图 8-11

No.1 选择准备引用的单元格，如选择 F2 单元格。

No.2 在窗口编辑栏的编辑框中，输入引用的单元格公式。

No.3 单击【输入】按钮☑，如图 8-11 所示。

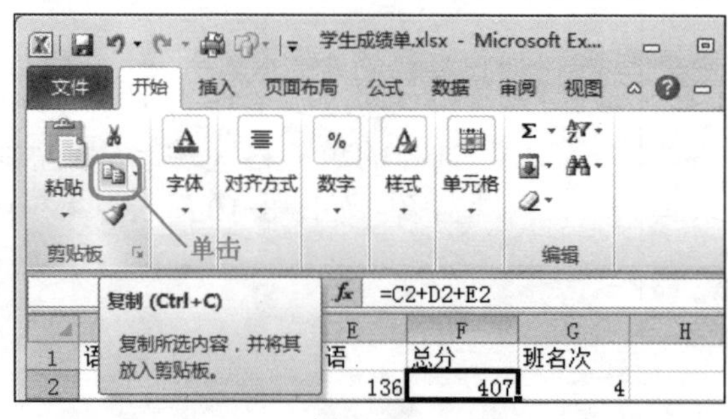

图 8-12

此时可以看到在单元格中，系统会自动计算结果，单击【剪贴板】组中【复制】按钮，如图 8-12 所示。

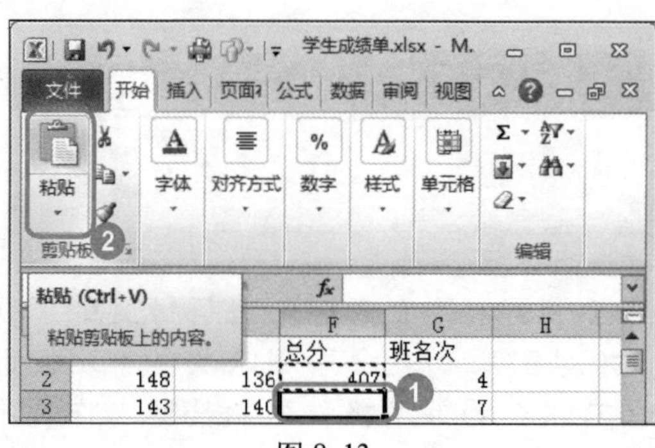

图 8-13

No.1 选择准备粘贴引用公式的单元格。

No.2 在【剪切板】组中，单击【粘贴】按钮，如图 8-13 所示。

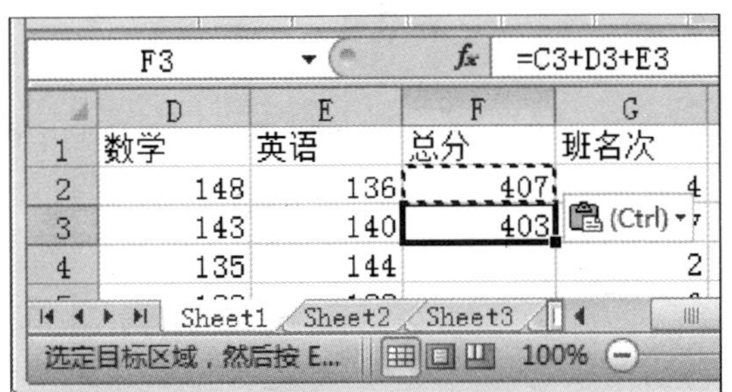

图 8-14

此时在已选中的单元格中，系统会自动计算出结果，并且在编辑框中显示公式，如图 8-14 所示。

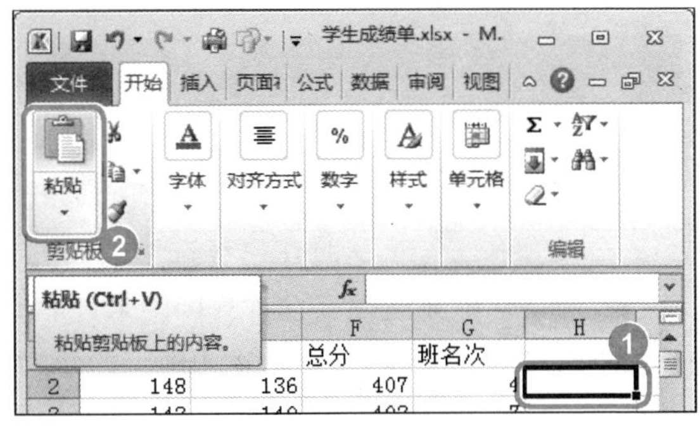

图 8-15

05

No.1 单击准备粘贴相对引用公式的单元格。

No.2 单击【剪切板】组中【粘贴】按钮，如图 8-15 所示。

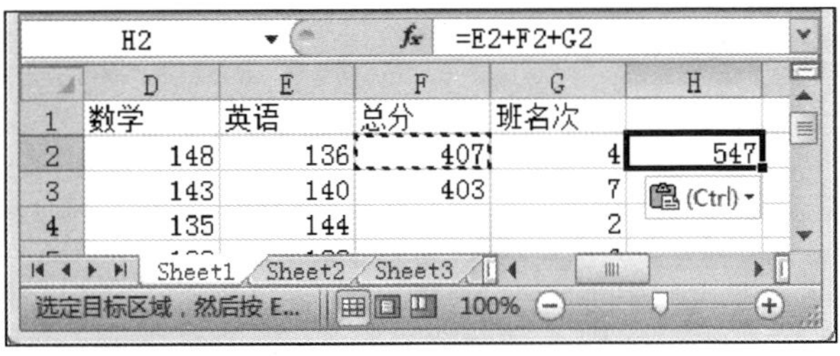

图 8-16

此时已经选中的单元格再次发生改变，如图 8-16 所示。

教你一招

在引用之间进行切换

选择包含公式的单元格，然后在编辑栏中选择要更改的引用并按下键盘上的〈F4〉键，每次按下〈F4〉键时，Excel 会在以下组合间切换：绝对列与绝对行，相对列与绝对行，绝对列与相对行，以及相对列与相对行。

2. 绝对引用

单元格中的绝对引用总是在指定位置引用单元。如果公式所在单元格的位置改变，绝对引用的单元格始终保持不变，如果多行或多列地复制公式，绝对引用将不作调整。下面介绍绝对引用的操作方法。

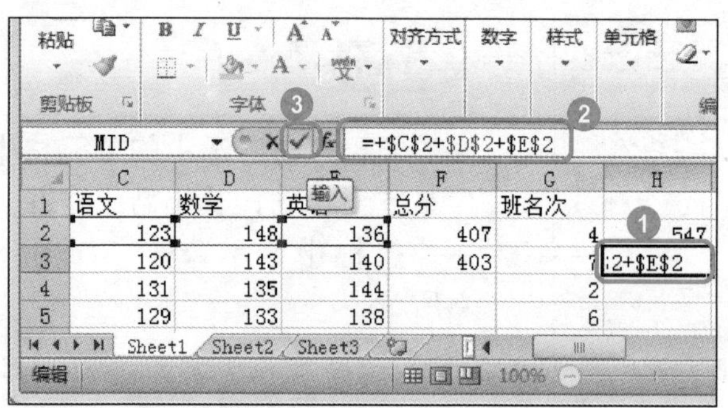

图 8-17

01

No.1 选择准备绝对引用的单元格，如H3单元格。

No.2 在窗口编辑栏中，输入准备绝对引用的公式=$B$2+$C$2+$D$2。

No.3 单击【输入】按钮，如图8-17所示。

图 8-18

02

此时在已经选中的单元格中，系统会自动计算出结果，单击【剪贴板】组中的【复制】按钮，如图8-18所示。

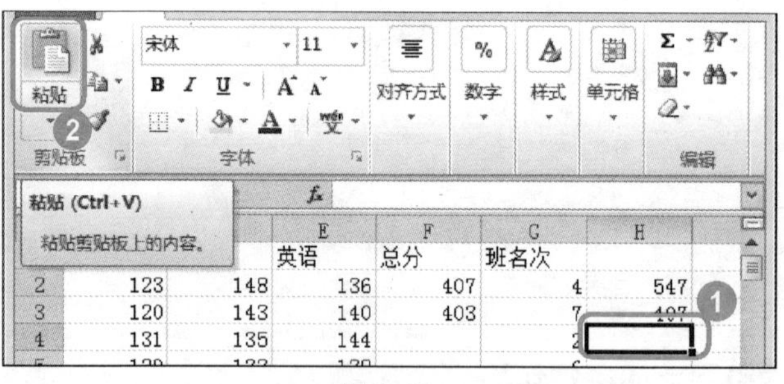

图 8-19

03

No.1 选择粘贴绝对引用公式的单元格。

No.2 在【剪贴板】组中，单击【粘贴】按钮，如图8-19所示。

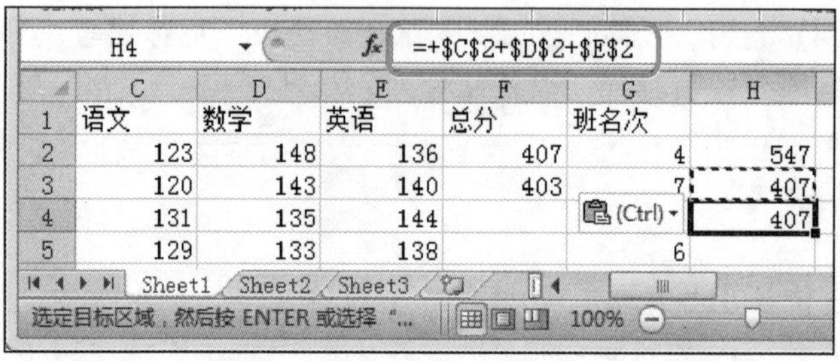

图 8-20

04

此时可以看到粘贴绝对引用公式的单元格中仍旧是=$B$2+$C$2+$D$2，通过以上方法，即可完成绝对引用的操作，如图8-20所示。

3. 混合引用

混合引用具有绝对列和相对行，或是绝对行和相对列。如果公式所在单元格的位置改变，则相对引用改变，而绝对引用不变。如果多行或多列地复制公式，相对引用自动调整，而绝对引用不作调整。下面介绍混合引用的操作方法。

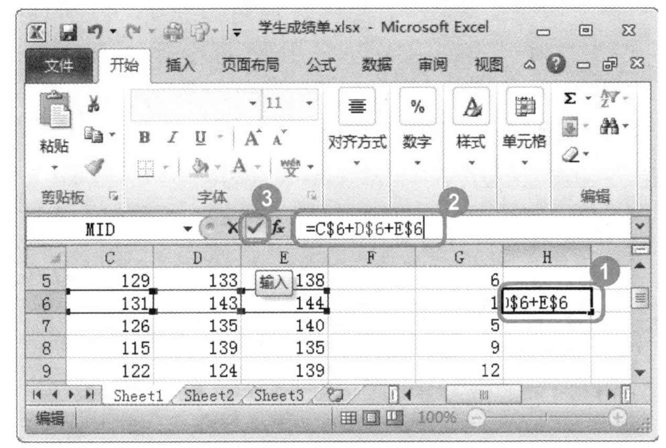

图 8-21

No.1 选择准备引用绝对行和相对列的单元格，如H6单元格。

No.2 在编辑栏中，输入绝对行和相对列的引用公式=C$6+D$6+E$6。

No.3 单击【输入】按钮☑，如图 8-21 所示。

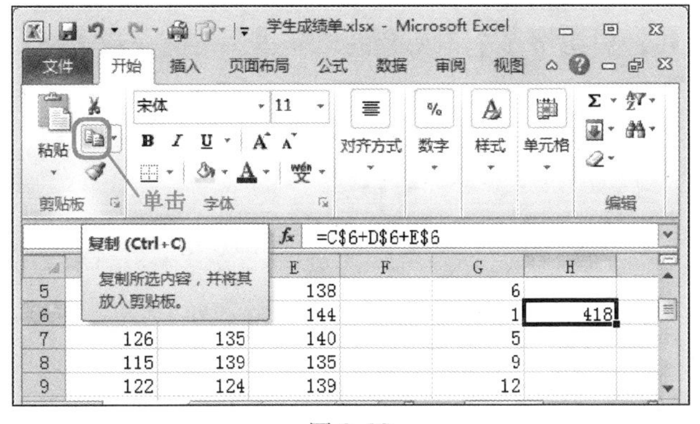

图 8-22

此时在已经选中的单元格中，系统会自动计算出结果，单击【剪贴板】组中的【复制】按钮，如图 8-22 所示。

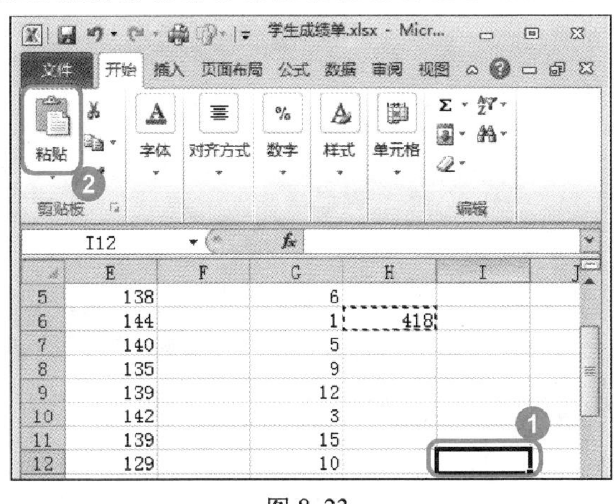

图 8-23

03

No.1 选择准备进行粘贴引用公式的单元格。如选择单元格“I12”。

No.2 在【剪贴板】组中，单击【粘贴】按钮，如图 8-23 所示。

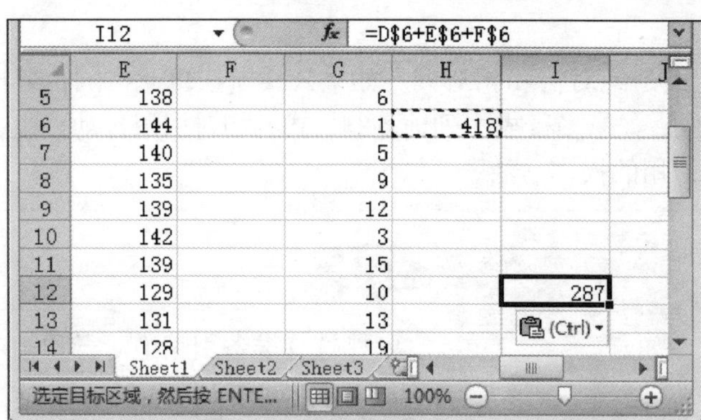

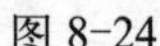

图 8-24

04

此时公式在已经粘贴的单元格中，行标题不变，而列标题发生变化，通过以上方法，即可完成混合引用的操作，如图 8-24 所示。

8.3.2 多单元格和单元格区域的引用

单元格的引用不仅可以对单个单元格进行引用，还可以同时对多个单元格以及单元格区域进行引用。下面分别予以介绍。

1. 多单元格的引用

多单元格引用是将单元格内的公式，引用至多个不相邻的单元格。下面介绍多个单元格引用的操作方法。

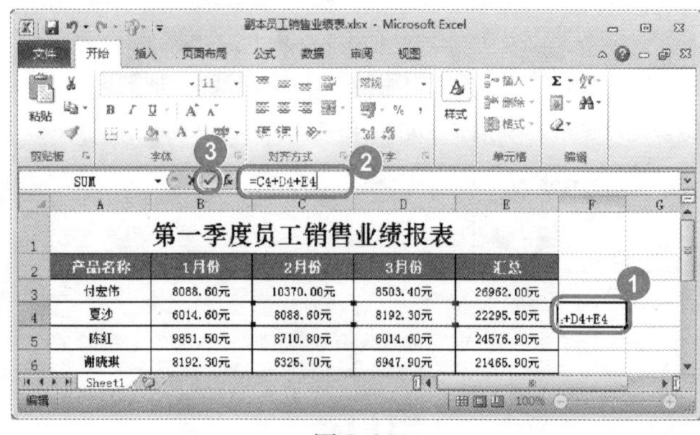

图 8-25

01

No.1 选择准备多单元格引用的单元格，如 F4 单元格。

No.2 在窗口编辑栏中，输入公式 =C4+D4+E4。

No.3 单击【输入】按钮，如图 8-25 所示。

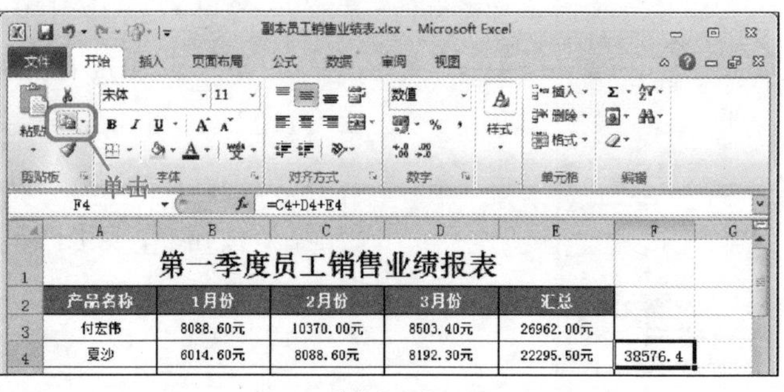

图 8-26

02

此时在已经选中的单元格中，系统会自动计算出结果，单击【剪贴板】组中的【复制】按钮，如图 8-26 所示。

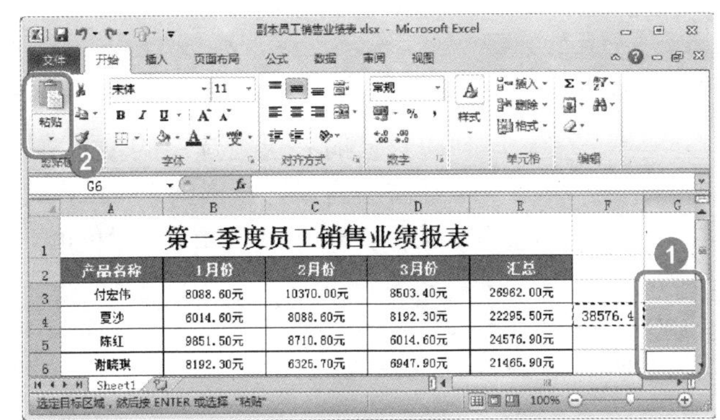

图 8-27

03

No.1 按住 <Ctrl> 键，选择准备进行粘贴引用公式的多个单元格。

No.2 在【剪贴板】组中，单击【粘贴】按钮，如图 8-27 所示。

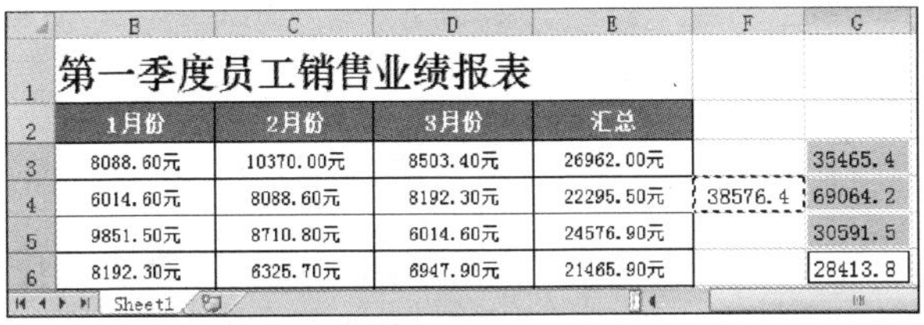

	B	C	D	E	F	G
1	第一季度员工销售业绩报表					
2	1月份	2月份	3月份	汇总		
3	8088.60元	10370.00元	8503.40元	26962.00元		35465.4
4	6014.60元	8088.60元	8192.30元	22295.50元	38576.4	69064.2
5	9851.50元	8710.80元	6014.60元	24576.90元		30591.5
6	8192.30元	6325.70元	6947.90元	21465.90元		28413.8

图 8-28

04

通过以上方法，即可完成多单元格引用的操作，如图 8-28 所示。

知识精讲

在 Excel 中，单元格引用和相应单元格的边框会用颜色进行标记，以使其更加易于处理。

2. 单元格区域的引用

单元格区域的引用是选中多个相邻的单元格，并引用目标单元格内的公式。下面介绍单元格区域引用的操作方法。

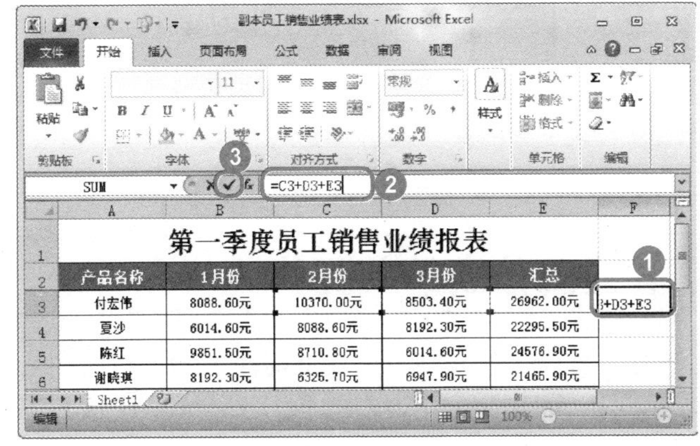

图 8-29

01

No.1 选择准备进行单元格区域引用的单元格，如 F3 单元格。

No.2 在窗口编辑栏中，输入公式 =C3+D3+E3。

No.3 单击【输入】按钮，如图 8-29 所示。

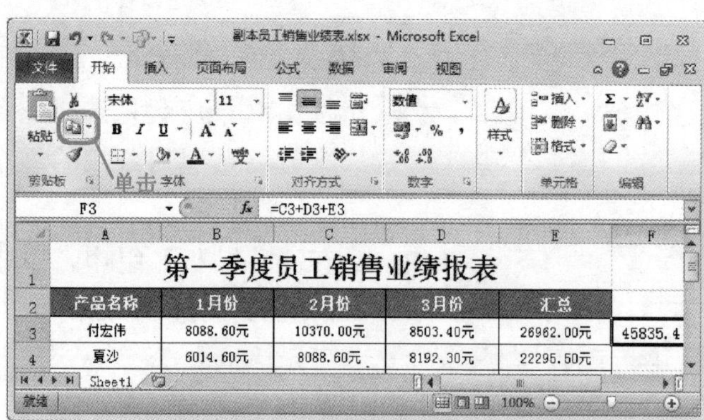

图 8-30

此时在已经选中的单元格中，系统会自动计算出结果，单击【剪贴板】组中的【复制】按钮，如图 8-30 所示。

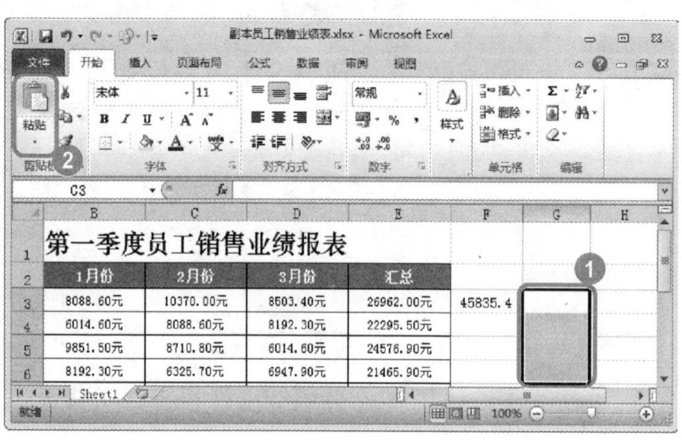

图 8-31

03

No.1 按住鼠标左键在工作表内拖动出一个单元格区域。

No.2 在【剪贴板】组中，单击【粘贴】按钮，如图 8-31 所示。

	B	C	D	E	F	G
1	第一季度员工销售业绩报表					
2	1月份	2月份	3月份	汇总		
3	8088.60元	10370.00元	8503.40元	26962.00元	45835.4	81300.8
4	6014.60元	8088.60元	8192.30元	22295.50元		30487.8
5	9851.50元	8710.80元	6014.60元	24576.90元		30591.5
6	8192.30元	6325.70元	6947.90元	21465.90元		28413.8

图 8-32

04

通过以上方法，即可完成单元格区域引用的操作，如图 8-32 所示。

8.3.3 引用本工作簿其他工作表的单元格

引用本工作簿其他工作表的单元格时，需要在单元格引用地址前面加上工作表和一个感叹号（!）。例如，Sheet3!B2:D4 表示引用 Sheet3 工作表中的 B2:D4 单元格区域，下面将介绍引用本工作簿其他工作表的单元格的操作方法。

图 8-33

01

No.1 选择 Sheet1 工作表。

No.2 选择要在其中输入公式的单元格。

No.3 在编辑栏中输入“=”，如图 8-33 所示。

图 8-34

02

No.1 选择 Sheet2 工作表。

No.2 在该工作表中选择准备进行引用的单元格，如选择 B3 单元格、输入加号、选择 C3 单元、再输入加号、选择 D3 单元格。

No.3 单击【输入】按钮✓，如图 8-34 所示。

图 8-35

03

返回到 Sheet1 工作表中，可以看到编辑栏中显示的公式为“=Sheet2!B3Sheet2!C3+Sheet2!D3”，如图 8-35 所示。

8.3.4 引用其他工作簿中的单元格

使用 Excel 2010，用户还可以引用当前工作簿中的其他工作表中的单元格。例如在处理一些复杂工作时，可能就需要对多个工作簿之间的数据进行引用。下面介绍引用其他工作簿中的单元格的操作方法。

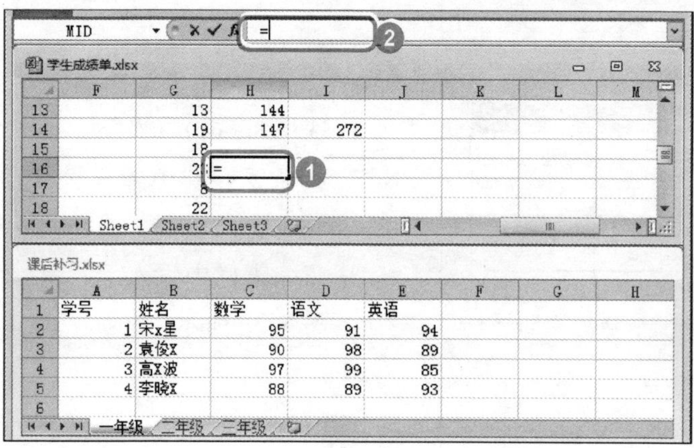

图 8-36

01

No.1 分别打开两个工作簿。例如打开“学生成绩单.xlsx”和“课后补习.xlsx”。在“学生成绩单”工作簿中，单击准备引用的单元格。

No.2 在编辑栏中输入“=”，如图 8-36 所示。

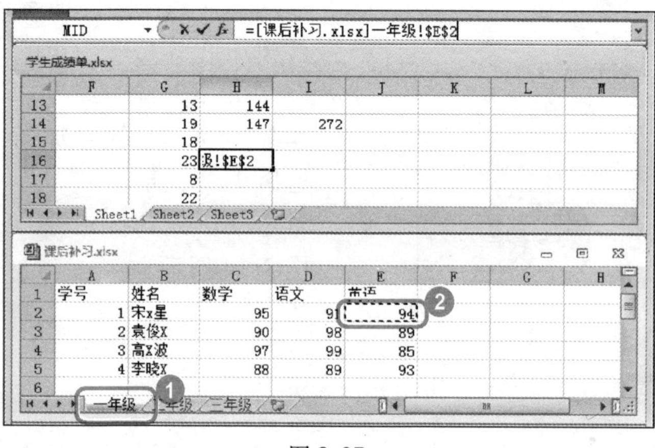

图 8-37

02

No.1 选择“课后补习”工作簿，单击准备引用的工作表标签。

No.2 单击准备进行引用的单元格，如选择“E2 单元格”如图 8-37 所示。

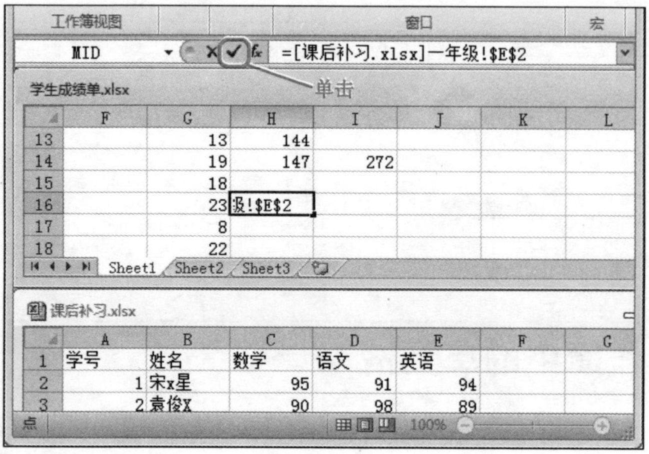

图 8-38

03

选择“学生成绩单”工作簿，然后单击编辑栏中的【输入】按钮✓，如图 8-38 所示。

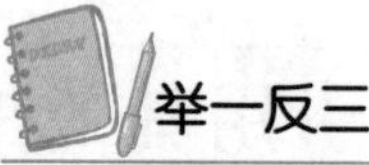

举一反三

直接按下 <Enter> 键，也会起到【输入】按钮的作用。

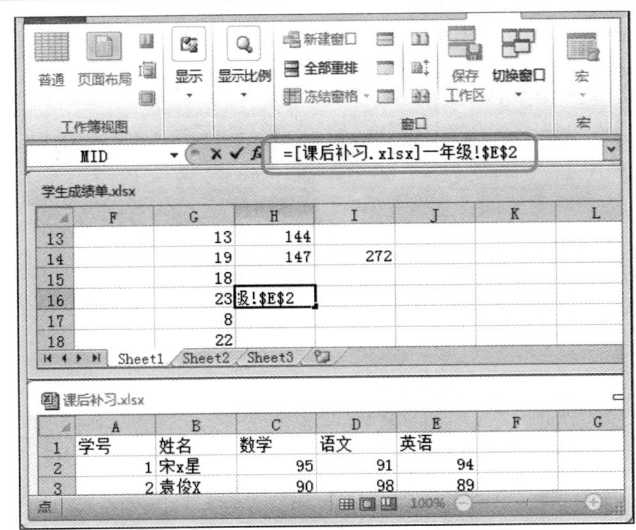

图 8-39

04

此时，在“学生成绩单”工作簿中，可以看到编辑栏中显示的内容为“=[课后补习.xlsx]一年级!$E$2”，表示引用“课后补习”工作簿中的“一年级”工作表中的E2单元格，如图8-39所示。

知识精讲

引用单元格数据后，公式的运算值将随着被引用的单元格数据变化而变化。当被引用的单元格数据被修改后，公式的运算值也将自动修改。

Section 8.4 输入与编辑公式

本节导读

在Excel 2010工作表中，使用公式可以提高在工作表中的输入速度、降低工作强度，同时可以最大限度地避免在输入过程中可能出现的错误。本节介绍输入与编辑公式的相关知识及操作方法。

8.4.1 输入公式的方法

在Excel 2010工作表中，输入公式可以在编辑栏中，也可以在单元格中进行。下面分别予以介绍。

1. 在编辑栏中输入公式

在Excel 2010工作表中，用户可以通过编辑栏输入公式，下面详细介绍在编辑栏中输入公式的操作方法。

名称框：F5　编辑栏：（空）

	A	B	C	D	E	F
1	考号	姓名	语文	数学	英语	总分
2	70601	沙龙x	123	148	136	407
3	70602	刘x帅	120	143	140	403
4	70603	王x雪	131	135	144	410
5	70604	韩x萌	129	133	138	
6	70605	杨x	131	143	144	418
7	70606	李x学	126	135	140	

图 8-40

01

No.1 单击准备输入公式的单元格，如 F5 单元格。

No.2 单击编辑栏文本框，如图 8-40 所示。

名称框：MID　编辑栏：=C5+D5+E5

	A	B	C	D	E	F
1	考号	姓名	语文	数学	英语	总分
2	70601	沙龙x	123	148	136	407
3	70602	刘x帅	120	143	140	403
4	70603	王x雪	131	135	144	410
5	70604	韩x萌	129	133	138	+D5+E5
6	70605	杨x	131	143	144	418
7	70606	李x学	126	135	140	

图 8-41

02

在编辑栏文本框中，输入准备应用的公式，如“=C5+D5+E5”，如图 8-41 所示。

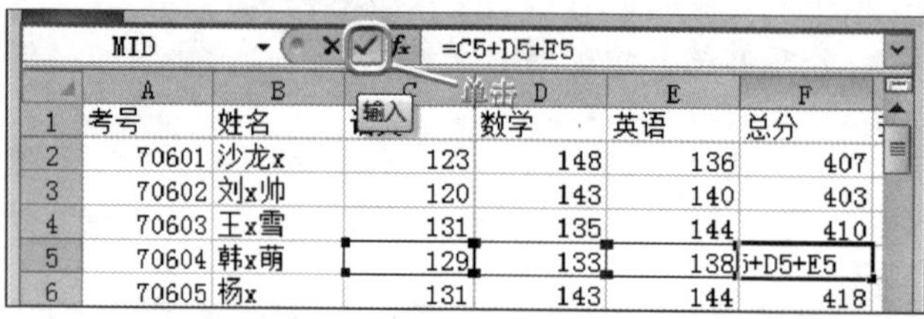

名称框：MID　编辑栏：=C5+D5+E5

	A	B	C	D	E	F
1	考号	姓名	语文	数学	英语	总分
2	70601	沙龙x	123	148	136	407
3	70602	刘x帅	120	143	140	403
4	70603	王x雪	131	135	144	410
5	70604	韩x萌	129	133	138	+D5+E5
6	70605	杨x	131	143	144	418

图 8-42

03

单击【编辑栏】中的【输入】按钮☑，如图 8-42 所示。

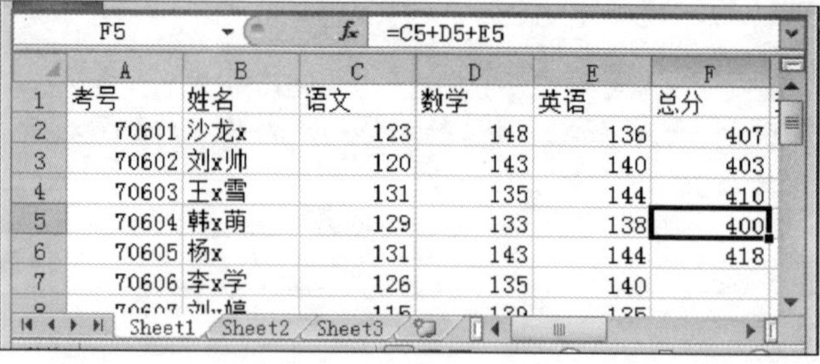

名称框：F5　编辑栏：=C5+D5+E5

	A	B	C	D	E	F
1	考号	姓名	语文	数学	英语	总分
2	70601	沙龙x	123	148	136	407
3	70602	刘x帅	120	143	140	403
4	70603	王x雪	131	135	144	410
5	70604	韩x萌	129	133	138	400
6	70605	杨x	131	143	144	418
7	70606	李x学	126	135	140	

图 8-43

04

通过以上方法，即可完成在编辑栏中输入公式的操作，如图 8-43 所示。

2. 在单元格中输入公式

在 Excel 2010 工作表中，用户也可以直接在单元格中输入公式。下面介绍在单元格中输入公式的操作方法。

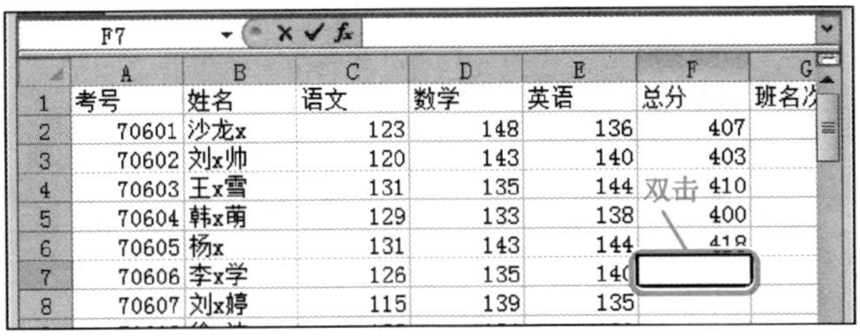

图 8-44

01

双击准备输入公式的单元格，如双击F7单元格，如图 8-44 所示。

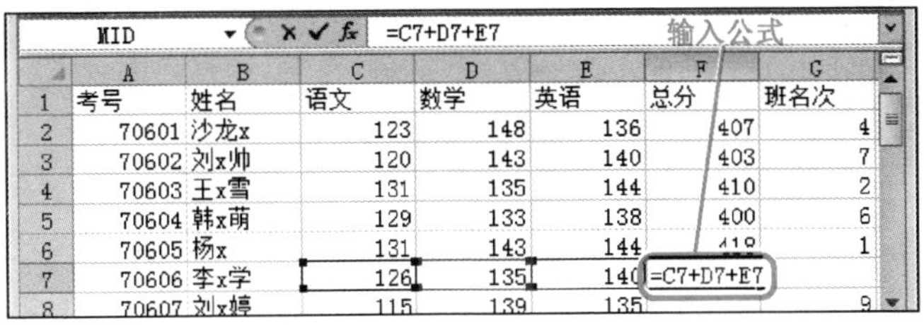

图 8-45

02

在单元格内输入公式“=C7+D7+E7”，如图 8-45 所示。

图 8-46

03

单击工作表中除 F7 外的任意单元格，如图 8-46 所示。

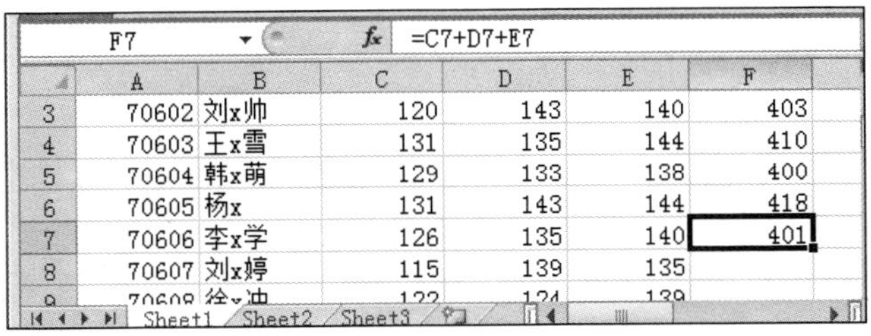

图 8-47

04

通过以上方法，即可完成在单元格中输入公式的操作，如图 8-47 所示。

8.4.2 移动和复制公式

在 Excel 2010 工作表中，可以将指定的单元格及其所有属性，移动或者复制到其他目标单元格。下面分别介绍移动和复制公式的操作方法。

1. 移动公式

移动公式是把公式从一个单元格移动至另一个单元格，原单元格中包含的公式不被保留。下面介绍移动公式的操作方法。

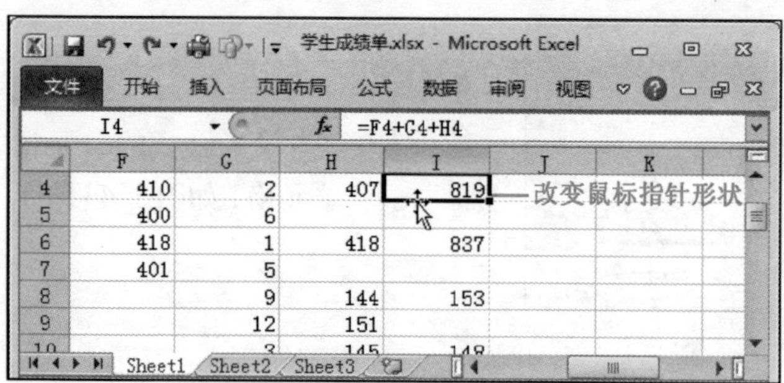

图 8-48

01

选择准备移动公式的单元格，将鼠标指针移动至单元格的边框上，鼠标指针会变为“✥”形状，如图 8-48 所示。

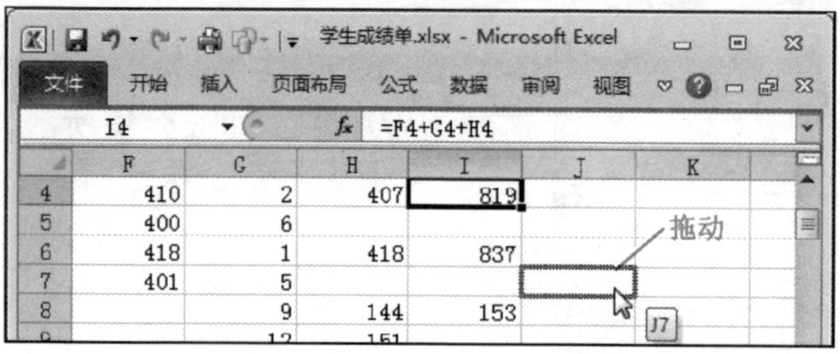

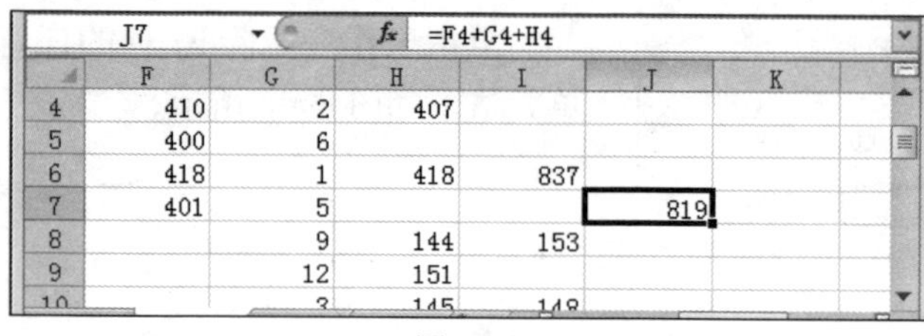

图 8-49

02

按住鼠标左键，将单元格公式拖拽至目标单元格，例如 J7 单元格，如图 8-49 所示。

	F	G	H	I	J	K
4	410	2	407			
5	400	6				
6	418	1	418	837		
7	401	5			819	
8		9	144	153		
9		12	151			

图 8-50

03

释放鼠标左键，这样即可完成移动公式的操作，如图 8-50 所示。

2. 复制公式

复制公式是把公式从一个单元格复制至另一个单元格，原单元格中包含的公式仍被保留。下面介绍复制公式的操作方法。

图 8-51

01

No.1 选择准备复制公式的单元格。

No.2 选择【开始】选项卡。

No.3 单击【剪贴板】组中的【复制】按钮，如图 8-51 所示。

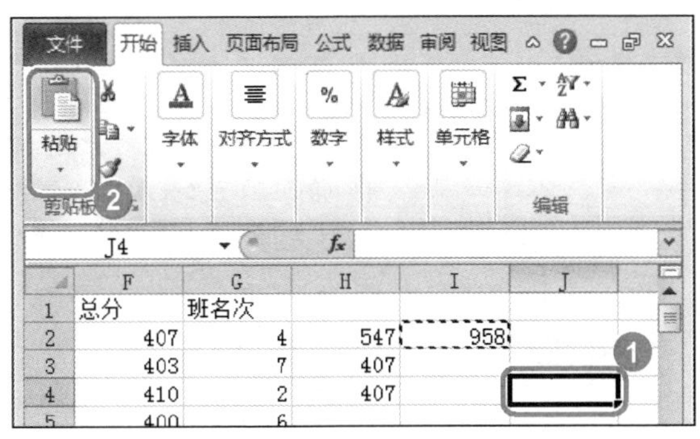
图 8-52

02

No.1 选择准备进行粘贴公式的目标单元格，如J4单元格。

No.2 单击【剪贴板】组中的【粘贴】按钮，如图 8-52 所示。

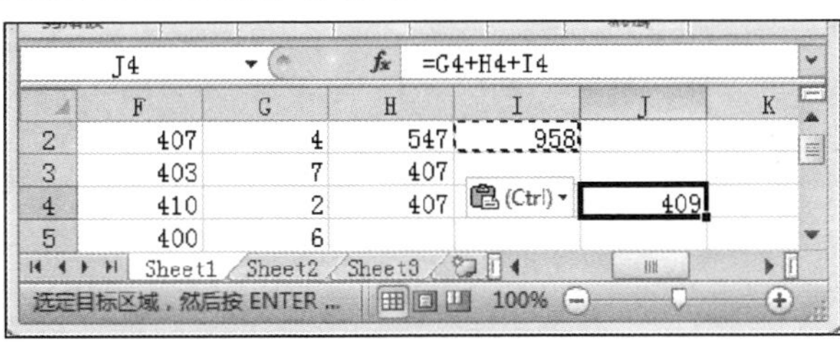
图 8-53

03

通过以上方法，即可完成复制公式的操作，如图 8-53 所示。

8.4.3 修改公式

如果输入的公式错误，可以在编辑栏中修改。下面介绍其操作方法。

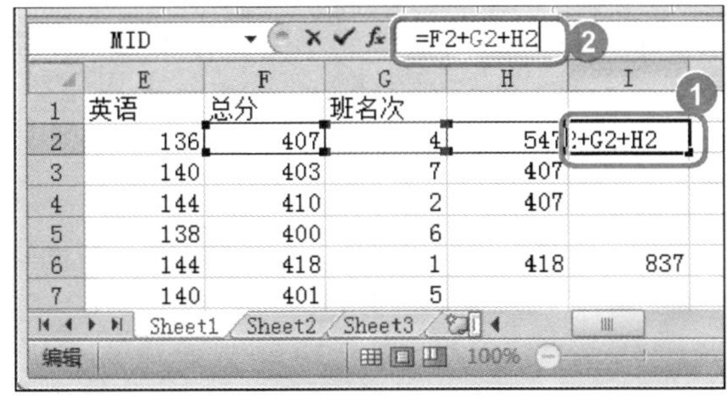
图 8-54

01

No.1 选择准备修改公式的单元格。

No.2 单击窗口编辑栏文本框，使包含公式的单元格显示为选中状态，如图 8-54 所示。

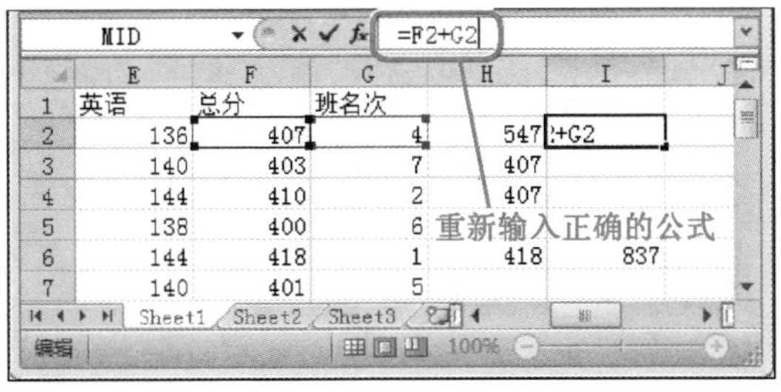

图 8-55

02

使用 <backspace> 键，删除错误的公式，然后重新输入正确的公式，如图 8-55 所示。

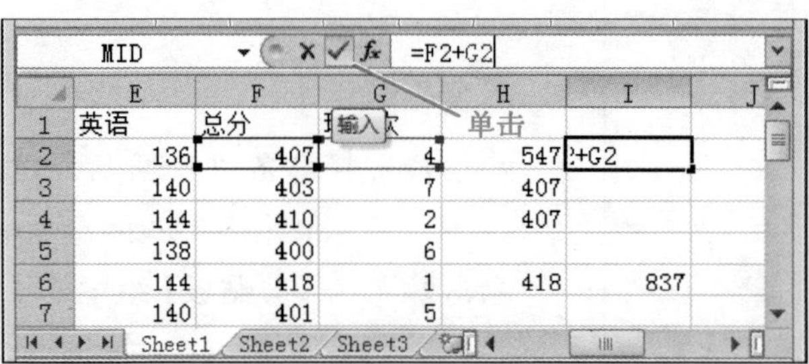

图 8-56

正确的公式输入完成后，单击窗口编辑栏中的【输入】按钮✓，如图 8-56 所示。

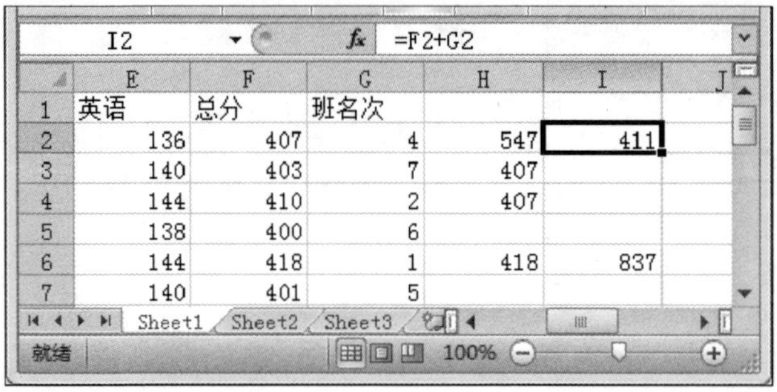

I2	=F2+G2				
	E	F	G	H	I
1	英语	总分	班名次		
2	136	407	4	547	411
3	140	403	7	407	
4	144	410	2	407	
5	138	400	6		
6	144	418	1	418	837
7	140	401	5		

图 8-57

04

可以看到正确公式所表达的数值显示在单元格内，如图 8-57 所示。

8.4.4 删除公式

如果用户在处理数据的时候，只需保留单元格内的数值，而不需要保留公式格式，可以将公式删除。下面介绍删除单个单元格公式和删除多个单元格公式的操作方法。

1. 删除单个单元格公式

如果用户需要删除单个单元格中的公式，可以使用键盘上的 〈F9〉 键完成。下面详细介绍操作方法。

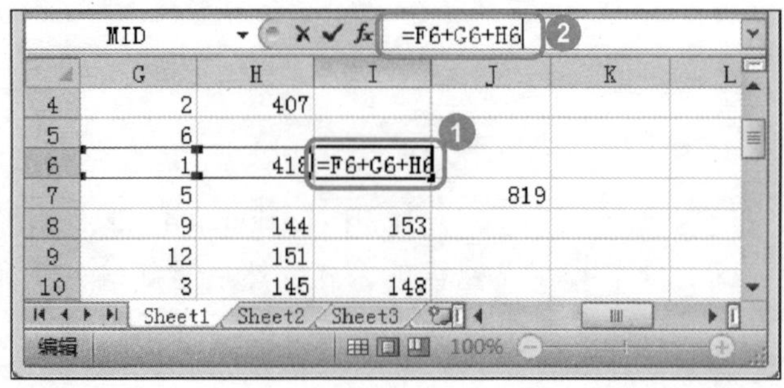

图 8-58

01

No.1 选择准备删除公式的单元格。

No.2 单击窗口编辑栏文本框，使包含公式的单元格显示为选中状态，如图 8-58 所示。

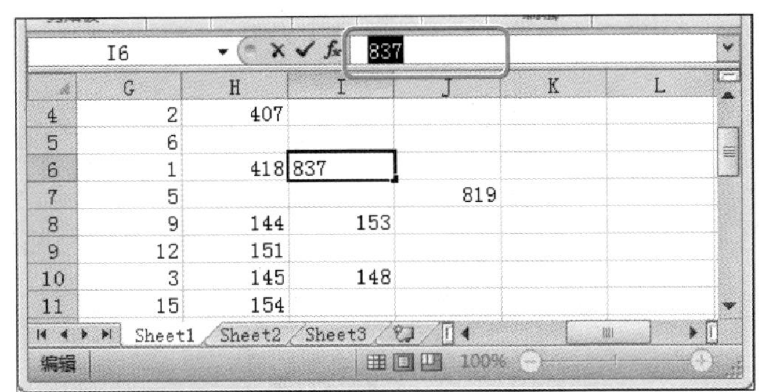
图 8-59

02

按下〈F9〉键，可以看到选中的单元格中的公式已经被删除，如图 8-59 所示。

2. 删除多个单元格公式

在 Excel 2010 工作表中，还可以同时删除多个单元格的公式。下面介绍删除多个单元格公式的操作。

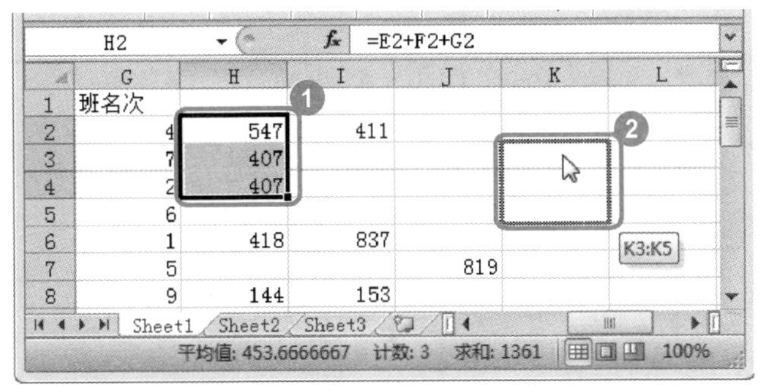
图 8-60

01

No.1 选择准备删除公式的多个单元格。

No.2 使用鼠标左键将选中的多个单元格移动至空白处，如图 8-60 所示。

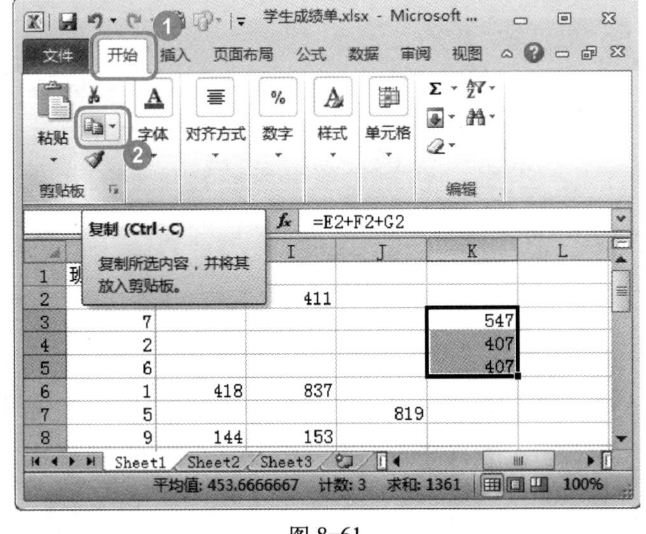
图 8-61

02

No.1 选择【开始】选项卡。

No.2 单击【剪贴板】组中【复制】按钮，如图 8-61 所示。

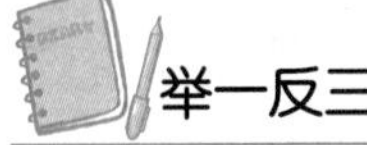
举一反三

用户也可以直接按下〈Ctrl+C〉组合键进行复制。

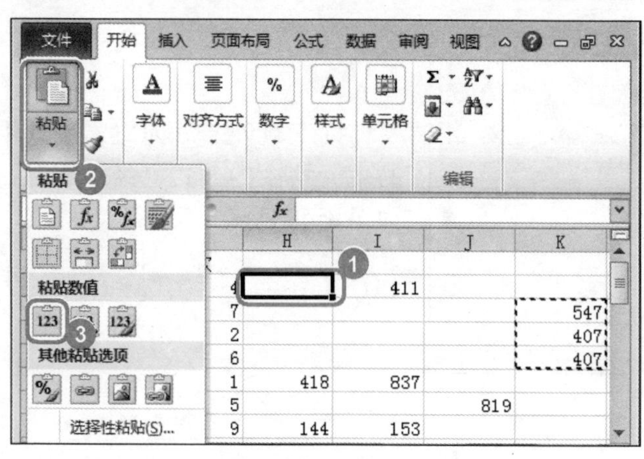

图 8-62

03

No.1 选中多个单元格之前所在的单元格位置。

No.2 单击【剪贴板】组中【粘贴】下拉按钮。

No.3 在弹出的下拉菜单中，选择【值】菜单项，如图 8-62 所示。

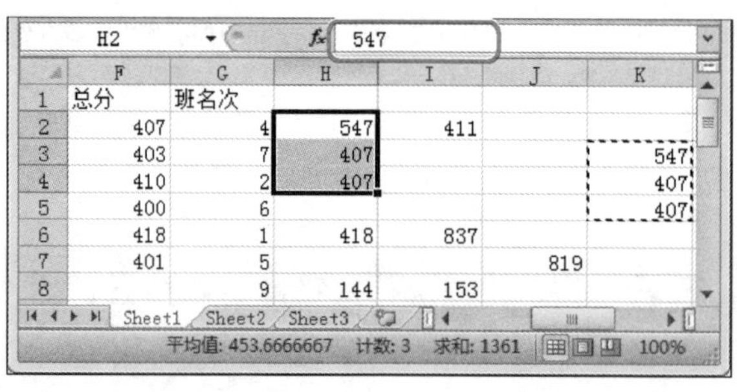

图 8-63

04

可以看到选中的多个单元格内包含的公式已经被删除，如图 8-63 所示。

Section

8.5 数组公式简介

本节导读

数组是单元的集合或是一组处理值的集合。可以写一个以数组为参数的公式，即数组公式，通过这个单一的公式，执行多个输入的操作并产生多个结果，即每个结果显示在一个单元中。本节介绍有关数组公式的相关知识。

8.5.1 认识数组公式

数组公式可以认为是 Excel 对公式和数组的一种扩充，是 Excel 公式在以数组为参数时的一种应用。数组公式可以看成是有多重数值的公式。与单值公式的不同之处在于它可以产生一个以上的结果。一个数组公式可以占用一个或多个单元格。Excel 中数组公式在不能使用工作表函数直接得到结果时，可以建立产生多值或对一组值而不是单个值进行操作的公式。

8.5.2 数组的维数

“维数”是数组的一个重要概念。数组的维数是指数组公式所占用工作薄的空间和位置，数组有一维数组、二维数组和三维数组等，在日常工作中最常见的是一维数组和二维数组。下面分别予以介绍。

1. 一维数组

一维数组可以简单地将其看成是一行单元格数据的集合，比如单元格“A1:F1”，如图 8-64 所示。

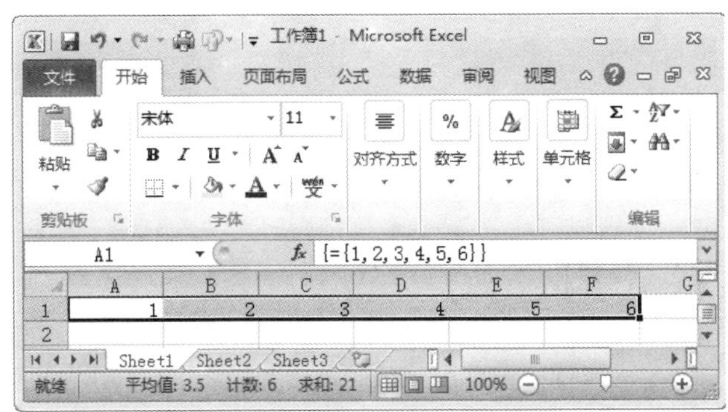

图 8-64

2. 二维数组

二维数组可以看成是一个多行多列的单元格数据集合，也可以看成是多个一维数组的组合。如单元格“A1:D3”，如图 8-65 所示。

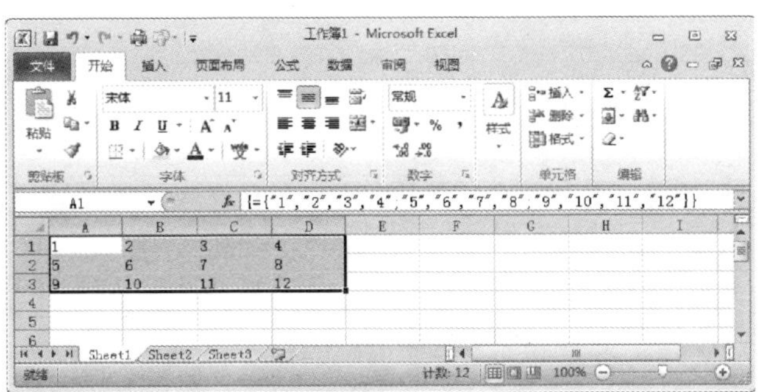

图 8-65

知识精讲

数组里的元素，同一行内的各元素用半角逗号“,”分开，用半角分号“;”将各行分开，所以，要判断一个数组是几行几列的数组，只需要看里面的逗号和分号即可。如果需要把数组返回到单元格区域里，首先得看数组是几行几列，然后再选择相应的单元格区域。

8.5.3 Excel 中数组的存在形式

在 Excel 中数组公式的显示是用大括号 “{}” 来和普通 Excel 公式区别的。普通公式与数组公式分别如图 8-66、8-67 所示。

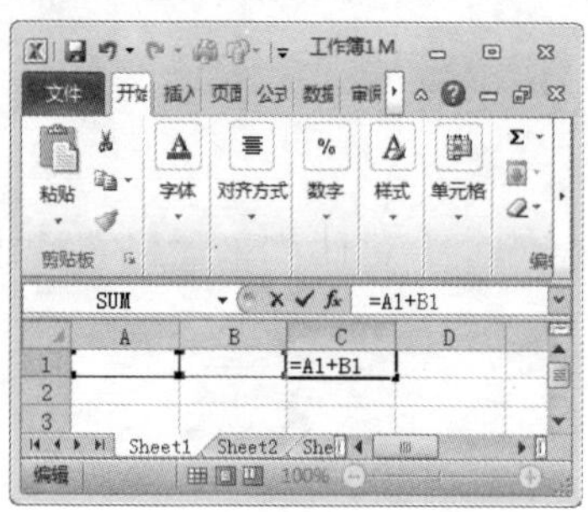

图 8-66

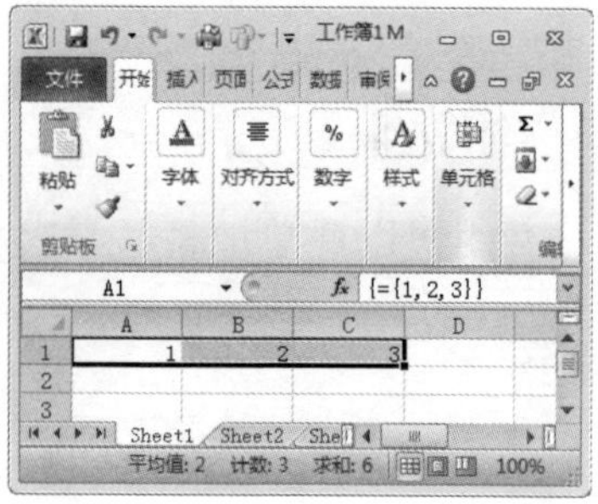

图 8-67

Section

8.6 使用数组公式

本节导读

在用户对数组公式有了一定的了解之后，灵活使用数组公式，可以大大提升工作效率，生成数组公式的方法与生成基本的单值公式的方法相同。在输入数组公式时，Excel 自动在大括号之间插入公式。本节将详细介绍使用数组公式的相关知识及操作方法。

8.6.1 输入数组公式

在使用数组公式之前，首先要学会如何输入数组公式。下面以计算“总分”、返回多个结果的数组公式为例，介绍输入数组公式的操作方法。

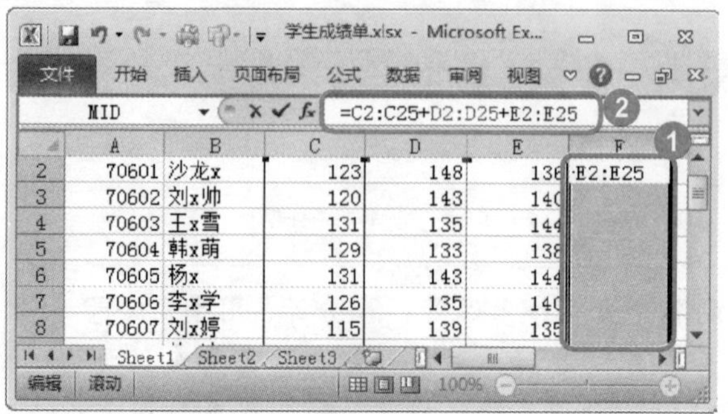

图 8-68

No.1 打开工作表，选中 F2：F25 单元格区域。

No.2 在编辑栏中输入公式：=C2:C25+D2:D25+E2:E25，如图 8-68 所示。

图 8-69

02

按下<Ctrl+Shift+Enter>组合键，系统会自动为公式添加“{}”符号，并在选中的单元格区域中计算结果，如图 8-69 所示。

8.6.2 数组公式的计算方式

常见的数组公式的计算方式包括行列数相同数组的运算、数组与单一的数据的运算、单列数组与单行数组的计算。下面分别予以介绍。

1. 行列数相同数组的运算

两个同行或者同列的数组计算是对应元素间进行运算，并返回同样大小的数组。下面介绍行列数相同数组运算的操作方法。

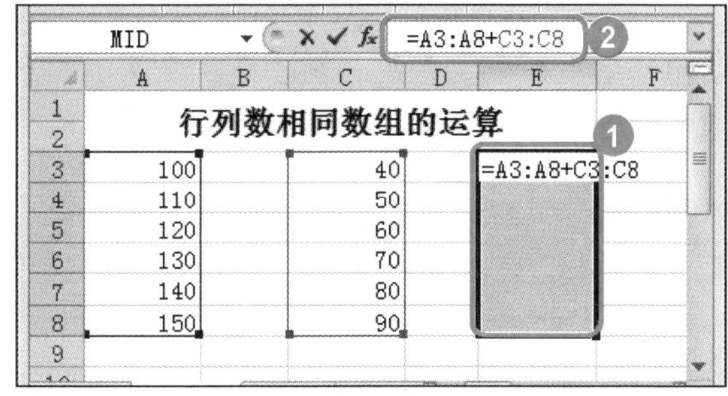

图 8-70

01

No.1 打开工作表，选中 E3~E8 单元格区域。

No.2 在窗口编辑栏中输入公式“=A3:A8+C3:C8”，如图 8-70 所示。

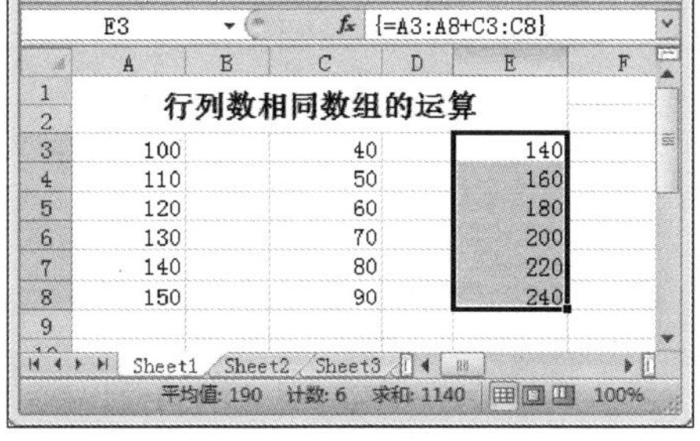

图 8-71

02

按下<Ctrl+Shift+Enter>组合键，系统自动为公式添加“{}”符号，并在选中的单元格区域中计算结果，这样即可完成行列数相同数组运算的操作，如图 8-71 所示。

2. 数组与单一的数据的运算

数组与单一的数据的运算，是将数组的每一元素均与单一数据进行计算，并返回同样大小的数组。下面介绍数组与单一的数据的运算的操作方法。

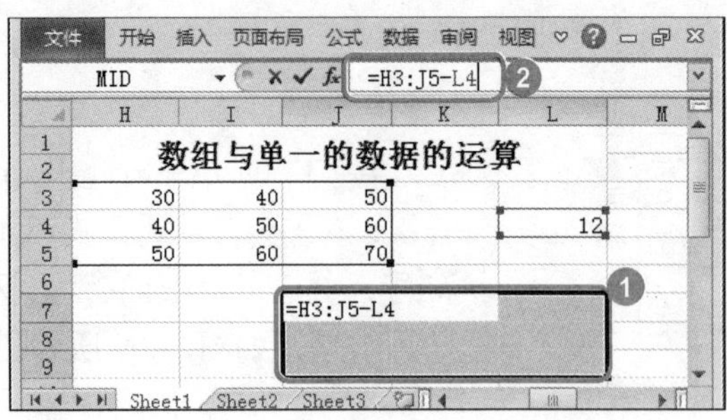

图 8-72

No.1 打开工作表，选中 J7：L9 单元格区域。

No.2 在窗口编辑栏中输入公式“=H3:J5-L4”，如图 8-72 所示。

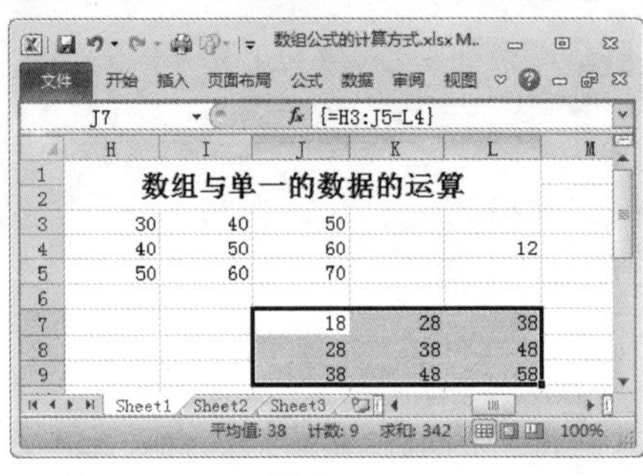

图 8-73

02

按下 <Ctrl+Shift+Enter> 组合键，系统会自动为公式添加“{}”符号，并在选中的单元格区域中计算结果，这样即可完成数组与单一的数据运算的操作，如图 8-73 所示。

3. 单列数组与单行数组的计算

单列数组与单行数组的计算结果会返回一个多行列的数组，其中返回数组的行数同单列数组的行数相同、列数同单行数组的列数相同。下面介绍单列数组与单行数组的计算的操作方法。

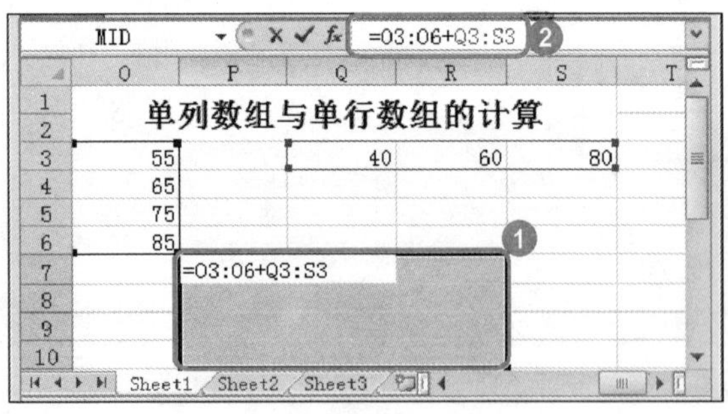

图 8-74

No.1 打开工作表，选中 P7：R10 单元格区域。

No.2 在窗口编辑栏中输入公式“=O3:O6+Q3:S3”，如图 8-74 所示。

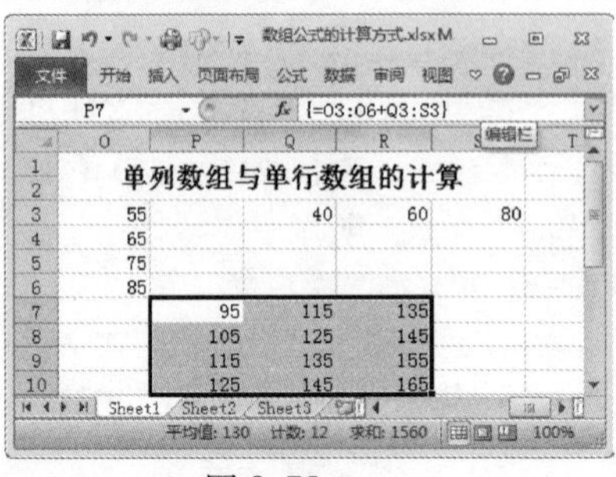

图 8-75

按下 <Ctrl+Shift+Enter> 组合键，系统会自动为公式添加“{}”符号，并在选中的单元格区域中计算结果，这样即可完成单列数组与单行数组计算的操作，如图 8-75 所示。

8.6.3 数组的扩充功能

数组计算时，参与计算的两个数组需具有相同的维数，即行、列数的匹配。对于行、列数不匹配的数组，在计算时 Excel 会将数组对象进行扩展，以符合计算需要的维数。每一个参与计算的数组的行数必须与行数最大的数组的行数相同，列数必须与列数最大的数组的列数相同。

知识精讲

在公式或函数中使用数组常量时，其他运算对象或参数应该和第一个数组具有相同的维数。必要时，Excel 会将运算对象扩展，以符合操作需要的维数。

Section

8.7 实践案例与上机操作

8.7.1 公式求值

在计算公式的结果时，对于复杂的公式可以利用 Excel 2010 提供的公式求值命令，按计算公式的先后顺序查看公式的计算结果。下面介绍公式求值的操作方法。

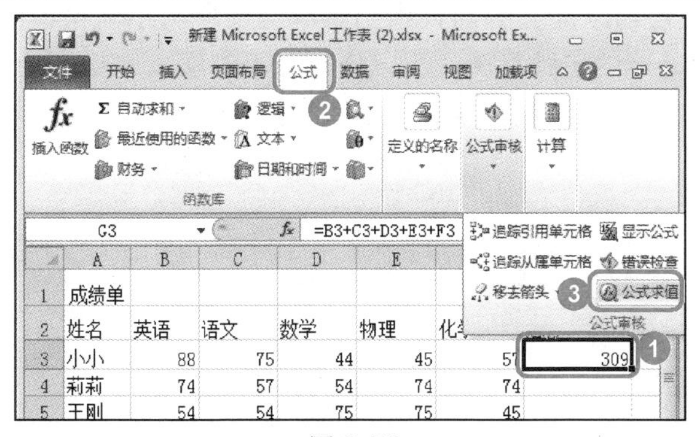

图 8-76

No.1 单击准备进行公式求值的单元格。

No.2 选择【公式】选项卡。

No.3 在【公式审核】组中，单击【公式求值】按钮，如图 8-76 所示。

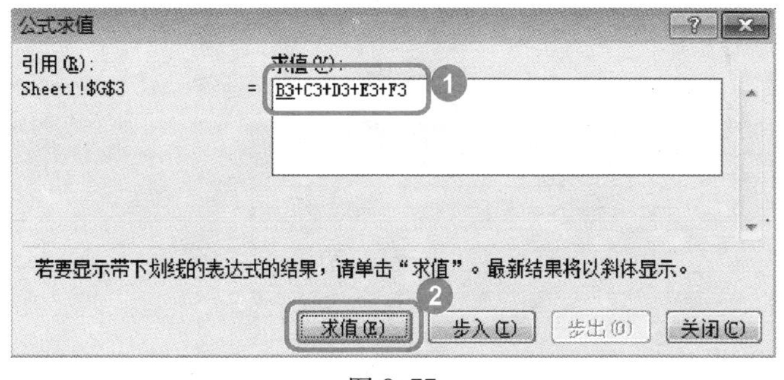

图 8-77

No.1 弹出【公式求值】对话框，在【求值】文本框中显示公式内容，其中带下划线的部分是下次将计算的部分。

No.2 单击【求值】按钮，如图 8-77 所示。

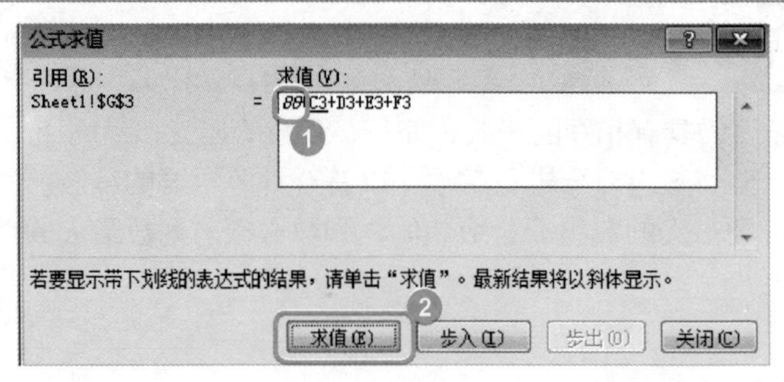

图 8-78

No.1 弹出【公式求值】对话框，显示上次下划线的部分的计算结果"88"。

No.2 单击【求值】按钮，如图 8-78 所示。

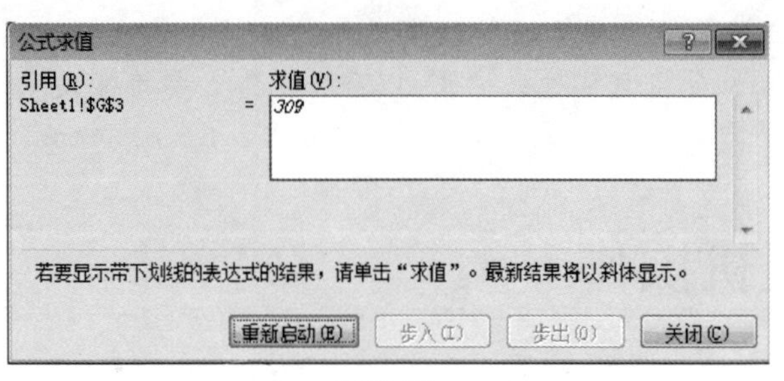

图 8-79

直至完成最终的计算结果后，单击【关闭】按钮，即可完成利用公式求值的操作，如图 8-79 所示。

8.7.2 取消追踪箭头

当完成追踪引用单元格后，系统会自动以箭头的形式指出影响当前所选单元格值的所有单元格，如果用户想要取消工作表中显示的追踪箭头，可以使用以下方法。

在【公式】选项卡上的【公式审核】组中，单击【移去箭头】按钮旁边的下拉按钮，在弹出的下拉列表框中选择【移去箭头】选项即可，用户也可以根据需要取消某一类的追踪箭头，如图 8-80 所示。

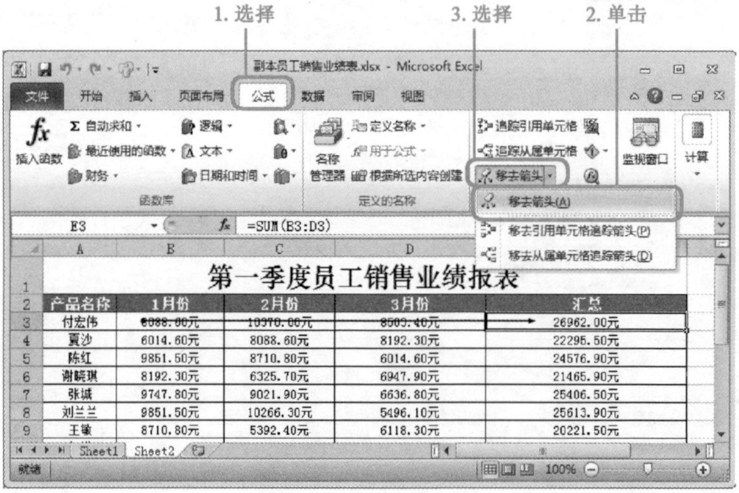

1. 选择　3. 选择　2. 单击

图 8-80

8.7.3 追踪从属单元格

追踪从属单元格是指追踪当前单元格被哪些单元格中的公式所引用的单元格。下面介绍追踪从属单元格的操作方法。

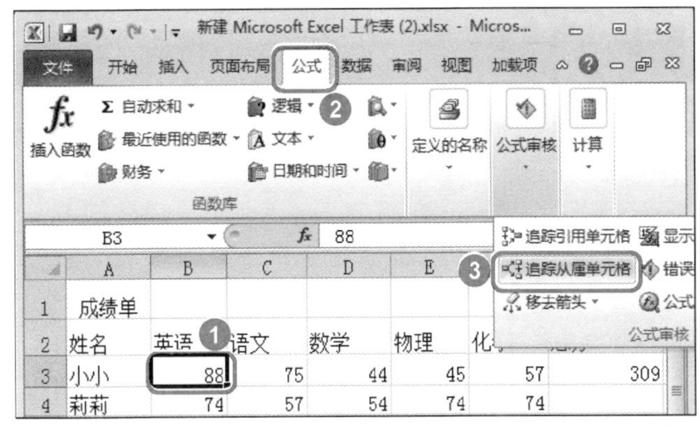

图 8-81

01

No.1 单击任意一个被公式包含的单元格。

No.2 选择【公式】选项卡。

No.3 在【公式审核】组中，单击【追踪从属单元格】按钮，如图 8-81 所示。

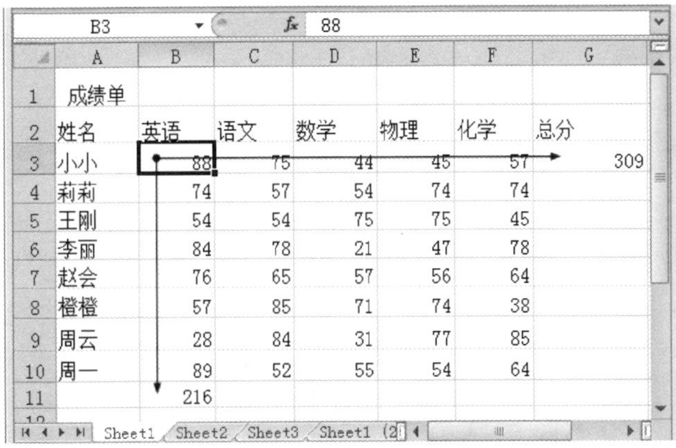

B3 f_x 88

	A	B	C	D	E	F	G
1	成绩单						
2	姓名	英语	语文	数学	物理	化学	总分
3	小小	88	75	44	45	57	309
4	莉莉	74	57	54	74	74	
5	王刚	54	54	75	75	45	
6	李丽	84	78	21	47	78	
7	赵会	76	65	57	56	64	
8	橙橙	57	85	71	74	38	
9	周云	28	84	31	77	85	
10	周一	89	52	55	54	64	
11		216					

Sheet1 Sheet2 Sheet3 Sheet1 (2)

图 8-82

02

系统会自动以箭头的形式指出当前单元格被哪些单元格中的公式所引用，通过以上步骤即可完成追踪从属单元格的操作，如图 8-82 所示。

知识精讲

当用户在单元格中引用了其他工作簿的单元格内容后，在执行追踪从属单元格操作后，系统会出现虚线箭头，双击该虚线箭头，会弹出【定位】对话框，显示从属于活动单元格的单元格。

8.7.4 监视单元格内容

单元格监视一般用于追踪距离较远的单元格，例如位于跨工作表的单元格。下面介绍使用监视单元格内容的方法。

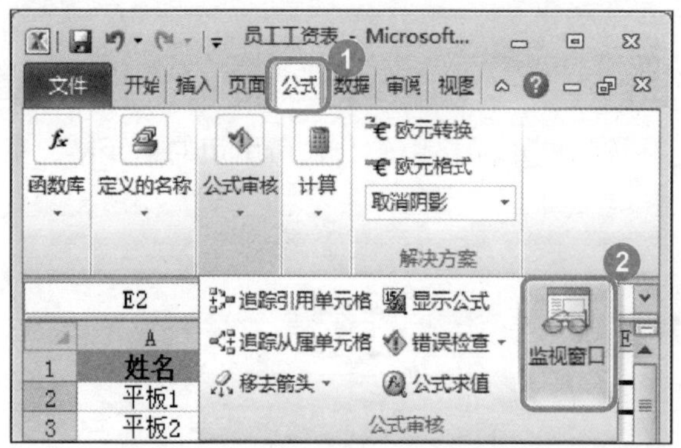

图 8-83

01

No.1 选择【公式】选项卡。

No.2 在【公式审核】组中，单击【监视窗口】按钮，如图 8-83 所示。

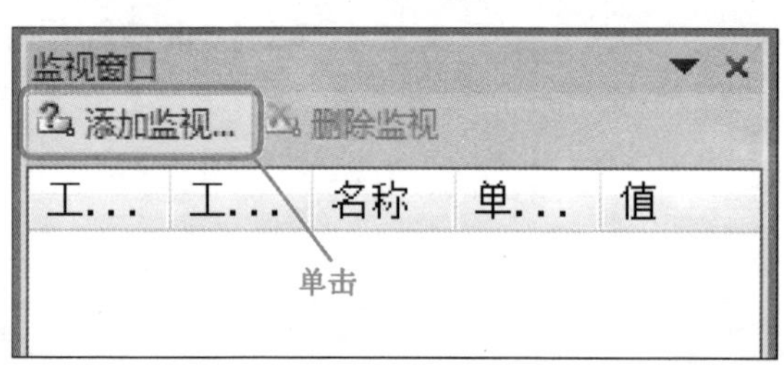

图 8-84

02

弹出【监视窗口】对话框，单击【添加监视】按钮，如图 8-84 所示。

图 8-85

03

弹出【添加监视点】对话框，单击【压缩对话框】按钮，如图 8-85 所示。

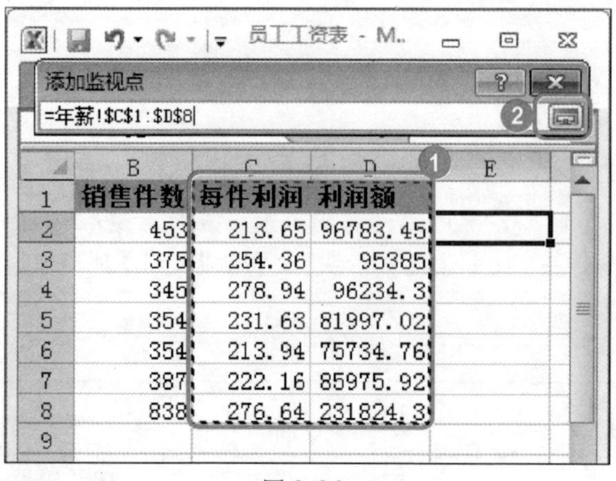

图 8-86

04

No.1 返回到工作表中，在工作表中选择准备监视的单元格区域。

No.2 在【添加监视点】对话框中单击【展开对话框】按钮，如图 8-86 所示。

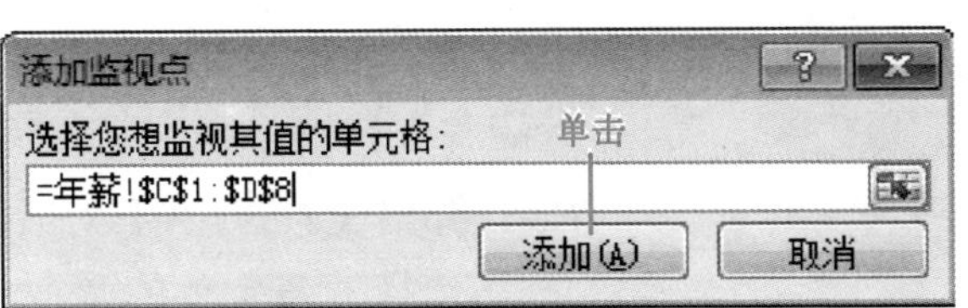

图 8-87

05

返回到【添加监视点】对话框，单击【添加】按钮 添加(A)，如图 8-87 所示。

监视窗口

添加监视... 删除监视

工...	工...	名称	单...	值
员...	年薪		C1	每件利
员...	年薪		D1	利润额
员...	年薪		C2	213.6
员...	年薪		D2	96783
员...	年薪		C3	254.3
员...	年薪		D3	95385
员...	年薪		C4	278.9

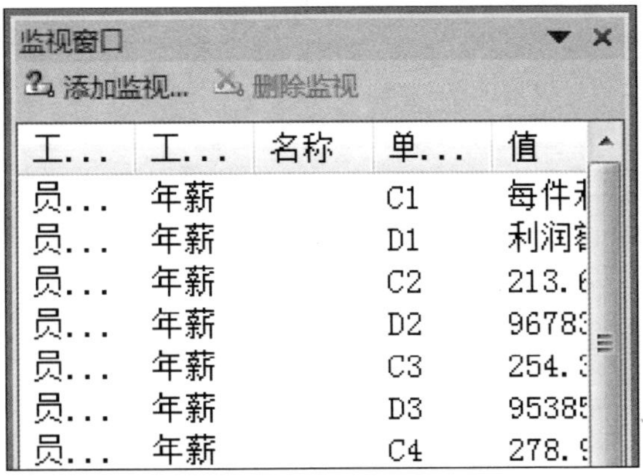

图 8-88

06

在【监视窗口】窗口中将显示监视点所在的工作簿和工作表名称以及单元格地址、数据和应用的公式，这样即可完成监视单元格内容的操作，如图 8-88 所示。

8.7.5 定位特定类型的数据

如果准备检查工作表中的某一特定类型数据，可以通过【定位条件】对话框来进行定位。下面介绍其操作方法。

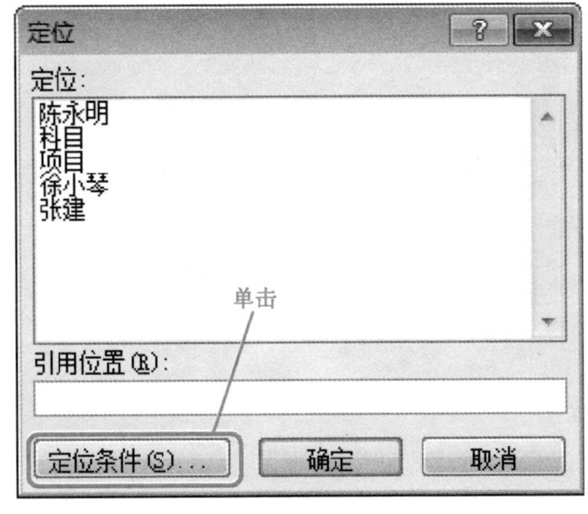

图 8-89

打开准备定位特定条件的工作表，按下键盘上的<F5>键，弹出【定位】对话框，单击【定位条件】按钮 定位条件(S)...，如图 8-89 所示。

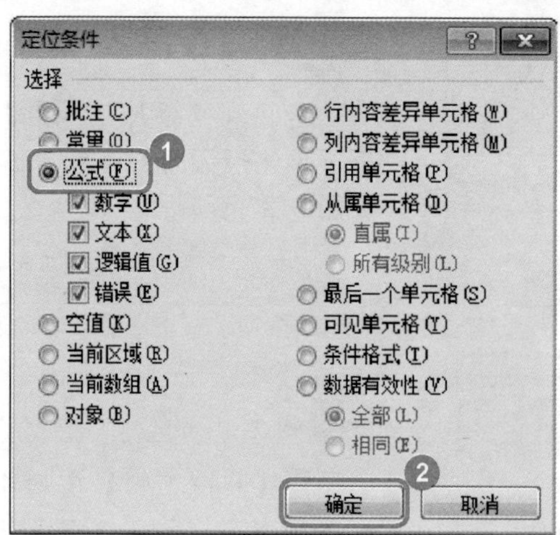

图 8-90

02

No.1 弹出【定位条件】对话框，选择准备定位的类型单选项，如选择【公式】单选项。

No.2 单击【确定】按钮，如图 8-90 所示。

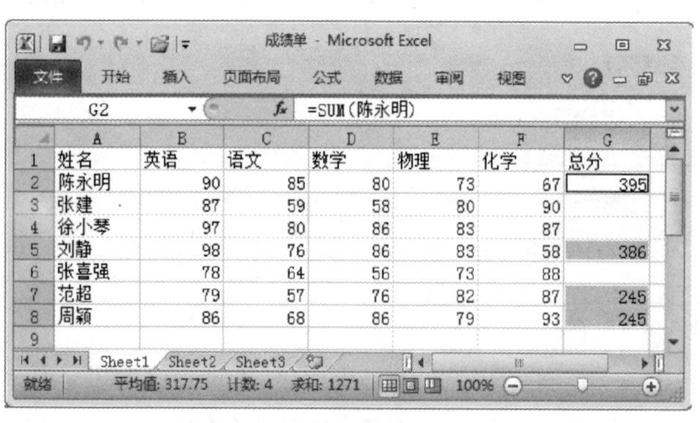

	A	B	C	D	E	F	G
1	姓名	英语	语文	数学	物理	化学	总分
2	陈永明	90	85	80	73	67	395
3	张建	87	59	58	80	90	
4	徐小琴	97	80	86	83	87	
5	刘静	98	76	86	83	58	386
6	张喜强	78	64	56	73	88	
7	范超	79	57	76	82	87	245
8	周颖	86	68	86	79	93	245
9							

图 8-91

03

返回工作表中，系统会自动选中当前工作表中符合指定类型的所有单元格，即选中包含公式的单元格，如图 8-91 所示。

第 9 章

使用函数计算数据

本章主要介绍函数的语法结构及分类、输入函数和编辑函数的基础知识，同时还讲解了常用的函数举例。在本章的最后还针对实际的工作需要，讲解了一些实例的上机操作方法。

Section 9.1 函数简介

本节导读

在 Excel 2010 工作表中，可以使用内置函数对数据进行分析和计算，函数计算数据的方式与公式计算数据的方式大致相同，函数的使用不仅简化了公式、而且节省了时间，从而提高了工作效率。本节介绍有关函数的基础知识。

9.1.1 认识函数

在 Excel 中，使用公式可以完成各种计算。但是对于有些复杂的运算，如果使用函数将会更加简便，而且便于理解和维护。

所谓函数是指在 Excel 中包含的许多预定义的公式。函数也是一种公式，可以进行简单或复杂的计算，是公式的组成部分，它可以像公式一样直接输入。不同的是，函数使用一些称为参数的特定数值（每一个函数都有其特定的语法结构、参数类型等），按特定的顺序或结构进行计算。

使用函数可以提高工作效率，例如在工作表中常用的 SUM 函数，用于对单元格区域进行求和运算。虽然可以通过创建以下公式来计算单元格中的数值的总和“=B3+C3+D3+E3+F3+G3”，但是利用函数可以编写更加简短的能完成同样功能的公式“=SUM（B3：G3）”。

9.1.2 函数的语法结构

在 Excel 2010 工作表中，调用函数时需要遵守 Excel 对于函数所制定的语法结构，否则将会产生语法错误，函数的语法结构由等号、函数名称、括号、逗号、参数组成。下面介绍其组成部分，如图 9-1 所示。

图 9-1

- 等号：函数一般以公式的形式出现，必须在函数名称前面输入“=”号。
- 函数名称：用来标识调用功能函数的名称。
- 参数：参数可以是数字、文本、逻辑值和单元格引用，也可以是公式或其他函数。
- 括号：用来输入函数参数，各参数之间需用逗号隔开（必须是半角状态下的逗号）。
- 逗号：各参数之间用来表示间隔的符号。

9.1.3 函数的分类

Excel 函数一共有 11 类，分别是数据库函数、日期与时间函数、工程函数、财务函数、信息函数、逻辑函数、查询和引用函数、数学和三角函数、统计函数、文本函数以及用户自定义函数。下面分别予以介绍。

1. 数据库函数

当需要分析数据清单中的数值是否符合特定条件时，可以使用数据库工作表函数。例如，在一个包含销售信息的数据清单中，可以计算出所有销售数值大于 1,000 且小于 2,500 的行或记录的总数。

Excel 共有 12 个工作表函数用于对存储在数据清单或数据库中的数据进行分析，这些函数的统一名称为 “Dfunctions”，也称为“ D 函数”，每个 D 函数均有三个相同的参数：“database”、“field” 和“criteria”。这些参数指向数据库函数所使用的工作表区域。

其中，参数 database 为工作表上包含数据清单的区域。参数 field 为需要汇总的列的标志。参数 criteria 为工作表上包含指定条件的区域。

2. 日期与时间函数

通过日期与时间函数，可以在公式中分析和处理日期的值和时间的值。

3. 工程函数

工程工作表函数用于工程分析。这类函数中的大多数可分为三种类型：对复数进行处理的函数、在不同的数字系统（如十进制系统、十六进制系统、八进制系统和二进制系统）间进行数值转换的函数、在不同的度量系统中进行数值转换的函数。

4. 财务函数

财务函数可以进行一般的财务计算，如确定贷款的支付额、投资的未来值或净现值，以及债券或息票的价值。财务函数中常见的参数如表 9-1 所示。

表 9-1　财务函数中常见的参数

财务函数常见参数	作　用
未来值 (fv)	在所有付款发生后的投资或贷款的价值
期间数 (nper)	投资的总支付期间数
付款 (pmt)	对于一项投资或贷款的定期支付数额
现值 (pv)	在投资期初的投资或贷款的价值
利率 (rate)	投资或贷款的利率或贴现率
类型 (type)	付款期间内进行支付的间隔，如在月初或月末

5. 信息函数

信息函数包含一组称为 IS 的工作表函数，在单元格满足条件时返回 TRUE。例如，如果单元格包含一个偶数值，ISEVEN 工作表函数返回 TRUE。

如果需要确定某个单元格区域中是否存在空白单元格，可以使用 COUNTBLANK 工作表函数对单元格区域中的空白单元格进行计数，或者使用 ISBLANK 工作表函数确定区域中的某个单元格是否为空。

6. 逻辑函数

使用逻辑函数可以进行真假值判断，或者进行复合检验。例如，可以使用 IF 函数确定条件为真还是假，并由此返回不同的数值。

7. 查找和引用函数

当需要在数据清单或表格中查找特定数值，或者需要查找某一单元格的引用时，可以使用查询和引用工作表函数。例如，如果需要在表格中查找与第一列中的值相匹配的数值，可以使用 VLOOKUP 工作表函数。

8. 数学和三角函数

通过数学和三角函数，可以处理简单的计算。例如对数字取整、计算单元格区域中的数值总和或复杂计算。

9. 统计函数

统计工作表函数用于对数据区域进行统计分析。例如，统计工作表函数可以提供由一组给定值绘制出的直线的相关信息，如直线的斜率和 y 轴截距，或构成直线的实际点数值。

10. 文本函数

通过文本函数，可以在公式中处理文字串。例如，可以改变大小写或确定文字串的长度。可以将日期插入文字串或连接在文字串上。

11. 用户自定义函数

如果要在公式或计算中使用特别复杂的计算，而工作表函数又无法满足需要，则需要创建用户自定义函数。这些函数，称为用户自定义函数，可以通过使用 Visual Basic for Applications 来创建。

Section 9.2 输入函数

本节导读

函数的常见输入方法包括使用“函数库”组中的功能按钮插入函数、使用插入函数向导输入函数以及手动输入函数。本节介绍输入函数的相关知识及操作方法。

9.2.1 使用插入函数向导输入函数

在 Excel 2010 工作表中，可以通过单击【插入函数】按钮，开启函数向导，在函数列表中选择准备使用的函数。下面介绍使用插入函数向导输入函数的操作方法。

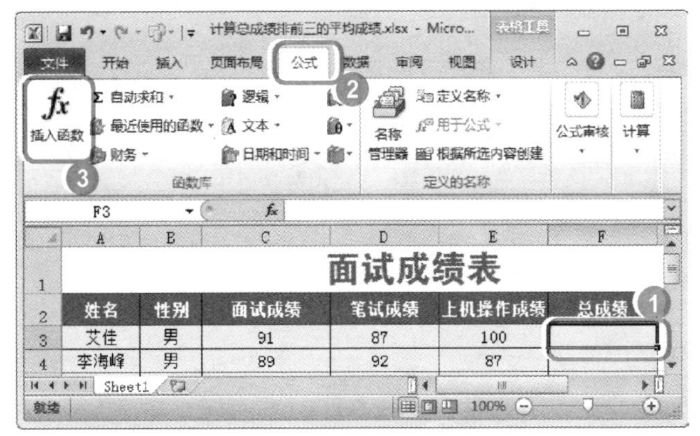

图 9-2

No.1 选中准备输入函数的单元格。

No.2 选择【公式】选项卡。

No.3 单击【函数库】组中【插入函数】按钮 *fx*，如图 9-2 所示。

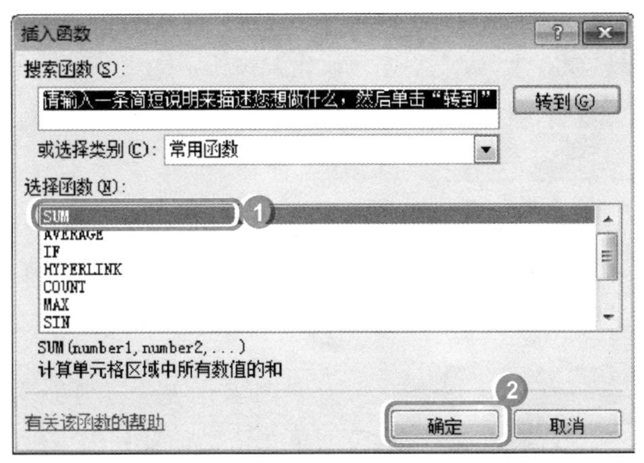

图 9-3

02

No.1 弹出【插入函数】对话框，在【选择函数】列表框中选择准备应用的函数，例如“SUM”。

No.2 单击【确定】按钮 确定，如图 9-3 所示。

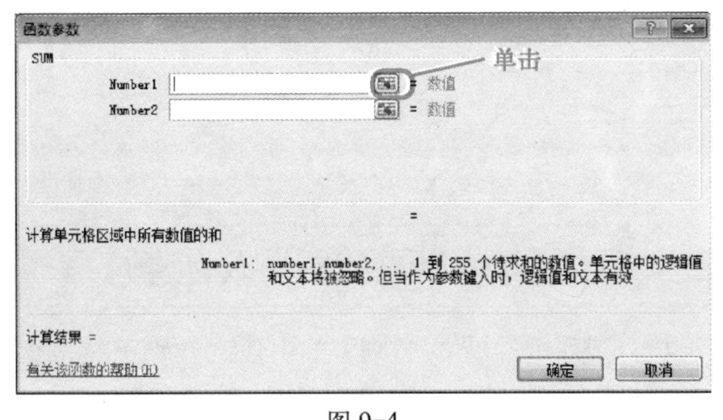

图 9-4

03

弹出【函数参数】对话框，在【SUM】区域中，单击【Number1】文本框右侧的【压缩】按钮，如图 9-4 所示。

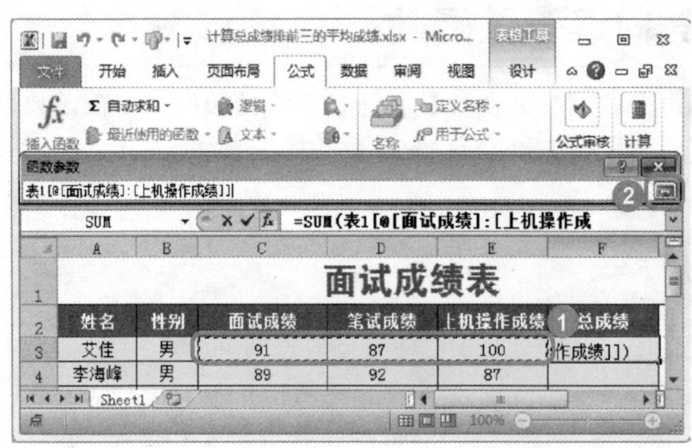

图 9-5

04

No.1 返回到工作表界面，在工作表中选中准备求和的单元格区域。

No.2 单击【函数参数】对话框右侧的【展开】按钮，如图 9-5 所示。

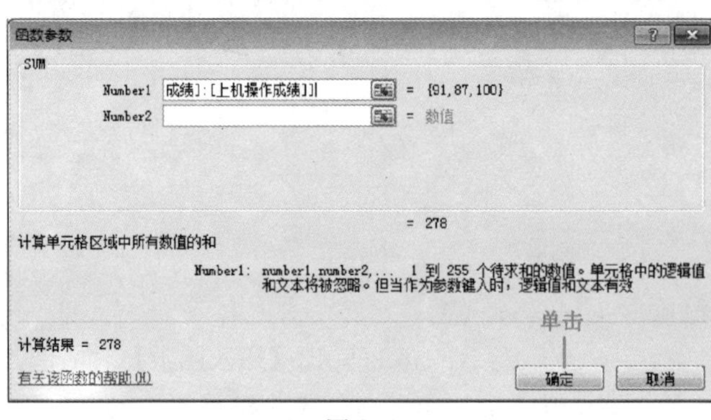

图 9-6

05

返回到【函数参数】对话框，可以看到在【Number1】文本框中已经选择好了公式计算区域，单击【确定】按钮，如图 9-6 所示。

F3 =SUM(表1[@[面试成绩]:[上机操作成绩]])

面试成绩表

姓名	性别	面试成绩	笔试成绩	上机操作成绩	总成绩
艾佳	男	91	87	100	278
李海峰	男	89	92	87	268
钱堆堆	男	81	90	93	264
汪恒	男	79	84	94	257
陈小利	男	83	79	99	261
欧阳明	男	92	95	91	278
高燕	女	87	96	83	266
李有煜	女	83	89	88	260
周鹏	女	83	91	95	269

图 9-7

06

返回到工作表中，可以看到选中的单元格已经计算出了结果，并且在编辑栏中已经输入了函数，如图 9-7 所示。

9.2.2 使用“函数库”组中的功能按钮插入函数

在 Excel 2010“函数库”组中，将函数分成了几个大的类别，单击任意类别下拉按钮，即可在下拉列表中选择准备使用的函数。下面介绍使用“函数库”组中的功能按钮插入函数的操作方法。

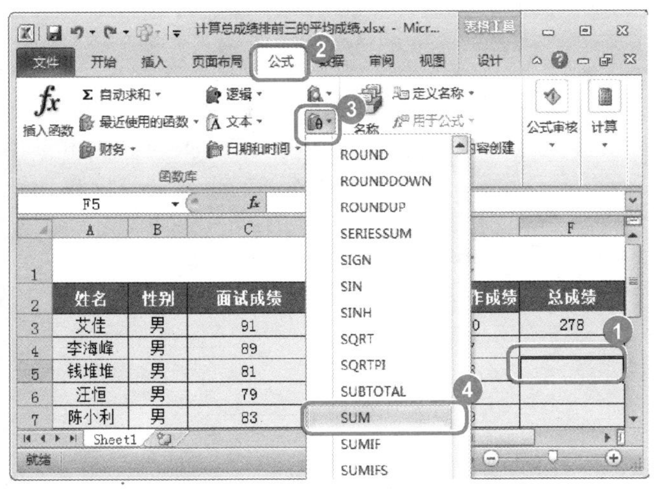

图 9-8

01

No.1 选中准备输入函数的单元格。

No.2 选择【公式】选项卡。

No.3 单击【函数库】组中的【数字和三角函数】下拉按钮 。

No.4 在弹出的下拉列表中，选择准备应用的函数列表项，如图 9-8 所示。

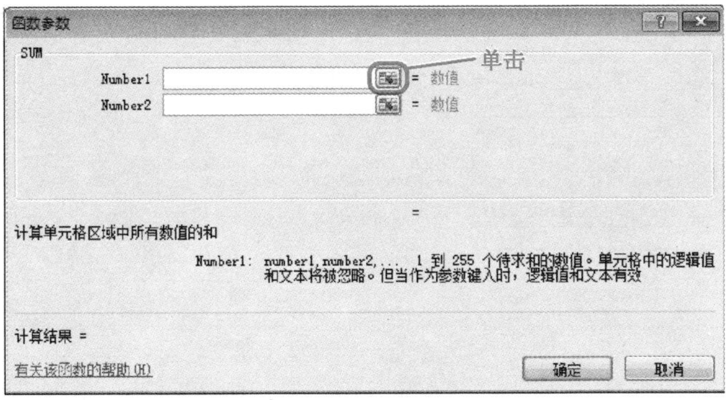

图 9-9

弹出【函数参数】对话框，在【SUM】区域中，单击【Number1】文本框右侧的【压缩】按钮，如图 9-9 所示。

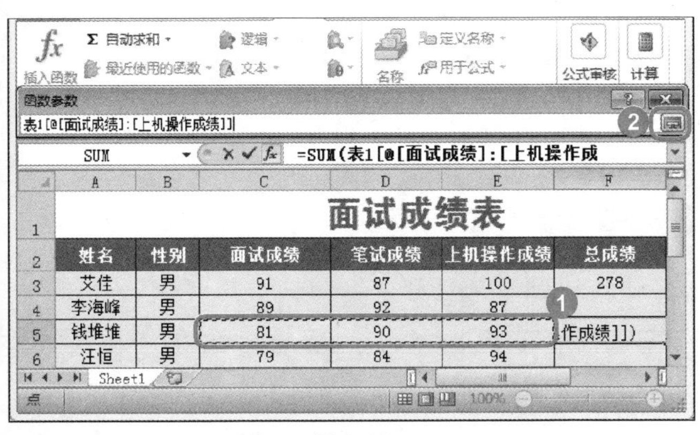

图 9-10

No.1 返回到工作表界面，选择准备进行求和的单元格区域。

No.2 单击【函数参数】对话框中右侧的【展开】按钮，如图 9-10 所示。

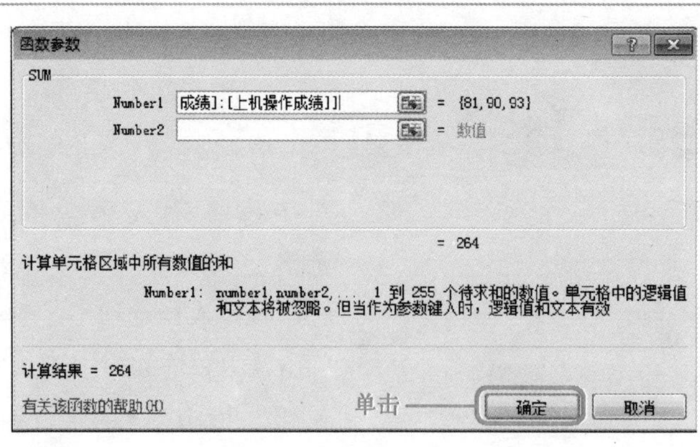

图 9-11

返回到【函数参数】对话框，可以看到在【Number1】文本框中已经选择好了公式计算区域，单击【确定】按钮，如图 9-11 所示。

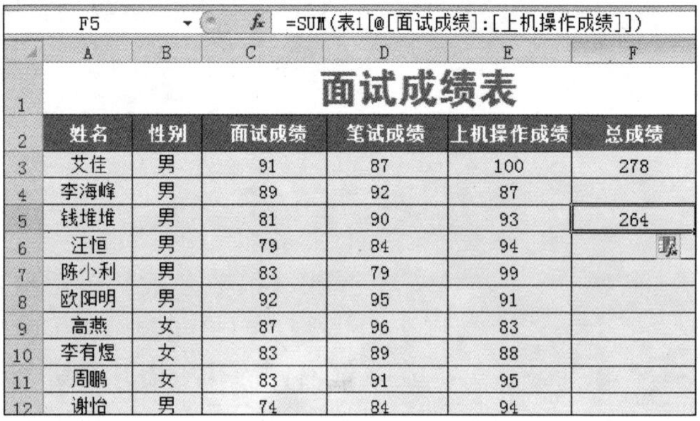

F5　=SUM(表1[@[面试成绩]:[上机操作成绩]])

	A	B	C	D	E	F
1	面试成绩表					
2	姓名	性别	面试成绩	笔试成绩	上机操作成绩	总成绩
3	艾佳	男	91	87	100	278
4	李海峰	男	89	92	87	
5	钱堆堆	男	81	90	93	264
6	汪恒	男	79	84	94	
7	陈小利	男	83	79	99	
8	欧阳明	男	92	95	91	
9	高燕	女	87	96	83	
10	李有煜	女	83	89	88	
11	周鹏	女	83	91	95	
12	谢怡	男	74	84	94	

图 9-12

05

返回到工作表中，可以看到选中的单元格已经计算出了结果，并且在编辑栏中已经输入了函数，如图 9-12 所示。

9.2.3　手动输入函数

在 Excel 2010 工作表中，输入函数与输入公式相同，首先要输入“=”，然后再输入函数的主体，最后在括号中输入相应的参数。下面介绍手动输入函数的操作方法。

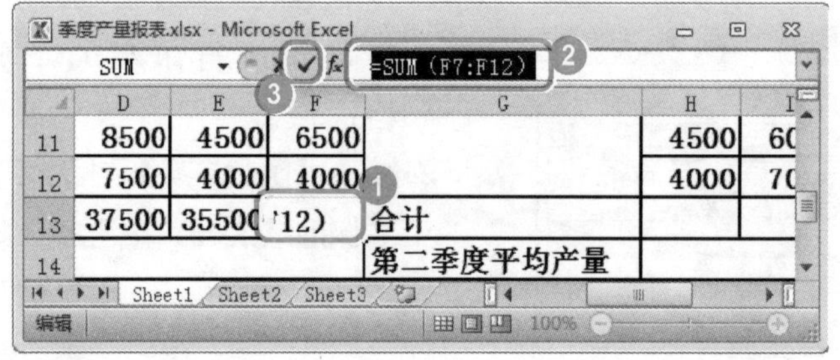

图 9-13

No.1　选中准备输入函数的单元格。

No.2　在编辑栏中，输入公式“=SUM (F7:F12)”。

No.3　单击【输入】按钮✓，如图 9-13 所示。

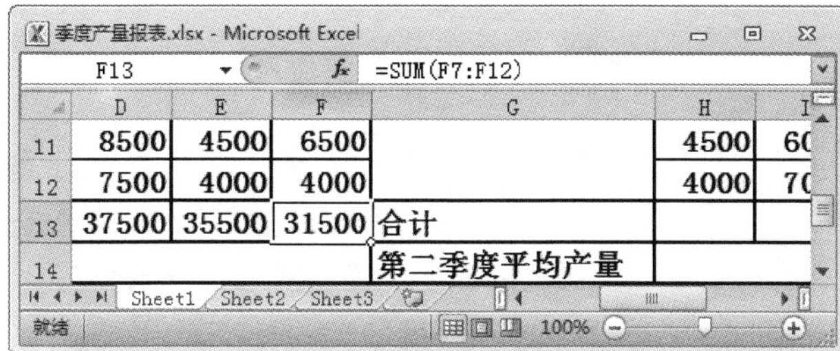

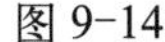
图 9-14

此时在选中的单元格内，系统自动计算出结果，如图 9-14 所示。

教你一招

用户自定义函数

如果要在公式中使用特别复杂的计算，而工作表函数又无法提供相应的功能时，用户可以自己创建这些函数，称为用户自定义函数。自定义函数需要使用 Excel 提供的 Visual Basic Application（VBA）代码进行编写。

Section 9.3 编辑函数

本节导读

函数通过引用参数接收数据，并返回结果，大多数情况下返回计算的结果，也可以返回文本、引用、逻辑值、数组，或者工作表信息。在 Excel 2010 工作表中，用户可以通过编辑函数达到修改函数的目的，或者对函数进行嵌套操作。本节介绍编辑函数的相关知识及方法。

9.3.1 修改函数

在 Excel 2010 工作表中，如果输入了错误的函数，或者要对函数进行添加，那么用户可以执行修改函数的操作。下面介绍修改函数的操作方法。

季度产量报表.xlsx - Microsoft Excel

SUM　=SUM(D7:F10)

	F	G	H	I	J	K
6	3月份		4月份	5月份	6月份	
7	7000		6500	3000	4500	
8	4000		5500	3000	5500	
9	5000		5000	7000	6500	
10	5000		4000	5000	9000	
11	6500		4500	6000	5000	
12	4000		4000	7000	5000	
13	31500	合计	F10)			

图 9-15

01

No.1 选中准备修改函数的单元格。

No.2 单击窗口编辑栏文本框，使其变为可编辑状态，如图 9-15 所示。

图 9-16

02

使用键盘上的退格键，删除错误的函数，然后重新输入正确的函数，如图 9-16 所示。

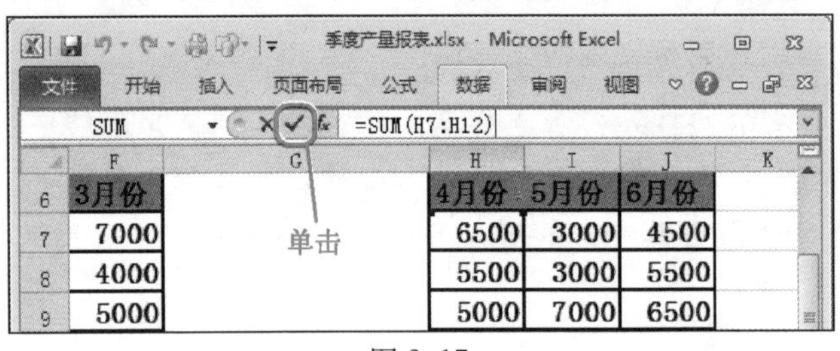

图 9-17

03

正确的函数输入后，单击窗口编辑栏中的【输入】按钮✓，如图 9-17 所示。

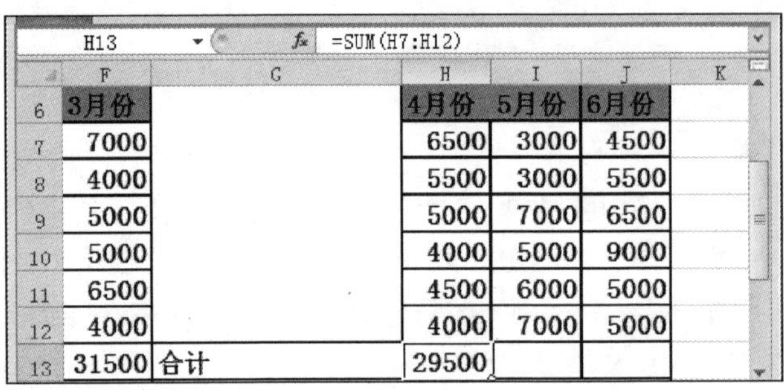

图 9-18

04

可以看到正确函数所表达的数值显示在单元格内，如图 9-18 所示。

教你一招

启用【公式记忆式键入】功能

选择【文件】选项卡，在打开的视图中选择【选项】选项。系统会弹出【Excel 选项】对话框，选择【公式】选项卡，在【使用公式】选项组中选择【公式记忆式键入】复选框即可。

9.3.2 嵌套函数

函数的嵌套是指在一个函数中使用另一函数的值作为参数，公式中最多可以包含七级嵌套函数，当函数 B 作为函数 A 的参数时，函数 B 称为第二级函数，如果函数 C 又是函数 B 的参数，则函数 C 称为第三级函数，依次类推。下面介绍使用嵌套函数的操作方法。

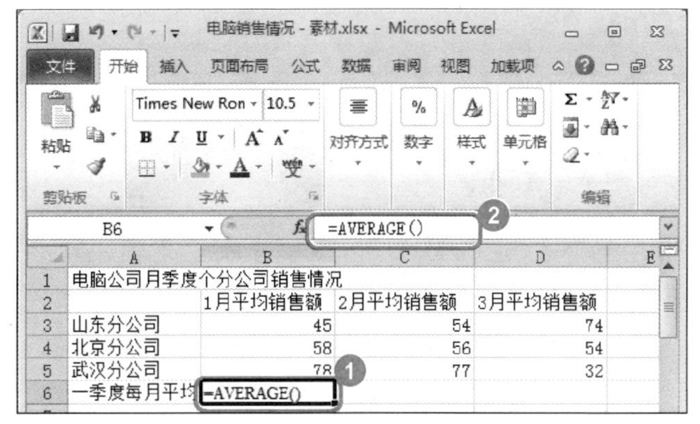

图 9-19

01

No.1 选择准备输入嵌套函数的单元格，如“B6 单元格”。

No.2 在编辑栏的编辑框中输入第一层函数，如“=AVERAGE()”，如图 9-19 所示。

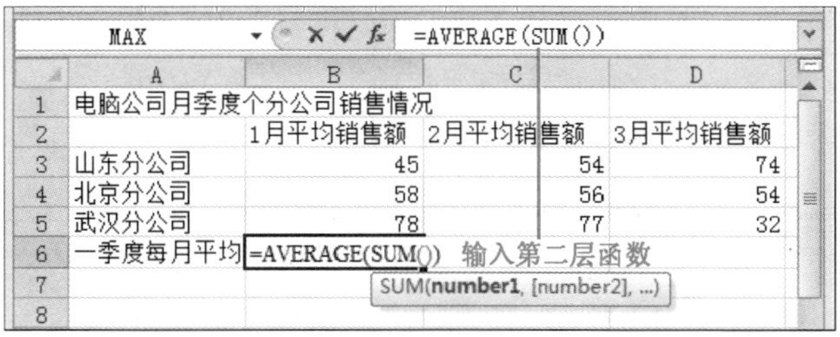

	A	B	C	D
1	电脑公司月季度个分公司销售情况			
2		1月平均销售额	2月平均销售额	3月平均销售额
3	山东分公司	45	54	74
4	北京分公司	58	56	54
5	武汉分公司	78	77	32
6	一季度每月平均	=AVERAGE(SUM())		
7				
8				

MAX　=AVERAGE(SUM())　输入第二层函数　SUM(**number1**, [number2], ...)

图 9-20

02

在第一层函数的括号里输入准备输入的第二层函数，如“SUM()”，如图 9-20 所示。

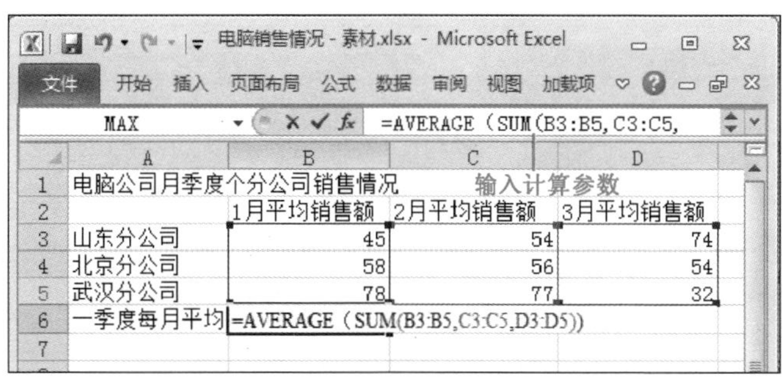

图 9-21

03

输入关于 SUM() 函数的计算参数，如“SUM(B3:B5,C3:C5,D3:D5)”，并按下键盘上的<Enter>键，如图 9-21 所示。

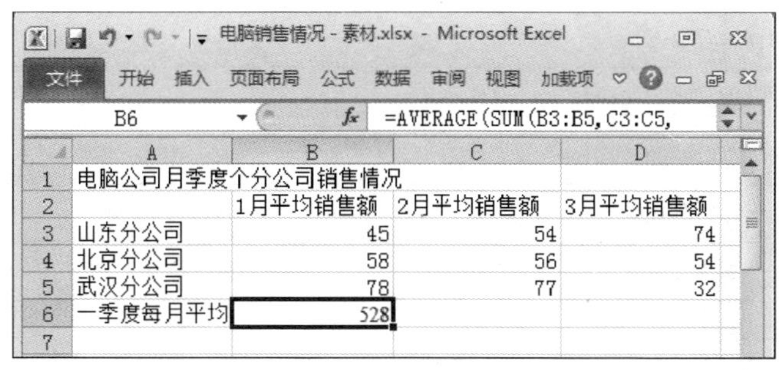

图 9-22

04

系统会自动在选中的单元格内计算出结果，这样即可完成嵌套函数的操作，如图 9-22 所示。

Section 9.4 常用的函数举例

本节导读

在 Excel 2010 工作表中，常用的函数包括数学和三角函数、逻辑函数、查找与引用函数、文本函数、财务函数以及日期和时间函数等。本节介绍常用函数的相关知识。

9.4.1 数学和三角函数

Excel 2010 中提供了大量的数学和三角函数，如取整函数、绝对值函数和正切函数等，从而方便进行数学和三角计算，表 9-2 中显示了全部数学和三角函数名称及其功能。

表 9-2　数学和三角函数名称及其功能

函　数	功　能
ABS	返回数字的绝对值
CEILNG	将数字舍入为最接近的整数或最接近的指定基数的倍数
COMBN	返回给定数目对象的组合数
EVEN	将数字向上舍入到最接近的偶数
EXP	返回 e 的 n 次方
FACT	返回数字的阶乘
FACTDOUBLE	返回数字的双倍阶乘
FLOOR	向绝对值减小的方向舍入数字
GCD	返回最大公约数
INT	将数字向下舍入到最接近的整数
LCM	返回最小公倍数
LN	返回数字的自然对数
LOG	返回数字的以指定底为底的对数
LOG10	返回数字的以 10 为底的对数
MDETERM	返回数组的矩阵行列式的值
MINVERSE	返回数组的逆矩阵
MMULT	返回两个数组的矩阵乘积
MOD	返回除法的余数

（续）

函　数	功　能
MROUND	返回一个舍入到所需倍数的数字
MULTINOMIAL	返回一组数字的多项式
ODD	将数字向上舍入为最接近的奇数
PI	返回 π 的值
POWER	返回数的乘幂
PRODUCT	将其参数相乘
QUOTIENT	返回除法的整数部分
RAND	返回 0 和 1 之间的一个随机数
RANDBETWEEN	返回位于两个指定数之间的一个随机数
ROMAN	将阿拉伯数字转换为文本式罗马数字
ROUND	将数字按指定位数舍入
ROUNDUP	向绝对值减小的方向舍入数字
SERIESSUM	返回基于公式的幂级数的和
SIGN	返回数字的符号
SQRT	返回正平方根
SQRTPI	返回某数与 π 的乘积的平方根
SUBTOTAL	返回列表或数据库中的分类汇总
SUM	求参数的和
SUMIF	按给定条件对指定单元格求和
SUNIFS	在区域中添加满足多个条件的单元格
SUMPRODUCT	返回对应的数组元素的乘积和
SUMSQ	返回参数的平方和
SUMX2MY2	返回两数组中对应值平方差之和
SUNMX2PY2	返回两数组中对应值的平方和之和
SUMXMY2	返回两个数组中对应值差的平方和
TRUNC	将数字截尾取整

9.4.2 逻辑函数

Excel 2010 中提供了 7 种逻辑函数，分别是 AND、FALSE、IF、IFERROR、NOT、OR 和 TRUE，其主要功能如表 9-3 所示。

表 9–3 逻辑函数名称及其功能

函 数	功 能
AND	如果该函数的所有参数均为 TRUE，则返回逻辑值 TRUE
FALSE	返回逻辑值 FALSE
IF	用于指定需要执行的逻辑检测
IFERROR	如果公式计算出错误值，则返回指定的值；否则返回公式的计算结果
NOT	对其参数的逻辑值求反
OR	如果该函数的任一参数为 TRUE，则返回逻辑值 TRUE
TRUE	返回逻辑值 TRUE

9.4.3 查找与引用函数

Excel 2010 中提供的查找与引用函数共有 18 种，其主要功能如表 9-4 所示。

表 9–4 查找与引用函数名称及其功能

函 数	功 能
ADDRESS	创建一个以文本方式对工作薄中某一单元格的引用
AREAS	返回引用中涉及的区域个数
CHOOSE	根据给定的索引值，从参数串中选出相应的值或操作
COLUMN	返回某一引用的列号
COLUMNS	返回某一引用或数组的列数
GETPIVOTDATA	提取存储在数据透视表中的数据
HLOOKUP	搜索数组区域首行满足条件的元素，确定待检索单元格在区域中的列序号，再进一步返回选定单元格的值
HYPERLINK	创建一个快捷方式或链接，以便打开一个存储在硬盘、网络服务器或 Internet 上的文档
INDEX	在给定的单元格区域中，返回特定行列交叉处单元格的值或引用
INDIRECT	返回文本字符串所指定的引用
LOOKUP	从单行或者单列或从数组中查找一个值。条件是向后兼容性
MATCH	返回符合特定值特定顺序的项在数组中的相对位置
OFFSET	以指定的引用为参照系，通过给定返回值的引用
ROW	返回一个引用的行号
ROWS	返回某一引用或数组的行数

（续）

函　数	功　能
RTD	从一个支持 COM 自动化的程序中获取实时数据
TRANSPOSE	转置单元格区域
VLOOKUP	搜索表区域首列满足条件的元素，确定待检索单元格在区域中的行序号，再进一步返回选定单元格的值。默认情况下，表是以升序排列的

9.4.4 文本函数

文本函数可以分为两类，即文本转换函数和文本处理函数，使用文本转换函数可以对字母的大小写、数字的类型和全角/半角等进行转换。文本处理函数则用于提取文本中的字符、删除文本中的空格、合并文本和重复输入文本等操作，如表 9-5 所示。

表 9-5　查找与引用函数名称及其功能

函　数	功　能
ASC	将字符串中的全角（双字节）英文字母转换为半角（单字节）字符
BAHTTEXT	使用 β （泰铢）货币格式将数字转换为文本
CHAR	返回由代码数字指定的字符
CLEAN	删除文本中的所有非打印字符
CODE	返回文本字符串中第一个字符的数字代码
CONCATENATE	将几个文本项合并为一个文本项
DOLLAR	使用 $ （美元）货币格式将数字转换为文本
EXACT	检查两个文本值是否相同
FIND、FINDB	在区分大小写的状态下，在一个文本值中查找另一个文本值
FIXED	将数字格式设置为带有固定小数位数的文本
JIS	将字符串中的半角（单字节）英文字母转换为全角（双字节）字符
LEFT、LEFTB	返回文本值中最左边的字符
LEN、LENB	返回文本字符串中的字符个数
LOWER	将文本转换为小写
MID、MIDB	从文本字符串中的指定位置返回特定个数的字符
PHONETIC	提取文本字符串中的拼音（汉字注音）字符
PROPER	将文本值的每个字的首字母大写
REPLACE、REPLACEB	替换文本中的字符
REPT	按给定次数重复文本

（续）

函　数	功　能
RIGHT、REPLACEB	返回文本值中最右边的字符
SEARCH、SEARCHB	在一个文本值中查找另一个文本值（不区分大小写）
SUBSTITUTE	在文本字符串中用新文本替换旧文本
T	将参数转换为文本
TEXT	设置数字格式并将其转换为文本
TRIM	删除文本中的空格
UPPER	将文本转换为大写形式
VALUE	将文本参数转换为数字

9.4.5 财务函数

使用财务函数可以进行一般的财务计算，从而方便对个人或企业的财务状况进行管理。表 9-6 为常用的财务函数名称及功能。

表 9–6　财务函数名称及其功能

函　数	功　能
ACCRINT	返回定期支付利息的债券的应计利息
ACCRINTM	返回在到期日支付利息的债券的应计利息
AMORDEGRC	根据年限，计算每个结算期间的折旧值
AMORLINC	计算每个结算期间的折旧值
COUPDAYBS	返回从付息期开始到成交日之间的天数
COUPDAYS	返回包含成交日的付息天数
COUPDAYSNC	返回从成交日到下一付息日之间的天数
COUPNCD	返回成交日之后的下一个付息日
COUPNUM	返回成交日和到期日之间的应付利息次数
CUMIPMT	返回两个付款期之间累积支付的利息
COUPPCD	返回成交日之前的上一付息日
DISC	返回债券的贴现率
DB	使用固定余额递减法，返回一笔资产在给定期间的折旧值
DDB	使用双倍余额递减法，返回一笔资产在给定期间的折旧值
DOLLARDE	将以分数表示的价格转换为以小数表示的价格
DOLLARFR	将以小数表示的价格转换为以分数表示的价格
DURATION	返回定期支付利息的债券的每年期限
EFFECT	返回年有效利息
FV	返回一笔投资的未来值

（续）

函 数	功 能
FVSCHEDULE	返回应用一系列复利率计算的初始本金的未来值
INTRATE	返回完全投资型债券的利率
IPMT	返回一笔投资在给定期间内支付的利息
IRR	返回一系列现金流的内部收益率
ISPMT	计算特定投资期内要支付的利息
MDURATION	返回假设面值为 100 的有价证券的 Macauley 修正期限
MIRR	返回正和负现金流以不同利率进行计算的内部收益率
NOMINAL	返回年度的名义利率
NPER	返回投资的期数
NPV	返回基于一系列定期的现金流和贴现率计算的投资的净现值
ODDFPRICE	返回每张票面为 100 且第一期为奇数的债券的现价
ODDFYIELD	返回第一期为奇数的债券的收益
ODDLYIELD	返回最后一期为奇数的债券的收益
ODDLPRICE	返回每张票面为 100 且最后一期为奇数的债券的现价
PMT	返回年金的定期支付金额
PPMT	返回一笔投资在给定期间内偿还的本金
PRICE	返回每张票面为 100 且定期支付利息的债券的现价
PRICEDISC	返回每张票面为 100 的已贴现债券的现价
PRICEMAT	返回每张票面为 100 且在到期日支付利息的债券的现价
PV	返回投资的现值
RATE	返回年金的各期利率
RECEIVED	返回完全投资型债券在到期日收回的金额
SLN	返回固定资产的每期线性折旧费
SYD	返回某项固定资产按年限总和折旧法计算的每期折旧金额
TBILLEQ	返回面值为 100 的国库券的价格
TBILLYIELD	返回国库券的收益率
VDB	使用余额递减法，返回一笔资产在给定期间或部分期间内的折旧值
XIRR	返回一组现金流的内部收益率，这些现金流不一定定期发生
XNPV	返回一组现金流的净现值，这些现金流不一定定期发生
YIELD	定期支付利息的债券的收益
YIELDDISC	返回已贴现债券的年收益。例如，短期国库券
YIELDMAT	返回在到期日支付利息的债券的年收益

9.4.6 日期和时间函数

Excel 2010 中的数据包括三类，分别是数值、文本和公式，日期和时间则是数值中的一种，因此可以对日期和时间进行处理。下面介绍日期和时间的基本概念。

1. 日期序列号——时间序列号

Excel 2010 支持的日期范围是从“1900 － 1 － 1”至“9999 － 12 － 31”，日期序列号则将 1900 年 1 月 1 日定义为“1”，将 1990 年 1 月 2 日定义为“2”，将 9999 年 12 月 31 日定义为“n”产生的数值序列，因此，对日期的计算和处理实质上是对日期序列号的计算和处理。

如果将日期序列号扩展到小数就是时间序列号，如一天包括 24 个小时，那么第 1 个小时则表示为 1/24，即 0.0416，第 2 个小时则表示为 2/24，即 0.083……第 24 个小时则表示为 24/24，即 1，所以对时间的计算和处理也是对时间序列号的计算和处理。

2. 常见的日期与时间函数

常见的日期与时间函数共有 19 种，如表 9-7 所示。

表 9-7　常见的日期与时间函数名称及其功能

函　数	功　能
DATE	返回特定日期的序列号
DATEVALUE	将文本格式的日期转换为序列号
DAY	将序列号转换为月份日期
DAYS360	以一年 360 天为基准计算两个日期的天数
HOUR	将序列号转换为小时
EDATE	返回用于表示开始日期之前或之后月数的日期的序列号
EOMONTH	返回指定月数之前或之后的月份的最后一天的序列号
MINUTE	将序列号转换为分钟
MONTH	将序列号转换为月
NETWORKDAYS	返回两个日期间的全部工作日数
NOW	返回当前的日期和时间的序列号
SECOND	将序列号转换为秒
TIME	返回特定时间的序列号
TIMEVALUE	将文本格式的时间转换为序列号
TODAY	返回今天日期的序列号
WEEKDAY	将序列号转换为星期日期
WEEKNUM	将系列号转换为代表该星期为一年中第几周的数字
WORKDAY	返回指定的若干个工作日之前或之后的日期的序列号
YEAR	将序列号转换为年

Section 9.5 实践案例与上机操作

9.5.1 使用“RANK”函数为畅销食品排名

RANK 函数的作用是返回一个数字在列表中的排位，数字的排位是所选数字与列表中其他值的比值。其中，参数 ref 为数值列表数组或对数值列表的引用；参数 order 为数字，指明排位的方式。在 Excel 2010 中，可以使用“RANK.AVG”，指如果出现重复数值的时候，显示这个竖排列的平均值。下面介绍使用“RANK”函数为畅销食品排名的操作方法。

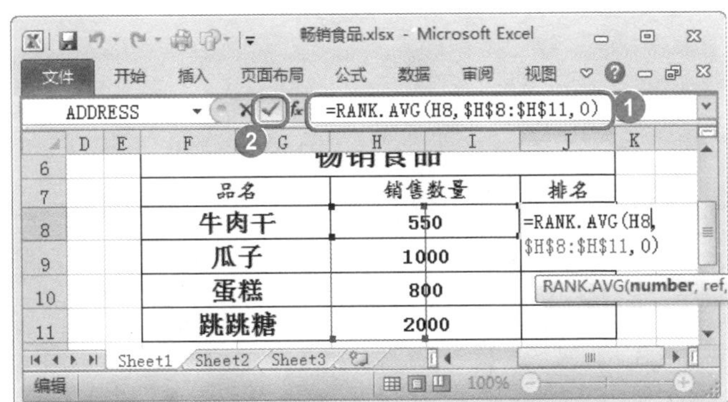

图 9-23

01

No.1 双击 J8 单元格，输入公式“=RANK.AVG(H8,$H$8:$H$11,0)”。

No.2 单击编辑栏中的【输入】按钮✓，如图 9-23 所示。

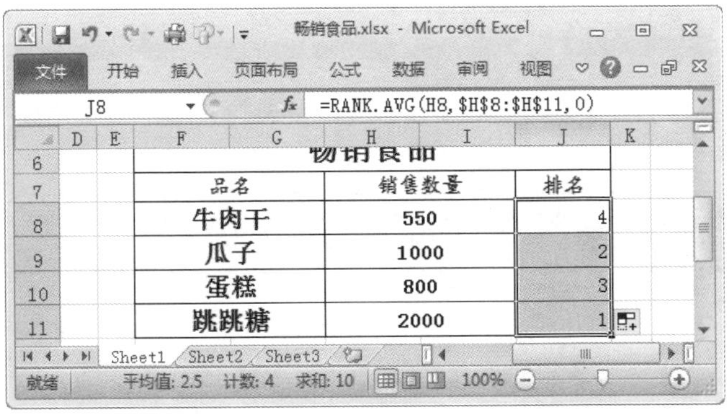

图 9-24

02

系统会自动计算出结果，拖动鼠标，将 J8 单元格中的公式填充至 J9：J11 单元格区域中，这样即可完成使用“RANK”函数为畅销食品排名的操作，如图 9-24 所示。

9.5.2 使用“PRODUCT”函数计算员工销售业绩

PRODUCT 函数用于计算参数的乘积，即将所有以参数形式出现的数值相乘，然后返回乘积值。当参数为数字、逻辑值或者数字文本表达式时可以计算，当参数为错误值或不能转换成数字文本的时候，将导致错误。如果参数为数组或引用，只有其中的数字可以计算。下面介绍使用“PRODUCT”函数计算员工销售业绩的操作方法。

ADDRESS =PRODUCT(E3,F3) 2

	A	B	C	D	E	F	G
2	员工编号	姓名	部门	产品名称	销售数量	单价	销售金额 1
3	01001	梁x燕	销售A部	产品A	3	199	=PRODUCT(
4	01002	张生x	销售A部	产品B	3	299	
5	01003	李x易	销售A部	产品A	4	199	
6	01004	马兰x	销售A部	产品B	2	299	
7	01005	周x浩	销售A部	产品C	2	399	
8	01006	于明x	销售A部	产品A	3	199	
9	01007	关x睿	销售A部	产品B	3	299	
10	01008	邓杰x	销售A部	产品A	5	199	
11	01009	陈x思	销售A部	产品A	3	199	
12	01010	白x莎	销售A部	产品C	3	399	
13	01011	李浩x	销售A部	产品B	4	299	
14	01012	吴x宇	销售A部	产品B	4	299	

图 9-25

01

No.1 选中准备计算销售业绩的G3单元格。

No.2 在编辑栏中，输入公式“=PRODUCT(E3,F3)”，如图9-25所示。

G3 =PRODUCT(E3,F3)

	A	B	C	D	E	F	G
2	员工编号	姓名	部门	产品名称	销售数量	单价	销售金额
3	01001	梁x燕	销售A部	产品A	3	199	597
4	01002	张生x	销售A部	产品B	3	299	897
5	01003	李x易	销售A部	产品A	4	199	796
6	01004	马兰x	销售A部	产品B	2	299	598
7	01005	周x浩	销售A部	产品C	2	399	798
8	01006	于明x	销售A部	产品A	3	199	597
9	01007	关x睿	销售A部	产品B	3	299	897
10	01008	邓杰x	销售A部	产品A	5	199	995
11	01009	陈x思	销售A部	产品A	3	199	597
12	01010	白x莎	销售A部	产品C	3	399	1197
13	01011	李浩x	销售A部	产品B	4	299	1196
14	01012	吴x宇	销售A部	产品B	4	299	1196

Sheet1 Sheet2 Sheet3

平均值: 863.4166667 计数: 12 求和: 10361 100%

图 9-26

02

按下<Enter>键，系统会自动计算出结果，拖动鼠标，将G3单元格中的公式填充至G4~G14单元格，如图9-26所示。

9.5.3 使用 REPLACE 函数为电话号码升级

REPLACE函数可以使用其他文本字符串，并根据指定的字符数替换另一文本字符串中的部分文本。下面介绍使用REPLACE函数为电话号码升级的方法。

选中D3单元格，在编辑栏中输入公式：=REPLACE(C3,1,5,″0417-8″)，然后按下<Enter>键，即可将第一个客户的电话号码由原来的“0417-29XXX66”升级为“0417-829XXX66”。选中D3单元格，向下拖动复制公式，这样即可快速将所有的客户电话号码升级，如图9-27所示。

D3 =REPLACE(C3,1,5,"0417-8")

	A	B	C	D	E
1	通讯录				
2	单位	客户姓名	电话号码	升级后的电话号码	
3	公司1	蒋为明	0417-29XXX66	0417-829XXX66	
4	公司2	罗晓权	0417-2926XXX	0417-82926XXX	
5	公司3	朱蓉	0417-2929XXX	0417-82929XXX	
6	公司4	胡兵	0417-2928XXX	0417-82928XXX	
7	公司5	李劲松	0417-2926XXX	0417-82926XXX	
8	公司6	商军	0417-3834XXX	0417-83834XXX	
9	公司7	王中	0417-3926XXX	0417-83926XXX	
10	公司8	宋玉琴	0417-3906XXX	0417-83906XXX	
11	公司9	江涛	0417-2625XXX	0417-82625XXX	
12					

图 9-27

第 10 章
数据筛选、排序与汇总

本章介绍筛选、排序、分类汇总和合并计算的基础知识，同时还讲解了分级显示的操作方法。在本章的最后还针对实际的工作需要，讲解了一些实例的上机操作方法。

Section 10.1 筛选

本节导读

筛选数据是一个隐藏所有除了符合用户指定条件之外的行的过程。例如，对于一个员工数据表，用户可以通过筛选只显示指定部门员工的数据。对于筛选得到的数据，不需要重新排列或者移动即可执行复制、查找、编辑和打印等相关操作。

10.1.1 自动筛选

自动筛选可以在当前工作表中，快速地保留筛选项，而隐藏其他数据。下面介绍自动筛选的操作方法。

图 10-1

01

No.1 将准备进行自动筛选的工作表区域选中。

No.2 选择【数据】选项卡。

No.3 单击【排序和筛选】组中的【筛选】按钮，如图 10-1 所示。

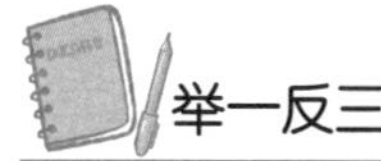

举一反三

对于 Excel 表格，在创建时就自动在标题行中添加了自动筛选的按钮，可以直接进行筛选操作。

	租车价格及使用公里数			
8	每天（元）	包月（元）	公里数	最后退车日期
9	800	20000	8000	8月1日
10	600	15000	12000	8月2日
11	450	11000	9000	8月2日
12	300	8800	25000	8月5日
13	180	4800	35000	7月20日

单击

图 10-2

在标题处，系统会自动添加一个下拉按钮，单击下拉按钮，如图 10-2 所示。

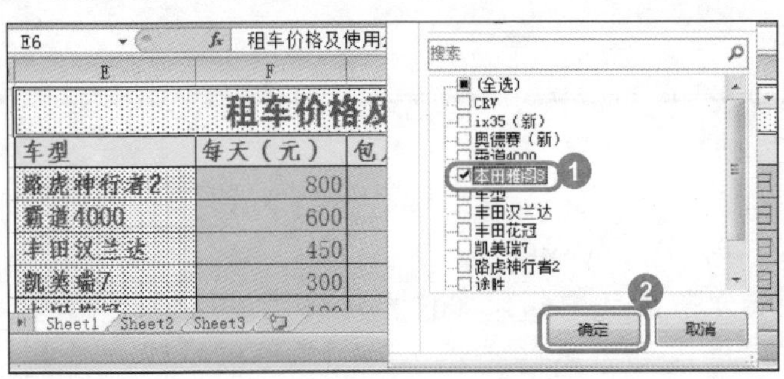

图 10-3

No.1 在弹出的下拉列表框中，选择准备进行筛选的名称复选项。

No.2 单击【确定】按钮 ，如图 10-3 所示。

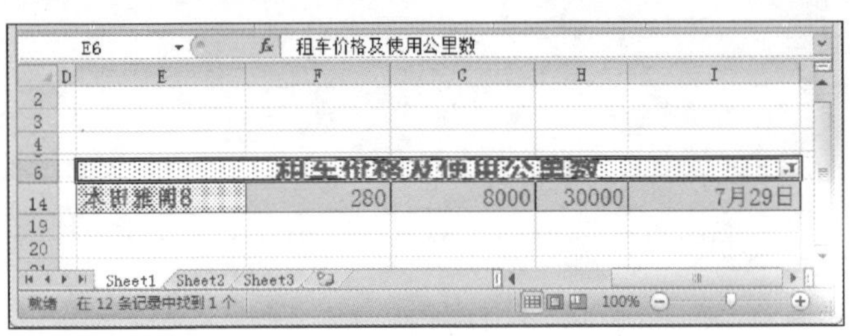

图 10-4

04

系统会自动筛选出选择的数据，如图 10-4 所示。

10.1.2 使用高级筛选

如果要通过复杂的条件来筛选单元格区域，可以使用 Excel 中的高级筛选功能。下面介绍使用高级筛选的操作方法。

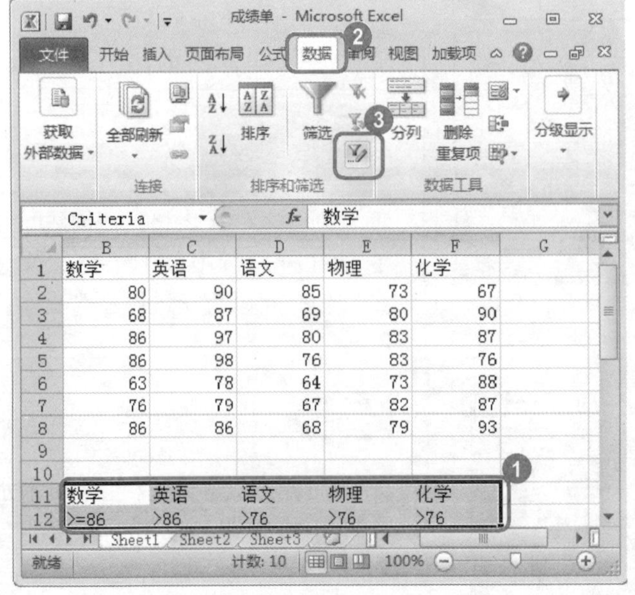

图 10-5

01

No.1 在空白区域中，输入详细高级筛选的条件。

No.2 选择【数据】选项卡。

No.3 在【排序和筛选】组中，单击【高级】按钮，如图 10-5 所示。

举一反三

如果多个条件在同一行上，则必须同时满足这多个条件。如果多个条件在不同的行上，则只需满足其中一个条件。

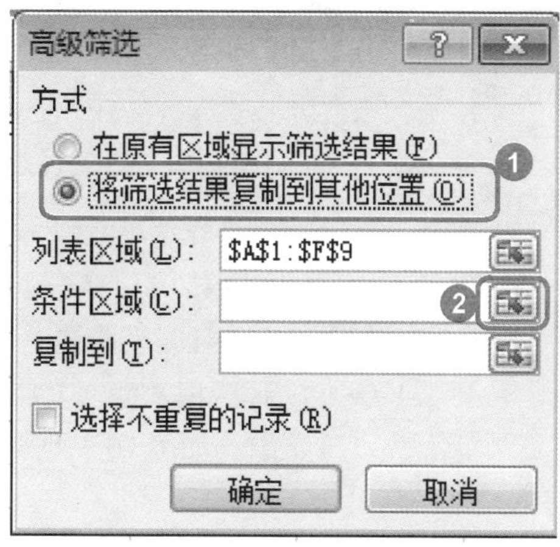

图 10-6

02

No.1 系统会弹出【高级筛选】对话框，选择【将筛选结果复制到其他位置】单选框。

No.2 单击【条件区域】右侧的折叠按钮，如图 10-6 所示。

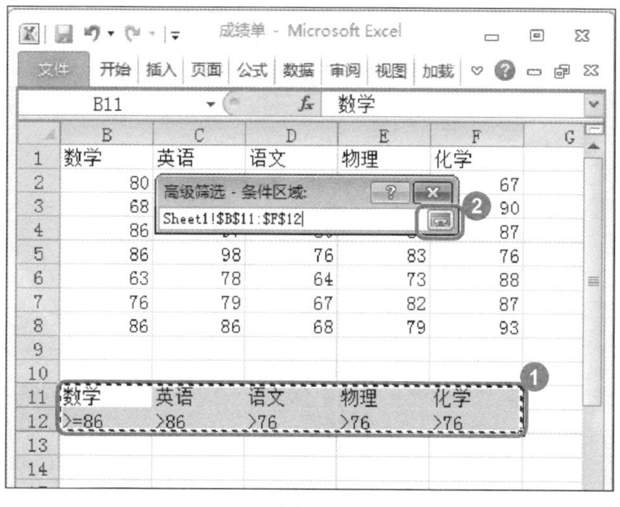

图 10-7

03

No.1 弹出【高级筛选－条件区域】对话框。拖动鼠标选择刚刚在空白区域输入的高级筛选条件的单元格区域。

No.2 单击对话框【高级筛选－条件区域】右下方的展开按钮，如图 10-7 所示。

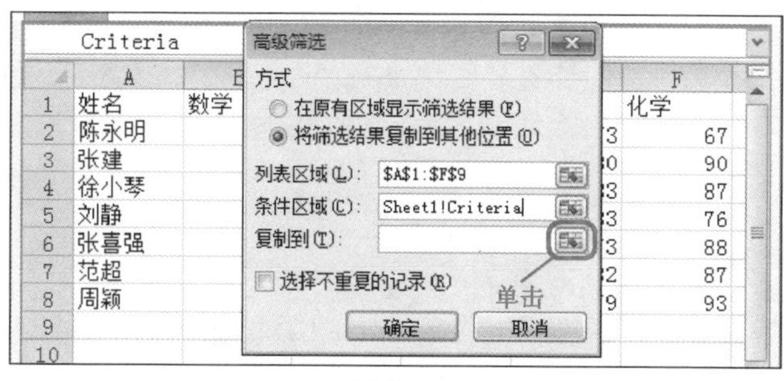

图 10-8

04

返回【高级筛选】对话框，单击【复制到】文本框右侧的折叠按钮，如图 10-8 所示。

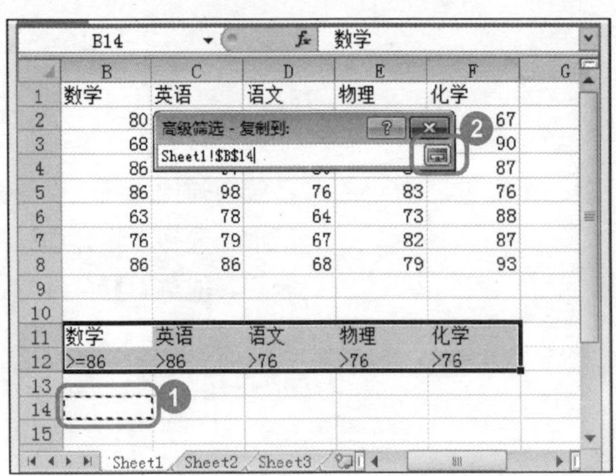

图 10-9

05

No.1 弹出【高级筛选－复制到】对话框。在表格空白位置单击任意单元格，如“B14”单元格。

No.2 单击【高级筛选－复制到】对话框右下方的展开按钮，如图 10-9 所示。

图 10-10

06

返回到【高级筛选】对话框，单击【确定】按钮，如图 10-10 所示。

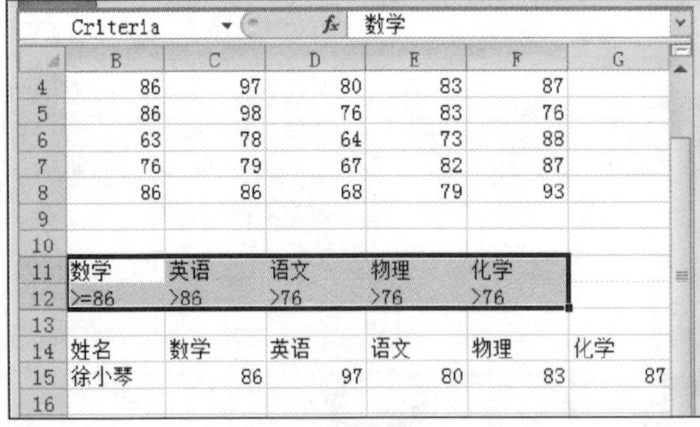

图 10-11

07

返回到工作表中，可以看到在单元格“B14”起始处，显示所筛选的结果，如图 10-11 所示。

知识精讲

高级筛选中的多组条件是指在筛选的过程中，为表格设立多种条件，让筛选功能有更多的选择。在筛选时，如果数据不能满足一组条件，却可以满足另一组条件，同样可以将结果筛选出来。设立多组条件的筛选是高级筛选的一种。

10.1.3 按照文本的特征筛选

在包含文本的工作表中，用户可以通过指定的文本对工作表内容进行筛选。下面介绍按照文本的特征筛选的操作方法。

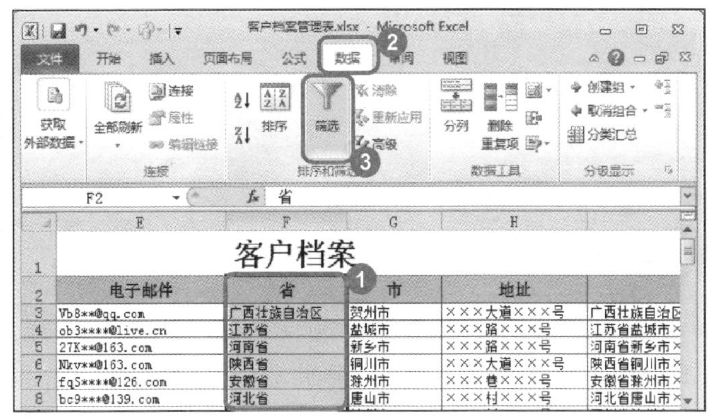

图 10-12

No.1 在工作表中将包含文本的单元格区域选中。

No.2 选择【数据】选项卡。

No.3 单击【排序和筛选】组中的【筛选】按钮，如图 10-12 所示。

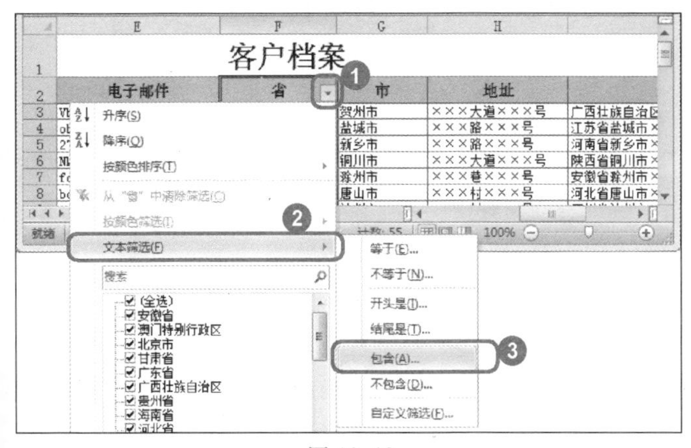

图 10-13

02

No.1 系统会自动在单元格区域的第一行添加下拉按钮，单击下拉按钮。

No.2 在弹出的下拉菜单中选择【文本筛选】菜单项。

No.3 在弹出的子菜单中选择【包含】子菜单项，如图 10-13 所示。

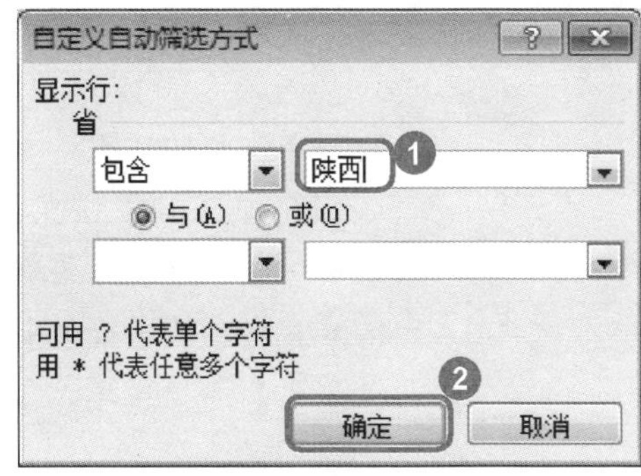

图 10-14

No.1 弹出【自定义自动筛选方式】对话框，在【省】区域文本框中，输入筛选关键字，如"陕西"。

No.2 单击【确定】按钮，如图 10-14 所示。

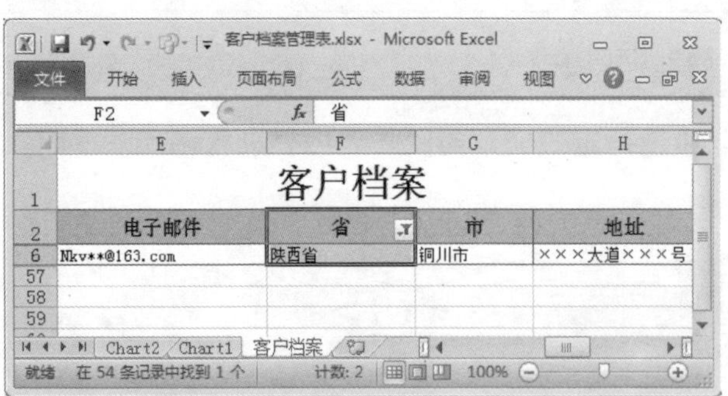

图 10-15

04

返回到工作表界面，可以看到工作表中，只显示包含“陕西”关键字的内容，如图 10-15 所示。

10.1.4 按照数字的特征筛选

在包含数字的工作表中，用户可以通过指定数字的特征对工作表内容进行筛选，它与筛选文本的方法相似。下面介绍按照数字特征筛选的操作方法。

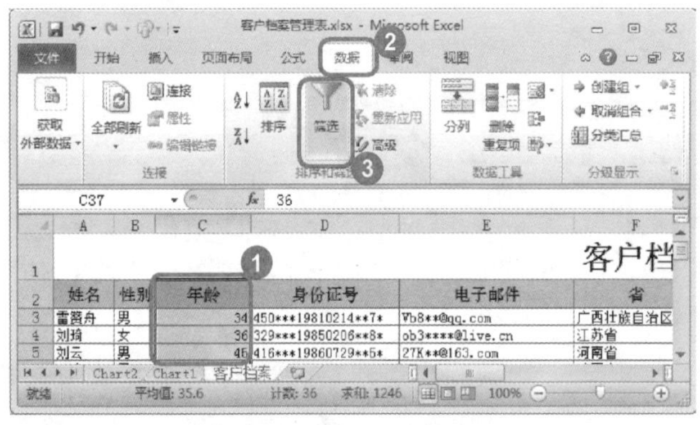

图 10-16

No.1 在工作表中将包含数字的单元格区域选中。

No.2 选择【数据】选项卡。

No.3 单击【排序和筛选】组中的【筛选】按钮，如图 10-16 所示。

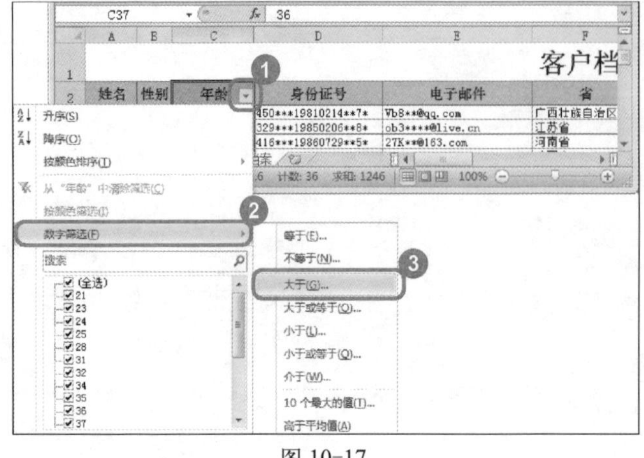

图 10-17

02

No.1 系统会自动在单元格区域的第一行添加下拉按钮，单击下拉按钮。

No.2 在弹出的下拉菜单中选择【数字筛选】菜单项。

No.3 在弹出的子菜单中选择【大于】子菜单项，如图 10-17 所示。

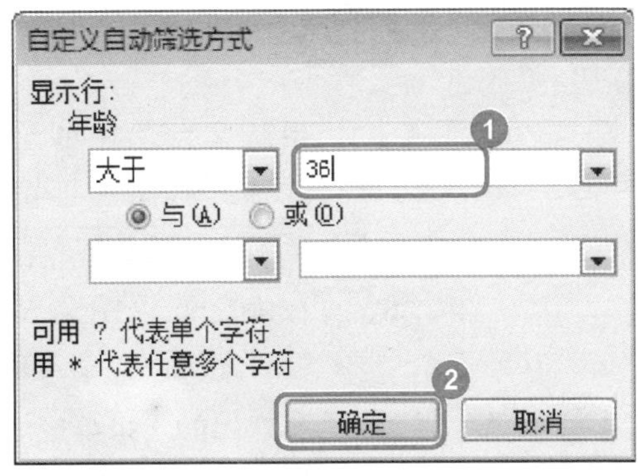

图 10-18

03

No.1 弹出【自定义自动筛选方式】对话框，在【年龄】区域文本框中，输入筛选关键字，如“36”。

No.2 单击【确定】按钮，如图 10-18 所示。

	A	B	C	D	E	F
1						客户档案
2	姓名	性别	年龄	身份证号	电子邮件	省
5	刘云	男	45	416***19860729**5*	27K**@163.com	河南省
8	冼净桂	女	54	131***19760628**8*	bc9***@139.com	河北省
9	廖荣玉	女	53	514***19760125**6*	Pkg****@hotmail.com	四川省
11	彭康	男	43	158***19851008**3*	PvC*****@163.com	内蒙古自治区
14	巫斌	女	43	234***19790221**2*	igu**@gmail.com	黑龙江省
17	温浩	男	37	231***19790829**5*	iVM**@sina.com.cn	黑龙江省
18	詹剑雨	女	37	826***19760127**4*	8m2**@gmail.com	澳门特别行政区
20	张琪	男	43	447***19760117**5*	Dh7*****@hotmail.com	广东省
22	李昊	女	42	715***19821121**4*	7Nk******@tom.com	台湾省
23	傅莉	男	42	418***19830109**7*	3Zu***@hotmail.com	河南省
24	黄文	男	46	135***19891014**7*	TVb***@live.cn	河北省
25	李晓东	男	43	324***19760815**5*	njE***@sina.com.cn	江苏省

Chart2　Chart1　客户档案

图 10-19

04

返回到工作表界面，可以看到工作表中，只显示大于“36”的内容，如图 10-19 所示。

10.1.5　按照日期的特征筛选

在包含日期的工作表中，用户可以通过指定日期的特征对工作表内容进行筛选，下面介绍按照日期的特征筛选的操作方法。

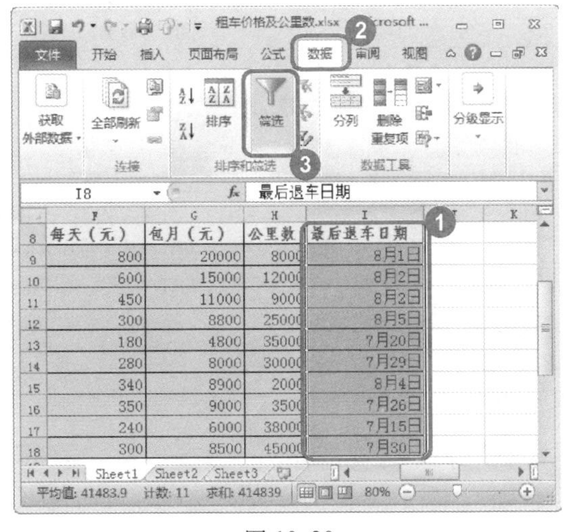

图 10-20

01

No.1 在工作表中将包含日期的单元格区域选中。

No.2 选择【数据】选项卡。

No.3 单击【排序和筛选】组中的【筛选】按钮，如图 10-20 所示。

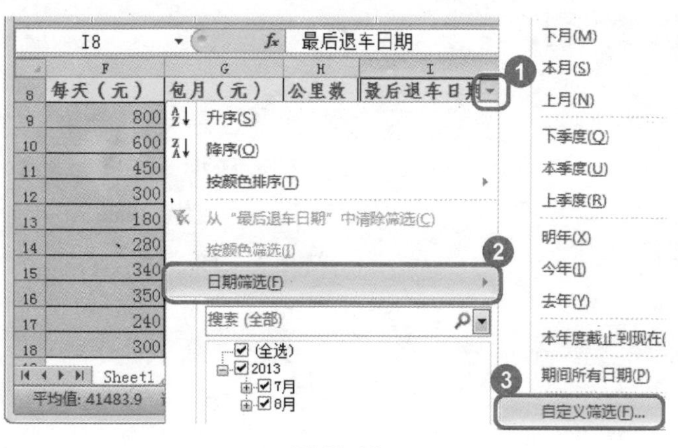

图 10-21

02

No.1 系统会自动在单元格区域的第一行添加下拉按钮，单击下拉按钮。

No.2 在弹出的下拉菜单中选择【日期筛选】菜单项。

No.3 在弹出的子菜单中选择【自定义筛选】子菜单项，如图 10-21 所示。

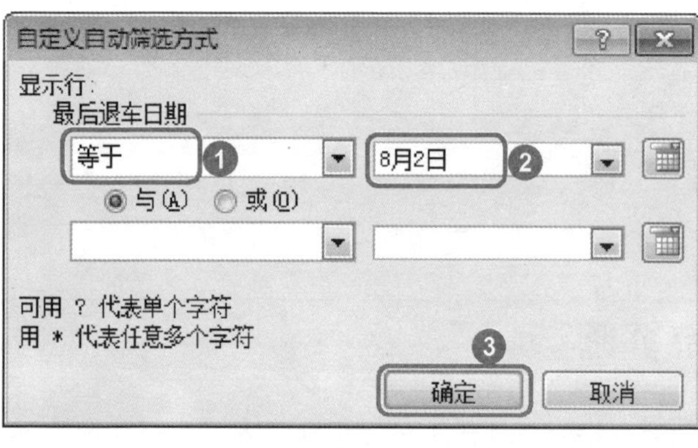

图 10-22

03

No.1 弹出【自定义自动筛选方式】对话框，在【最后退车日期】区域中，在左侧的下拉列表中，选择【等于】列表项。

No.2 在右侧的文本框中输入准备筛选的日期，如“8 月 2 日”。

No.3 单击【确定】按钮，如图 10-22 所示。

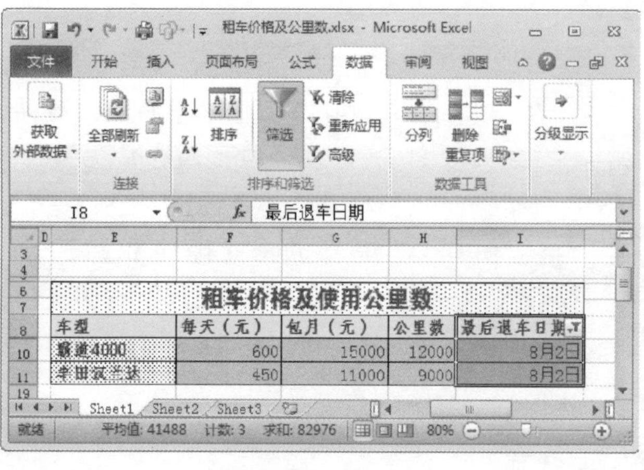

图 10-23

04

返回到工作表界面，可以看到工作表中，只显示于 8 月 2 日退车的内容，如图 10-23 所示。

10.1.6 筛选多列数据

在 Excel 2010 工作表中，用户可以对每一列进行单独筛选。下面以筛选“公里数”为例，介绍筛选多列数据的操作方法。

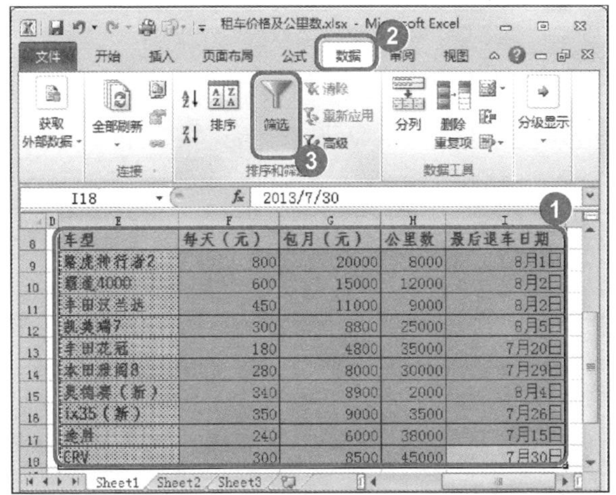

图 10-24

01

No.1 在工作表中选中准备筛选的单元格区域，如“E8:I18”单元格区域。

No.2 选择【数据】选项卡。

No.3 单击【排序和筛选】组中的【筛选】按钮，如图 10-24 所示。

	车型	每天（元）	包月（元）	公里数	最后退车日期
9	雅虎神行者2	800	20000	8000	8月1日
10	耀途4000	600	15000	12000	8月2日
11	丰田汉兰达	450	11000	9000	8月2日
12	凯美瑞7	300	8800	25000	8月5日
13	丰田花冠	180	4800	35000	7月20日
14	本田雅阁8	280	8000	30000	7月29日
15	奥德赛（新）	340	8900	2000	8月4日
16	ix35（新）	350	9000	3500	7月26日
17	途胜	240	6000	38000	7月15日
18	CRV	300	8500	45000	7月30日

单击

图 10-25

系统会自动在每一列的第一个单元格添加下拉按钮，单击【公里数】下拉按钮，如图 10-25 所示。

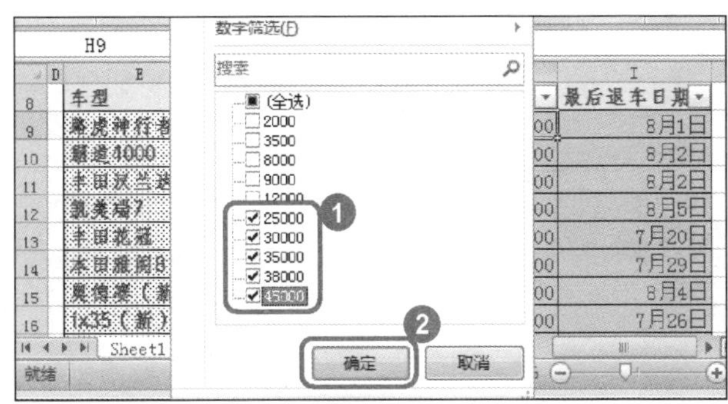

图 10-26

03

No.1 在打开的下拉列表框中，选择准备筛选的列表复选项。

No.2 单击【确定】按钮，如图 10-26 所示。

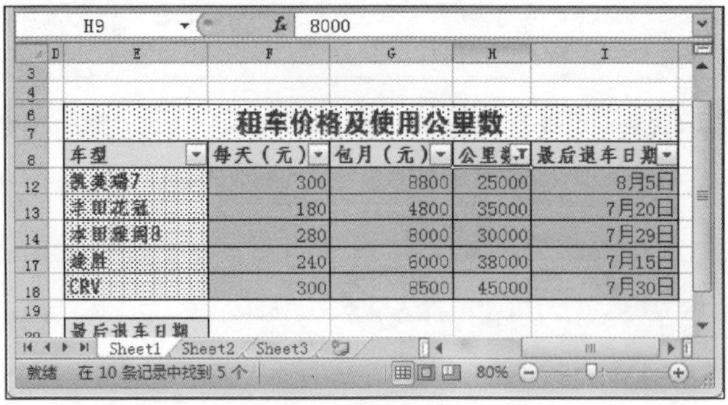

H9 f_x 8000

行	车型	每天（元）	包月（元）	公里数	最后退车日期
6-7	租车价格及使用公里数				
12	凯美瑞7	300	8800	25000	8月5日
13	丰田花冠	180	4800	35000	7月20日
14	本田雅阁8	280	8000	30000	7月29日
17	途胜	240	6000	38000	7月15日
18	CRV	300	8500	45000	7月30日
20	最后退车日期				

就绪 在 10 条记录中找到 5 个 80%

图 10-27

返回到工作表界面，可以看到工作表中，只显示筛选过的内容，如图 10-27 所示。

Section

10.2 排序

本节导读

对于 Excel 工作表或 Excel 表格中的数据，不同的用户因其关注的方面不同，可能需要对这些数据进行不同的排列，这时可以使用 Excel 的数据排序功能对数据进行分析。Excel 2010 中排序的方法多种多样，本节介绍排序的相关知识及操作方法。

10.2.1 单条件排序

在 Excel 2010 工作表中，用户可以设定某个条件，对当前工作表内容进行排序，下面以单条件“技能操作”排序为例，介绍单条件排序的操作方法。

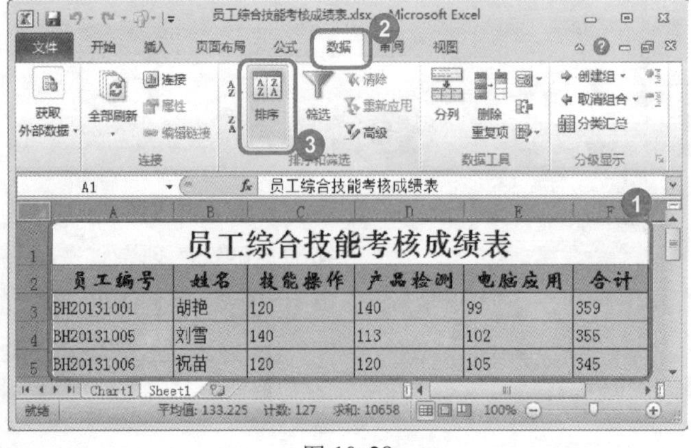

员工编号	姓名	技能操作	产品检测	电脑应用	合计
BH20131001	胡艳	120	140	99	359
BH20131005	刘雪	140	113	102	355
BH20131006	祝苗	120	120	105	345

图 10-28

No.1 将准备进行排序的工作表选中。

No.2 选择【数据】选项卡。

No.3 单击【排序和筛选】组中【排序】按钮，如图 10-28 所示。

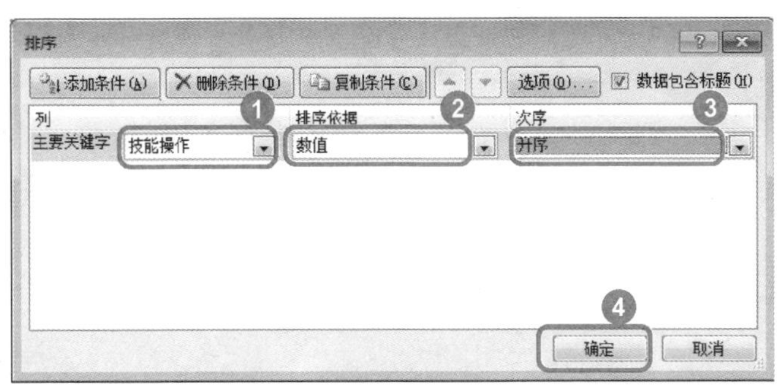

图 10-29

02

No.1 弹出【排序】对话框。在【主关键字】下拉列表项中选择“技能操作”选项。

No.2 在【排序依据】列表项中选择【数值】选项。

No.3 在【次序】下拉列表项中选择【升序】选项。

No.4 单击【确定】按钮，如图 10-29 所示。

员工综合技能考核成绩表					
员工编号	姓名	技能操作	产品检测	电脑应用	合计
BH20131014	杨娟	41	45	80	166
BH20131003	李聃	64	80	56	200
BH20131007	张林	65	40	90	195
BH20131011	杨晓莲	78	120	110	308
BH20131002	薛敏	78	50	120	248
BH20131008	周纳	78	50	50	178
BH20131015	万邦舟	89	111	105	305

图 10-30

03

返回到工作表中，可以看到数据已按照单条件“技能操作”的数值升序排序，如图 10-30 所示。

10.2.2 按多个关键字进行排序

如果准备精确地排序工作表中的数据，可以通过 Excel 2010 中的多条件排序功能进行排序数据。下面介绍其操作方法。

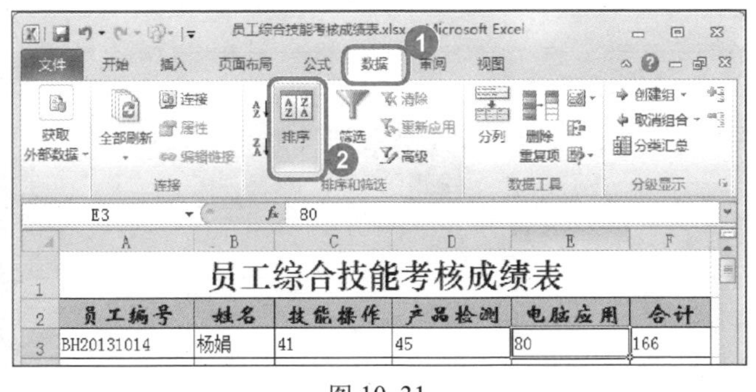

图 10-31

No.1 选择【数据】选项卡。

No.2 单击【排序和筛选】组中的【排序】按钮，如图 10-31 所示。

图 10-32

弹出【排序】对话框，单击【添加条件】按钮，如图 10-32 所示。

图 10-33

03

No.1 系统会自动添加新的条件选项，在【主要关键字】和【次要关键字】区域中，分别设置排序所需的条件。

No.2 单击【确定】按钮，如图 10-33 所示。

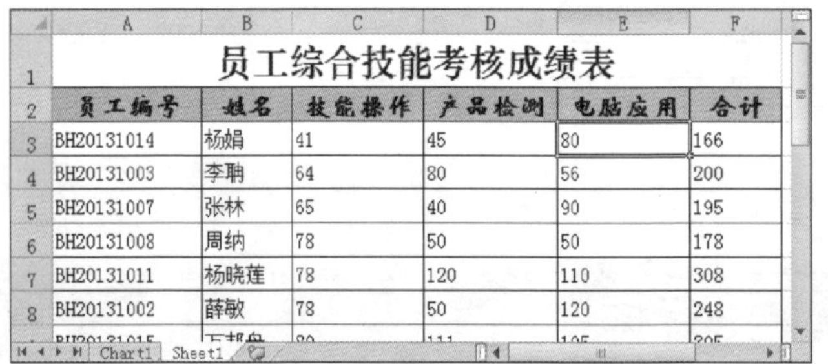

	A	B	C	D	E	F
1	员工综合技能考核成绩表					
2	员工编号	姓名	技能操作	产品检测	电脑应用	合计
3	BH20131014	杨娟	41	45	80	166
4	BH20131003	李聃	64	80	56	200
5	BH20131007	张林	65	40	90	195
6	BH20131008	周纳	78	50	50	178
7	BH20131011	杨晓莲	78	120	110	308
8	BH20131002	薛敏	78	50	120	248

图 10-34

返回到工作表中，可以看到工作表中的数据已按照多条件排序，如图 10-34 所示。

教你一招

删除排序条件

添加了过多的条件后，需要对其进行删除时，首先选中要删除的关键字，然后单击【删除条件】按钮，即可将该条件删除。

10.2.3 按笔划排序

在 Excel 2010 工作表中，用户可以按照文字的笔划对工作表内容进行排序。下面介绍按笔划排序的操作方法。

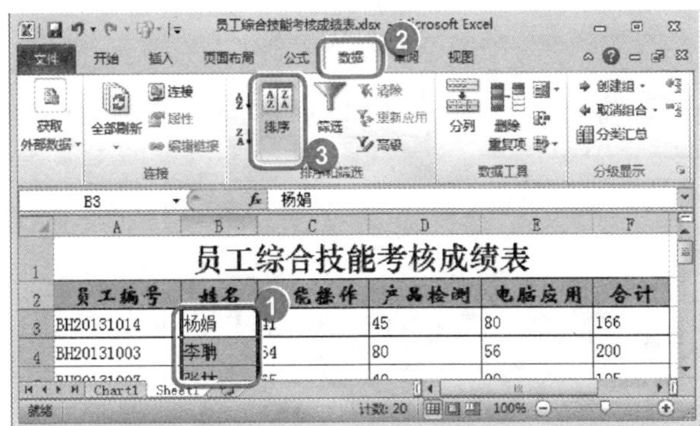

图 10-35

01

No.1 选中准备进行笔划排序的单元格区域。

No.2 选择【数据】选项卡。

No.3 单击【排序和筛选】组中【排序】按钮，如图 10-35 所示。

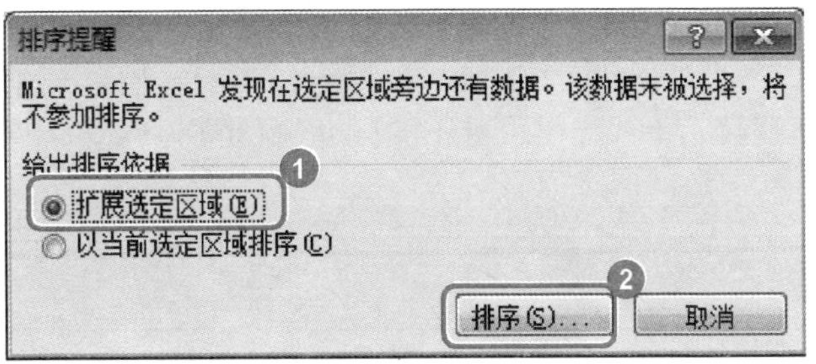

图 10-36

02

No.1 弹出【排序提醒】对话框，选择【扩展选定区域】单选项。

No.2 单击【排序】按钮，如图 10-36 所示。

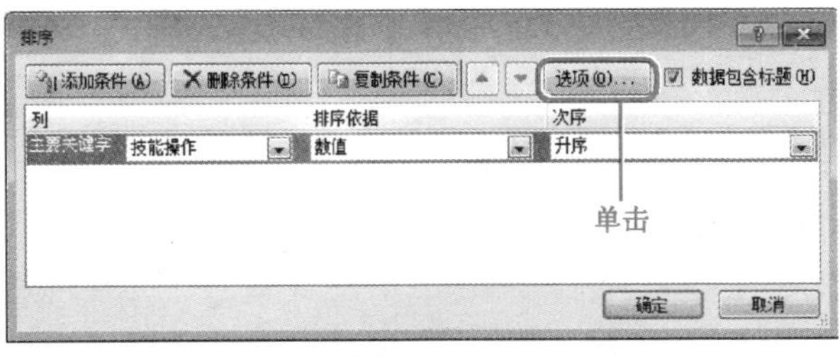

图 10-37

03

弹出【排序】对话框，单击【选项】按钮，如图 10-37 所示。

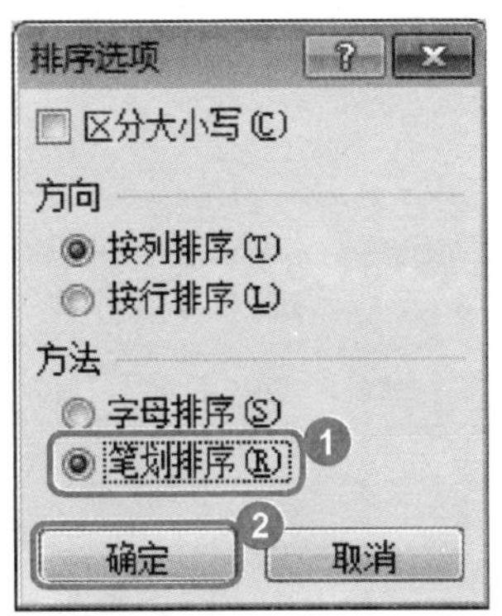

图 10-38

04

No.1 弹出【排序选项】对话框，在【方法】区域下方，选择【笔划排序】单选项。

No.2 单击【确定】按钮，如图 10-38 所示。

图 10-39

05

No.1 返回到【排序】对话框，在【主要关键字】下拉列表中，选择【姓名】列表项，并设置排序依据和次序条件。

No.2 单击【确定】按钮，如图 10-39 所示。

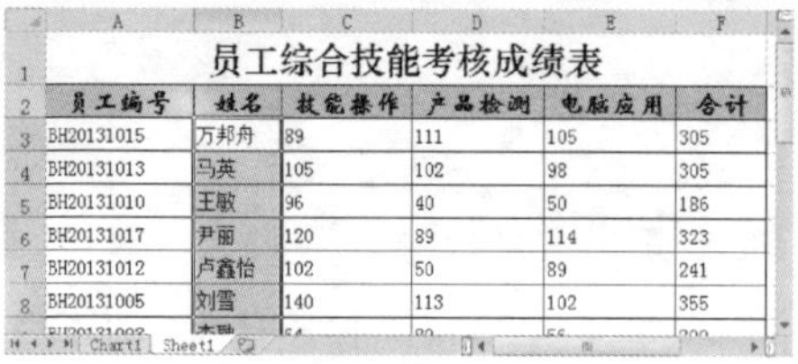

员工综合技能考核成绩表

员工编号	姓名	技能操作	产品检测	电脑应用	合计
BH20131015	万邦舟	89	111	105	305
BH20131013	马英	105	102	98	305
BH20131010	王敏	96	40	50	186
BH20131017	尹丽	120	89	114	323
BH20131012	卢鑫怡	102	50	89	241
BH20131005	刘雪	140	113	102	355

图 10-40

06

返回到工作表界面，可以看到工作表中的内容按照笔划重新排序，如图 10-40 所示。

10.2.4 按自定义序列排序

当工作表中的内容比较特殊，不能单纯地按照升序或降序的顺序进行排列时，用户可以自定义对序列的顺序进行设置。下面介绍按自定义序列排序的方法。

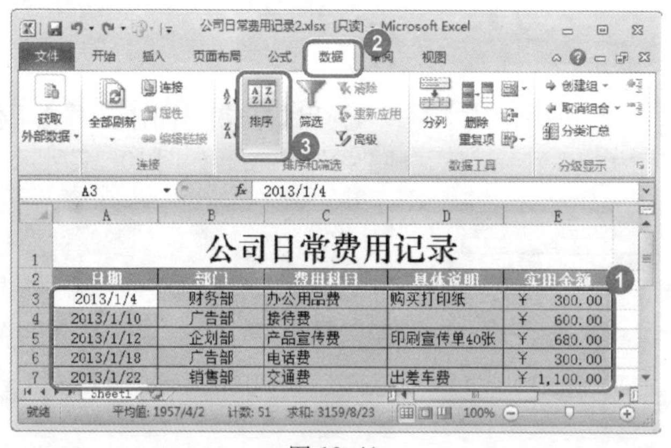

图 10-41

No.1 选中准备进行自定义序列排序的单元格区域。

No.2 选择【数据】选项卡。

No.3 单击【排序和筛选】组中【排序】按钮，如图 10-41 所示。

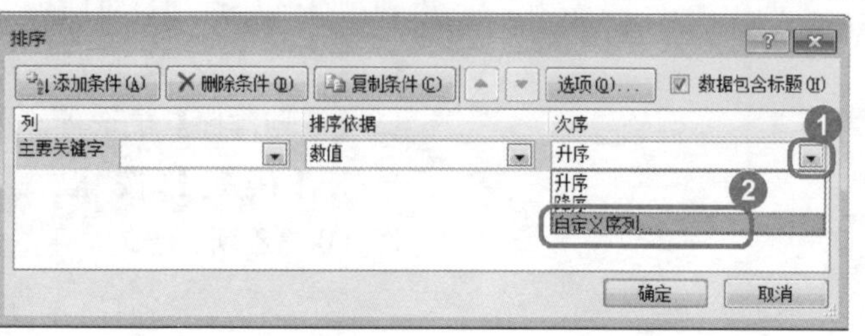

图 10-42

No.1 弹出【排序】对话框，单击【次序】右侧的下三角按钮。

No.2 在弹出的下拉列表框中选择【自定义序列】选项，如图 10-42 所示。

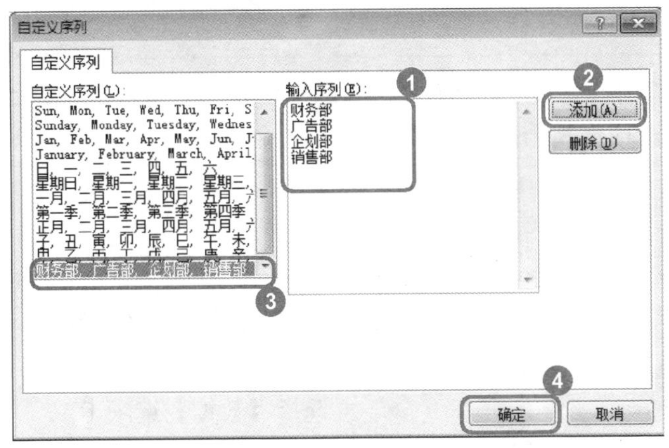

图 10-43

03

No.1 弹出【自定义序列】对话框，在【输入序列】文本框中输入要定义的序列，注意每个序列间用回车符隔开。

No.2 单击【添加】按钮。

No.3 添加的自定义序列会保存在【自定义序列】列表框中。

No.4 单击【确定】按钮，如图 10-43 所示。

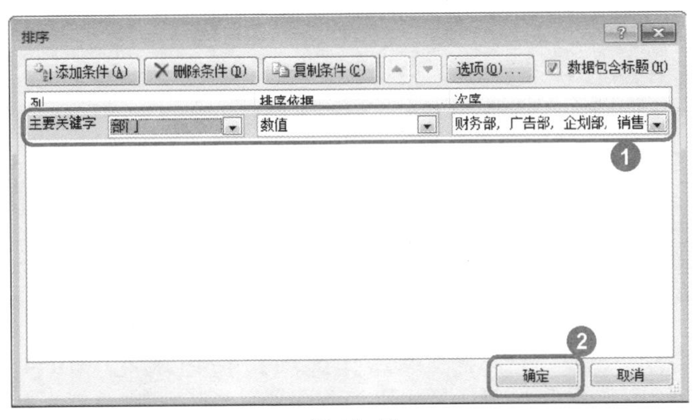

图 10-44

04

No.1 返回到【排序】对话框，在【主要关键字】下拉列表中，选择【部门】列表项，并设置排序依据和次序条件。

No.2 单击【确定】按钮，如图 10-44 所示。

	A	B	C	D	E
1	公司日常费用记录				
2	日期	部门	费用科目	具体说明	实用金额
3	2013/1/4	财务部	办公用品费	购买打印纸	￥ 300.00
4	2013/1/27	财务部	办公用品费	购买文件夹	￥ 80.00
5	2013/1/10	广告部	接待费		￥ 600.00
6	2013/1/18	广告部	电话费		￥ 300.00
7	2013/1/30	广告部	办公用品费	购买传真纸	￥ 250.00
8	2013/1/12	企划部	产品宣传费	印刷宣传单40张	￥ 680.00
9	2013/1/29	企划部	产品宣传费	报纸广告刊登费	￥ 1,000.00
10	2013/1/22	销售部	交通费	出差车费	￥ 1,100.00
11	2013/1/28	销售部	交通费	出差	￥ 500.00

图 10-45

返回到工作表界面，可以看到工作表中的内容已按照设置的自定义序列进行排序，如图 10-45 所示。

教你一招

移动关键字的位置

设置了多个次要关键字后，需要移动关键字的位置时，可在【排序】对话框中选中要移动的关键字，然后单击对话框上方的【上移】或【下移】按钮即可。

10.2.5 按行排序

在默认的情况下，排序都是按列进行的，但是如果表格中的数值是按行分布的，那么在进行数据的排序时，可以将排序的选项更改为按行排序。

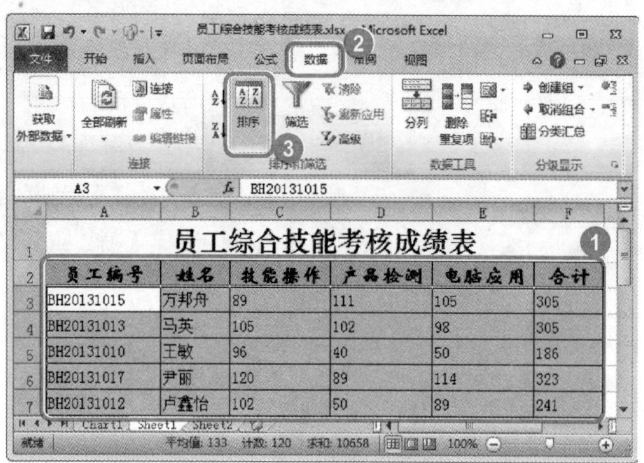

图 10-46

No.1 选中准备进行按行排序的单元格区域。

No.2 选择【数据】选项卡。

No.3 单击【排序和筛选】组中【排序】按钮，如图 10-46 所示。

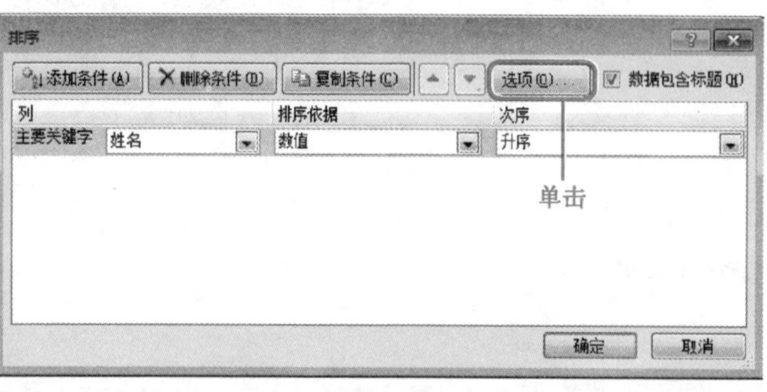

图 10-47

系统会弹出【排序】对话框，单击【选项】按钮，10-47 所示。

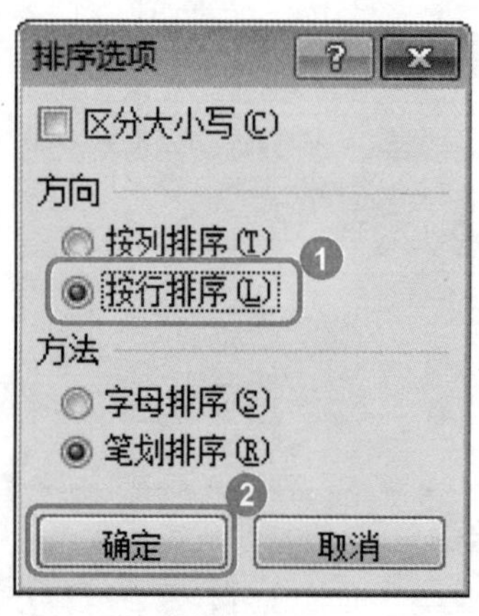

图 10-48

No.1 弹出【排序选项】对话框，在【方向】区域下方，选择【按行排序】单选项。

No.2 单击【确定】按钮，如图 10-48 所示。

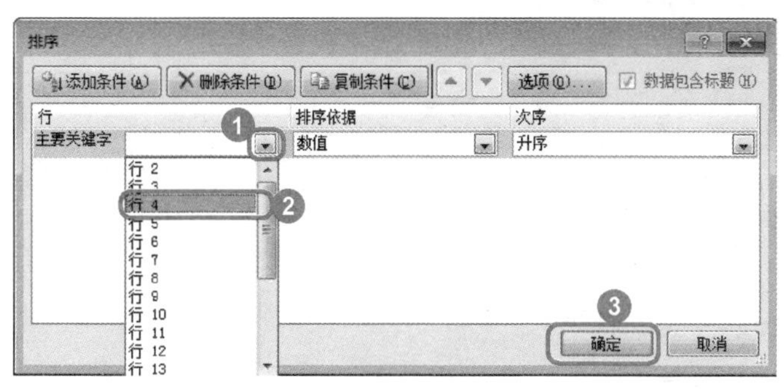

图 10-49

04

No.1 返回到【排序】对话框，单击【主要关键字】右侧的下三角按钮。

No.2 在展开的下拉列表框中选择【行 4】选项。

No.3 单击【确定】按钮 确定，如图 10-49 所示。

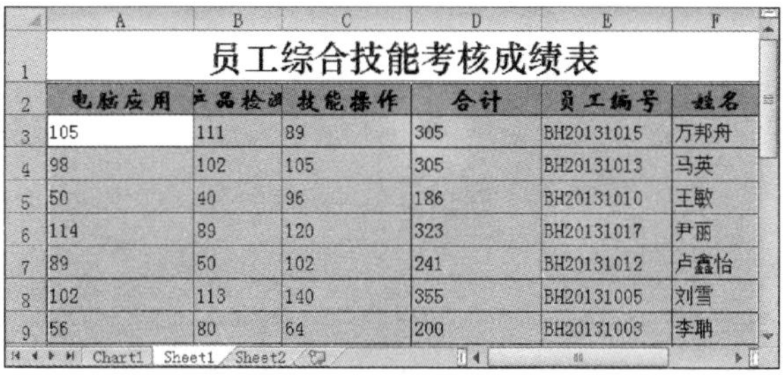

	A	B	C	D	E	F
1	员工综合技能考核成绩表					
2	电脑应用	产品检测	技能操作	合计	员工编号	姓名
3	105	111	89	305	BH20131015	万邦舟
4	98	102	105	305	BH20131013	马英
5	50	40	96	186	BH20131010	王敏
6	114	89	120	323	BH20131017	尹丽
7	89	50	102	241	BH20131012	卢鑫怡
8	102	113	140	355	BH20131005	刘雪
9	56	80	64	200	BH20131003	李聃

图 10-50

05

返回工作表界面，可以看到在选中的单元格区域，已经按行进行排序了，10-50 所示。

知识精讲

本例中在选择了【按行排序】的主要关键字后，【次序】使用的是程序默认的【升序】，而本例中【电脑应用】列的分数最少，所以排在最前面。

Section 10.3

分类汇总

本节导读

在 Excel 2010 工作表中，创建分类汇总的功能是一个很便捷的特性，能为用户节省大量的时间。分类汇总是对表格中同一类字段进行汇总，汇总时可以根据需要选择汇总的方式，对数据进行汇总后，同时会将该类字段组合为一组，并可以进行隐藏。本节介绍有关分类汇总的知识。

10.3.1 简单分类汇总

在 Excel 2010 工作表中，使用 Excel 的分类汇总功能，可以不必手工创建公式来进行分级显示。下面介绍简单分类汇总的操作方法。

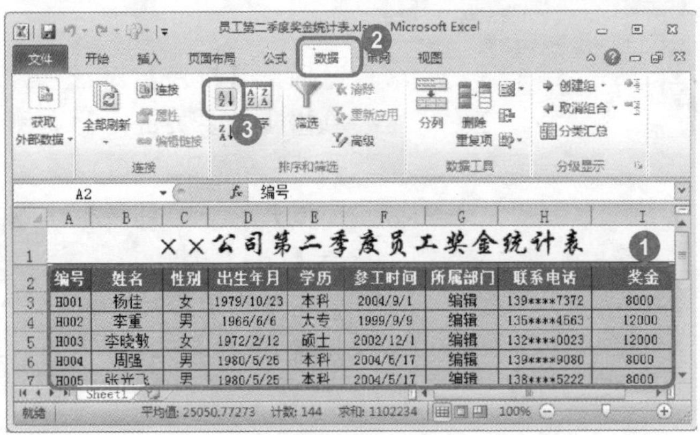

图 10-51

01

No.1 选中准备分类汇总的单元格区域。

No.2 选择【数据】选项卡。

No.3 单击【排序和筛选】组中的【升序】按钮，如图 10-51 所示。

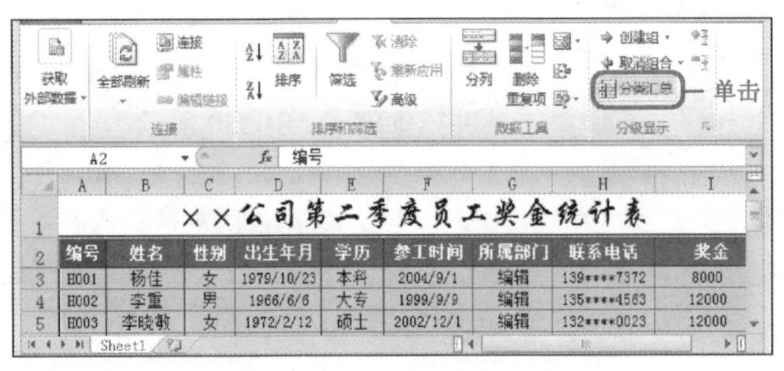

图 10-52

此时，可以看到数据以升序自动排列，在【分级显示】组中，单击【分类汇总】按钮，10-52 所示。

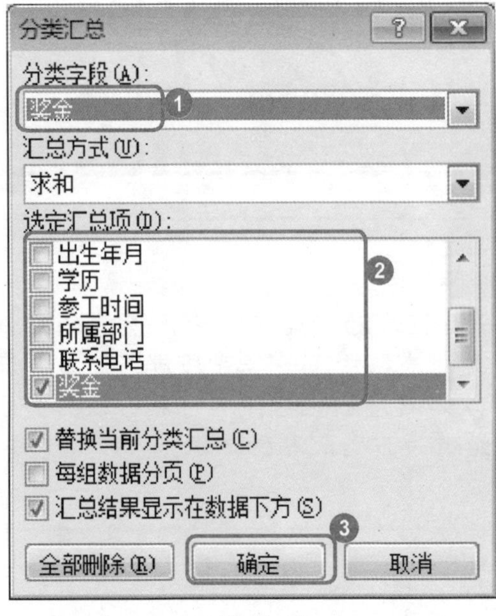

图 10-53

03

No.1 弹出【分类汇总】对话框，在【分类字段】下拉列表中选择【奖金】列表项。

No.2 在【选定汇总项】列表框中，选择【奖金】复选框，并取消选择其他所有复选框。

No.3 单击【确定】按钮，即可完成简单分类汇总的参数设置，如图 10-53 所示。

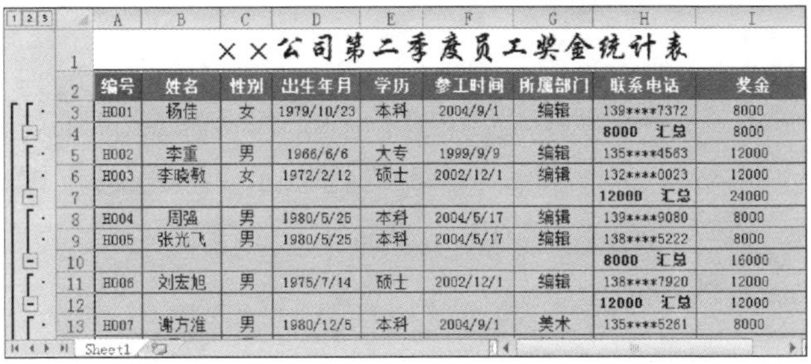

××公司第二季度员工奖金统计表

编号	姓名	性别	出生年月	学历	参工时间	所属部门	联系电话	奖金
H001	杨佳	女	1979/10/23	本科	2004/9/1	编辑	139****7372	8000
							8000 汇总	8000
H002	李重	男	1966/6/6	大专	1999/9/9	编辑	135****4563	12000
H003	李晓敏	女	1972/2/12	硕士	2002/12/1	编辑	132****0023	12000
							12000 汇总	24000
H004	周强	男	1980/5/25	本科	2004/5/17	编辑	139****9080	8000
H005	张光飞	男	1980/5/25	本科	2004/5/17	编辑	138****5222	8000
							8000 汇总	16000
H006	刘宏旭	男	1975/7/14	硕士	2002/12/1	编辑	138****7920	12000
							12000 汇总	12000
H007	谢方淮	男	1980/12/5	本科	2004/9/1	美术	135****5261	8000

图 10-54

04

返回到工作表界面，可以看到表格已按“奖金”进行简单的分类汇总，10-54 所示。

10.3.2 多重分类汇总

如果一种汇总方式不能满足工作要求，用户可以选择多重分类汇总的方式。下面介绍多重分类汇总的操作方法。

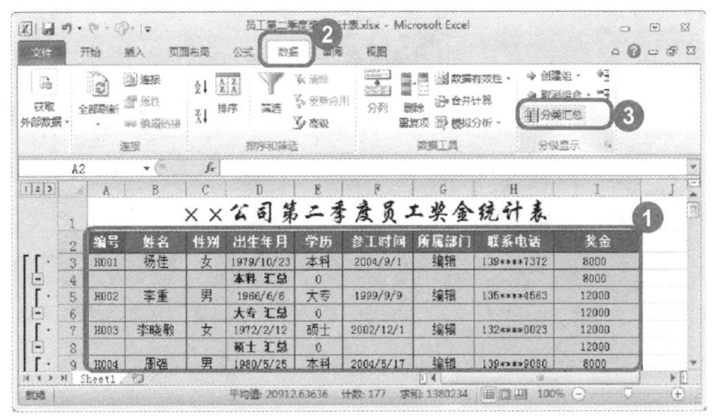

图 10-55

No.1 在工作表中，选中准备进行多重分类汇总的单元格区域。

No.2 选择【数据】选项卡。

No.3 在【分级显示】组中，单击【分类汇总】按钮，如图 10-55 所示。

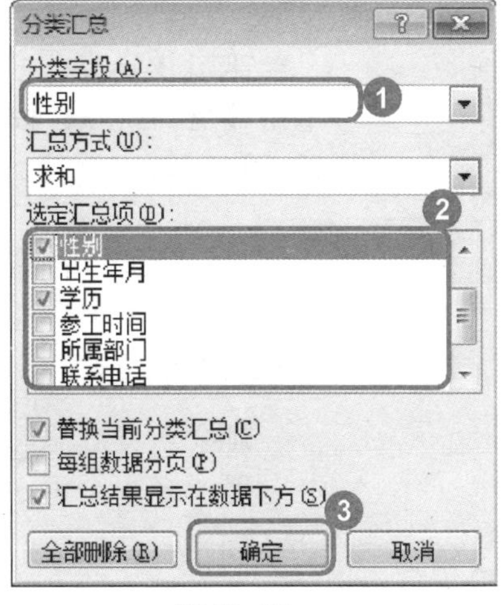

图 10-56

No.1 弹出【分类汇总】对话框，在【分类字段】下拉列表中选择【性别】列表项。

No.2 在【选定汇总项】列表框中，选择【性别】和【学历】复选框。

No.3 单击【确定】按钮，如图 10-56 所示。

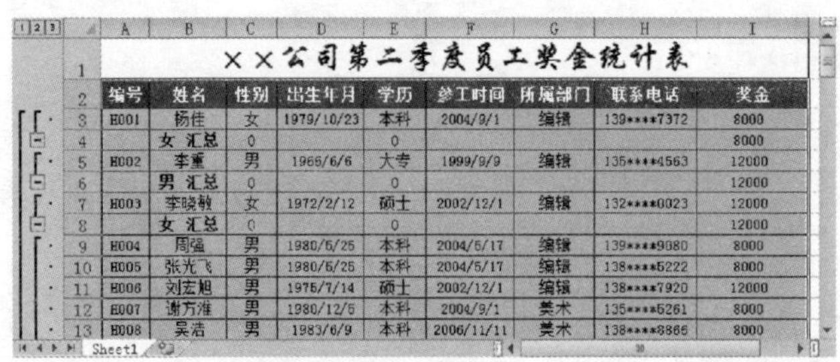

图 10-57

03

返回到工作表界面，可以看到，表格已显示多种汇总方式，10-57 所示。

10.3.3 删除分类汇总

将数据进行分类汇总后，当不再需要汇总时，可以直接将其删除，下面介绍删除分类汇总的操作方法。

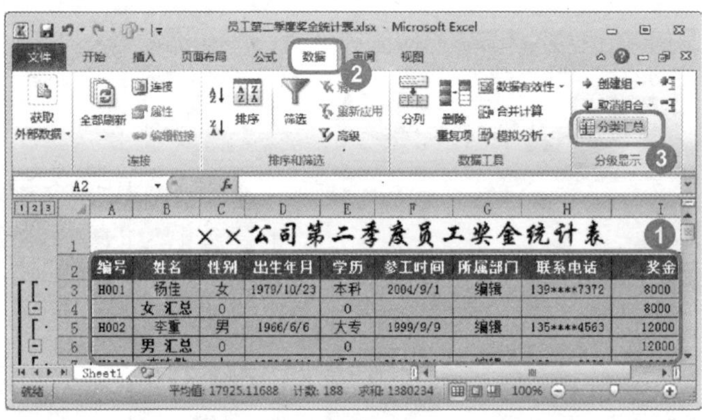

图 10-58

01

No.1 选中准备删除分类汇总的单元格区域。

No.2 选择【数据】选项卡。

No.3 在【分级显示】组中，单击【分类汇总】按钮，如图 10-58 所示。

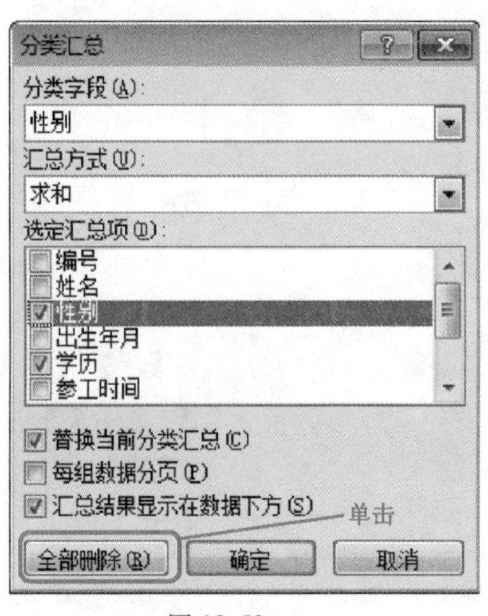

图 10-59

02

弹出【分类汇总】对话框，单击【全部删除】按钮，10-59 所示。

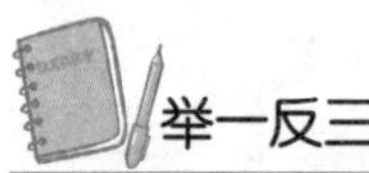
举一反三

删除分类汇总时，无论表格中应用了多少个汇总结果，都会一起删除。

××公司第二季度员工奖金统计表

编号	姓名	性别	出生年月	学历	参工时间	所属部门	联系电话	奖金
H001	杨佳	女	1979/10/23	本科	2004/9/1	编辑	139****7372	8000
H002	李重	男	1966/6/6	大专	1999/9/9	编辑	135****4563	12000
H003	李晓敏	女	1972/2/12	硕士	2002/12/1	编辑	132****0023	12000
H004	周强	男	1980/5/25	本科	2004/5/17	编辑	139****9080	8000
H005	张光飞	男	1980/5/25	本科	2004/5/17	编辑	138****5222	8000
H006	刘宏旭	男	1975/7/14	硕士	2002/12/1	编辑	138****7920	12000
H007	谢方淮	男	1980/12/5	本科	2004/9/1	美术	135****5261	8000
H008	吴浩	男	1983/6/9	本科	2006/11/11	美术	138****8866	8000
H009	谢国安	男	1977-2-30	硕士	2009/4/1	美术	133****8554	3000
H010	陈奇	女	1981/3/11	大专	2004/11/1	光盘	139****6863	8000

图 10-60

03

返回到工作表界面，可以看到，所有的汇总方式都已经删除，10-60 所示。

10.3.4 取消和替换当前的分类汇总

如果当前工作表中存在分类汇总，而又想取消并替换为其他分类汇总，用户可以使用替换当前分类汇总功能。下面介绍取消和替换当前分类汇总的操作方法。

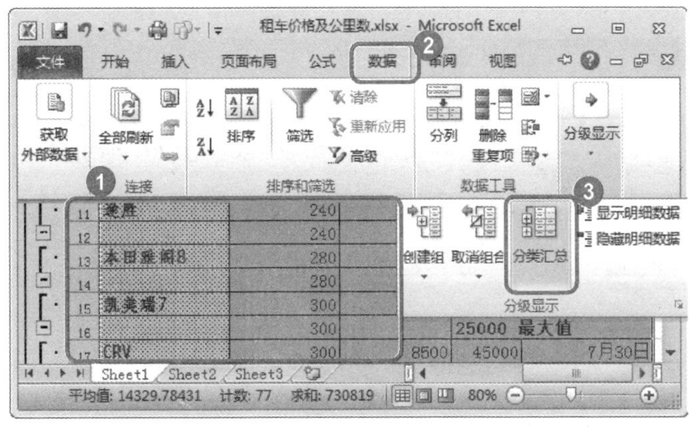

图 10-61

No.1 选中准备取消和替换分类汇总的单元格区域。

No.2 选择【数据】选项卡。

No.3 在【分级显示】组中，单击【分类汇总】按钮，如图 10-61 所示。

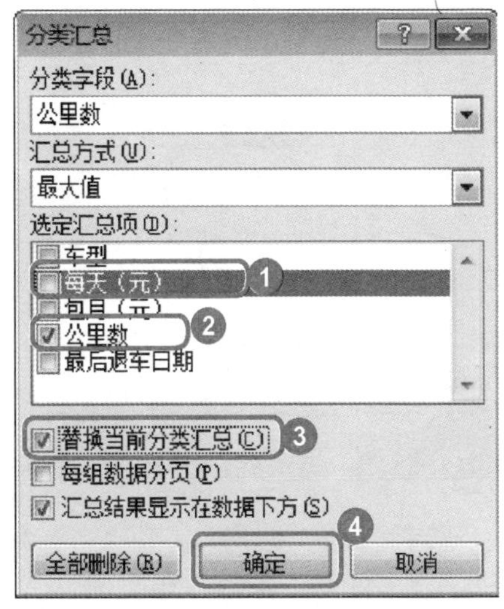

图 10-62

02

No.1 弹出【分类汇总】对话框，取消选择当前汇总方式复选项。

No.2 选择准备使用的汇总方式复选项。

No.3 选择【替换当前分类汇总】复选项。

No.4 单击【确定】按钮，如图 10-62 所示。

	E	F	G	H	
8	车型	每天（元）	包月（元）	公里数	最后:
9	丰田花冠	180	4800	35000	
10			35000 最大值	35000	
11	途胜	240	6000	38000	
12			38000 最大值	38000	
13	本田雅阁8	280	8000	30000	
14			30000 最大值	30000	
15	凯美瑞7	300	8800	25000	
16			25000 最大值	25000	
17	CRV	300	8500	45000	

图 10-63

03

返回到工作表界面，可以看到，已经取消并替换了分类汇总，10-63 所示。

Section

10.4 合并计算

本节导读

在 Excel 2010 工作表中，合并计算是指把单个工作表中的数据合并到一个工作表。合并计算数据分为按位置合并计算数据和按类别合并计算数据两种方法。本节介绍合并计算的相关知识及操作方法。

10.4.1 按位置合并计算

按位置合并计算数据要求：每列的第一行都有一个标签、列中包含相应的数据、每个区域都具有相同的布局。下面介绍按位置合并计算数据的操作方法。

图 10-64

01

切换到要进行计算的工作表中，拖动鼠标，选择准备放置按位置合并计算数值的单元格区域，如“B2：D2”单元格区域，10-64 所示。

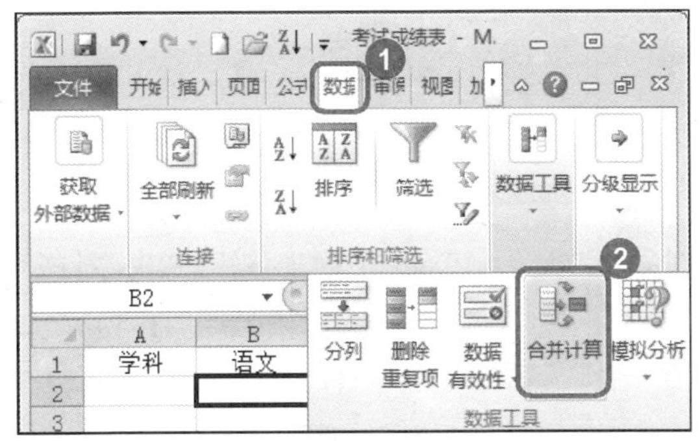

图 10-65

02

No.1 选择【数据】选项卡。

No.2 在【数据工具】组中，单击【合并计算】按钮，如图 10-65 所示。

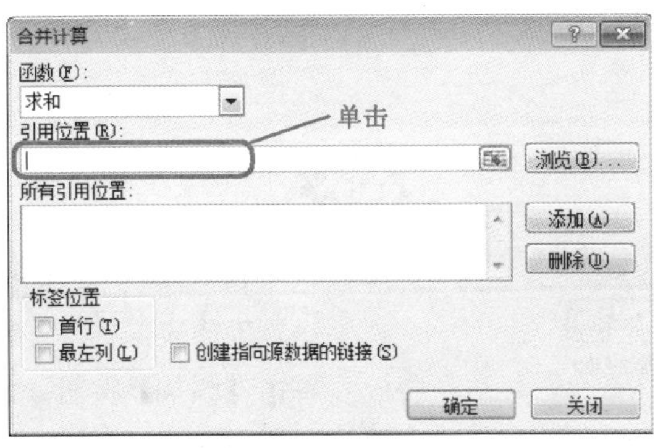

图 10-66

03

弹出【合并计算】对话框，单击【引用位置】文本框，此时文本框中出现闪烁的光标，如图 10-66 所示。

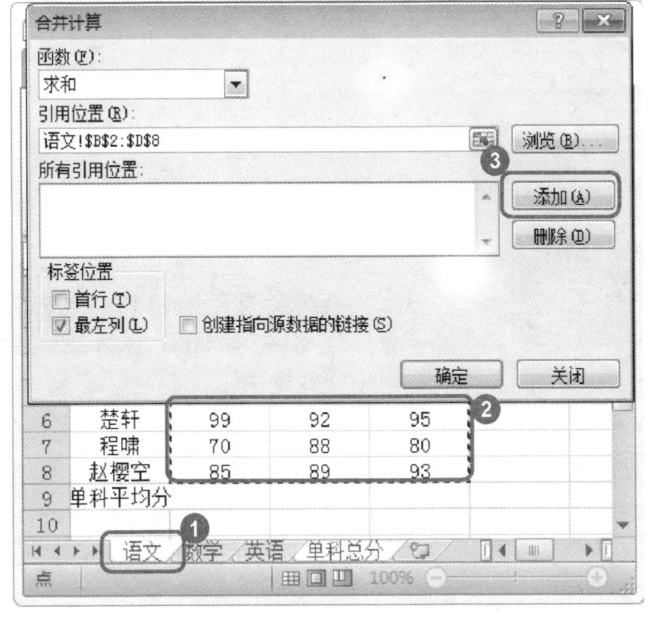

图 10-67

04

No.1 返回到工作表中，选择【语文】工作表标签。

No.2 在工作表中选择准备合并计算的单元格区域。

No.3 单击【添加】按钮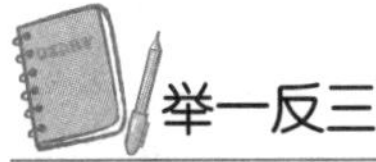，如图 10-67 所示。

举一反三

用户也可以直接在【引用位置】下面的文本框中输入准备合并计算的单元格区域，如“语文!$B$2:$D$8”。

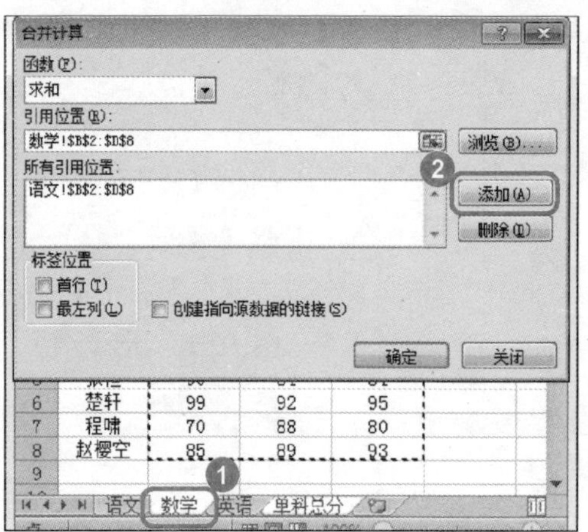

图 10-68

05

No.1 在工作表中，选择【数学】工作表标签。

No.2 在【合并计算】对话框中，单击【添加】按钮，这样即可添加【数学】工作表中的数据，如图 10-68 所示。

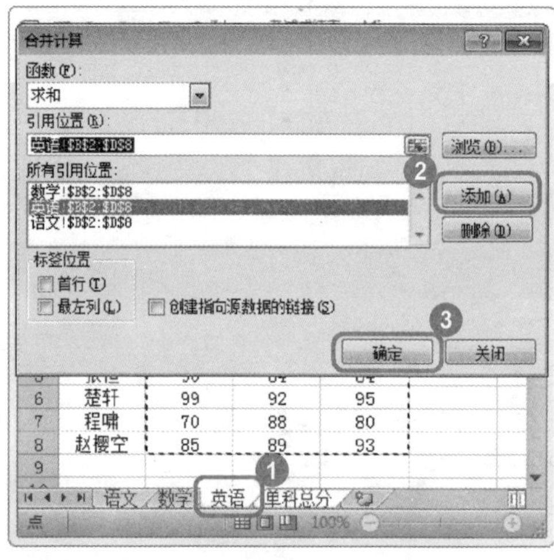

图 10-69

06

No.1 返回到工作表中，选择【英语】工作表标签。

No.2 单击【添加】按钮。

No.3 单击【确定】按钮，这样即可添加【英语】工作表中的数据，如图 10-69 所示。

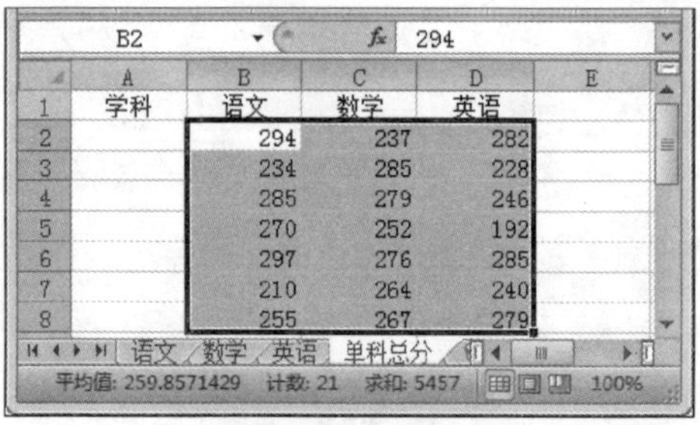

B2 294

	A	B	C	D	E
1	学科	语文	数学	英语	
2		294	237	282	
3		234	285	228	
4		285	279	246	
5		270	252	192	
6		297	276	285	
7		210	264	240	
8		255	267	279	

语文 数学 英语 单科总分

平均值: 259.8571429 计数: 21 求和: 5457 100%

图 10-70

07

系统会自动返回到“单科总分”工作表并计算出结果，如图 10-70 所示。

10.4.2 按类别合并计算

在 Excel 2010 工作表中，按类别合并计算是指在主工作表中用不同的方式组织其他工

作表中的数据。需注意的是，在主工作表中需使用与其他工作表相同的行标签和列标签，以便能够与其他工作表中的数据匹配。下面介绍按类别合并计算数据的操作方法。

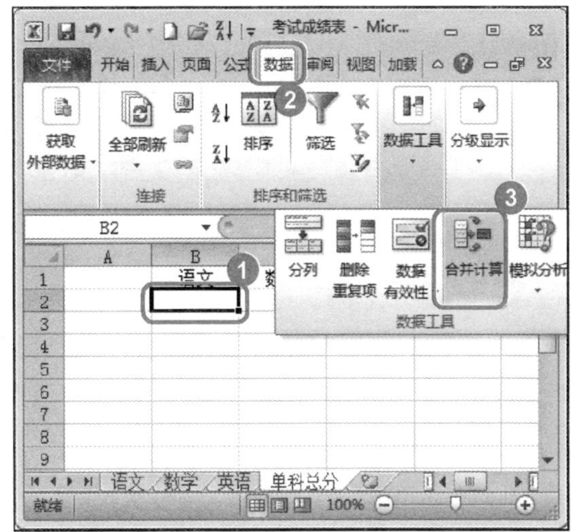

图 10-71

01

No.1 选中放置结果区域的第一个单元格，如选择“B2”单元格。

No.2 选择【数据】选项卡。

No.3 在【数据工具】组中，单击【合并计算】按钮，如图 10-71 所示。

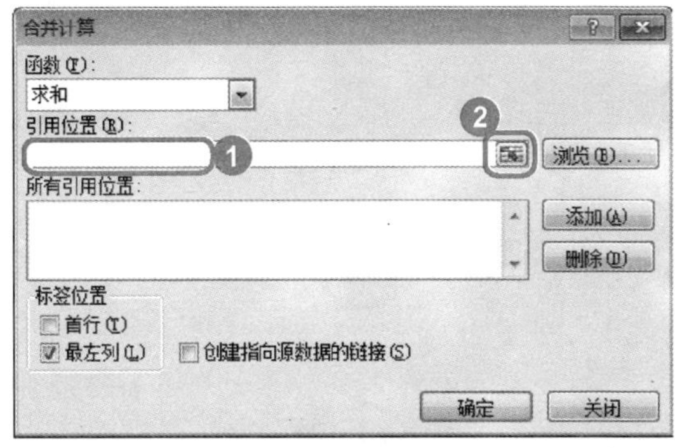

图 10-72

No.1 弹出【合并计算】对话框，单击【引用位置】文本框。

No.2 单击【引用位置】文本框右侧的【折叠】按钮，如图 10-72 所示。

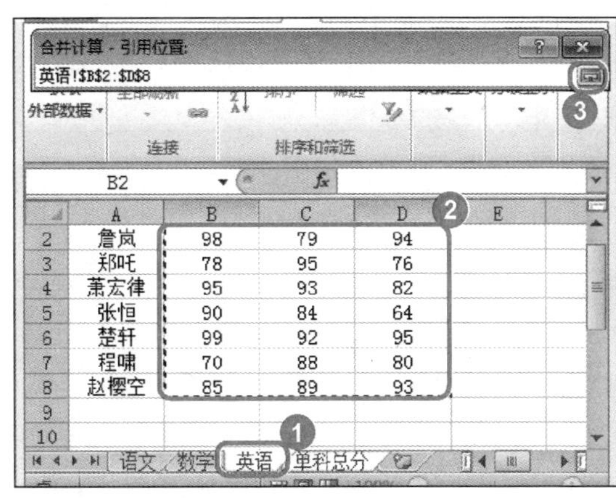

图 10-73

03

No.1 选择准备按类别合并计算数据的工作表标签。

No.2 在工作表中，选择准备按类别合并计算数据的单元格区域。

No.3 单击【展开】按钮，如图 10-73 所示。

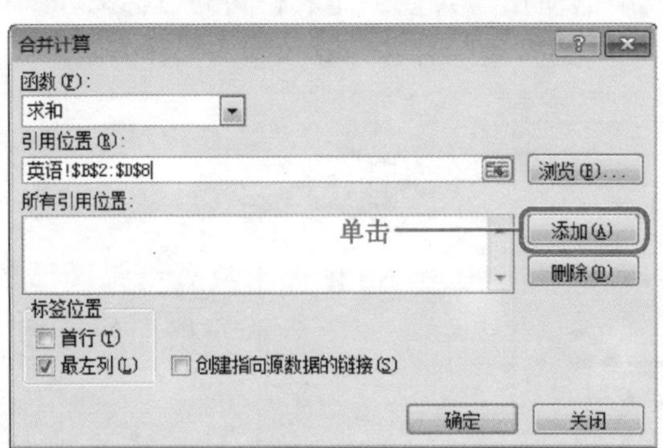

图 10-74

返回到【合并计算】对话框，此时【合并计算】对话框呈现展开状态，在其中单击【添加】按钮添加(A)，如图 10-74 所示。

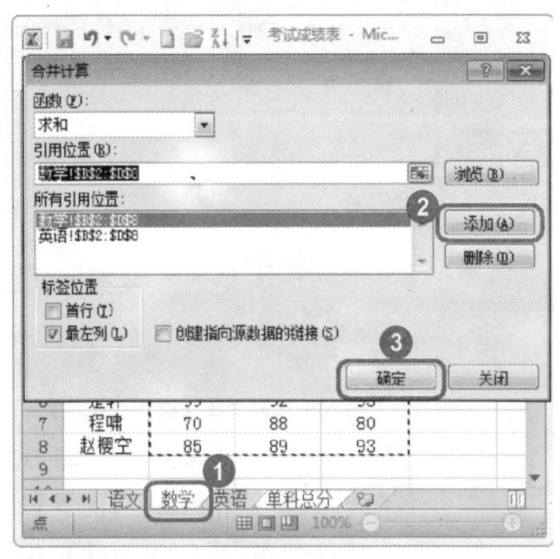

图 10-75

05

- No.1 再次单击准备按类别合并计算数据的工作表标签。
- No.2 单击【合并计算】对话框中的【添加】按钮添加(A)。
- No.3 选择【最左列】复选框。
- No.4 单击【确定】按钮，如图 10-75 所示。

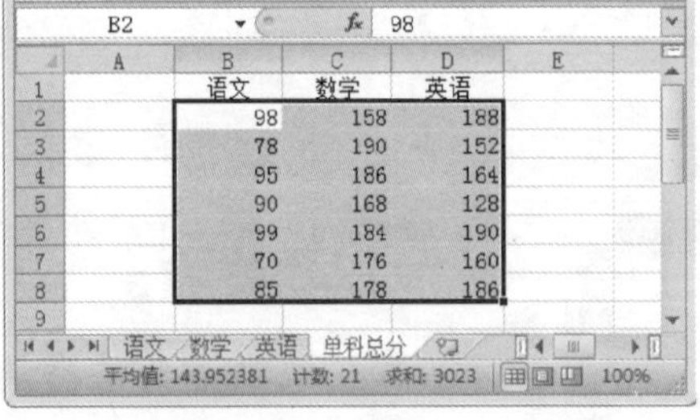

图 10-76

06

系统会自动返回到“单科总分”工作表并计算出结果，如图 10-76 所示。

教你一招

删除引用位置

在【合并计算】对话框中添加了引用位置后，需要将其删除时，首先在【所有引用位置】列表框中选中要删除的引用位置，然后单击【删除】按钮删除(D)即可。

分级显示

本节导读

如果有一个要进行组合和汇总的数据列表，则可以创建分级显示。每个内部级别显示前一外部级别的明细数据。使用分级显示可以快速显示摘要行或摘要列，或者显示每组的明细数据。本节介绍分级显示的相关知识及操作方法。

10.5.1 新建分级显示

在 Excel 2010 工作表中，为了方便查看数据信息，用户可以新建分级显示，使工作表按一定的要求进行分级显示。下面介绍新建分级显示的操作方法。

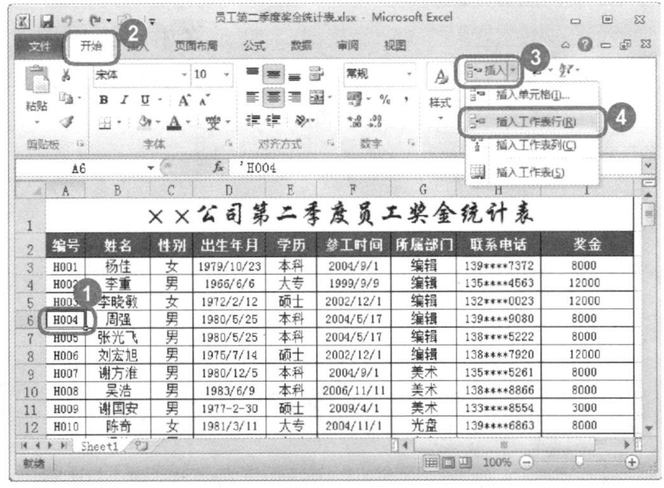

	A	B	C	D	E	F	G	H	I
1	××公司第二季度员工奖金统计表								
2	编号	姓名	性别	出生年月	学历	参工时间	所属部门	联系电话	奖金
3	H001	杨佳	女	1979/10/23	本科	2004/9/1	编辑	139****7372	8000
4	H00	李重	男	1966/6/6	大专	1999/9/9	编辑	135****4563	12000
5	H00	李晓敏	女	1972/2/12	硕士	2002/12/1	编辑	132****0023	12000
6	H004	周强	男	1980/5/25	本科	2004/5/17	编辑	139****9080	8000
7	H005	张光飞	男	1980/5/25	本科	2004/5/17	编辑	138****5222	8000
8	H006	刘宏旭	男	1975/7/14	硕士	2002/12/1	编辑	138****7920	12000
9	H007	谢方淮	男	1980/12/5	本科	2004/9/1	美术	135****5261	8000
10	H008	吴浩	男	1983/6/9	本科	2006/11/11	美术	138****8866	8000
11	H009	谢国安	男	1977-2-30	硕士	2009/4/1	美术	133****8554	3000
12	H010	陈奇	女	1981/3/11	大专	2004/11/1	光盘	139****6863	8000

图 10-77

01

No.1 单击准备创建人工分级显示区域中的任意一个单元格。

No.2 选择【开始】选项卡。

No.3 在【单元格】组中，单击【插入】下拉箭头。

No.4 在弹出的下拉列表框中，选择【插入工作表行】选项，如图 10-77 所示。

	A	B	C	D	E	F	G
1	××公司第二季度员工奖金						
2	编号	姓名	性别	出生年月	学历	参工时间	所属部门
3	H001	杨佳	女	1979/10/23	本科	2004/9/1	编辑
4	H002	李重	男	1966/6/6	大专	1999/9/9	编辑
5	H003	李晓敏	女	1972/2/12	硕士	2002/12/1	编辑
6							
7	H004	周强	男	1980/5/25	本科	2004/5/17	编辑
8	H005	张光飞	男	1980/5/25	本科	2004/5/17	编辑

Sheet1

图 10-78

在 Excel 2010 工作表中会出现新的工作界面，在已选单元格上方会出现一行单元格，如图 10-78 所示。

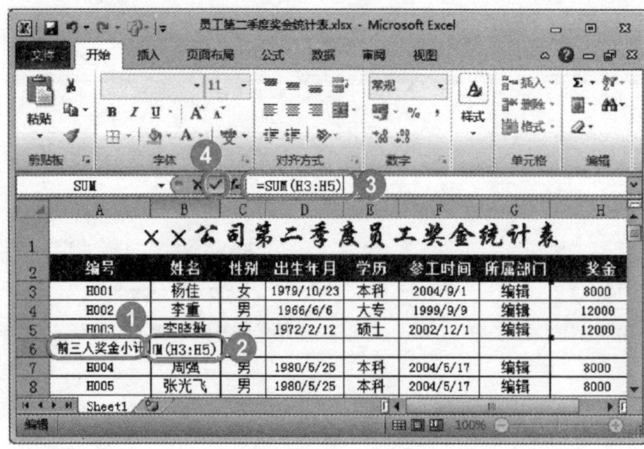

图 10-79

03

No.1 在已插入行的单元格A6中，输入说明文字。

No.2 单击B6单元格。

No.3 在编辑栏的编辑框中输入汇总公式。

No.4 单击【输入】按钮✓，如图10-79所示。

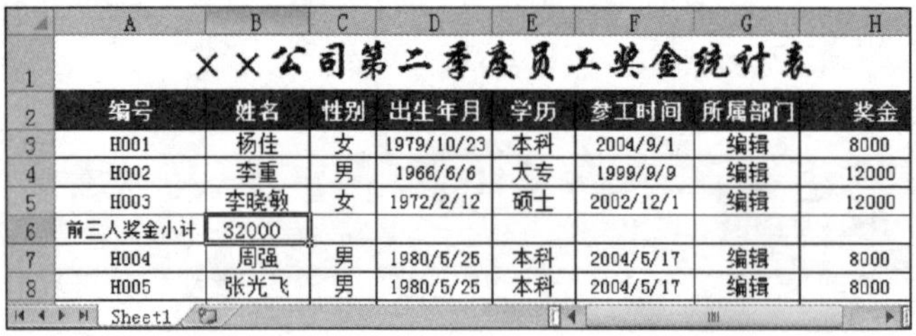

	A	B	C	D	E	F	G	H
1	××公司第二季度员工奖金统计表							
2	编号	姓名	性别	出生年月	学历	参工时间	所属部门	奖金
3	H001	杨佳	女	1979/10/23	本科	2004/9/1	编辑	8000
4	H002	李重	男	1966/6/6	大专	1999/9/9	编辑	12000
5	H003	李晓敏	女	1972/2/12	硕士	2002/12/1	编辑	12000
6	前三人奖金小计	32000						
7	H004	周强	男	1980/5/25	本科	2004/5/17	编辑	8000
8	H005	张光飞	男	1980/5/25	本科	2004/5/17	编辑	8000

图 10-80

04

在已选单元格中系统根据输入的公式，自动计算出结果，如图10-80所示。

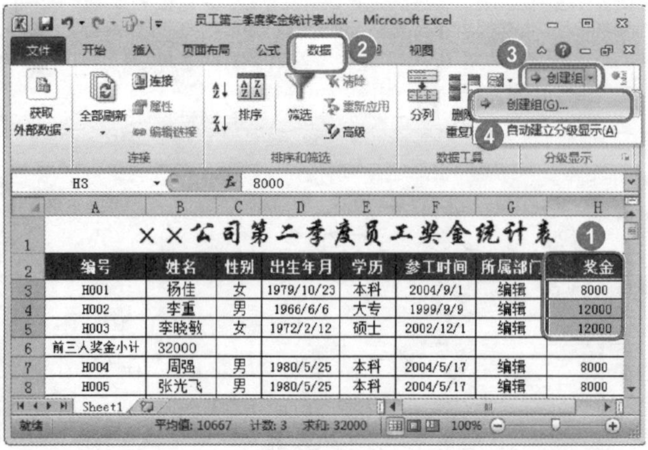

图 10-81

05

No.1 选择准备进行创建分级显示组的单元格区域，如选择“H3：H5”单元格区域。

No.2 选择【数据】选项卡。

No.3 在【分级显示】组中，单击【创建组】下拉按钮。

No.4 在弹出的下拉列表框中选择【创建组】选项，如图10-81所示。

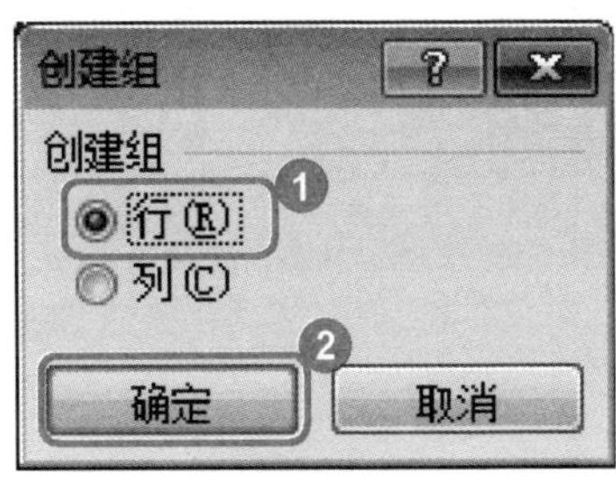

图 10-82

06

No.1 弹出【创建组】对话框，在【创建组】区域中，选择【行】单选项。

No.2 单击【确定】按钮，如图 10-82 所示。

	A	B	C	D	E	F	G	H
1	××公司第二季度员工奖金统计表							
2	编号	姓名	性别	出生年月	学历	参工时间	所属部门	奖金
3	H001	杨佳	女	1979/10/23	本科	2004/9/1	编辑	8000
4	H002	李重	男	1966/6/6	大专	1999/9/9	编辑	12000
5	H003	李晓敏	女	1972/2/12	硕士	2002/12/1	编辑	12000
6	前三人奖金小计	32000						
7	H004	周强	男	1980/5/25	本科	2004/5/17	编辑	8000
8	H005	张光飞	男	1980/5/25	本科	2004/5/17	编辑	8000
9	H006	刘宏旭	男	1975/7/14	硕士	2002/12/1	编辑	12000
10	H007	谢方淮	男	1980/12/5	本科	2004/9/1	美术	8000
11	H008	吴浩	男	1983/6/9	本科	2006/11/11	美术	8000

图 10-83

07

返回到工作表界面，可以看到工作表中选中的数据以组的形式显示，如图 10-83 所示。

10.5.2 隐藏与显示明细数据

1. 隐藏明细数据

在日常工作中，用户可以根据实际情况对暂时不需要查看的分级显示数据进行隐藏。下面介绍隐藏明细数据的操作方法。

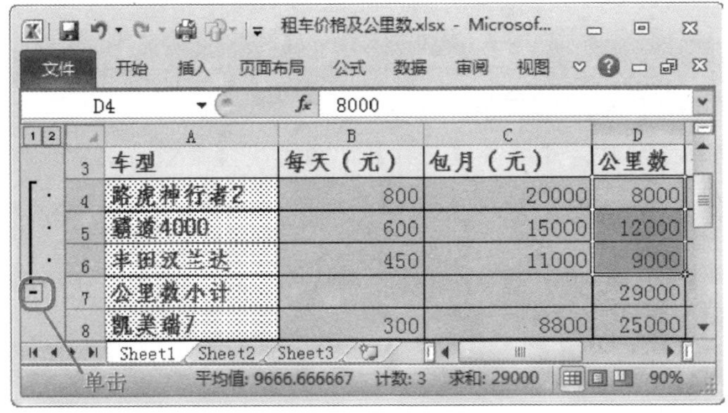

图 10-84

01

在已经创建分级显示的工作表中，单击左侧窗格中的【折叠】按钮，如图 10-84 所示。

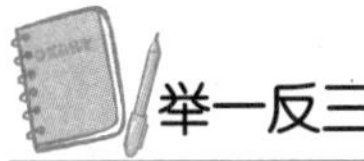

举一反三

将分类明细隐藏后，【折叠】按钮会自动更改为【展开】按钮。

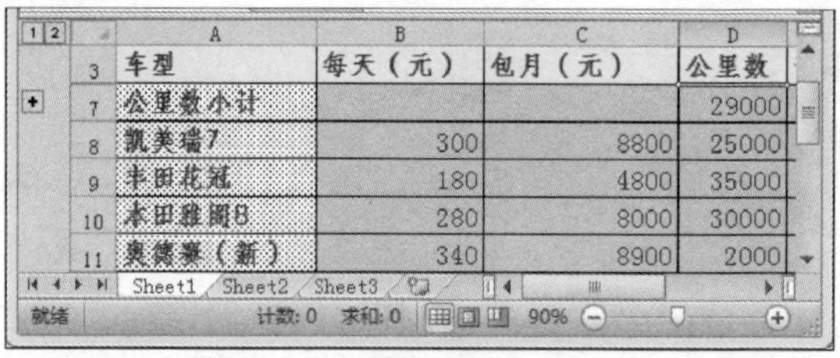

02

可以看到数据已经隐藏，如图 10-85 所示。

图 10-85

2. 显示隐藏明细数据

如果用户准备查看隐藏的明细数据，可以选择将隐藏的数据显示出来。下面介绍显示隐藏明细数据的操作方法。

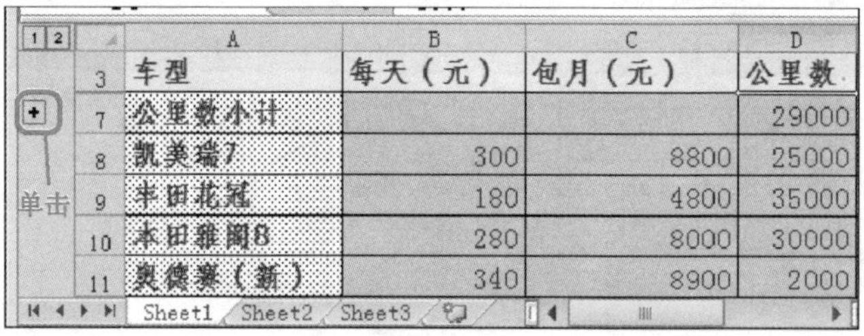

在隐藏明细数据的工作表中，单击左侧窗格中【展开】按钮+，如图 10-86 所示。

图 10-86

可以看到隐藏的数据已经显示出来，如图 10-87 所示。

	A	B	C	D
3	车型	每天（元）	包月（元）	公里数
4	路虎神行者2	800	20000	8000
5	霸道4000	600	15000	12000
6	丰田汉兰达	450	11000	9000
7	公里数小计			29000
8	凯美瑞7	300	8800	25000

图 10-87

教你一招

删除自动建立的分级显示

当需要删除自动建立的分级显示时，可单击【数据】选项卡下【分级显示】组中的【取消组合】按钮，在展开的下拉列表框中选择【清除分级显示】选项。

Section 10.6 实践案例与上机操作

10.6.1 清除分级显示

将数据进行分级显示后，如果准备不再使用分级显示，可以将其清除，这样不仅可以美化工作表，而且可以减少占用的磁盘空间。下面介绍清除分级显示的操作方法。

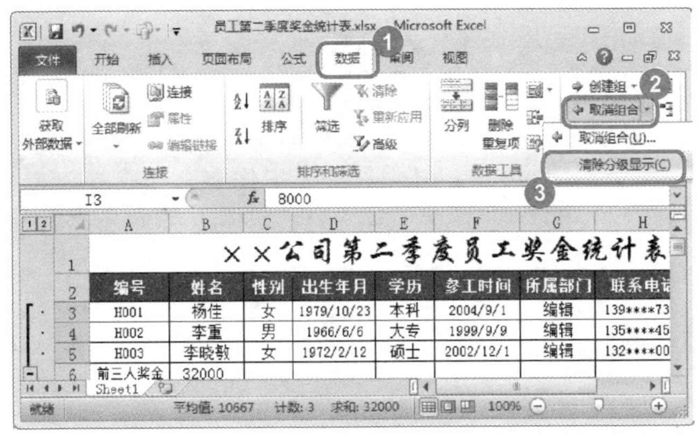

图 10-88

01

No.1 选择【数据】选项卡。

No.2 在【分级显示】组中，单击【取消组合】下拉按钮。

No.3 在弹出的下拉列表框中选择【清除分级显示】选项，如图 10-88 所示。

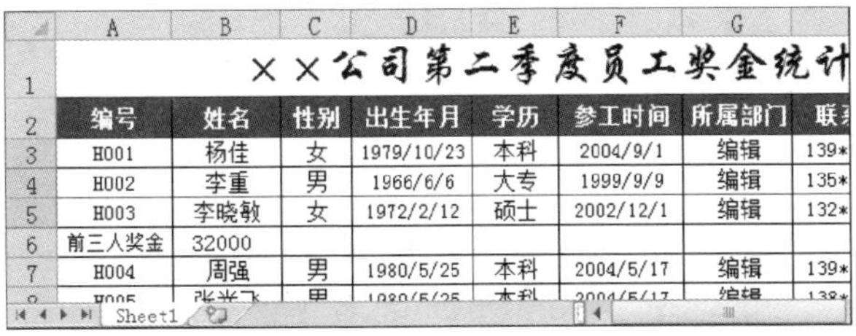

	A	B	C	D	E	F	G	
1	××公司第二季度员工奖金统计							
2	编号	姓名	性别	出生年月	学历	参工时间	所属部门	联系
3	H001	杨佳	女	1979/10/23	本科	2004/9/1	编辑	139*
4	H002	李重	男	1966/6/6	大专	1999/9/9	编辑	135*
5	H003	李晓敏	女	1972/2/12	硕士	2002/12/1	编辑	132*
6	前三人奖金	32000						
7	H004	周强	男	1980/5/25	本科	2004/5/17	编辑	139*

图 10-89

02

可以看到分级显示已被取消，如图 10-89 所示。

知识精讲

在 Excel 2010 中完成清除分级显示后，用户不需要担心表格中的数据会丢失，该操作是不会删除任何数据的。

10.6.2 按公式合并计算

在 Excel 2010 工作表中，用户也可以按公式合并计算数据。下面介绍按公式合并计算数据的操作方法。

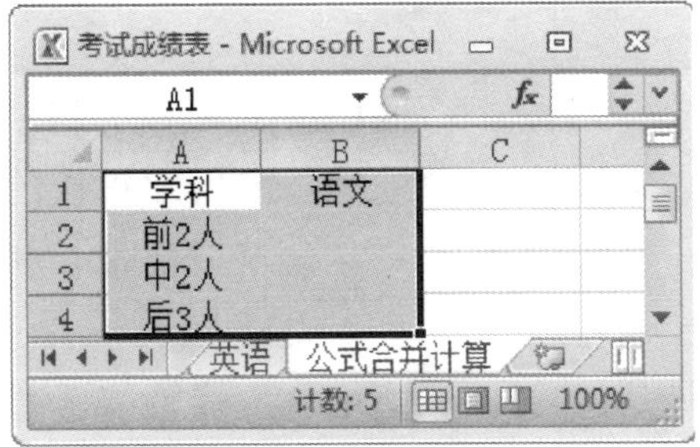

图 10-90

插入一个新的工作表，编辑准备按公式合并计算数据的单元格区域，如图 10-90 所示。

图 10-91

No.1 双击已插入的工作表标签，输入工作表名称。

No.2 选择准备按公式合并计算数据的单元格，如图 10-91 所示。

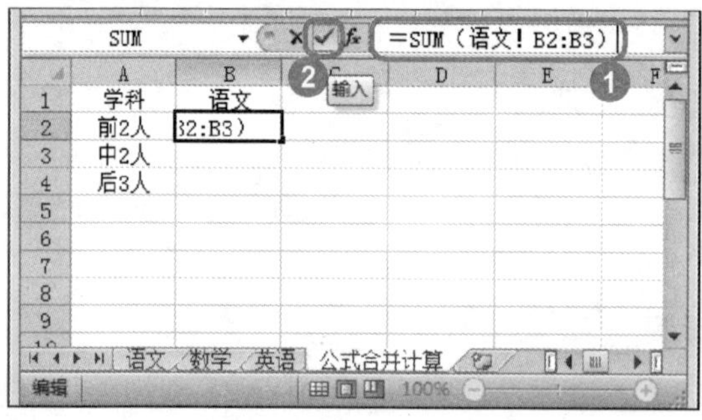

图 10-92

03

No.1 在窗口编辑栏的编辑框中，输入按公式合并计算数据的公式。

No.2 单击【输入】按钮☑，如图 10-92 所示。

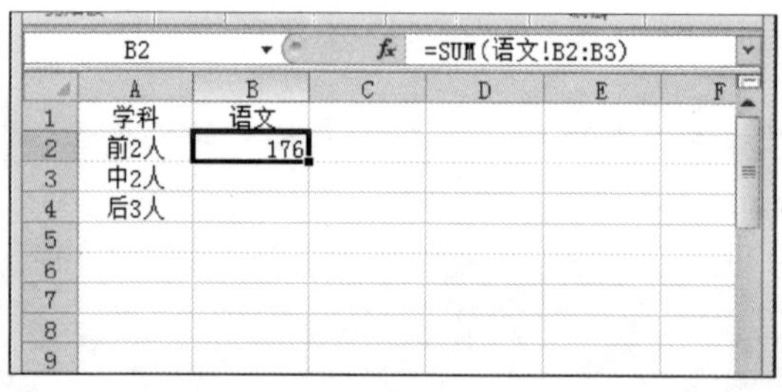

图 10-93

04

工作表出现新的变化，在已选单元格中，系统自动根据公式计算出结果，如图 10-93 所示。

图 10-94

No.1 选择 B3 单元格。

No.2 在窗口编辑栏的编辑框中输入按公式合并计算数据的公式。

No.3 单击【输入】按钮☑，如图 10-94 所示。

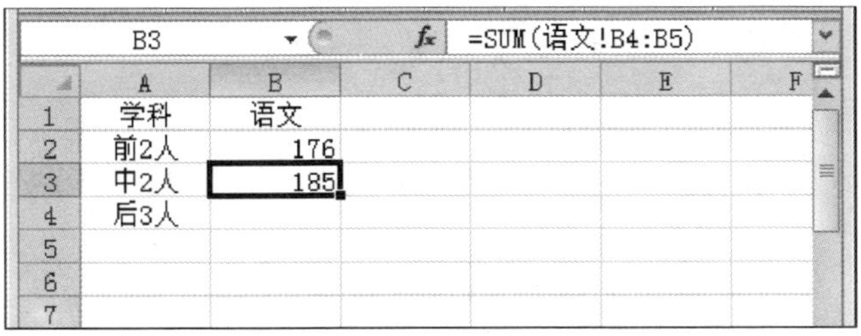

图 10-95

06

工作表出现新的变化，在已选单元格中，系统自动根据公式计算出结果，如图 10-95 所示。

图 10-96

07

No.1 在 Excel 2010 工作表中，选择 B4 单元格。

No.2 在窗口编辑栏的编辑框中输入按公式合并计算数据的公式，例如输入 =SUM(语文!B6:B8)。

No.3 单击【输入】按钮✓，如图 10-96 所示。

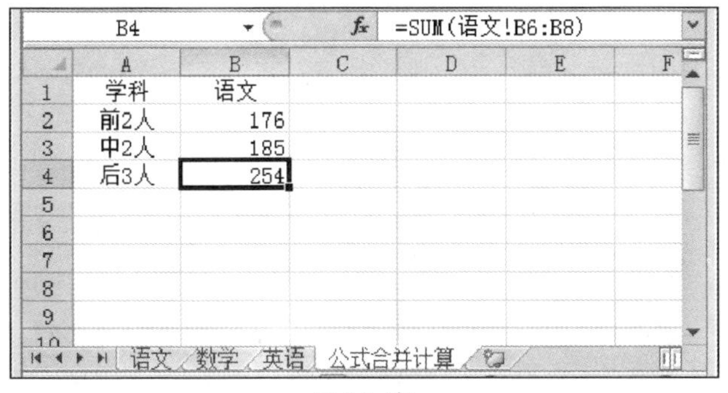

图 10-97

08

在“公式合并计算”工作表中，可以看到选择的单元格中已经按公式合并计算出数据，如图 10-97 所示。

知识精讲

与其他源区域中的标签不匹配的任何标签都会导致合并计算中出现单独的行或列，确保不想进行合并计算的任何分类都有仅出现在一个源区域中的唯一标签。

10.6.3 更改合并计算

在 Excel 2010 工作表中，用户可以更改已按位置合并计算的数据或按分类合并计算的数据等。下面以更改按位置合并计算的数据为例，介绍其操作方法。

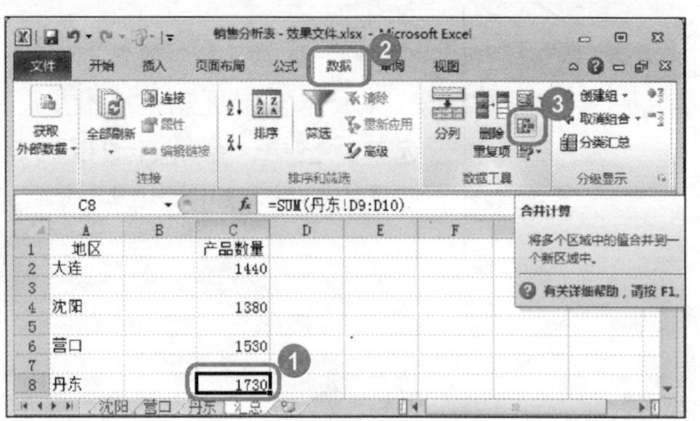

图 10-98

No.1 选择准备进行更改的单元格。

No.2 选择【数据】选项卡。

No.3 在【数据工具】组中，单击【合并计算】按钮，如图 10-98 所示。

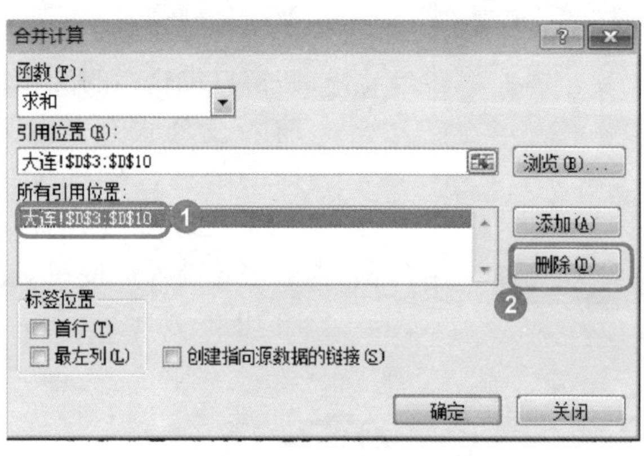

图 10-99

02

No.1 弹出【合并计算】对话框，在【所有引用位置】区域中，选择准备进行修改的引用的位置，如“大连!$D$3:$D$10”。

No.2 单击【删除】按钮如图 10-99 所示。

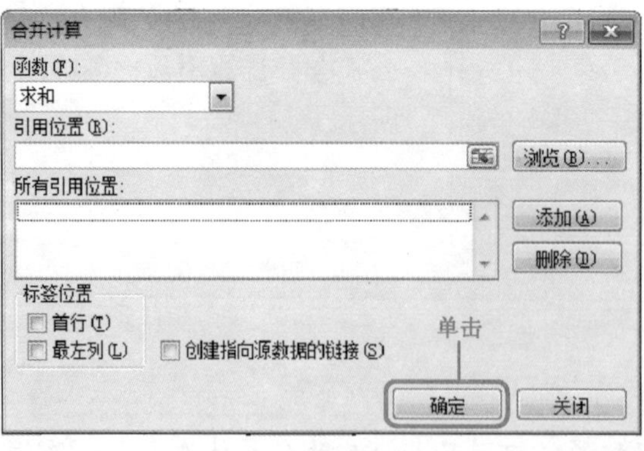

图 10-100

03

【合并计算】对话框出现新的变化，已选择的引用位置已被删除，单击【确定】按钮，即可完成更改合并计算的操作，如图 10-100 所示。

第11章

数据有效性

本章介绍设置数据有效性、设置数据有效性条件、设置提示信息和出错警告的基础知识。在本章的最后还针对实际的工作需要，讲解了一些实例的上机操作方法。

Section

11.1 设置数据有效性

本节导读

在编辑 Excel 工作表时，设置单元格数据的有效性非常重要，通过设置数据的有效性，可以防止其他用户输入无效数据，极大地减少了数据处理过程中的错误和复杂程度。本节介绍设置数据有效性的相关知识。

数据有效性是对单元格或单元格区域输入的数据从内容到数量上的限制。对于符合条件的数据，允许输入；对于不符合条件的数据，则禁止输入。这样就可以依靠系统检查数据的正确有效性，避免错误的数据录入。

数据有效性用于定义可以在单元格中输入或应该在单元格中输入哪些数据。用户可以配置数据有效性以防止其他输入无效数据。如果用户输入无效数据时会向其发出警告。此外，用户还可以提供一些消息，以定义用户期望在单元格中输入的内容，以及帮助用户更正错误的说明。

Section

11.2 设置数据有效性条件

本节导读

在 Excel 2010 工作表中，用户可以使用各种条件对表格中的内容设置数据有效性，其中包括任何值、整数、小数、序列、日期、时间、文本长度和自定义。本节介绍设置数据有效性条件的相关知识及操作方法。

11.2.1 任何值

在数据有效性条件“任何值”中，用户可以在选中的单元格区域中，任意输入信息，包括数值、文本、日期或者时间等。下面介绍其操作方法。

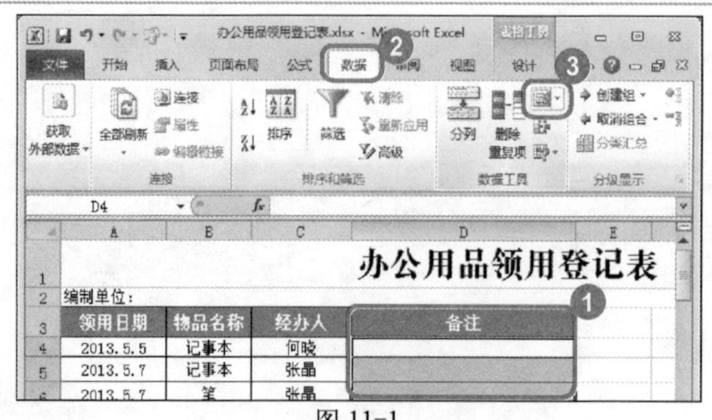

图 11-1

01

No.1 选中准备设置有效性条件的单元格区域。

No.2 选择【数据】选项卡。

No.3 单击【数据工具】组中的【数据有效性】按钮，如图 11-1 所示。

数据有效性
设置
输入信息
出错警告
输入法模式
有效性条件
允许(A):
任何值
忽略空值(B)
数据(D):
介于
对有同样设置的所有其他单元格应用这些更改(P)
全部清除(C)
确定
取消

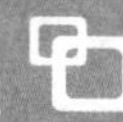

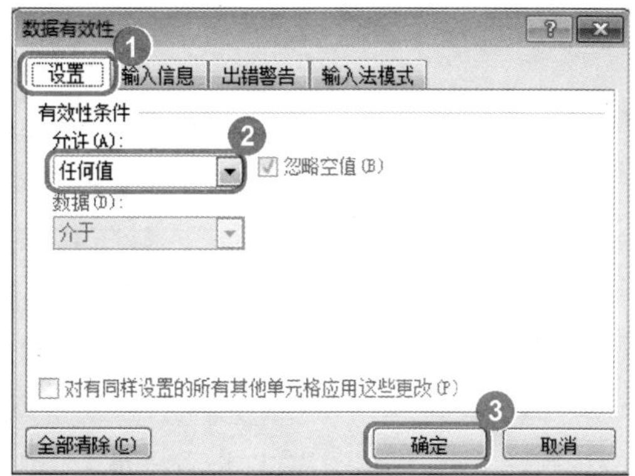

图 11-2

02

No.1 弹出【数据有效性】对话框，选择【设置】选项卡。

No.2 在【允许】下拉列表中，选择【任何值】列表项。

No.3 单击【确定】按钮，如图 11-2 所示。

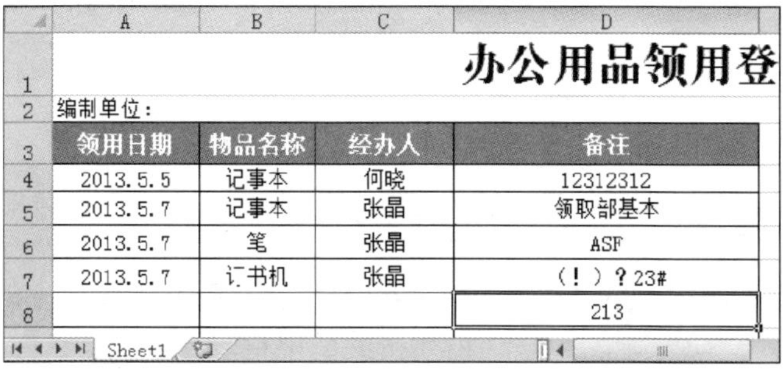

办公用品领用登
编制单位:
领用日期
物品名称
经办人
备注
2013.5.5
记事本
何晓
12312312
2013.5.7
记事本
张晶
领取部基本
2013.5.7
笔
张晶
ASF
2013.5.7
订书机
张晶
（！）？23#
213
Sheet1

图 11-3

03

返回到工作表中，用户可以在设置有效性条件的单元格区域中，输入任何信息，如图 11-3 所示。

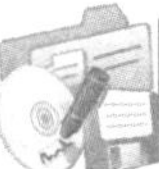

知识精讲

设置为“任何值”后，对数据不作任何限制，也是表示不使用数据有效性。

11.2.2 整数

通过设置数据有效性，将选中的单元格区域设置为“整数”格式后，该单元格区域中就只能允许输入的数值为整数。下面介绍其操作方法。

办公用品领用登记表.xlsx - Microsoft Excel
文件
开始
插入
页面布局
公式
数据
视图
设计
获取外部数据
全部刷新
连接
排序
筛选
高级
分列
删除重复项
数据工具
创建组
取消组合
分类汇总
分级显示
D4
办公用品领用登记表
编制单位:
领用日期
物品名称
经办人
备注
2013.5.5
记事本
何晓
2013.5.7
记事本
张晶

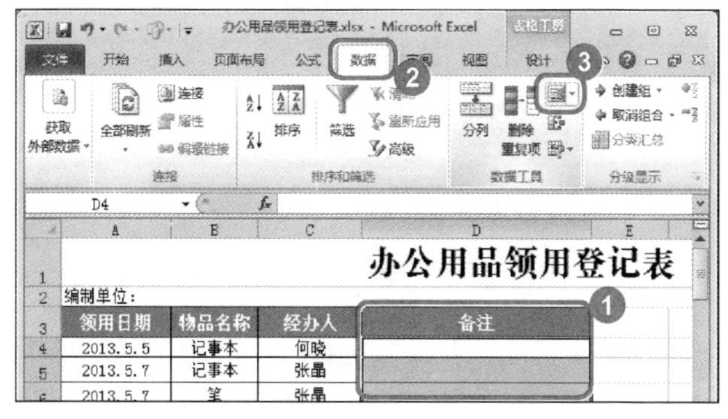

图 11-4

01

No.1 选中准备设置有效性条件的单元格区域。

No.2 选择【数据】选项卡。

No.3 单击【数据工具】组中的【数据有效性】按钮，如图 11-4 所示。

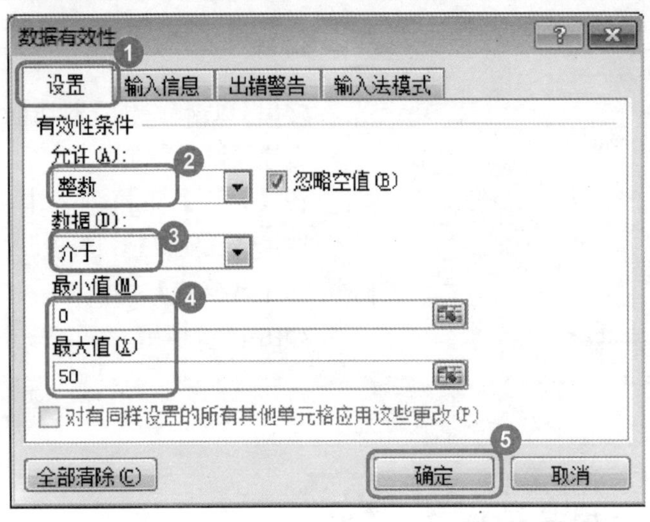

图 11-5

02

No.1 弹出【数据有效性】对话框，选择【设置】选项卡。

No.2 在【允许】下拉列表中，选择【整数】列表项。

No.3 在【数据】下拉列表中，选择【介于】列表项。

No.4 分别设置【最大值】和【最小值】。

No.5 单击【确定】按钮，如图 11-5 所示。

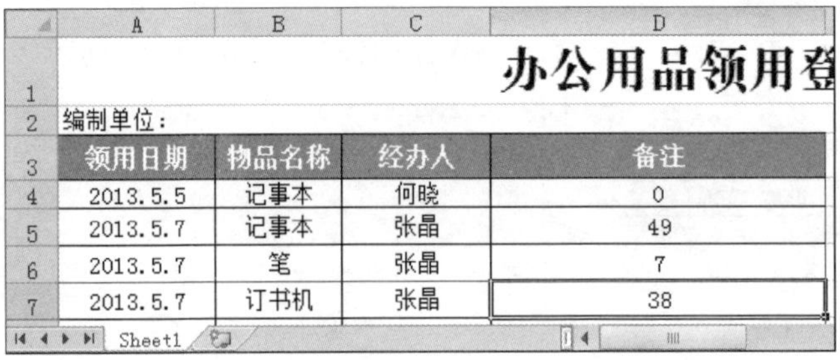

	A	B	C	D
1				办公用品领用登
2	编制单位:			
3	领用日期	物品名称	经办人	备注
4	2013.5.5	记事本	何晓	0
5	2013.5.7	记事本	张晶	49
6	2013.5.7	笔	张晶	7
7	2013.5.7	订书机	张晶	38

图 11-6

03

返回到工作表中，在选中的单元格区域中可以输入大于“0”小于“50”的整数，如图 11-6 所示。

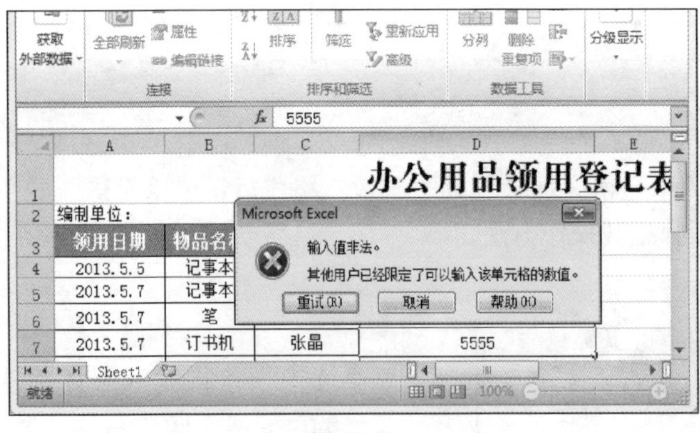

图 11-7

04

如果用户输入了设置的整数条件以外的数据，系统将会弹出对话框，提示错误警告信息，这样即可完成将单元格区域设置数据有效性为“整数”的操作，如图 11-7 所示。

知识精讲

在弹出的警告对话框中，用户可以单击【重试】按钮 ，可以重新在表格中输入正确的数值。

11.2.3 小数

通过设置数据有效性，将选中的单元格区域设置为“小数”格式后，该单元格区域中就只能允许输入的数值为数字或小数。下面介绍其操作方法。

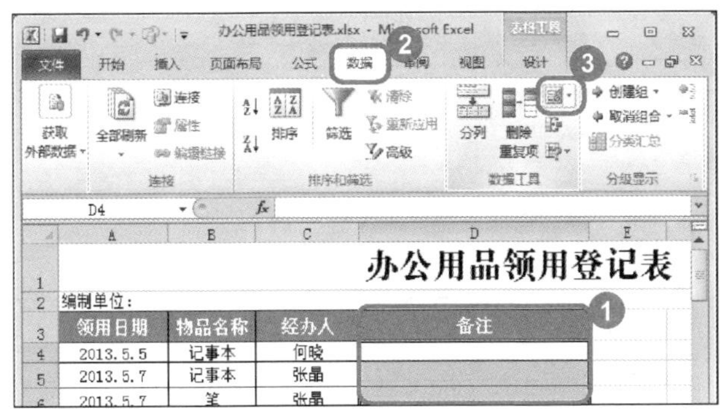

图 11-8

01

No.1 选中准备设置有效性条件的单元格区域。

No.2 选择【数据】选项卡。

No.3 单击【数据工具】组中的【数据有效性】按钮，如图 11-8 所示。

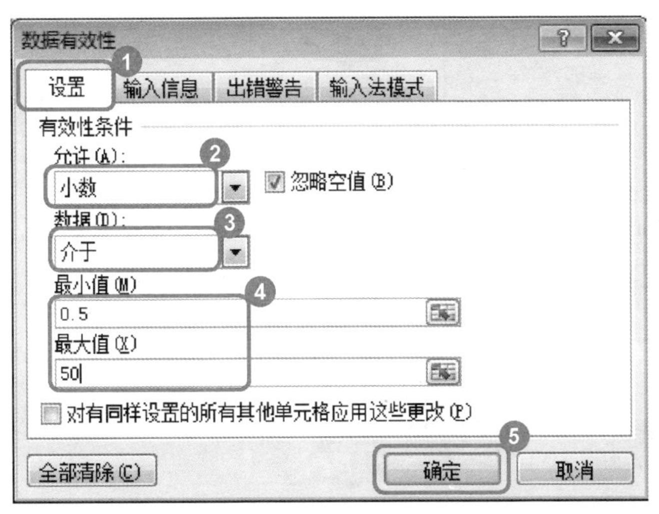

图 11-9

02

No.1 弹出【数据有效性】对话框，选择【设置】选项卡。

No.2 在【允许】下拉列表中，选择【小数】列表项。

No.3 在【数据】下拉列表中，选择【介于】列表项。

No.4 分别设置【最大值】和【最小值】。

No.5 单击【确定】按钮，如图 11-9 所示。

	A	B	C	D
1				办公用品领用登
2	编制单位：			
3	领用日期	物品名称	经办人	备注
4	2013.5.5	记事本	何晓	0.6
5	2013.5.7	记事本	张晶	0.782
6	2013.5.7	笔	张晶	15
7	2013.5.7	订书机	张晶	50

Chart1 Sheet1

图 11-10

03

返回到工作表中，在选中的单元格区域中可以输入大于“0.5”小于“50”的整数与小数，如图 11-10 所示。

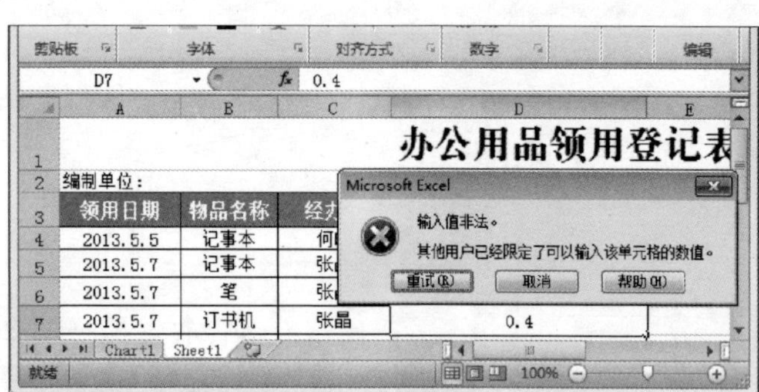

图 11-11

04

如果用户输入了设置的小数条件以外的数据，系统会弹出对话框，提示错误警告信息，如图 11-11 所示。

11.2.4 序列

通过设置数据有效性，将选中的单元格区域设置为“序列”格式后，即可为该单元格区域的有效性数据指定一个序列。下面介绍其操作方法。

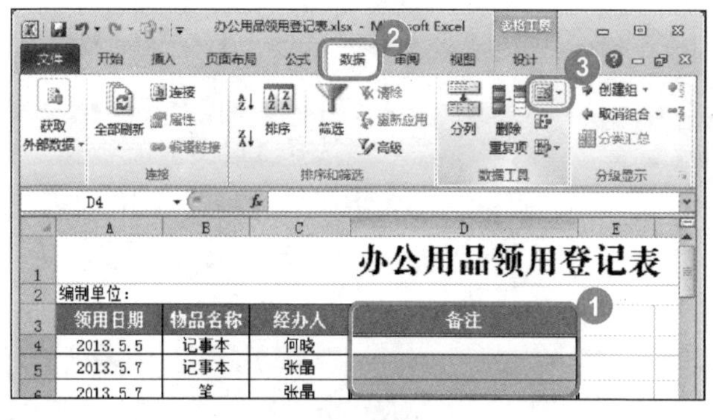

图 11-12

01

No.1 选中准备设置有效性条件的单元格区域。

No.2 选择【数据】选项卡。

No.3 单击【数据工具】组中的【数据有效性】按钮，如图 11-12 所示。

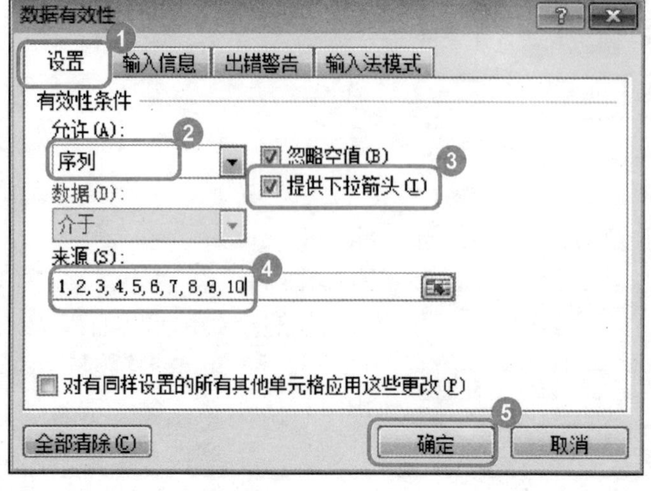

图 11-13

02

No.1 弹出【数据有效性】对话框，选择【设置】选项卡。

No.2 选择【序列】列表项。

No.3 选择【提供下拉箭头】复选项。

No.4 在【来源】文本框中，输入一组序列。

No.5 单击【确定】按钮，如图 11-13 所示

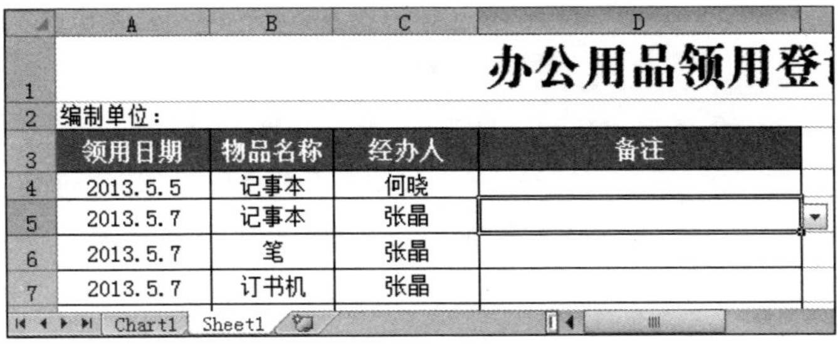

办公用品领用登
编制单位：
领用日期
物品名称
经办人
备注
2013.5.5
记事本
何晓
2013.5.7
记事本
张晶
2013.5.7
笔
张晶
2013.5.7
订书机
张晶
Chart1
Sheet1

图 11-14

03

返回到工作表中，可以看到在设置有效性条件的单元格区域中，每个单元格右侧都会出现一个下拉箭头▼，如图 11-14 所示。

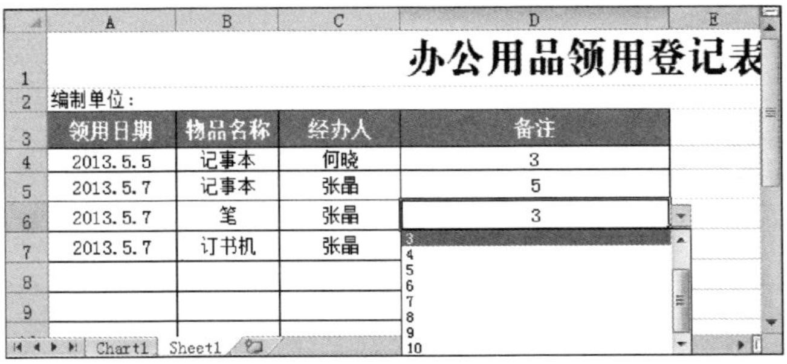

办公用品领用登记表
编制单位：
领用日期
物品名称
经办人
备注
2013.5.5
记事本
何晓
3
2013.5.7
记事本
张晶
5
2013.5.7
笔
张晶
3
2013.5.7
订书机
张晶
Chart1
Sheet1

图 11-15

04

用户可以依次单击下拉箭头▼，在下拉列表中选择相应的数字，这样即可完成将单元格区域设置数据有效性为“序列”的操作，如图 11-15 所示。

注意

在弹出的警告对话框中，用户可以单击【重试】按钮，可以重新在表格中输入正确的数值。

11.2.5 日期

通过设置数据有效性，将选中的单元格区域设置为“日期”格式后，该单元格区域中就只能允许输入的数据为日期。下面介绍其操作方法。

文件
开始
插入
页面布局
公式
数据
审阅
视图
设计
数据工具
D4
办公用品领用登记表
编制单位：
领用日期
物品名称
经办人
备注
2013.5.5
记事本
何晓
2013.5.7
记事本
张晶

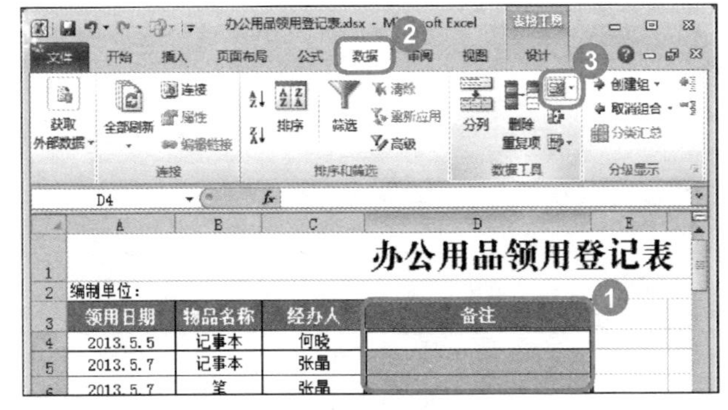

图 11-16

01

No.1 选中准备设置有效性条件的单元格区域。

No.2 选择【数据】选项卡。

No.3 单击【数据工具】组中的【数据有效性】按钮，如图 11-16 所示。

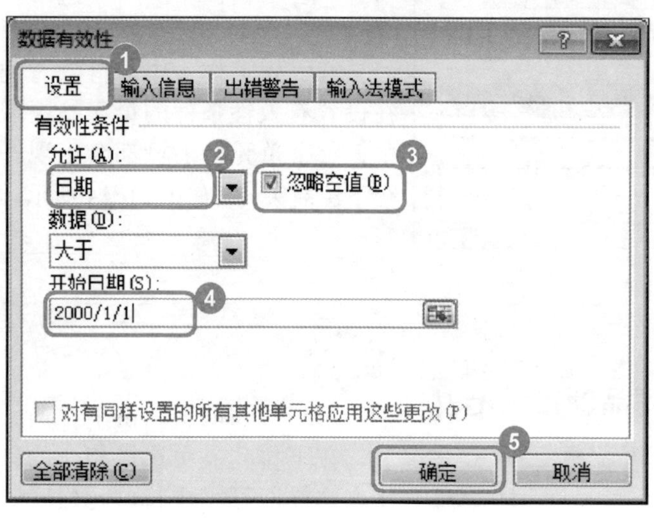

图 11-17

02

No.1 弹出【数据有效性】对话框，选择【设置】选项卡。

No.2 在【允许】下拉列表中，选择【日期】列表项。

No.3 在【数据】下拉列表中，选择【大于】列表项。

No.4 在【开始日期】文本框中输入公司建立时间，如“2000/1/1”。

No.5 单击【确定】按钮，如图 11-17 所示。

	A	B	C	D
1	办公用品领用登记表			
2	编制单位：			
3	领用日期	物品名称	经办人	列1
4	2013.5.5	记事本	何晓	2001/5/6
5	2013.5.7	记事本	张晶	2000/8/9
6	2013.5.7	笔	张晶	2010/6/9
7	2013.5.7	订书机	张晶	2015/3/27
8				

图 11-18

在单元格区域中，用户可以在选中的单元格内输入日期格式的数据，且必须大于“2000/1/1”，如图 11-18 所示。

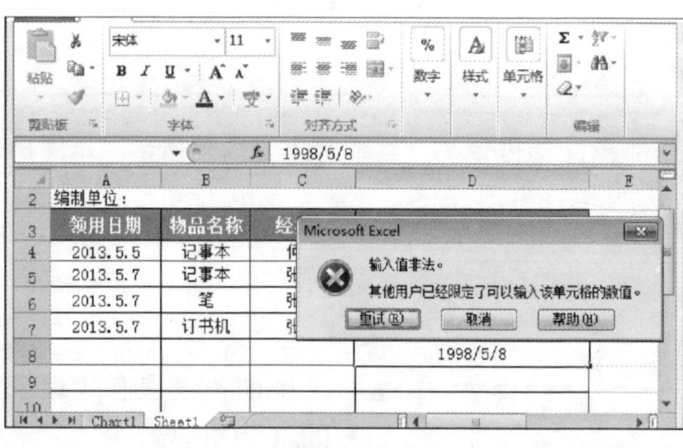

图 11-19

04

如果用户输入了设置的条件以外的数据，系统会弹出对话框，提示错误警告信息，这样即可完成将单元格区域设置数据有效性为“日期”的操作，如图 11-19 所示。

11.2.6 时间

通过设置数据有效性，将选中的单元格区域设置为“时间”格式后，该单元格区域中就只能允许输入的数据为时间。下面介绍其操作方法。

办公用品领用登记表.xlsx - Microsoft Excel
表格工具
文件
开始
插入
页面布局
公式
数据
审阅
视图
设计
获取外部数据
全部刷新
连接
属性
编辑链接
排序
筛选
清除
重新应用
高级
分列
删除重复项
分级显示
排序和筛选
数据工具
E4
办公用品领用登记表
编制单位:
领用日期
物品名称
经办人
单价
备注
2013.5.5
记事本
何晓
¥5.00
2013.5.7
记事本
张晶
¥4.00
2013.5.7
笔
张晶
¥1.50
2013.5.7
订书机
张晶
¥25.00

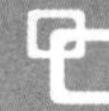

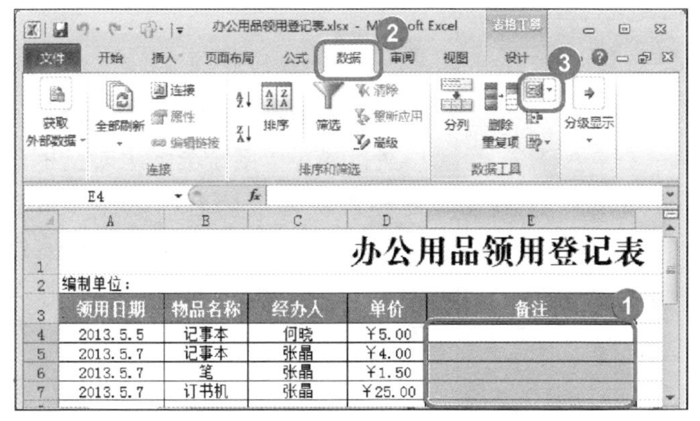

图 11-20

01

No.1 选中准备设置有效性条件的单元格区域。

No.2 选择【数据】选项卡。

No.3 单击【数据工具】组中的【数据有效性】按钮，如图 11-20 所示。

数据有效性
设置
输入信息
出错警告
输入法模式
有效性条件
允许(A):
时间
忽略空值(B)
数据(D):
小于
结束时间(N)
8:00
对有同样设置的所有其他单元格应用这些更改(P)
全部清除(C)
确定
取消

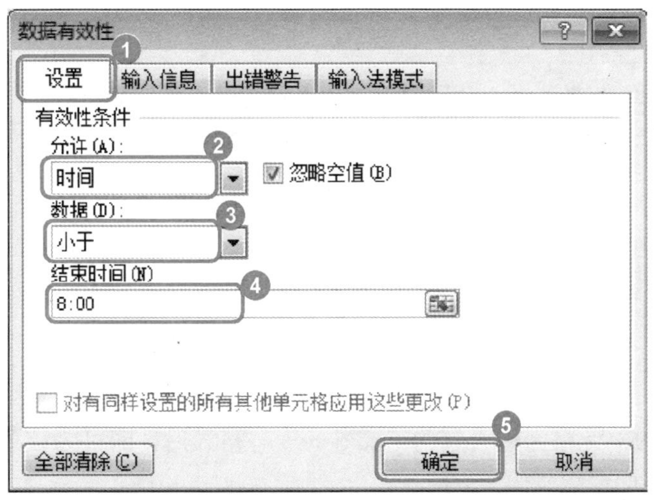

图 11-21

02

No.1 弹出【数据有效性】对话框，选择【设置】选项卡。

No.2 在【允许】下拉列表中，选择【时间】列表项。

No.3 在【数据】下拉列表中，选择【小于】列表项。

No.4 在【结束时间】文本框中输入最晚上班时间，如“8：00”。

No.5 单击【确定】按钮，如图 11-21 所示。

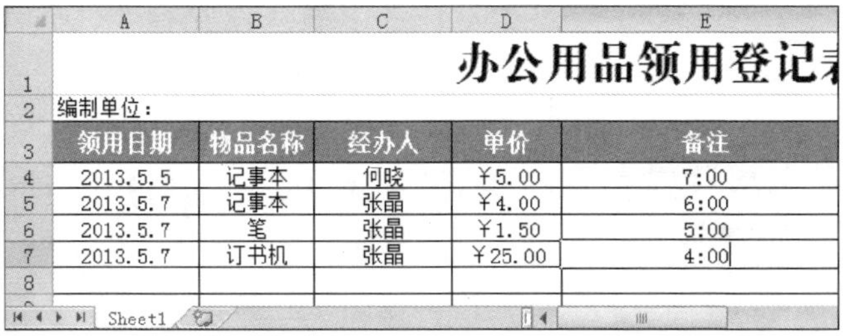

办公用品领用登记表
编制单位:
领用日期
物品名称
经办人
单价
备注
2013.5.5
记事本
何晓
¥5.00
7:00
2013.5.7
记事本
张晶
¥4.00
6:00
2013.5.7
笔
张晶
¥1.50
5:00
2013.5.7
订书机
张晶
¥25.00
4:00
Sheet1

图 11-22

03

返回到工作表界面，在单元格区域中，用户可以输入时间格式的数据，且必须小于“8:00”，如图 11-22 所示。

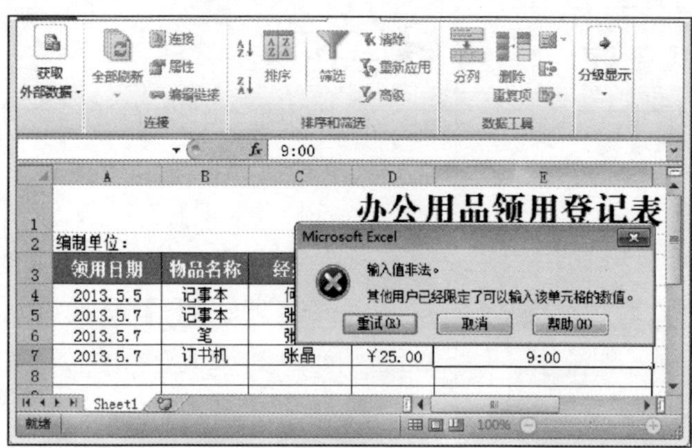

图 11-23

04

如果用户输入了设置的条件以外的数据，系统会弹出对话框，提示错误警告信息，这样即可完成将单元格区域设置数据有效性为“时间”的操作，如图 11-23 所示。

知识精讲

在【数据有效性】对话框中，如果在【允许】列表框中选择了整数、小数、日期等项，则在【数据】列表框中可以选择相应的数据操作符，分别有介于、未介于、等于、不等于、大于、小于、大于或等于和小于或等于等。

11.2.7 文本长度

通过设置数据有效性，将选中的单元格区域设置为“文本长度”格式后，即可为该单元格区域指定有效数据的字符数。下面介绍其操作方法。

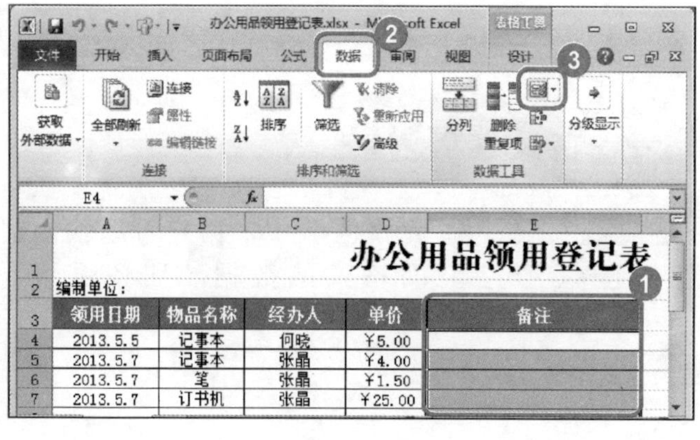

图 11-24

01

No.1 选中准备设置有效性条件的单元格区域。

No.2 选择【数据】选项卡。

No.3 单击【数据工具】组中的【数据有效性】按钮，如图 11-24 所示。

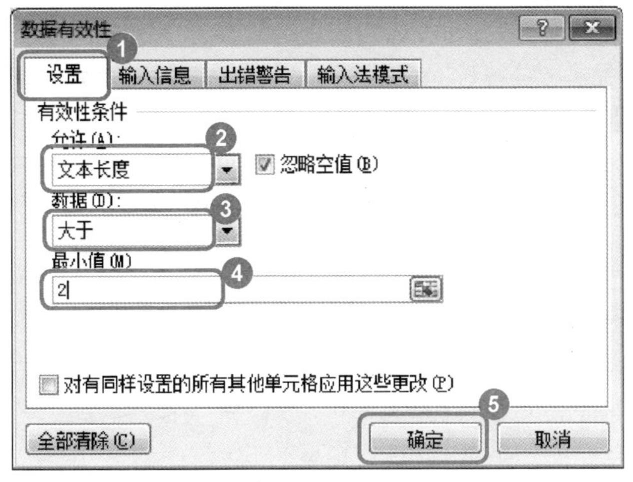

图 11-25

02

No.1 弹出【数据有效性】对话框，选择【设置】选项卡。

No.2 在【允许】下拉列表中，选择【文本长度】列表项。

No.3 在【数据】下拉列表中，选择【大于】列表项。

No.4 在【最小值】文本框中输入名字最短字符数“2”。

No.5 单击【确定】按钮，如图 11-25 所示。

	A	B	C	D	E
1	办公用品领用登记表				
2	编制单位:				
3	领用日期	物品名称	经办人	单价	备注
4	2013.5.5	记事本	何晓	￥5.00	0:00
5	2013.5.7	记事本	张晶	￥4.00	GG沟通
6	2013.5.7	笔	张晶	￥1.50	已经损坏
7	2013.5.7	订书机	张晶	￥25.00	已经丢失
8					

图 11-26

返回到工作表界面，在单元格区域中用户可以输入文本数据，且必须大于两个字符，如图 11-26 所示。

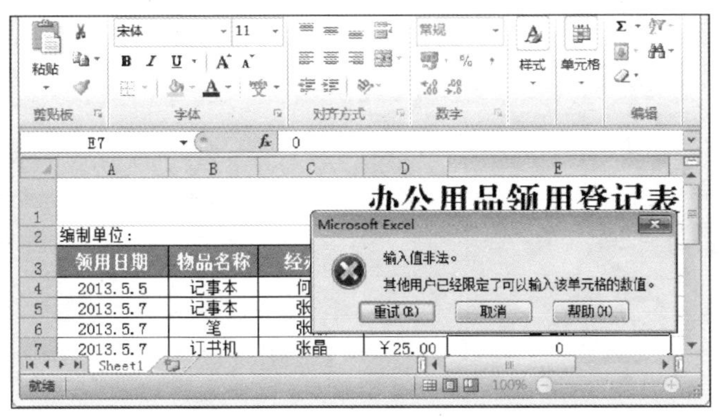

图 11-27

04

如果用户输入了设置的条件以外的数据，系统会弹出对话框，提示错误警告信息，这样即可完成将单元格区域设置数据有效性为“文本长度”的操作，如图 11-27 所示。

11.2.8 自定义

在 Excel 2010 工作表中，用户可以通过设置数据有效性，“自定义”选中的单元格区域格式，通常“自定义”格式需要运用到公式。下面分别予以介绍。

- 特定前缀输入：应该含某个字开头：=OR(LEFT(K2)="张",LEFT(K2)="李")
- 限定区域输入和的最大值：=SUM($M$3:$M$20)<100（数值“100”可更改）
- 防止单元格前后输入多余空格：=O3=TRIM(O3)（可以防止输入数字的功能）
- 防止输入周末日期：=AND(WEEKDAY(B2)<>1,WEEKDAY(B2)<>7)
- 防止输入数字大于 100：=S2<=100（“S2”以及“100”可修改为其他值）
- 防止输入重复：=COUNTIF(A:A,A1)=1（其中 A:A 为 A 整列）
- 限定输入：>=MAX($D$2:$D2)（可以使用符号“<”“>”“=”）
- 防止单元格输入字母和数字：=LENB(A2)=2（A2 为任意单元格）
- 防止单元格输入数字：=ISNUMBER(A2)<>TRUE（A2 为任意单元格）
- 单元格只能输入数字：=ISNUMBER(A2)=TRUE（A2 为任意单元格）

Section

11.3 设置提示信息和出错警告

本节导读

在 Excel 2010 工作表中，提示信息和出错警告都是辅助设置数据有效性的关键功能，设置正确的提示信息和出错警告，可以大大减少数据输入时的错误操作。本节介绍设置提示信息和出错警告的相关知识及操作方法。

11.3.1 设置输入信息提示

为有效性数据设置录入提示信息，可以在输入数据前显示录入提示信息，以减少错误输入。下面介绍设置输入信息提示的操作方法。

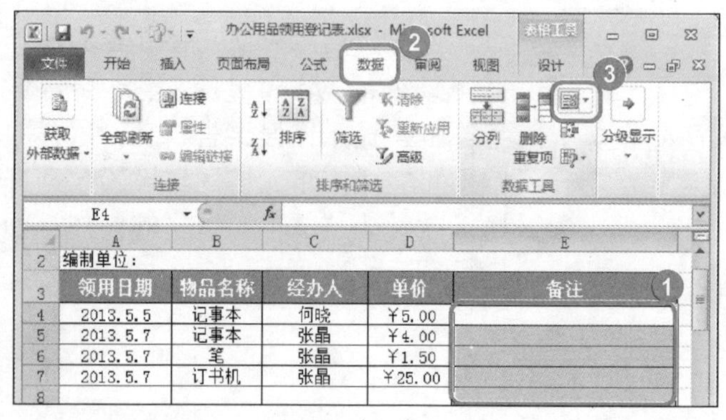

图 11-28

01

No.1 选中准备设置有效性条件的单元格区域。

No.2 选择【数据】选项卡。

No.3 单击【数据工具】组中的【数据有效性】按钮，如图 11-28 所示。

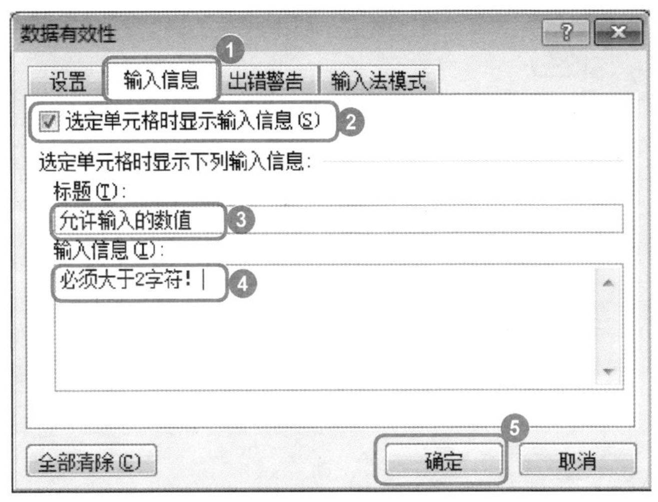

图 11-29

02

No.1 弹出【数据有效性】对话框，选择【输入信息】选项卡。

No.2 选择【选定单元格时显示输入信息】复选框。

No.3 在【选定单元格时显示下列信息】区域中，单击【标题】文本框，输入准备输入的标题，如“允许输入的数值”。

No.4 在【输入信息】文本框中，输入准备输入的信息，如“必须大于 2 字符！”。

No.5 单击【确定】按钮，如图 11-29 所示。

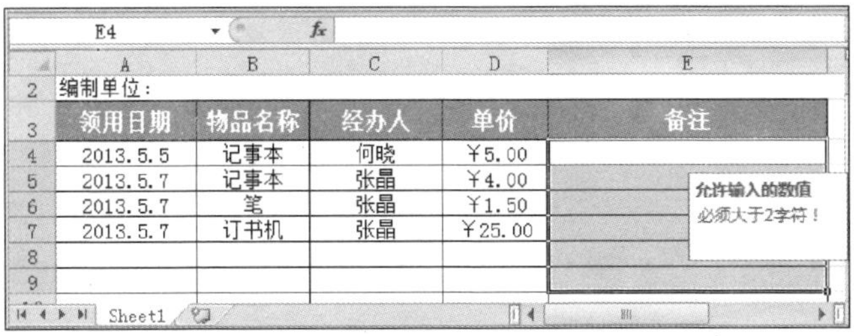

	A	B	C	D	E
2	编制单位:				
3	领用日期	物品名称	经办人	单价	备注
4	2013.5.5	记事本	何晓	￥5.00	
5	2013.5.7	记事本	张晶	￥4.00	允许输入的数值
6	2013.5.7	笔	张晶	￥1.50	必须大于2字符！
7	2013.5.7	订书机	张晶	￥25.00	
8					
9					

图 11-30

03 完成设置输入信息提示的操作

在工作表中，单击任意已设置数据有效性的单元格，会显示刚刚设置的提示信息，如图 11-30 所示。

教你一招

取消设置输入信息提示

如果用户准备不再使用所设置的输入信息提示，可以在【数据有效性】对话框中，选择【输入信息】选项卡，然后单击其中的【全部清除】 全部清除(C) 按钮即可。

11.3.2 设置出错警告提示

为有效性数据设置出错警告信息，当用户输入超过范围的数据时，系统将显示错误警告信息。下面介绍设置出错警告提示的操作方法。

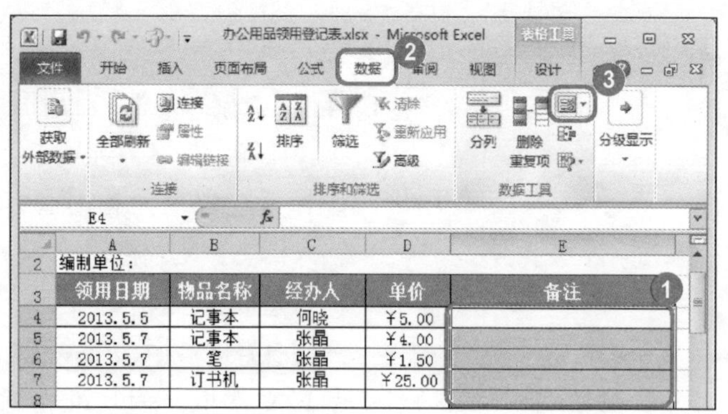

图 11-31

01

No.1 选中准备设置有效性条件的单元格区域。

No.2 选择【数据】选项卡。

No.3 单击【数据工具】组中的【数据有效性】按钮，如图 11-31 所示。

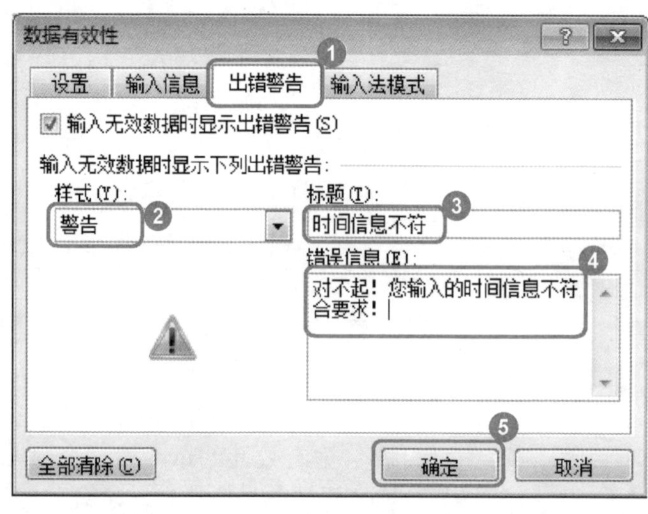

图 11-32

02

No.1 弹出【数据有效性】对话框，选择【出错警告】选项卡。

No.2 在【样式】下拉列表中，选择【警告】列表项。

No.3 在【标题】文本框中，输入准备使用的标题，如“时间信息不符”。

No.4 在【错误信息】文本框中，输入准备提示的信息，如“对不起！您输入的时间信息不符合要求！”。

No.5 单击【确定】按钮，如图 11-32 所示。

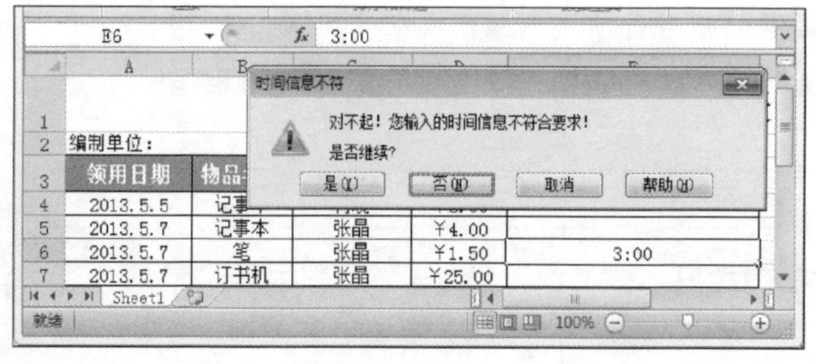

图 11-33

03

返回到工作表界面，在选中的单元格区域中，用户输入的信息有误时，系统会自动弹出刚刚设置的警告信息，如图 11-33 所示。

Section 11.4 实践案例与上机操作

11.4.1 实践案例与上机操作

所谓无效数据是相对有效数据而言的，圈释无效数据可以快速查找出不符合数据有效性的单元格数据。下面介绍圈释无效数据的操作方法。

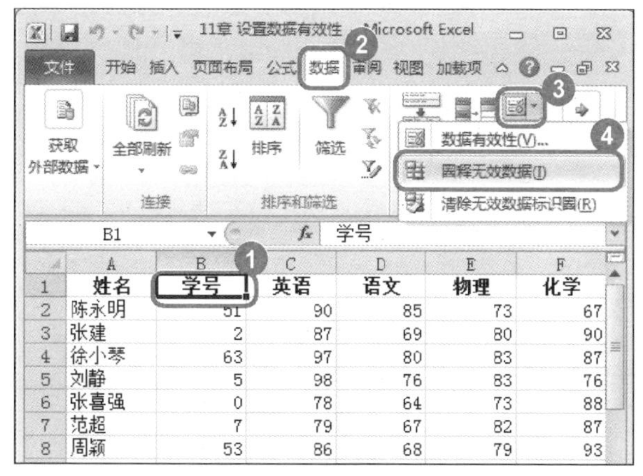

	A	B	C	D	E	F
1	姓名	学号	英语	语文	物理	化学
2	陈永明	51	90	85	73	67
3	张建	2	87	69	80	90
4	徐小琴	63	97	80	83	87
5	刘静	5	98	76	83	76
6	张喜强	0	78	64	73	88
7	范超	7	79	67	82	87
8	周颖	53	86	68	79	93

图 11-34

No.1 单击工作表中的任意单元格。

No.2 选择【数据】选项卡。

No.3 在【数据工具】组中，单击【数据有效性】下拉按钮。

No.4 选择【圈释无效数据】选项，如图 11-34 所示。

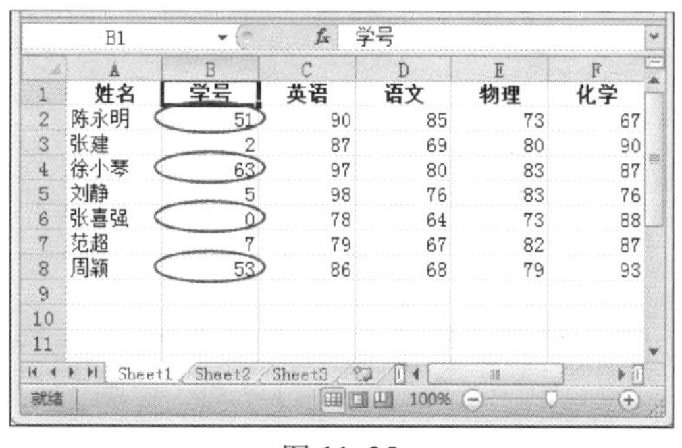

	A	B	C	D	E	F
1	姓名	学号	英语	语文	物理	化学
2	陈永明	51	90	85	73	67
3	张建	2	87	69	80	90
4	徐小琴	63	97	80	83	87
5	刘静	5	98	76	83	76
6	张喜强	0	78	64	73	88
7	范超	7	79	67	82	87
8	周颖	53	86	68	79	93

图 11-35

02

在 Excel 工作表中，可以看到系统已自动将无效的数据全部圈释出来，如图 11-35 所示。

11.4.2 清除圈定数据标识圈

清除圈定数据的标识圈有 2 种方法，一种是在圈选的单元格中修改数据，另一种是用命令将标识圈全部清除。

1. 修改数据清除标识圈

在圈定的单元格中修改数据，当数据在设置的范围内时，标识圈即可消失。例如，在工作表中的单元格“B2”没有符合所设置的数值，已被标识圈圈定，如图 11-36 所示。选中“B2”单元格，输入所设置范围内的数值“50”（数值范围为 1 ~ 50），这样即可清除圈定数据的标识圈，如图 11-37 所示。

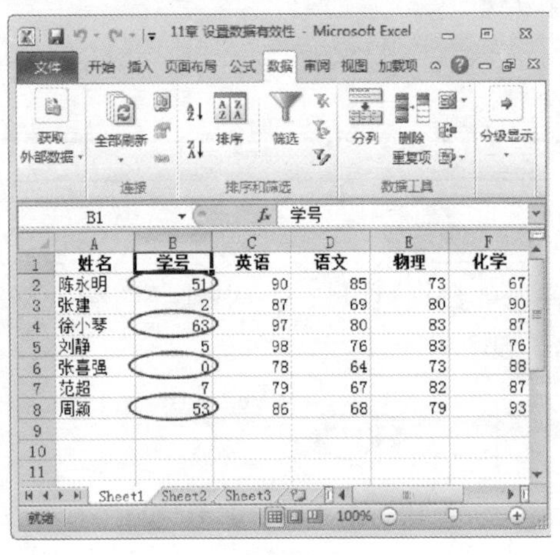

图 11-36

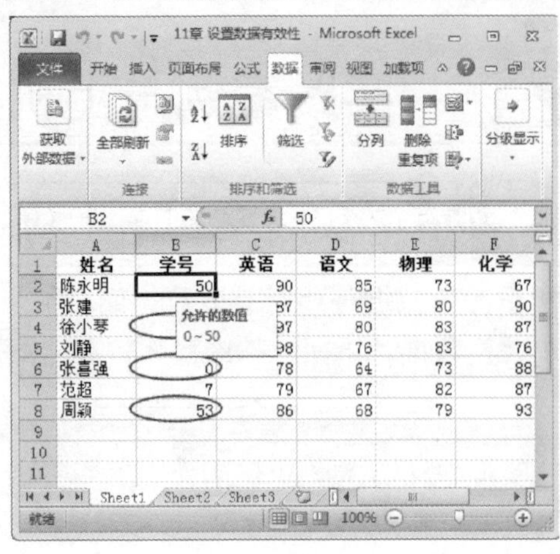

图 11-37

2. 用命令将标识圈全部清除

在 Excel 2010 工作表中，用户也可以选择“清除无效数据标识圈”的命令，将标识圈全部清除。下面介绍其操作方法。

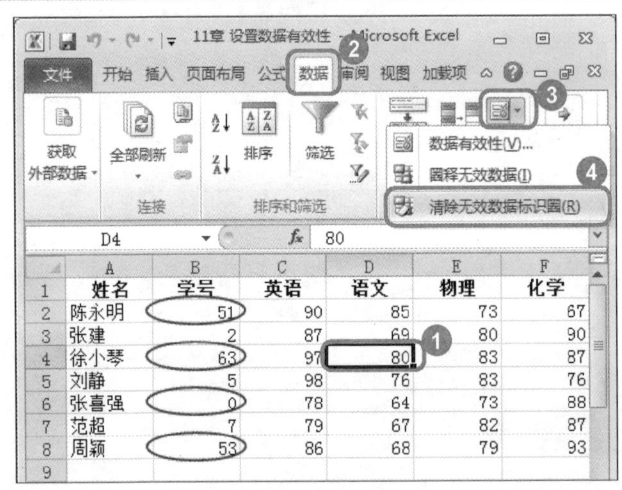

图 11-38

01

No.1 单击工作表中的任意单元格。

No.2 选择【数据】选项卡。

No.3 在【数据工具】组中，单击【数据有效性】下拉按钮。

No.4 选择【清除无效数据标识圈】选项，如图 11-38 所示。

	A	B	C	D	E	F
1	姓名	学号	英语	语文	物理	化学
2	陈永明	51	90	85	73	67
3	张建	2	87	69	80	90
4	徐小琴	63	97	80	83	87
5	刘静	5	98	76	83	76
6	张喜强	0	78	64	73	88
7	范超	7	79	67	82	87
8	周颖	53	86	68	79	93

图 11-39

02

在 Excel 工作表中，可以看到单元格中的无效数据标识圈已被清除，如图 11-39 所示。

11.4.3 限制输入重复数据

在实际工作中，经常会遇到要求精准输入的数值，在同一个单元格区域中不允许出现重复数据，利用数据有效性可以有效避免重复输入。下面介绍其操作方法。

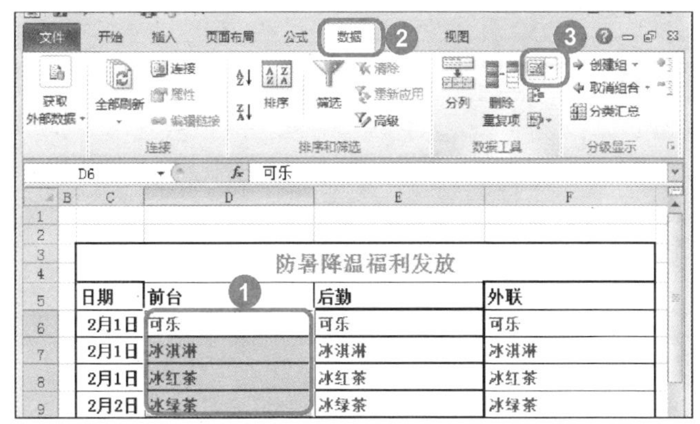

图 11-40

No.1 选中一个单元格区域。

No.2 选择【数据】选项卡。

No.3 单击【数据工具】组中的【数据有效性】按钮，如图 11-40 所示。

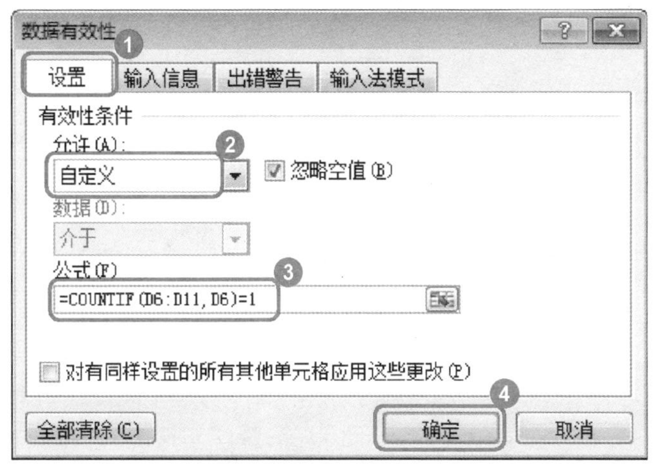

图 11-41

No.1 弹出【数据有效性】对话框，选择【设置】选项卡。

No.2 在【允许】下拉列表中。选择【自定义】列表项。

No.3 在【公式】文本框中，输入公式“=COUNTIF(D6:D11,D6)=1”。

No.4 单击【确定】按钮，如图 11-41 所示。

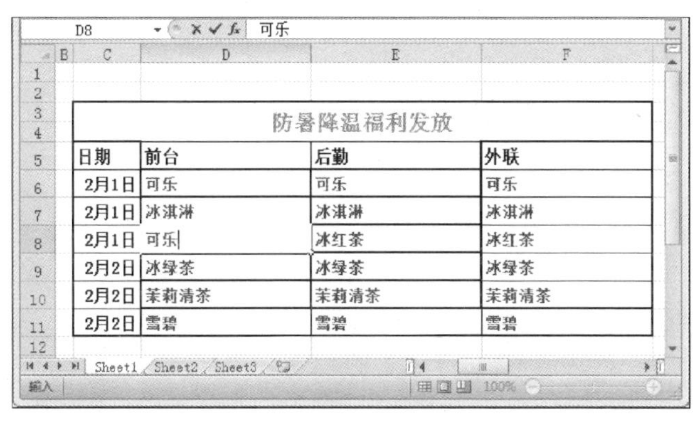

图 11-42

03

返回到工作表界面，在刚刚选中的“D7:D11”单元格区域中，在任意单元格中，输入与 D6 单元格相同的数据，并按下〈Enter〉键，如图 11-42 所示。

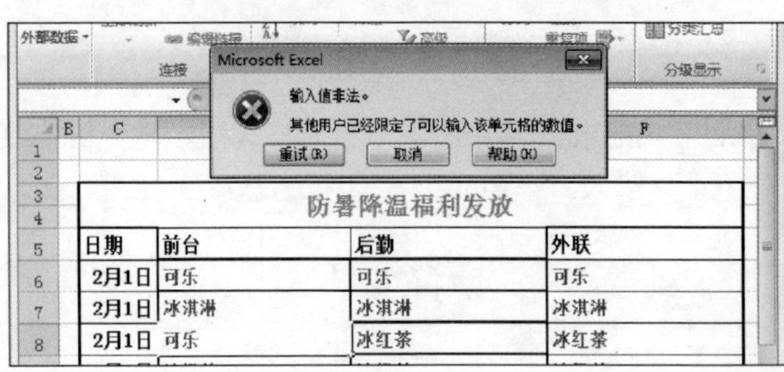

图 11-43

04

系统会自动弹出错误警告，通过以上方法，如图 11-43 所示。

第12章 条件格式

本章介绍单元格图形效果、基于特征设置条件格式和自定义条件格式的基础知识，同时还讲解了条件格式的一些基本的操作方法，在本章的最后还针对实际的工作需要，讲解了一些实例的上机操作方法。

12.1 单元格图形效果

本节导读

使用条件格式可以突出显示所关注的单元格或单元格区域，条件格式是基于条件更改单元格区域的外观。在 Excel 2010 中，内置的单元格图形效果样式包括数据条、色阶和图标集等。本节介绍单元格图形效果的相关知识及操作方法。

12.1.1 使用“数据条”

数据条可以帮助用户查看某个单元格相对于其他单元格的值。数据条的长度代表单元格中的值。数据条越短值越低，数据条越长值越高。下面将介绍使用数据条的操作方法。

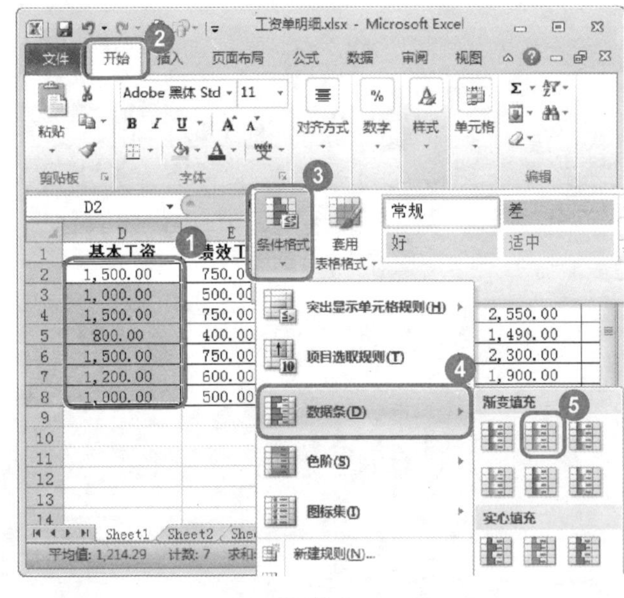

图 12-1

01

No.1 选择准备使用数据条样式的单元格区域。

No.2 选择【开始】选项卡。

No.3 单击【样式】组中【条件格式】下拉按钮。

No.4 在弹出的下拉菜单中，选择【数据条】菜单项。

No.5 在弹出的子菜单中，选择准备应用的数据条样式子菜单项，如图 12-1 所示。

	B	C	D	E
1	姓名	部门	基本工资	绩效工资
2	方建	市场部	1,500.00	750.00
3	何雨	物流部	1,000.00	500.00
4	钱欣	市场部	1,500.00	750.00
5	周艳	行政部	800.00	400.00
6	李佳	财务部	1,500.00	750.00
7	段奇	培训部	1,200.00	600.00
8	高亚玲	物流部	1,000.00	500.00

图 12-2

02 完成使用“数据条”的操作

可以看到选中的单元格区域以数据条的样式显示，如图 12-2 所示。

12.1.2 使用“色阶”

颜色刻度作为一种直观的指示，可以帮助用户了解数据分布和数据变化。色阶是指在一个单元格内，显示双色或者三色渐变，颜色的深浅表示值的高低。下面介绍使用色阶的操作方法。

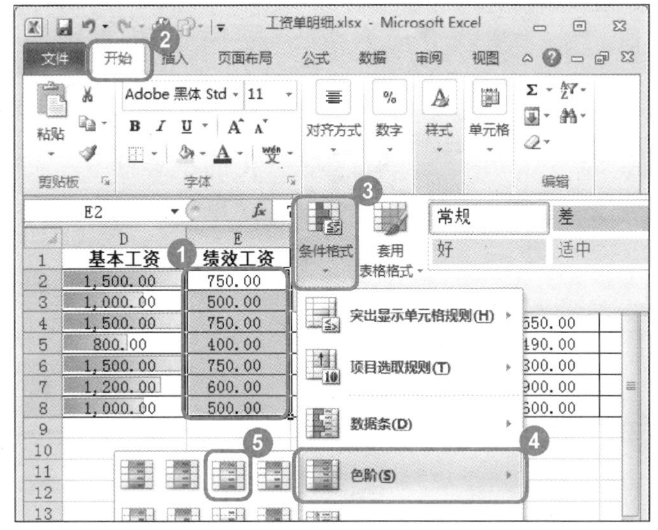

图 12-3

01

No.1 选择准备使用色阶样式的单元格区域。

No.2 选择【开始】选项卡。

No.3 单击【样式】组中【条件格式】下拉按钮。

No.4 在弹出的下拉菜单中，选择【色阶】菜单项。

No.5 在弹出的子菜单中，选择准备应用的色阶样式子菜单项，如图 12-3 所示。

	D	E	F
1	基本工资	绩效工资	工龄工资
2	1,500.00	750.00	200.00
3	1,000.00	500.00	200.00
4	1,500.00	750.00	200.00
5	800.00	400.00	200.00
6	1,500.00	750.00	50.00
7	1,200.00	600.00	100.00
8	1,000.00	500.00	100.00

图 12-4

02

返回到工作表界面，可以看到选中的单元格区域已以色阶的样式显示，如图 12-4 所示。

知识精讲

双色刻度使用两种颜色的深浅程度来帮助用户比较某个区域的单元格。三色颜色刻度用三种颜色的深浅程度来帮助用户比较某个区域的单元格。

12.1.3 使用“图标集”

使用图标集可以对数据进行注释，并可以按阈值将数据分为 3 ～ 5 个类别。每个图标代表一个值的范围。下面介绍使用图标集的操作方法。

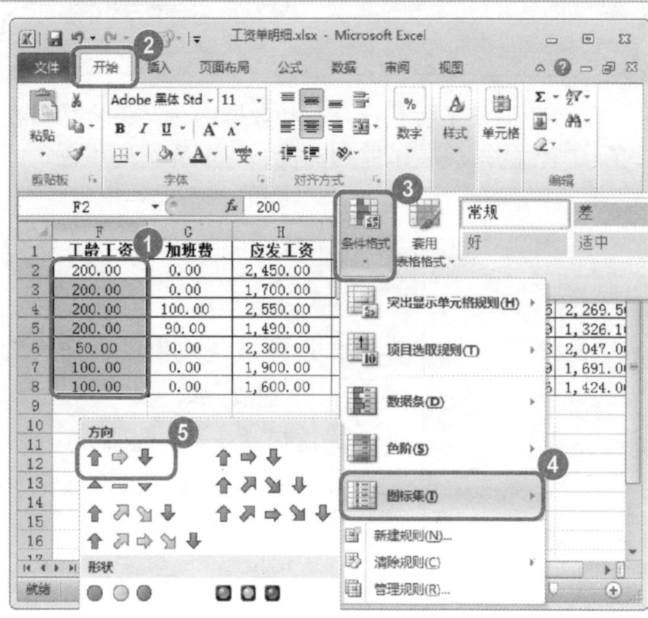

图 12-5

01

No.1 选择准备使用图标集样式的单元格区域。

No.2 选择【开始】选项卡。

No.3 单击【样式】组中【条件格式】下拉按钮。

No.4 在弹出的下拉菜单中，选择【图标集】菜单项。

No.5 在弹出的子菜单中，选择准备应用的图标集样式子菜单项，如图 12-5 所示。

H13

	D	E	F	G	应
1	基本工资	绩效工资	工龄工资	加班费	应
2	1,500.00	750.00	200.00	0.00	2,4
3	1,000.00	500.00	200.00	0.00	1,7
4	1,500.00	750.00	200.00	100.00	2,5
5	800.00	400.00	200.00	90.00	1,4
6	1,500.00	750.00	50.00	0.00	2,3
7	1,200.00	600.00	100.00	0.00	1,9
8	1,000.00	500.00	100.00	0.00	1,6

图 12-6

02

返回到工作表界面，可以看到选中的单元格区域已以图标集的样式显示，如图 12-6 所示。

Section

12.2 基于特征设置条件格式

本节导读

基于特征设置条件格式，可以突出显示相关单元格或者单元格区域，基于特征设置条件格式包括突出显示单元格规则和项目选取规则。本节介绍基于特征设置条件格式的相关知识及操作方法。

12.2.1 突出显示单元格规则

若要方便地查找单元格区域中某个特定的单元格，可以基于比较运算符设置这些特定单元格的格式，下面以突出显示“89” 为例，介绍突出显示单元格的方法。

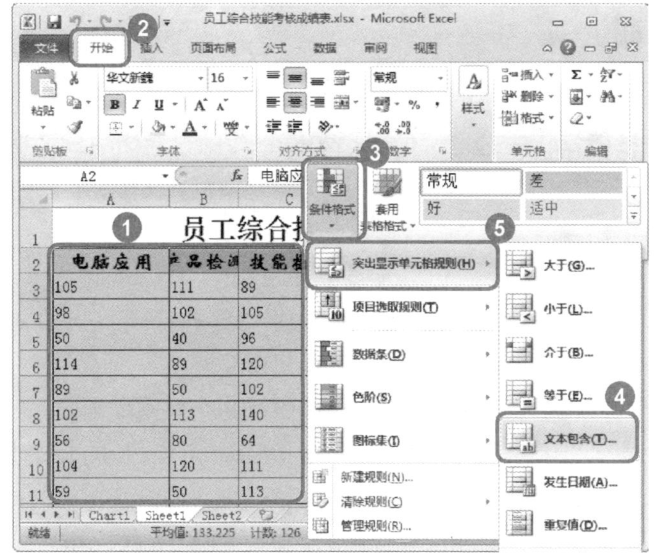

图 12-7

01

No.1 选择准备突出显示的单元格区域。

No.2 选择【开始】选项卡。

No.3 单击【样式】组中的【条件格式】下拉按钮。

No.4 在弹出的下拉菜单中，选择【突出显示单元格规则】菜单项。

No.5 在弹出的子菜单中，选择【文本包含】子菜单项，如图 12-7 所示。

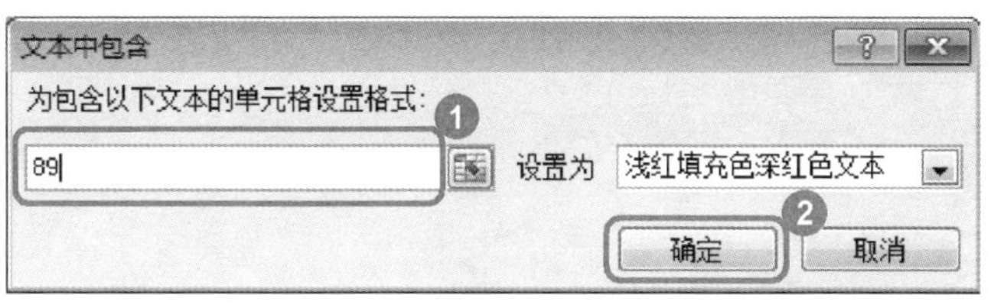

图 12-8

02

No.1 弹出【文本中包含】对话框，在【为包含以下文本的单元格设置格式】文本框中，输入数字“89”。

No.2 单击【确定】按钮，如图 12-8 所示。

	A	B	C	D	E	F
1	员工综合技能考核成绩表					
2	电脑应用	产品检测	技能操作	合计	员工编号	姓名
3	105	111	89	305	BH20131015	万邦舟
4	98	102	105	305	BH20131013	马英
5	50	40	96	186	BH20131010	王敏
6	114	89	120	323	BH20131017	尹丽
7	89	50	102	241	BH20131012	卢鑫怡
8	102	113	140	355	BH20131005	刘雪
9	56	80	64	200	BH20131003	李聃
10	104	120	111	335	BH20131018	李啸吟
11	59	50	113	222	BH20131004	李霞

图 12-9

03

返回到工作表界面，可以看到在选择的单元格区域中，数字“89”已经被突现出来，如图 12-9 所示。

12.2.2　项目选取规则

项目选取规则允许用户识别项目中最大或最小的百分数或数字所指定的项，或者指定大于或小于平均值的单元格。下面以技能操作中选取“低于平均值”为例，介绍项目选取规则的操作方法。

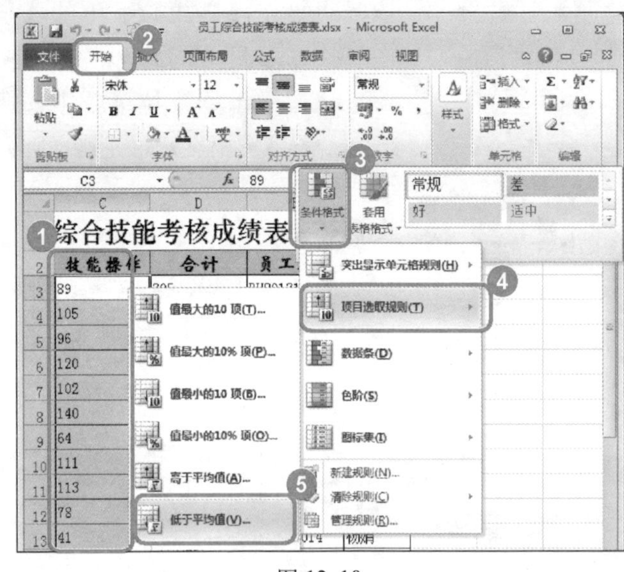

图 12-10

01

No.1　选择准备进行项目选取的单元格区域。

No.2　选择【开始】选项卡。

No.3　单击【样式】组中【条件格式】下拉按钮。

No.4　在弹出的下拉菜单中，选择【项目选取规则】菜单项。

No.5　在弹出的子菜单中，选择【低于平均值】子菜单项，如图 12-10 所示。

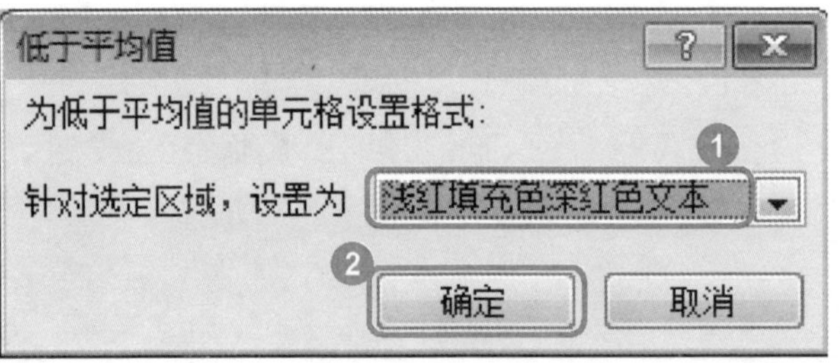

图 12-11

02

No.1　弹出【低于平均值】对话框，在【设置为】下拉列表中，选择准备使用的列表项。

No.2　单击【确定】按钮，如图 12-11 所示。

	A	B	C	D	E	F
1	员工综合技能考核成绩表					
2	电脑应用	产品检测	技能操作	合计	员工编号	姓名
3	105	111	89	305	BH20131015	万邦舟
4	98	102	105	305	BH20131013	马英
5	50	40	96	186	BH20131010	王敏
6	114	89	120	323	BH20131017	尹丽
7	89	50	102	241	BH20131012	卢鑫怡
8	102	113	140	355	BH20131005	刘雪
9	56	80	64	200	BH20131003	李珊
10	104	120	111	335	BH20131018	李啸吟

图 12-12

03

可以看到系统已经在选中的单元格区域中，将低于平均值的数值显示出来，如图 12-12 所示。

Section 12.3 自定义条件格式

本节导读

在 Excel 2010 工作表中，内置的条件格式样式如果不能满足工作要求，用户可以根据实际工作需要自定义条件格式。本节介绍自定义条件格式的相关知识及操作方法。

12.3.1 自定义条件格式样式

用户可以使用新建规则功能来自定义条件格式样式，下面以“医疗保险”这一列设置自定义条件格式样式为例，介绍自定义条件格式样式的操作方法。

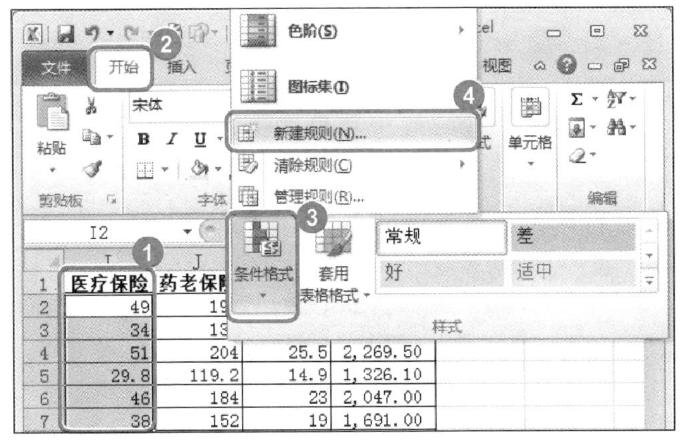

图 12-13

01

No.1 选择准备自定义条件格式样式的单元格区域。

No.2 选择【开始】选项卡。

No.3 单击【样式】组中【条件格式】下拉按钮。

No.4 在弹出的下拉菜单中，选择【新建规则】菜单项，如图 12-13 所示。

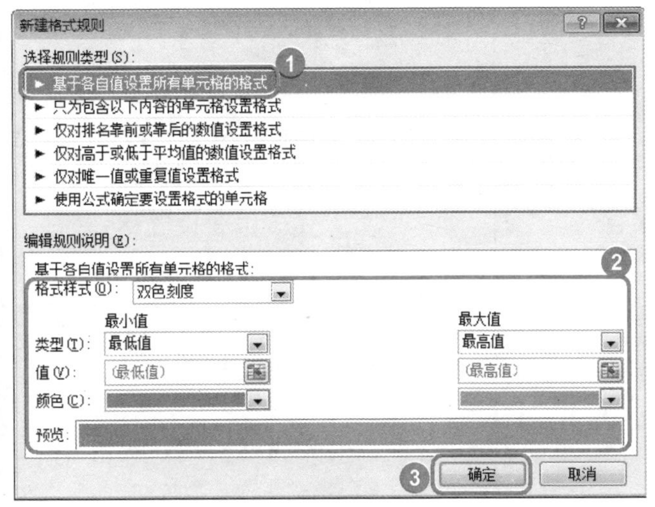

图 12-14

02

No.1 弹出【新建格式规则】对话框，在【选择规则类型】列表框中，选择【基于各自值设置所有单元格的格式】列表项。

No.2 在【编辑规则说明】区域中，分别详细设置相关参数。

No.3 单击【确定】按钮，如图 12-14 所示。

	G	H	I	J	K
1	加班费	应发工资	医疗保险	药老保险	失业保险
2	0.00	2,450.00	49	196	24.5
3	0.00	1,700.00	34	136	17
4	100.00	2,550.00	51	204	25.5
5	90.00	1,490.00	29.8	119.2	14.9
6	0.00	2,300.00	46	184	23
7	0.00	1,900.00	38	152	19
8	0.00	1,600.00	32	128	16
9					

图 12-15

03

返回到工作表界面，可以看到选中的单元格区域已以自定义条件格式的样式显示，如图 12-15 所示。

12.3.2 使用公式自定义条件格式

使用公式自定义条件格式是指将有指定公式的单元格或者单元格区域，以设置好的条件格式样式显示出来。下面介绍使用公式自定义条件格式的操作方法。

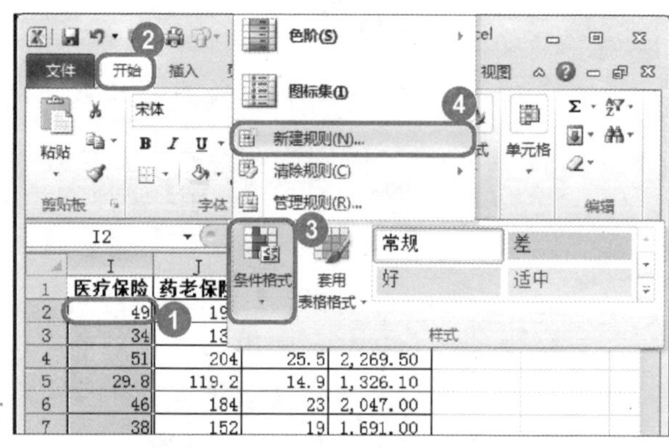

图 12-16

No.1 选择任意单元格。

No.2 选择【开始】选项卡。

No.3 单击【样式】组中【条件格式】下拉按钮。

No.4 在弹出的下拉菜单中，选择【新建规则】菜单项，如图 12-16 所示。

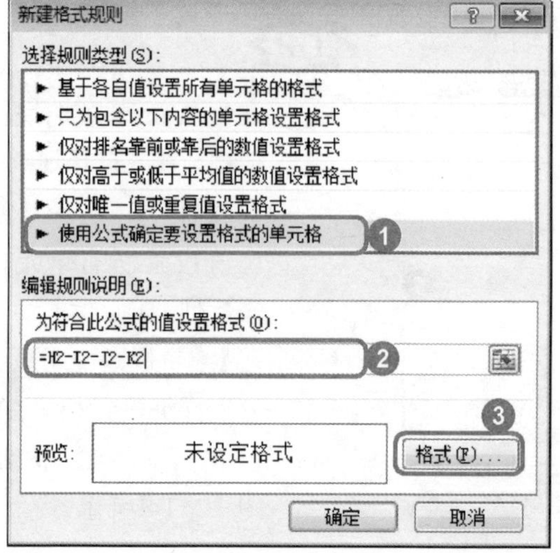

图 12-17

02

No.1 弹出【新建格式规则】对话框，在【选择规则类型】列表框中，选择【使用公式确定要设置格式的单元格】列表项。

No.2 在【为符合此公式的值设置格式】文本框中，输入准备使用的公式。

No.3 单击【格式】按钮，如图 12-17 所示。

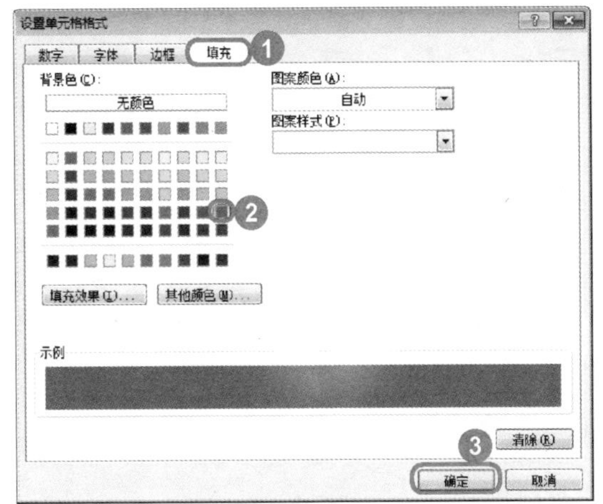

图 12-18

No.1 弹出【设置单元格格式】对话框，选择【填充】选项卡。

No.2 在【背景色】区域中，选择准备使用的色块。

No.3 单击【确定】按钮，如图 12-18 所示。

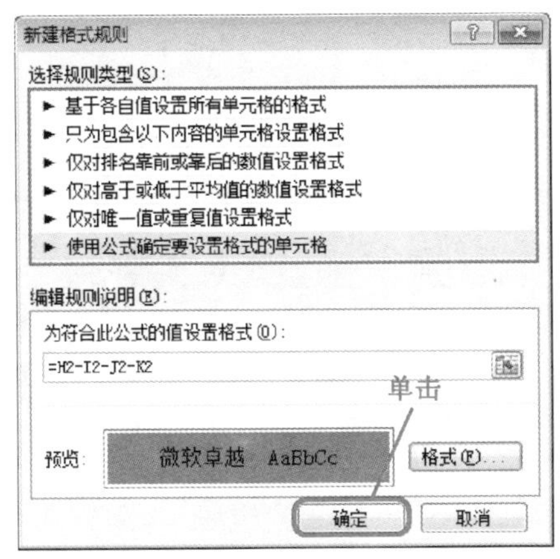

图 12-19

返回到【新建格式规则】对话框，在【预览】区域中，可以看到刚刚设置的自定义格式和输入的公式，单击【确定】按钮，如图 12-19 所示。

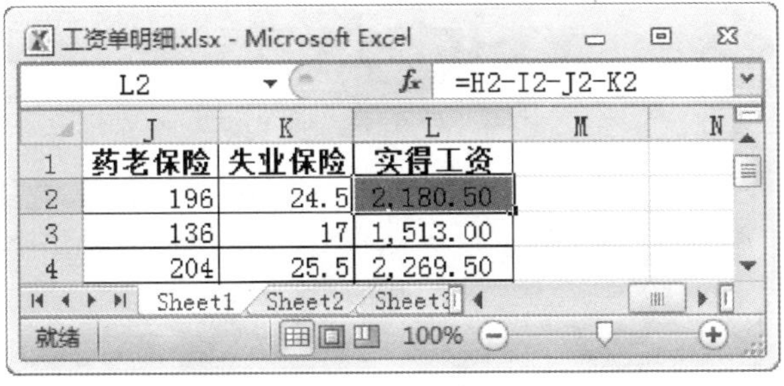

图 12-20

返回到工作表中，可以看到符合此公式值的单元格以自定义的样式显示，如图 12-20 所示。

教你一招

调整新建规则

如果需要调整新建规则，可以单击【样式】组中【条件格式】下拉按钮，在弹出的下拉菜单中，选择【管理规则】菜单项，系统会弹出【条件格式规则管理器】对话框，在这里可重新编辑或者调整新建的规则。

Section 12.4　条件格式的操作

本节导读

当为工作表中的单元格添加了条件格式后，还可以对这些条件格式进行一些操作，包括查找条件格式、复制条件格式、删除条件格式等。本节介绍条件格式的相关操作方法。

12.4.1　查找条件格式

查找条件格式功能，可以帮助用户快速的找到所有具有条件格式的单元格。

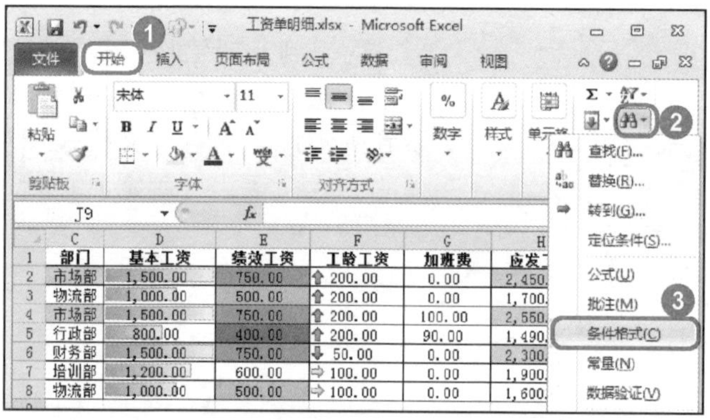

图 12-21

01

No.1 选择【开始】选项卡。

No.2 单击【编辑】组中【查找和选择】下拉按钮。

No.3 在弹出的下拉菜单中，选择【条件格式】菜单项，如图 12-21 所示。

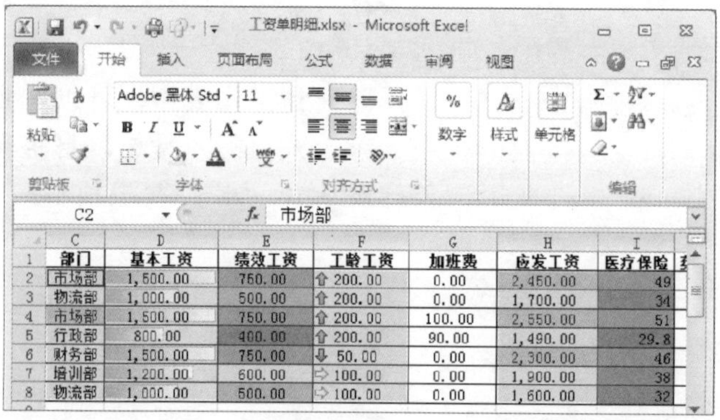

图 12-22

02

返回到工作表界面，可以看到所有含有条件格式的单元格或单元格区域，都显示为选中的状态，如图 12-22 所示。

12.4.2　复制条件格式

在 Excel 2010 工作表中，用户可以将表格中的某个条件格式，复制到其他位置。

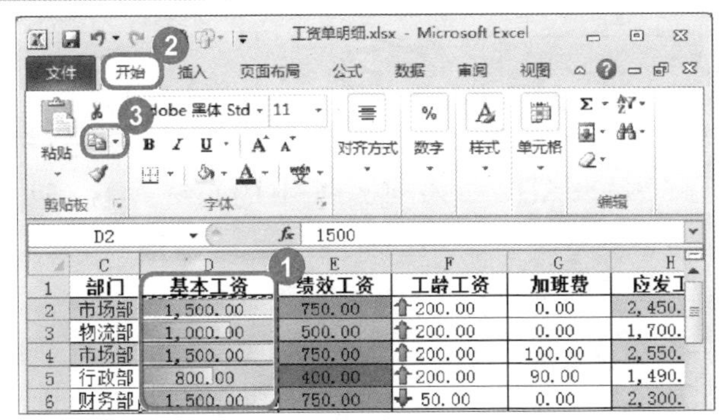

图 12-23

01

No.1 选中含有条件格式的单元格区域。

No.2 选择【开始】选项卡。

No.3 单击【剪贴板】组中的【复制】按钮，如图 12-23 所示。

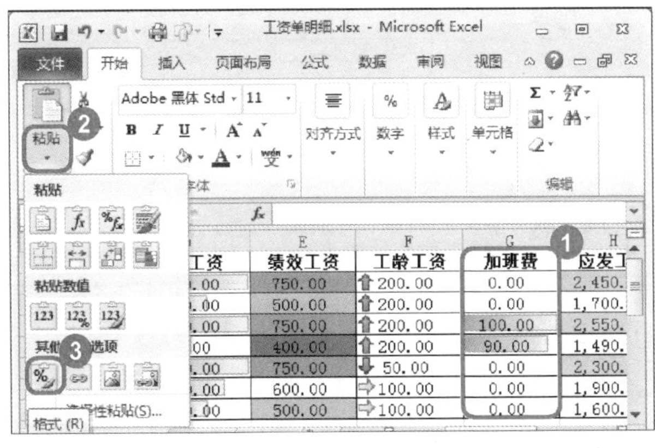

图 12-24

02

No.1 选择准备复制条件格式的单元格区域。

No.2 单击【剪贴板】组中【粘贴】下拉按钮。

No.3 在弹出的下拉列表中，选择【格式】列表项，即可完成复制条件格式的操作，如图 12-24 所示。

12.4.3 删除条件格式

如果用户不再需要使用条件格式，可以选择将其删除。下面介绍删除条件格式的操作方法。

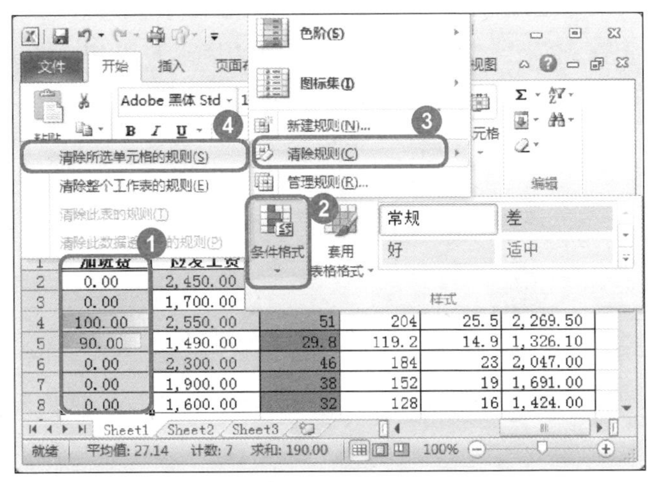

图 12-25

01

No.1 选中准备删除条件格式的单元格区域。

No.2 单击【样式】组中【条件格式】下拉按钮。

No.3 在弹出的下拉菜单中选择【清除规则】菜单项。

No.4 选择【清除所选单元格的规则】子菜单项，如图 12-25 所示。

	F	G	H	I
1	工龄工资	加班费	应发工资	医疗保险
2	200.00	0.00	2,450.00	49
3	200.00	0.00	1,700.00	34
4	200.00	100.00	2,550.00	51
5	200.00	90.00	1,490.00	29.8
6	50.00	0.00	2,300.00	46
7	100.00	0.00	1,900.00	38
8	100.00	0.00	1,600.00	32

图 12-26

02

返回到工作表界面，可以看到，选中的单元格区域中所包含的条件格式已经被删除，如图 12-26 所示。

Section 12.5 实践案例与上机操作

12.5.1 调整条件格式优先级

在条件格式管理器的规则列表中，较高处的规则的优先级高于列表中较低处的规则，当使用的规则有冲突时，系统会使用优先级较高的条件格式。下面介绍调整条件格式优先级的操作方法。

图 12-27

01

No.1 选择【开始】选项卡。

No.2 单击【样式】组中【条件格式】下拉按钮。

No.3 在弹出的下拉菜单中，选择【管理规则】菜单项，如图 12-27 所示。

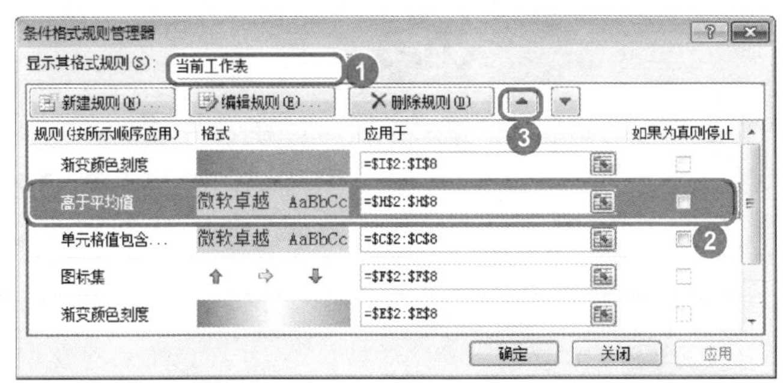

图 12-28

02

No.1 弹出【条件格式规则管理器】对话框，在【显示其格式规则】列表中，选择【当前工作表】列表项。

No.2 在规则列表中选择准备设置优先的规则。

No.3 单击【上移】按钮▲，如图 12-28 所示。

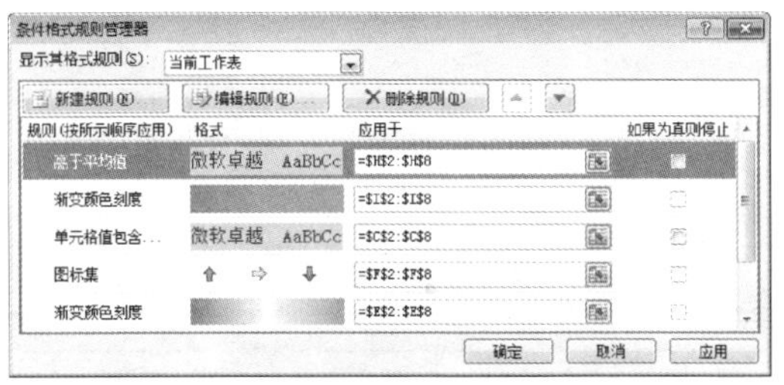

图 12-29

03

可以看到选择的规则列表项已经上移，单击【确定】按钮 确定 ，即可完成调整条件格式优先级的操作，如图 12-29 所示。

12.5.2 制作销售差异分析

在 Excel 2010 工作表中使用“数据条”功能，可以很直观地展示销售额在表格中的差异，方便数据分析。下面介绍制作销售差异分析的操作方法。

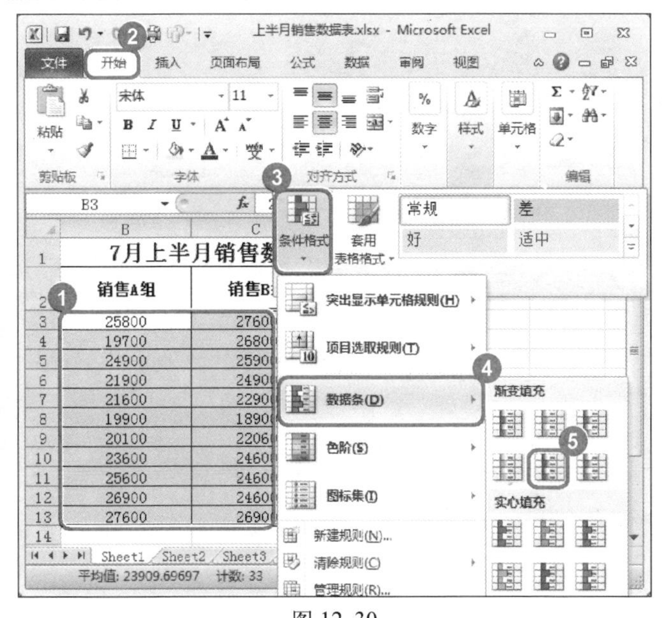

图 12-30

01

No.1 选中“B3:D13”单元格区域。

No.2 选择【开始】选项卡。

No.3 单击【样式】组中【条件格式】下拉按钮 。

No.4 在弹出的下拉菜单中，选择【数据条】菜单项。

No.5 在弹出的子菜单中，选择准备应用的数据条样式。如图 12-30 所示。

	A	B	C	D
1	7月上半月销售数据表			
2	组别 日期	销售A组	销售B组	销售C组
3	7月1日	25800	27600	19600
4	7月2日	19700	26800	25600
5	7月3日	24900	25900	26900
6	7月6日	21900	24900	24900
7	7月7日	21600	22900	23900
8	7月8日	19900	18900	19600
9	7月9日	20100	22060	23060
10	7月10日	23600	24600	23900
11	7月13日	25600	24600	23600
12	7月14日	26900	24600	23900
13	7月15日	27600	26900	26700

图 12-31

02

返回到工作表界面，可以看到选中的单元格区域以数据条的样式显示，在工作表中可以很直观的查看各组每天的销售情况，如图 12-31 所示。

12.5.3 突出显示不及格学生的成绩

在学生成绩表中，使用突出显示可以快速的查找出不及格学生的成绩。下面介绍突出显示不及格学生成绩的操作方法。

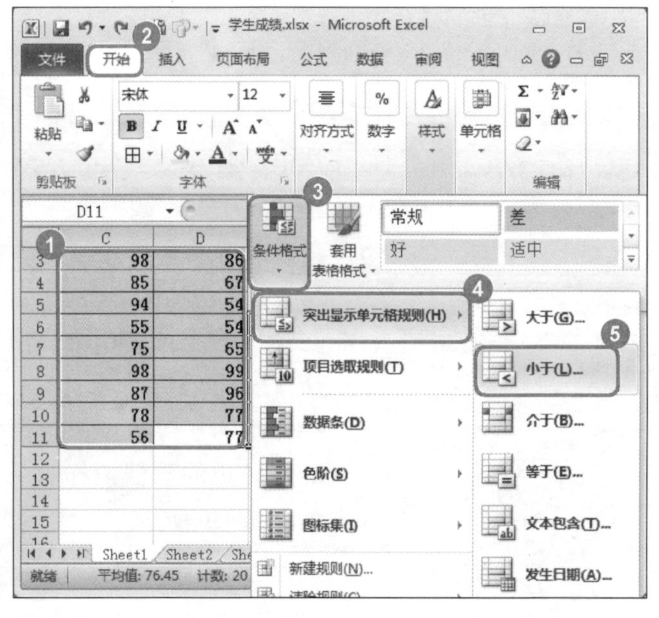

图 12-32

01

No.1 选中“C2:D11”单元格区域。

No.2 选择【开始】选项卡。

No.3 单击【样式】组中【条件格式】下拉按钮。

No.4 在弹出的下拉菜单中，选择【突出显示单元格规则】菜单项。

No.5 在弹出的子菜单中，选择【小于】子菜单项。如图 12-32 所示。

图 12-33

02

No.1 弹出【小于】对话框，在【为小于以下值的单元格设置格式】文本框中，输入数值“60”。

No.2 单击【确定】按钮，如图 12-33 所示。

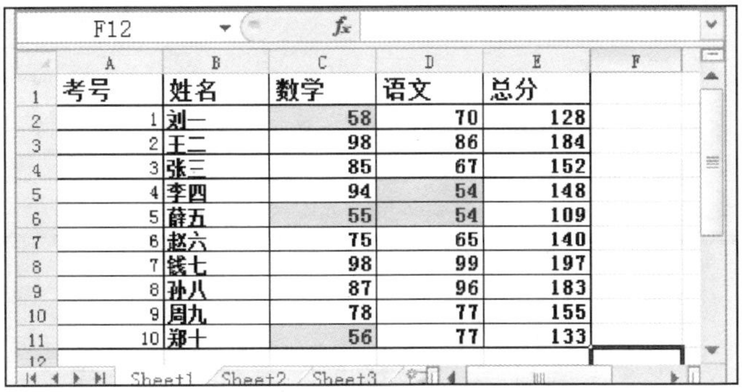

考号	姓名	数学	语文	总分
1	刘一	58	70	128
2	王二	98	86	184
3	张三	85	67	152
4	李四	94	54	148
5	薛五	55	54	109
6	赵六	75	65	140
7	钱七	98	99	197
8	孙八	87	96	183
9	周九	78	77	155
10	郑十	56	77	133

图 12-34

03

返回到工作表中，可以看到小于“60”数值的学生成绩已经被突出显示出来，如图 12-34 所示。

第 13 章

使用统计图表分析数据

本章介绍认识图表、创建图表、编辑图表和设置图表格式的基础知识，同时还讲解了使用迷你图的一些操作方法。在本章的最后还针对实际的工作需要，讲解了一些实例的上机操作方法。

Section
13.1 认识图表

本节导读

图表是指对数据和信息可以直观展示，起到关键作用的图形结构。应用图表可以使数据更加直观，更清晰地显示各个数据之间的关系和数据的变化情况，从而方便用户快速而准确地获得信息。本节介绍图表的类型及组成的相关知识。

13.1.1 图表的类型

按照Microsoft Excel 2010对图表类型的分类，图表可分为柱形图、折线图、饼图、条形图、面积图、散点图、股价图、曲面图、圆环图、气泡图和雷达图等11种。不同类型的图表可能具有不同的构成要素，下面分别予以介绍。

1. 柱形图

柱形图用于显示一段时间内，数据的变化或各项数据之间的比较情况，如图13-1所示。柱形图包括二维柱形图、三维柱形图、圆柱柱形图、圆锥柱形图和棱锥柱形图等5种类型。

2. 折线图

折线图可以显示随时间（根据常用比例设置）而变化的连续数据，如图13-2所示。通常绘制折线图时，类别数据沿水平轴均匀分布，数据值沿垂直轴均匀分布。折线图可分为二维折线图和三维折线图两种。

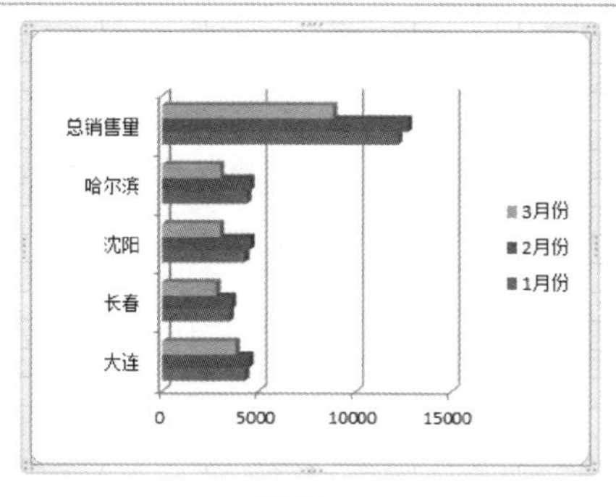

图13-1

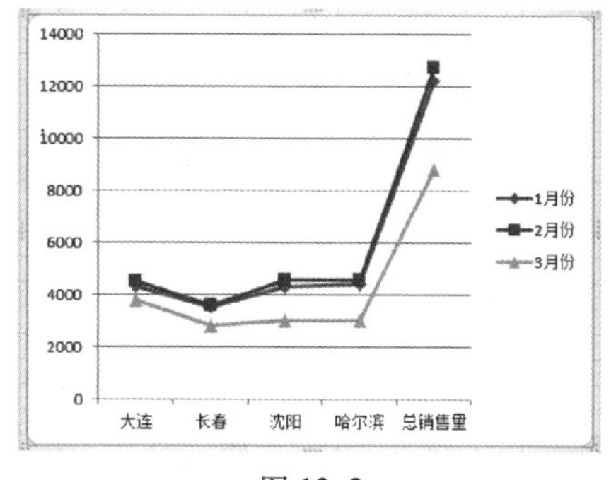

图13-2

3. 饼图

饼图可以清晰直观地反映数据中各项所占的百分比或某个单项占总体的比例，使用饼图能够很方便地查看整体与个体之间的关系，如图13-3所示。饼图的特点是只能将工作表中的一列或一行绘制到饼图中。饼图可分为二维饼图和三维饼图两种。

4. 条形图

条形图是用来描绘各个项目之间数据差别情况的一种图表，如图 13-4 所示。重点强调的是，在特定时间点上，分类轴和数值之间的比较。条形图主要包括二维条形图、三维条形图、圆柱图、圆锥图、棱锥图等。

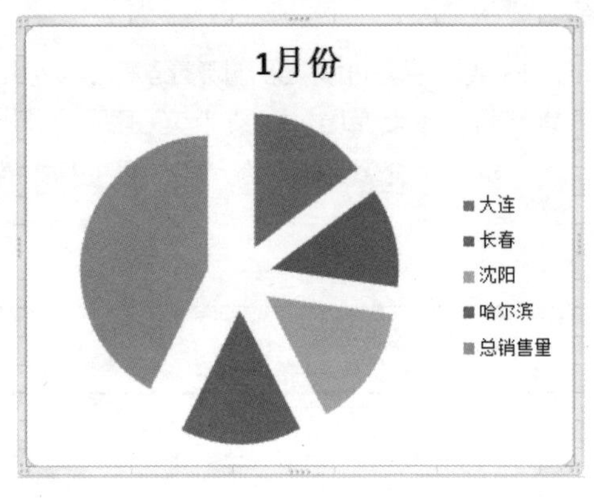

图 13-3

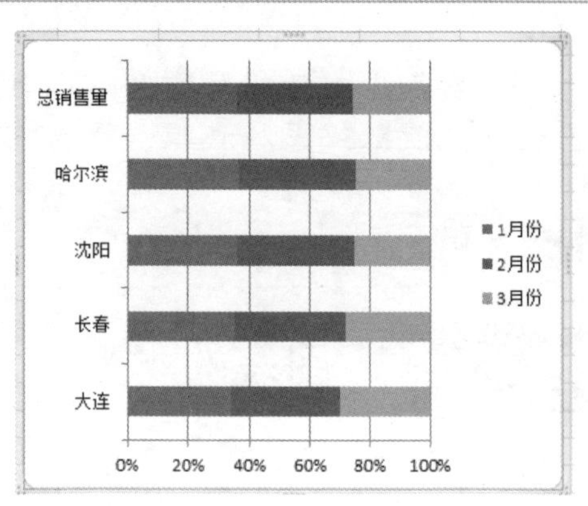

图 13-4

5. 面积图

面积图用于显示某个时间阶段总数与数据系列的关系，面积图强调数量随时间而变化的程度，还可以使观看图表的人更加注意总值趋势的变化，如图 13-5 所示。面积图包括二维面积图和三维面积图两种。

6. 散点图

散点图又称为 XY 散点图，用于显示若干数据系列中各数值之间的关系。利用散点图可以绘制函数曲线。散点图通常用于显示和比较数值，如科学数据、统计数据或工程数据等，如图 13-6 所示。

XY 散点图中包括 5 种子类型，仅带数据标记的散点图、带平滑线和数据标记的散点图、带平滑线的散点图、带直线和数据标记的散点图以及带直线的散点图。

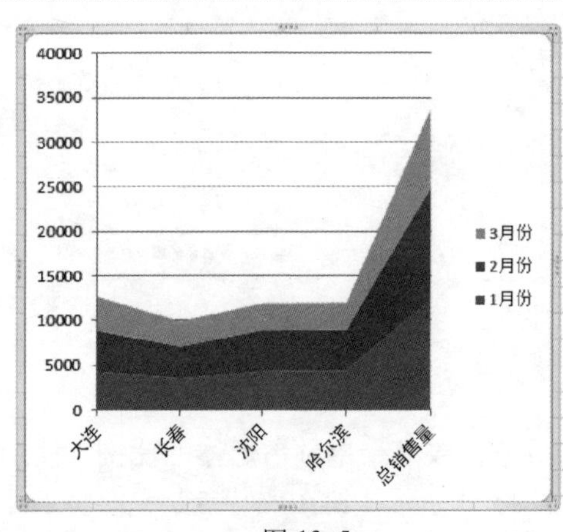

图 13-5

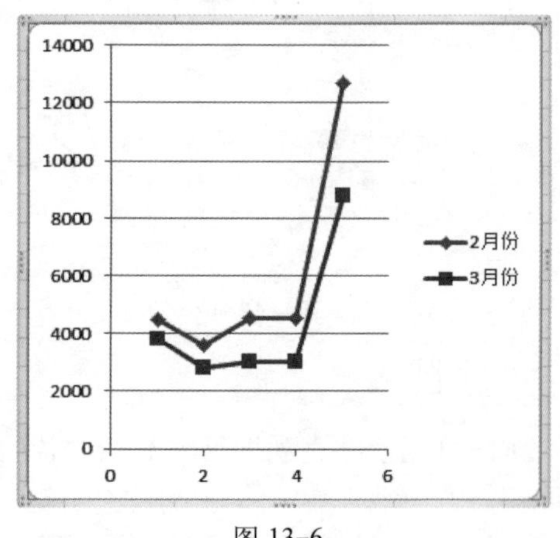

图 13-6

7. 股价图

顾名思义，股价图是用来分析股价的波动和走势的图表，在实际工作中，股价图也可用于计算和分析科学数据，如图 13-7 所示。需注意的是，用户必须按正确的顺序组织数据才能创建股价图，股价图分为盘高 - 盘底 - 收盘图、开盘 - 盘高 - 盘底 - 收盘图、成交量 - 盘高 - 盘底 - 收盘图和成交量 - 开盘 - 盘高 - 盘底 - 收盘图等 4 种类型。

8. 曲面图

曲面图主要用于两组数据之间的最佳组合，如果 Excel 工作表中数据较多，而用户又准备找到两组数据之间的最佳组合时，可以使用曲面图，如图 13-8 所示。曲面图包含 4 种类型，分别为曲面图、曲面图（俯视框架）、三维曲面图和三维曲面图（框架图）。

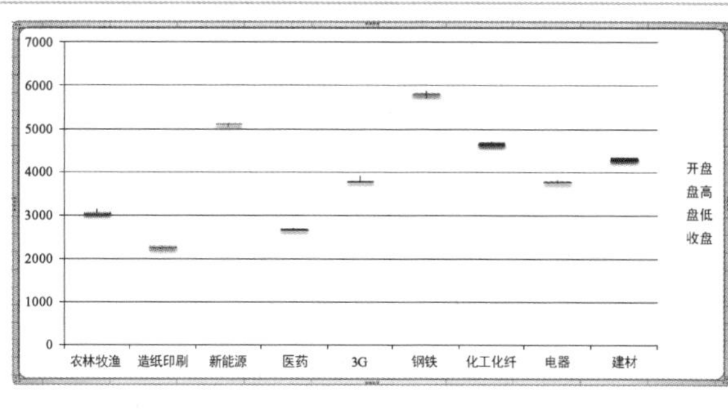

图 13-7

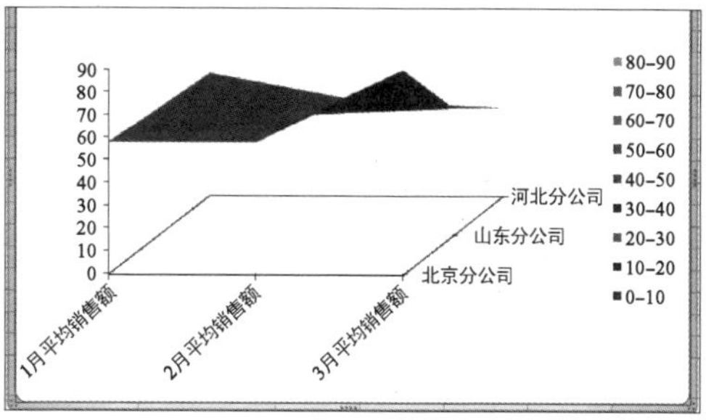

图 13-8

9. 圆环图

圆环图同饼图类似，同样是用来表示各个数据间，整体与部分的比例关系，但圆环图可以包含多个数据系列，如图 13-9 所示。使数据量更加丰富。圆环图主要包括圆环图和分离型圆环图两种。

10. 气泡图

气泡图与 XY 散点图类似，用于显示变量之间的关系，但气泡图可对成组的三个数值进行比较，如图 13-10 所示。气泡图包括气泡图和三维气泡图两种类型。

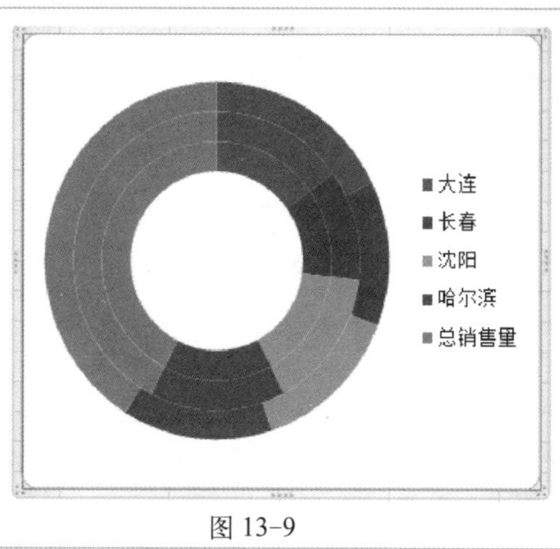

图 13-9

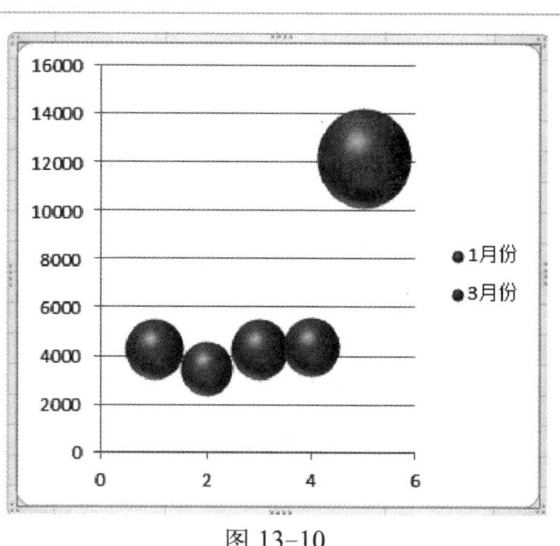

图 13-10

11. 雷达图

雷达图可以比较若干数据系列的聚合值，用于显示数据中心点以及数据类别之间的变化趋势，也可以将覆盖的数据系列用不同的演示显示出来，如图 13-11 所示。雷达图主要包括雷达图、带数据标记的雷达图和填充雷达图等三种类型。

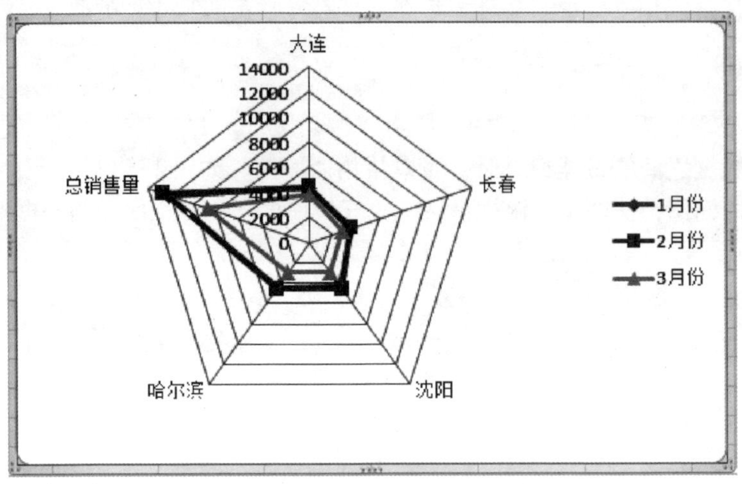

图 13-11

13.1.2 图表的组成

在 Excel 2010 工作表中，创建完成的图表由图表区、绘图区、图表标题、数据系列、图例项和坐标轴等多个部分组成，如图 13-12 所示。

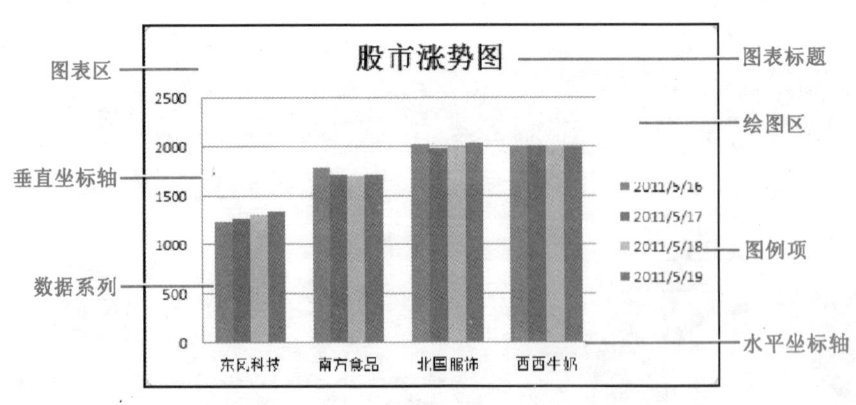

图 13-12

知识精讲

图表可分为 11 大类，但每个图表类型又包括多种子类型和多个小类别，所以图表是多种多样的，用户可以根据需要，选用不同的图表。

Section

13.2 创建图表的方法

本节导读

在 Excel 2010 工作表中，如果用户希望创建图表来展示工作表中的数据，首先要知道创建图表的方法以及流程。在创建图表时，要注意选择适当的图表类型。在创建了图表后，如需要对图表进行更改，也可以在后期的设置过程中更改图表的类型或数据源。

13.2.1 插入图表

创建图表时，用户可以为数据选择适当的图表类型。下面以创建柱形图为例，介绍插入图表的操作方法。

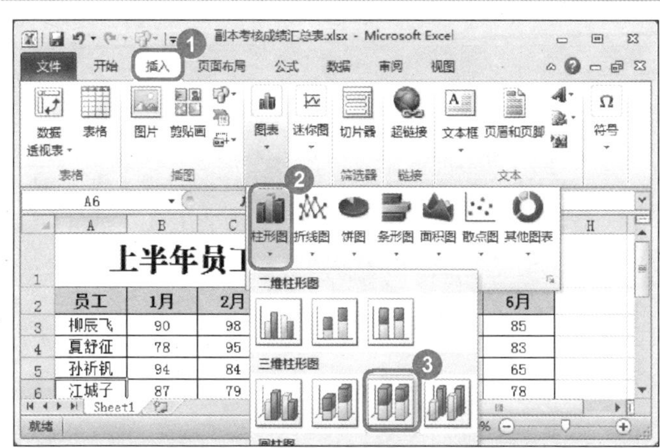

图 13-13

01

No.1 选择【插入】选项卡。

No.2 在【图表】组中，单击【柱形图】下拉按钮 。

No.3 在弹出的下拉列表框中，选择准备使用的柱形图的样式选项，如图 13-13 所示。

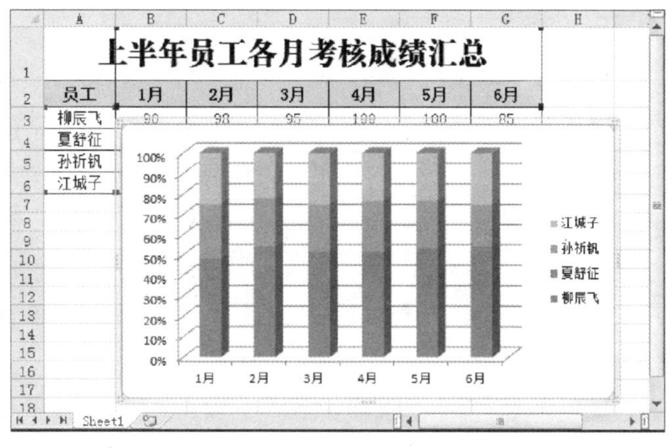

图 13-14

02

可以看到，在工作表界面中，系统会自动添加一个柱形图表，并以柱形图表的形式显示表格中的数据，如图 13-14 所示。

13.2.2 选择数据

在插入图表之后，用户可以选择需要的数据显示在图表中。下面介绍选择数据的操作方法。

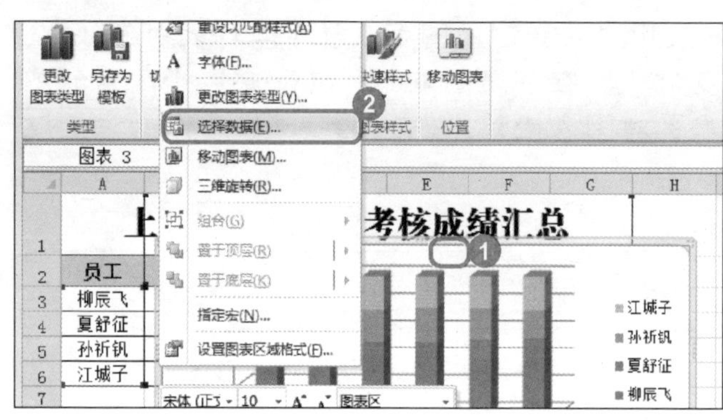

图 13-15

01

No.1 使用鼠标右键单击图表的边框位置。

No.2 在弹出的快捷菜单中，选择【选择数据】菜单项，如图 13-15 所示。

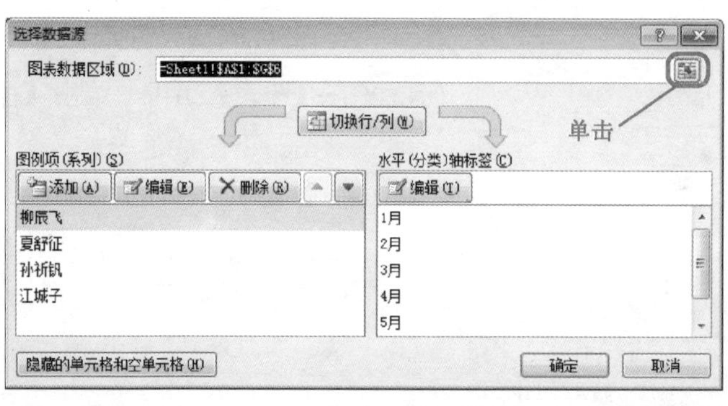

图 13-16

02

弹出【选择数据源】对话框，单击【图表数据区域】右侧的【折叠】按钮，如图 13-16 所示。

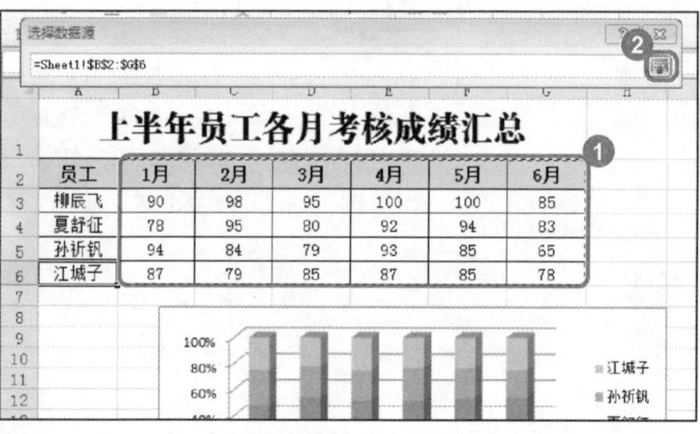

员工	1月	2月	3月	4月	5月	6月
柳辰飞	90	98	95	100	100	85
夏舒征	78	95	80	92	94	83
孙祈钒	94	84	79	93	85	65
江城子	87	79	85	87	85	78

图 13-17

03

No.1 可以看到【选择数据源】对话框显示为折叠状态，在工作表中选择准备进行添加数据的单元格区域。

No.2 单击【展开】按钮，如图 13-17 所示。

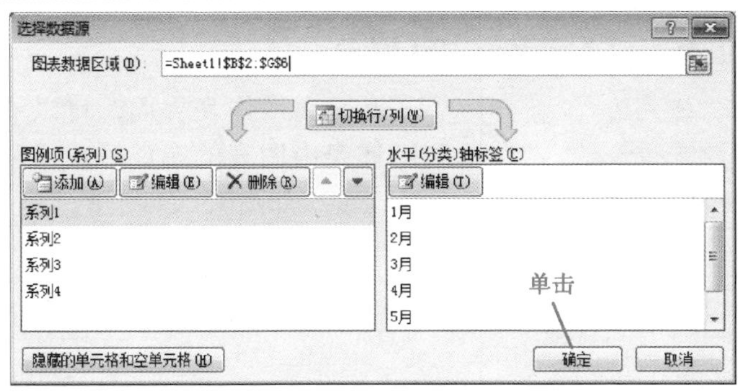

图 13-18

04

返回到【选择数据源】对话框，可以看到，在【图表数据区域】文本框中的数据已经改变，单击【确定】按钮，如图 13-18 所示。

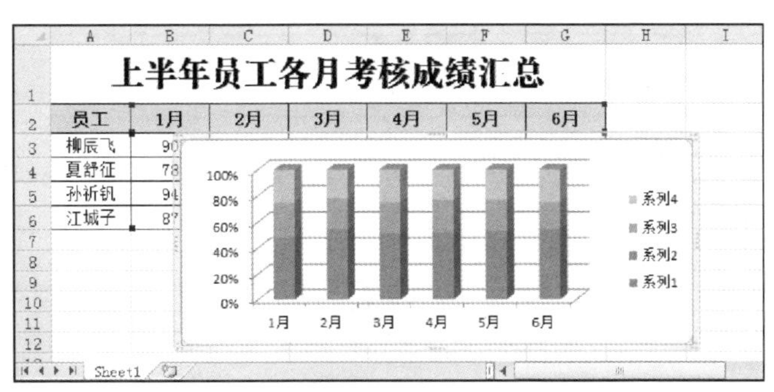

图 13-19

05

返回到工作表界面，可以看到图表已按照选择的数据进行显示，如图 13-19 所示。

13.2.3 图表布局

在选择完数据之后，用户就可以选择准备使用的布局样式了。不同的图表类型，其布局的方式也不同。下面介绍更改图表布局的操作方法。

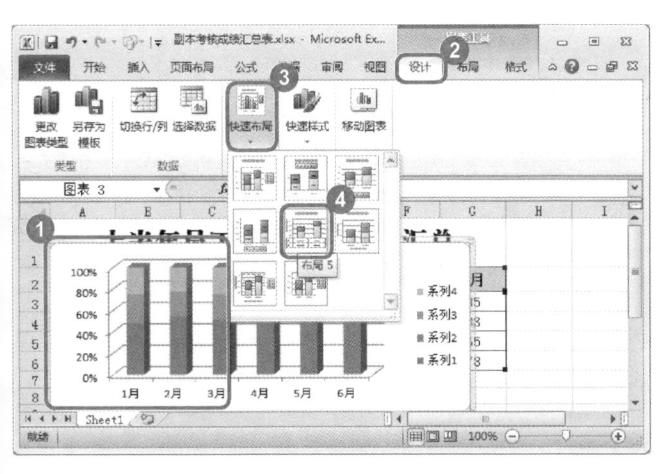

图 13-20

01

No.1 选择准备进行更改布局的图表。

No.2 选择【设计】选项卡。

No.3 在【图表布局】组中，单击【快速布局】下拉按钮。

No.4 在弹出的下拉列表中，选择准备应用的图表布局，如图 13-20 所示。

图 13-21

02

返回到工作表界面，可以看到工作表中图表的布局样式已经发生改变，如图 13-21 所示。

13.2.4 图表样式

在 Excel 2010 工作表中，用户还可以对图表的样式进行设置。不同的图表类型，其样式也不同。下面介绍修改图表样式的操作方法。

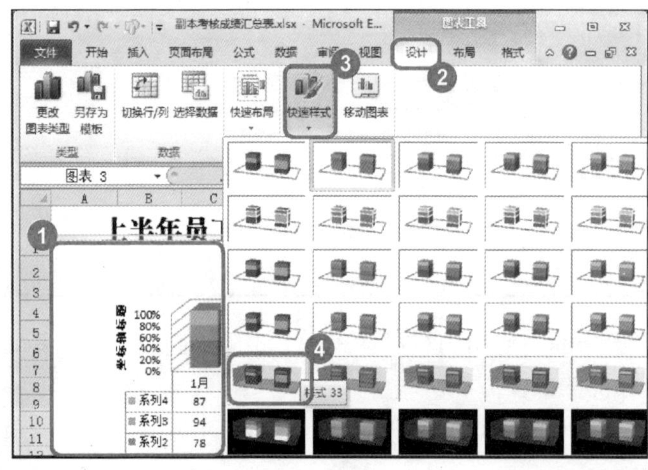

图 13-22

01

No.1 选择准备进行更改样式的图表。

No.2 选择【设计】选项卡。

No.3 在【图表样式】组中，单击【快速样式】下拉按钮。

No.4 在弹出的下拉列表中，选择准备应用的图表样式，如图 13-22 所示。

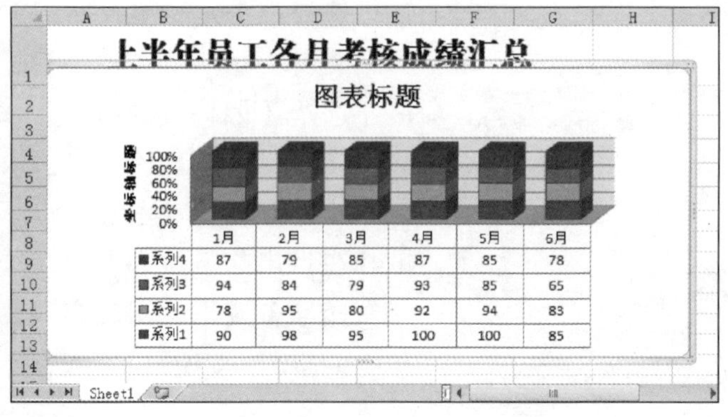

图 13-23

02

返回到工作表界面，可以看到工作表中图表的样式已经发生改变，如图 13-23 所示。

知识精讲

Excel 2010 中预设了 40 多种图表的样式，图表样式包括图表中的绘图区、背景、系列、标题等一系列元素的样式。

Section
13.3 编辑图表

本节导读

创建图表之后，用户还可以对创建的图表进行编辑，如调整图表大小、移动图表位置、更改数据源和更改图表类型等。本节介绍编辑图表的相关知识及操作方法。

13.3.1 调整图表大小

创建完成的图表在工作表中是按照默认大小显示的，如果用户不满意，可以调整其大小，以达到美化的效果。下面介绍调整图表大小的操作方法。

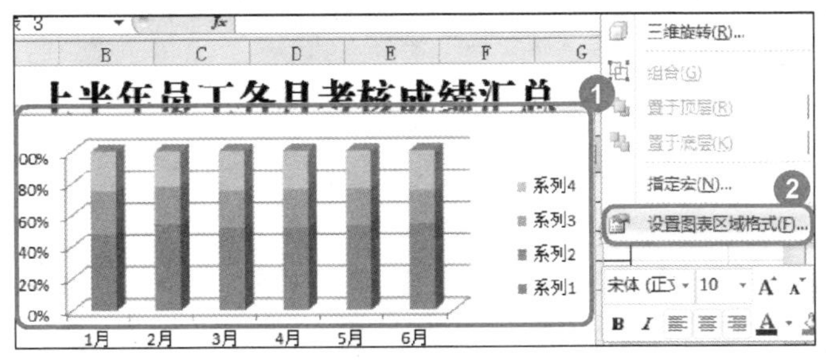

图 13-24

No.1 使用鼠标右键单击准备调整大小的图表。

No.2 弹出快捷菜单，选择【设置图表区域格式】菜单项，如图 13-24 所示。

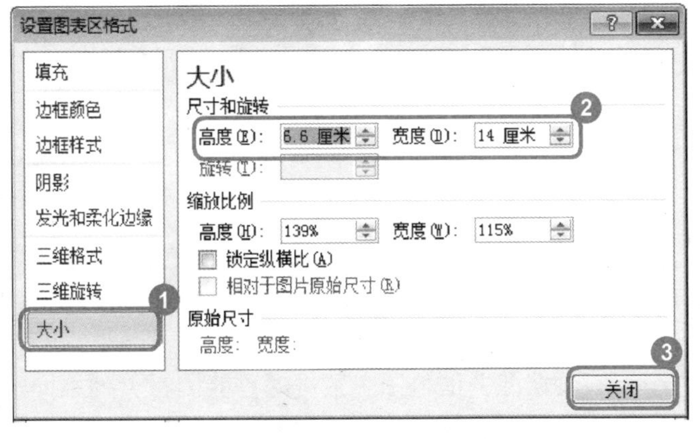

图 13-25

02

No.1 弹出【设置图表区格式】对话框，选择【大小】选项卡。

No.2 在【尺寸和旋转】区域中，设置图表的【高度】和【宽度】的具体数值。

No.3 单击【关闭】按钮，如图 13-25 所示。

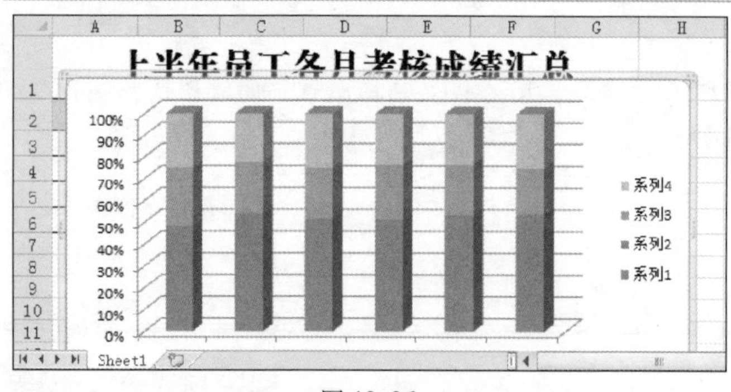

图 13-26

03

返回到工作表界面，可以看到工作表中图表的大小已经发生改变，如图 13-26 所示。

13.3.2 移动图表位置

图表在创建之后，一般系统会默认将其放置在工作表中的某一区域，如果用户不满意图表所在的位置，可以将其移动至满意的位置。下面介绍移动图表位置的方法。

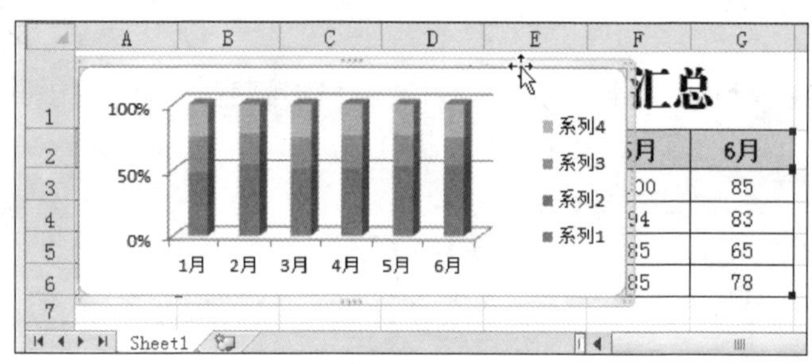

图 13-27

01

将鼠标指针停留在图表的边缘，鼠标指针变为“✥”形状，按住鼠标左键不放进行拖动，如图 13-27 所示。

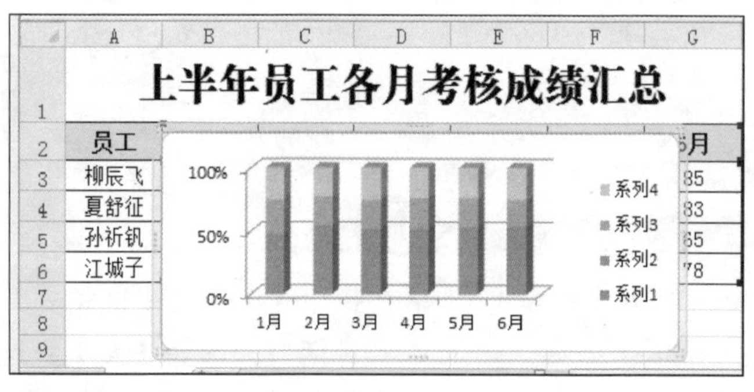

图 13-28

02

将图表拖动至目标位置后，释放鼠标左键，即可完成移动图表位置的操作，如图 13-28 所示。

13.3.3 更改数据源

在创建图表时，用户已经选择了图表的数据源，但是图表数据源可能因行、列不同，造成不能有效地用图表表现数据的情况，此时可以交换图表数据源的行与列排列。下面介绍通过切换图表的行与列来更改数据源的操作方法。

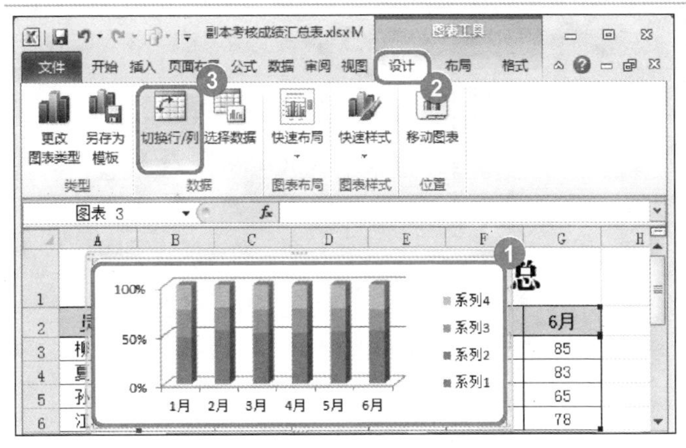

图 13-29

01

No.1 选择准备进行更改数据源的图表。

No.2 选择【图表工具】中的【设计】选项卡。

No.3 单击【数据】组中的【切换行/列】按钮，如图 13-29 所示。

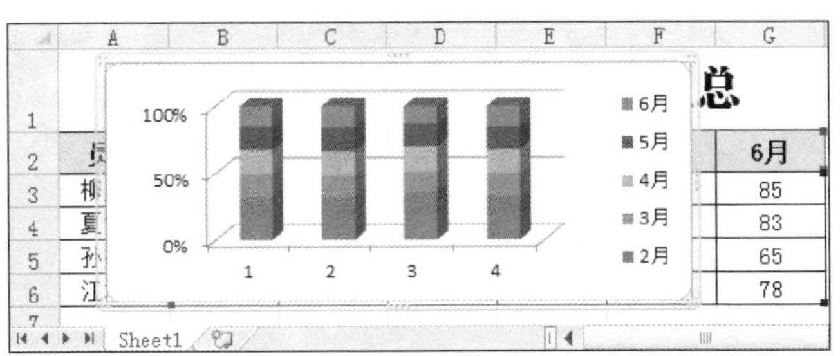

图 13-30

02

可以看到图表中显示的数据已被修改，如图 13-30 所示。

13.3.4 更改图表类型

将图表创建完毕后，如果图表并不能明确地将数据表现出来，用户可以重新选择适当的图表类型来表现数据。下面以将“柱形图”更改为“饼图”为例，来介绍更改图表类型的操作方法。

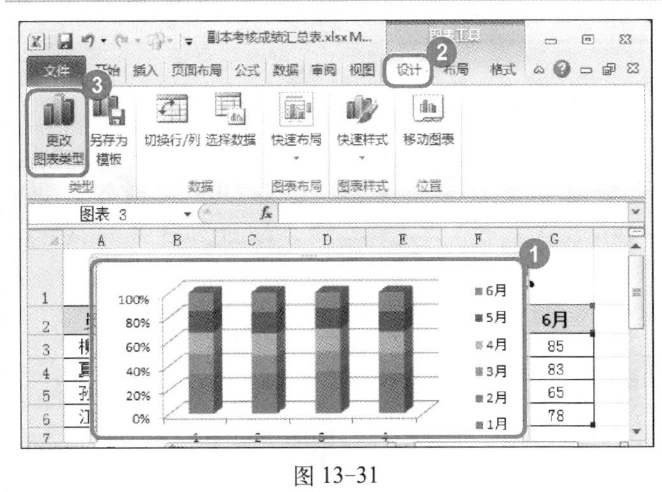

图 13-31

01

No.1 选择准备进行更改类型的图表。

No.2 选择【图表工具】中的【设计】选项卡。

No.3 在【类型】组中，单击【更改图表类型】按钮，如图 13-31 所示。

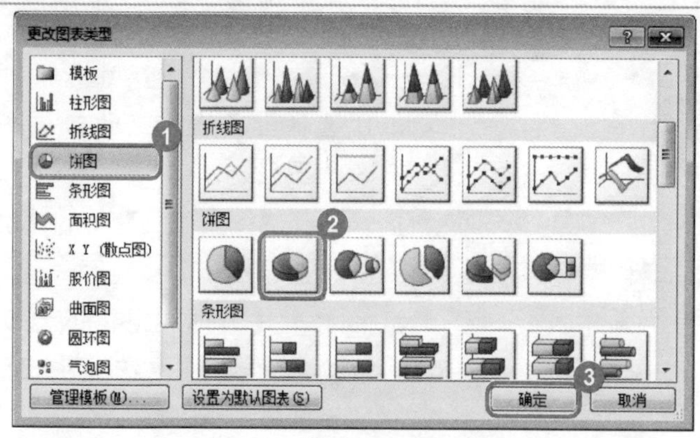

图 13-32

02

No.1 弹出【更改图表类型】对话框，在图表类型列表框中，选择准备更改的图表类型，如选择【饼图】选项。

No.2 选择更改图表的样式。

No.3 单击【确定】按钮，如图 13-32 所示。

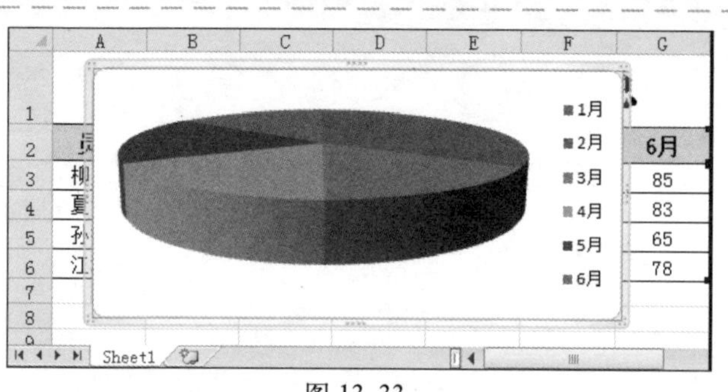

图 13-33

03

返回到工作表界面，可以看到图表的类型已从“柱形图”更改为“饼图”，如图 13-33 所示。

教你一招

设置为默认图表

在【更改图表类型】对话框中，如果准备在以后的图表中，都一直使用某一个图表类型，可以在选择图表类型之后，单击【设置为默认图表】按钮 设置为默认图表(S)。这样，系统会将选择的图表类型设置为默认类型。

Section 13.4 设置图表格式

本节导读

设置图表格式包括设置图表标题、设置图表背景、设置图例、设置数据标签、设置坐标轴标题和设置网格线这几个部分。本节介绍设置图表格式的相关知识及操作方法。

13.4.1 设置图表标题

图表的标题一般放置在图表的上方，用来概括图表中的数据内容。下面介绍设置图表标题的操作方法。

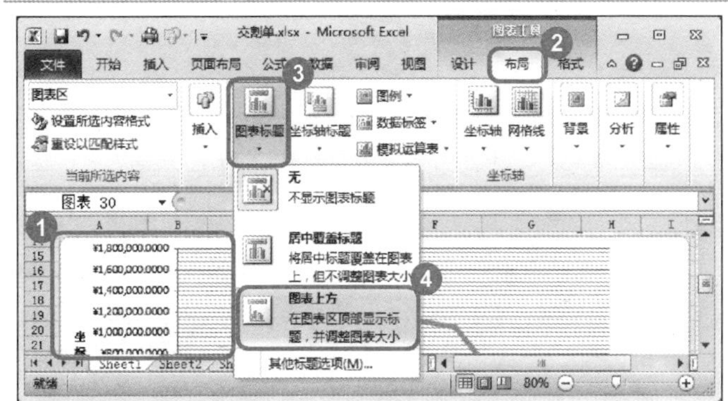

图 13-34

01

No.1 选择设置标题的图表。

No.2 选择【布局】选项卡。

No.3 单击【标签】组中的【图标标题】下拉按钮 。

No.4 在弹出的下拉菜单中，选择【图表上方】菜单项，如图 13-34 所示。

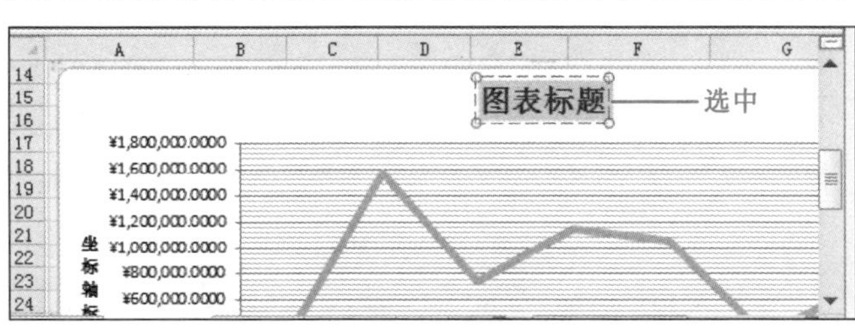

图 13-35

02

弹出【图表标题】文本框，将文本框中的文字选中，如图 13-35 所示。

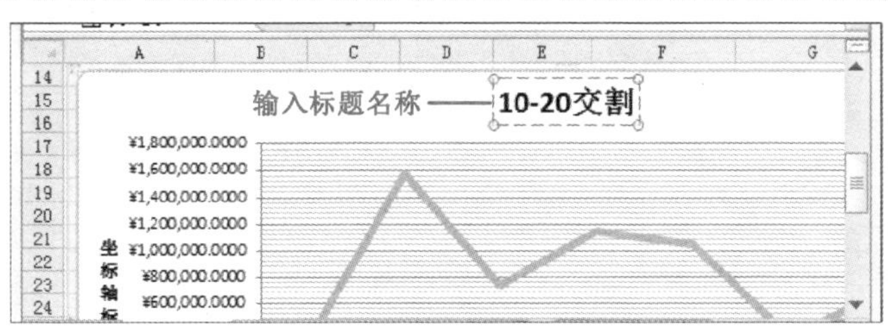

图 13-36

03

在文本框中输入“10-20 交割”，如图 13-36 所示。

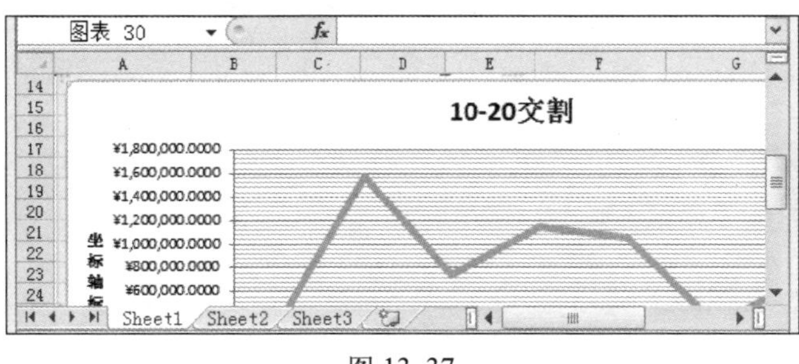

图 13-37

04

可以看到图表的标题已经完成设置，如图 13-37 所示。

13.4.2　设置图表背景

完成创建图表后，用户可以通过【设置图表区格式】对话框设置图表背景，从而达到美化图表的效果。下面介绍设置图表背景的操作方法。

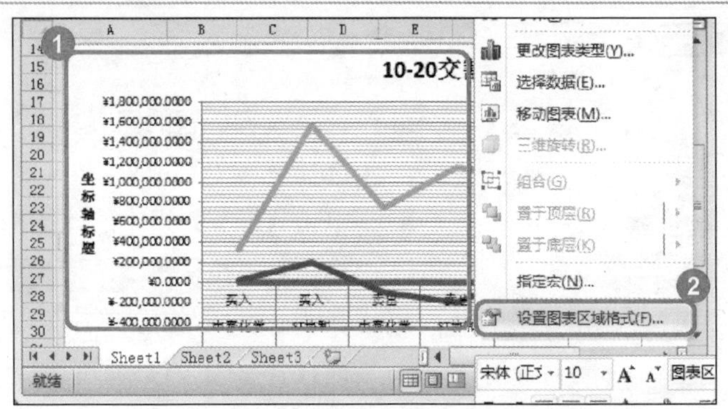

图 13-38

01

No.1 使用鼠标右键单击准备设置背景的图表。

No.2 在弹出的快捷菜单中，选择【设置图表区域格式】菜单项，如图 13-38 所示。

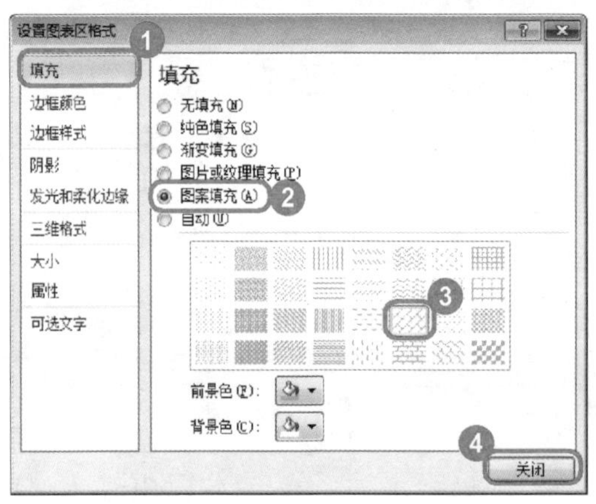

图 13-39

02

No.1 弹出【设置图表区格式】对话框，选择【填充】选项卡。

No.2 在【填充】区域中，选择【图案填充】单选项。

No.3 在图案列表框中，选择准备应用的背景图案。

No.4 单击【关闭】按钮 关闭 ，如图 13-39 所示。

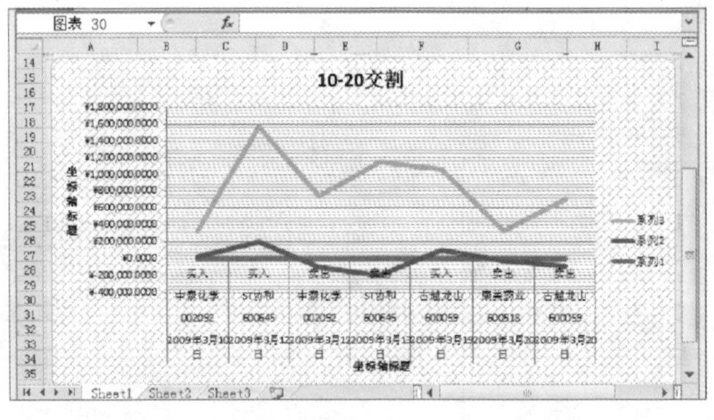

图 13-40

03

返回到工作表界面，可以看到已经为图表设置了背景，如图 13-40 所示。

教你一招

为背景图案选择“前景”和“背景”颜色

在【设置图表区格式】对话框中，选择了背景图案之后，用户还可以分别单击【前景色】和【背景色】下拉按钮，在弹出的下拉列表中，为背景图案选择“前景”和“背景”颜色。

13.4.3 设置图例

图例包含对图表中每个类别的说明，即图例项。图例包含一个或多个图例项。下面以顶部显示图例为例，介绍设置图例的操作方法。

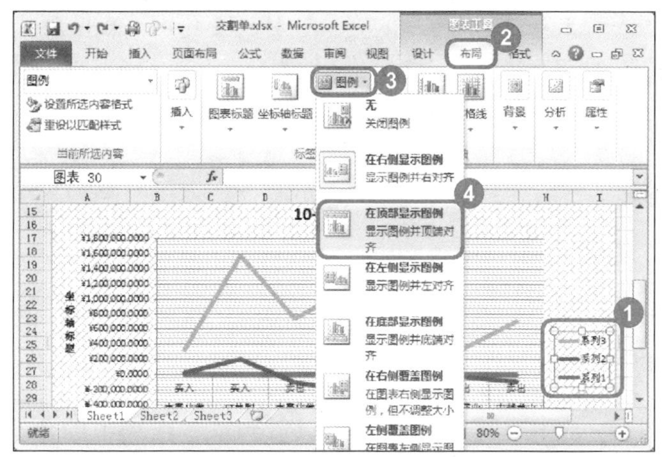

图 13-41

01

No.1 选择图表中的图例。

No.2 选择【布局】选项卡。

No.3 单击【标签】组中的【图例】下拉按钮 图例。

No.4 在弹出的下拉菜单中，选择【在顶部显示图例】菜单项，如图 13-41 所示。

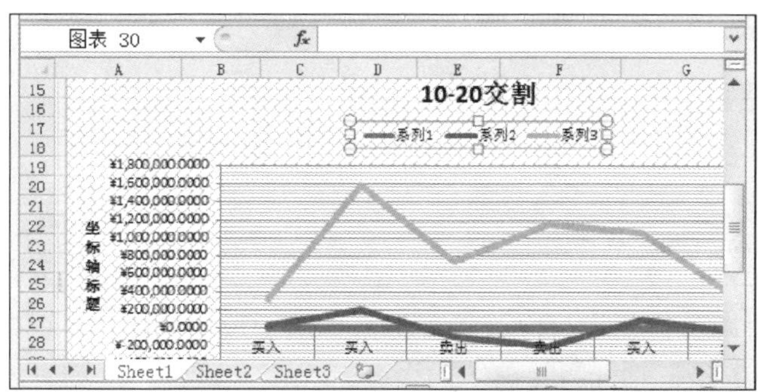

图 13-42

02

可以看到，图例已显示在图表的上方，如图 13-42 所示。

教你一招

隐藏图表中的元素

在使用图表的过程中，当需要隐藏图表中相应的元素时，如标题、图例等，用户可以选择【图表工具】中的【布局】选项卡，然后单击【标签】组中相应的元素按钮，在展开的下拉菜单中选择【无】选项即可。

13.4.4 设置数据标签

使用数据标签，可用图表元素的实际值放置在数据点上，以方便查看图表中的数据。下面介绍设置数据标签的操作方法。

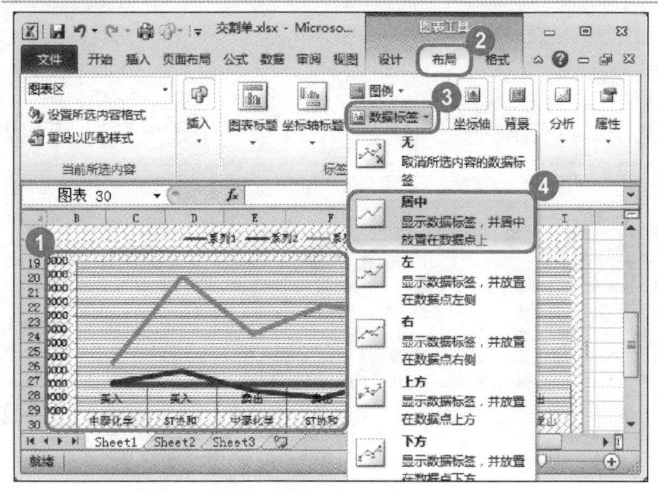

图 13-43

01

No.1 选择准备设置数据标签的图表。

No.2 选择【布局】选项卡。

No.3 在【标签】组中，单击【数据标签】下拉按钮 数据标签▾。

No.4 在弹出的下拉菜单中，选择【居中】菜单项，如图 13-43 所示。

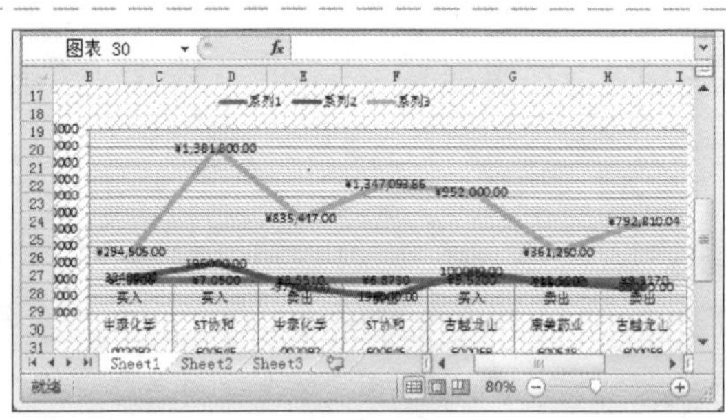

图 13-44

02

可以看到，在图表中的各个数据点上，已显示相应的数据值，如图 13-44 所示。

13.4.5 设置坐标轴标题

坐标轴分为横坐标轴和纵坐标轴两种，用户可以设置坐标轴标题的放置方向。下面以横排显示纵坐标轴标题为例，介绍设置坐标轴标题的操作方法。

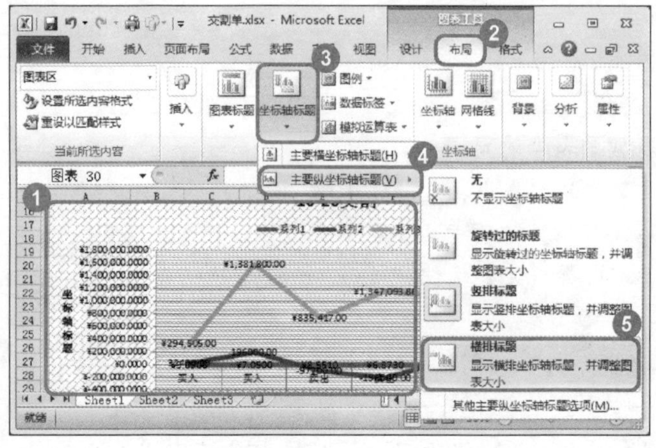

图 13-45

01

No.1 选择准备设置坐标轴标题的图表。

No.2 选择【布局】选项卡。

No.3 单击【标签】组中【坐标轴标题】下拉按钮 。

No.4 在弹出的下拉菜单中，选择【主要纵坐标轴标题】菜单项。

No.5 选择【横排标题】子菜单项，如图 13-45 所示。

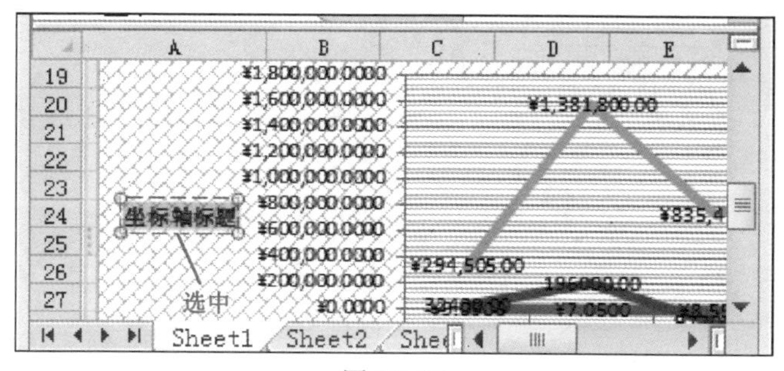

图 13-46

02

可以看到，纵坐标轴标题以横排的方式显示，同时变为可编辑的文本框状态，将文本框中的文本选中，如图 13-46 所示。

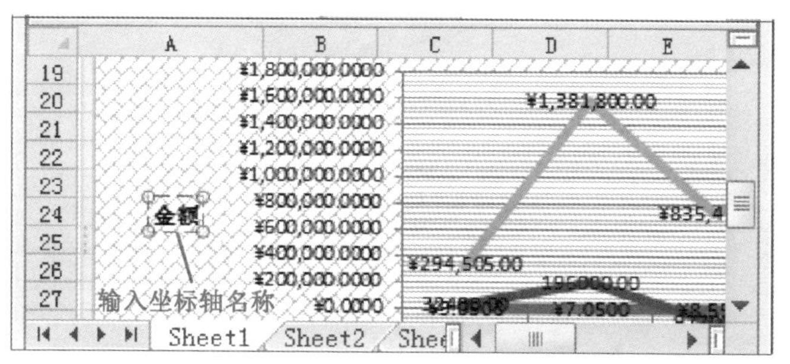

图 13-47

03

使用〈BackSpace〉键将选中的文本删除，并重新输入准备作为坐标轴标题的名称，如图 13-47 所示。

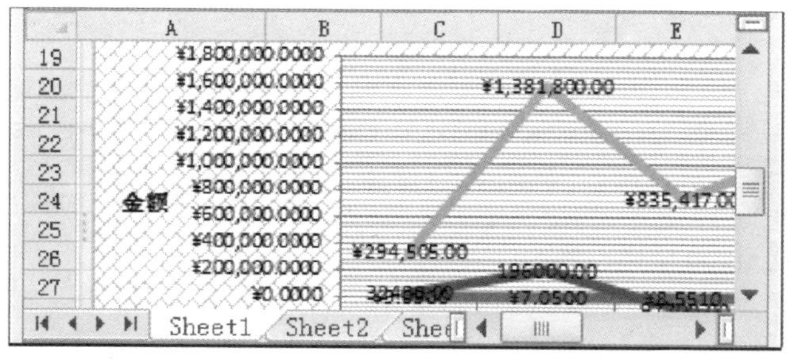

图 13-48

04 完成设置坐标轴标题的操作

可以看到，纵坐标轴的标题已经设置完成，如图 13-48 所示。

13.4.6 设置网格线

网格线在图表中的作用是显示刻度单位，以方便用户查看图表。下面以显示主要横网格线为例，介绍设置网格线的操作方法。

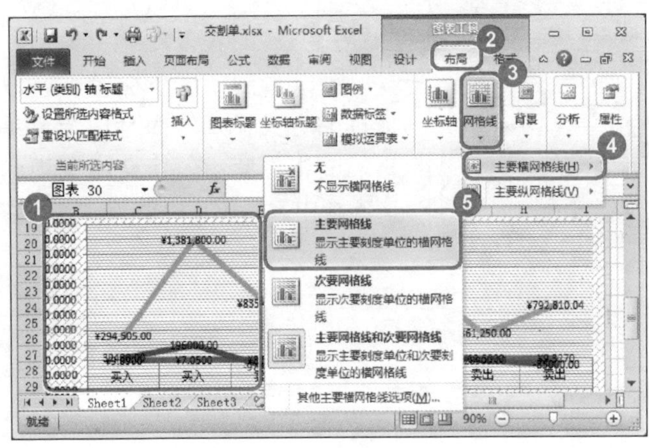

图 13-49

01

No.1 选择准备设置网格线的图表。

No.2 选择【布局】选项卡。

No.3 单击【坐标轴】组中的【网格线】下拉按钮 。

No.4 在弹出的下拉菜单中，选择【主要横网格线】菜单项。

No.5 在弹出的子菜单中，选择【主要网格线】子菜单项，如图 13-49 所示。

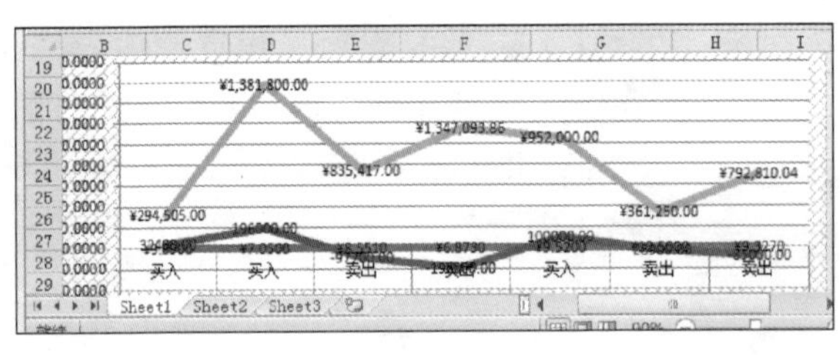

图 13-50

02

可以看到图表中已经显示了主要的横向网格线，如图 13-50 所示。

Section 13.5 使用迷你图

本节导读

迷你图是Excel 2010中的一个新功能，是工作表单元格中的一个微型图表，可提供数据的直观表示。使用迷你图可以显示一系列数值的趋势，或者可以突出显示最大值和最小值。在数据旁边放置迷你图可达到最佳效果。本节介绍使用迷你图的相关知识及方法。

13.5.1 插入迷你图

在 Excel 2010 工作表中，迷你图共分为折线图、柱形图和盈亏三种表达形式，用户可以根据实际的工作情况，选择相应的迷你图形式。下面以插入折线图为例，介绍插入迷你图的操作方法。

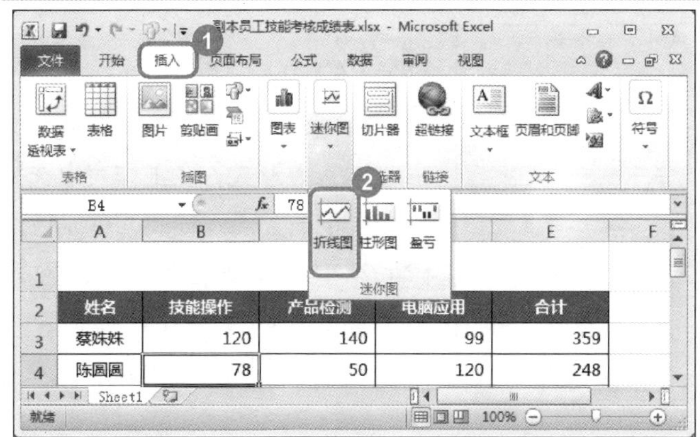

图 13-51

01

No.1 选择【插入】选项卡。

No.2 在【迷你图】组中，选择准备进行插入的迷你图类型，例如单击【折线图】按钮，如图 13-51 所示。

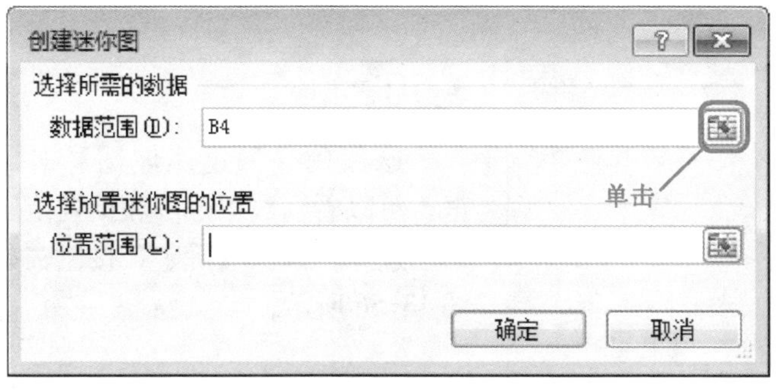

图 13-52

02

弹出【创建迷你图】对话框，单击【数据范围】右侧的【折叠】按钮，如图 13-52 所示。

图 13-53

03

No.1 【创建迷你图】对话框变为折叠形式，在工作表中选择准备应用数据范围的单元格区域。

No.2 单击【创建迷你图】对话框中的【展开】按钮，如图 13-53 所示。

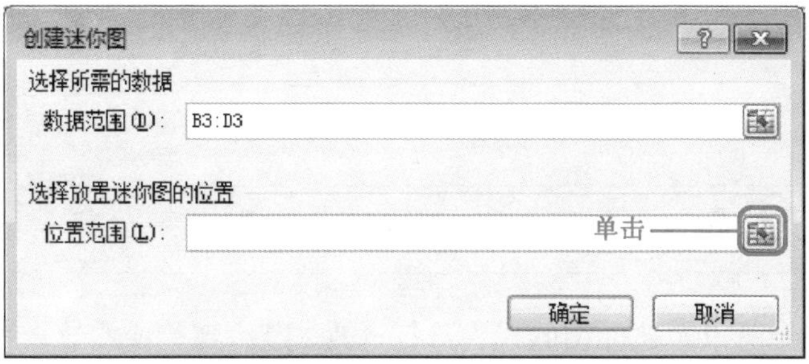

图 13-54

04

返回到【创建迷你图】对话框，单击【位置范围】右侧的【折叠】按钮，如图 13-54 所示。

图 13-55

05

No.1 【创建迷你图】对话框变为折叠形式，在工作表中选择准备插入迷你图的单元格。

No.2 单击【创建迷你图】对话框中的【展开】按钮，如图 13-55 所示。

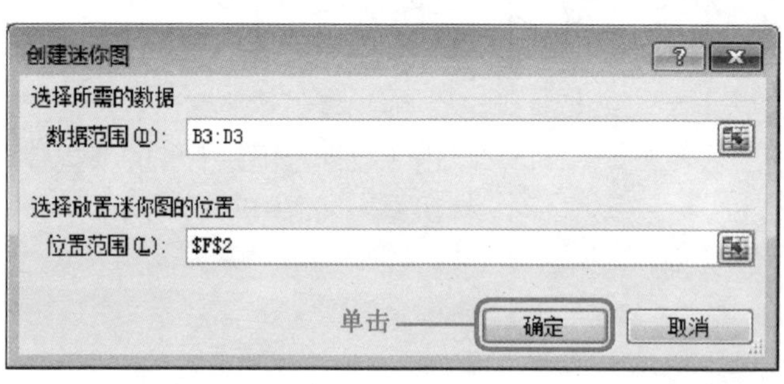

图 13-56

返回到【创建迷你图】对话框，可以看到数据范围和位置范围都已选择，单击【确定】按钮，如图 13-56 所示。

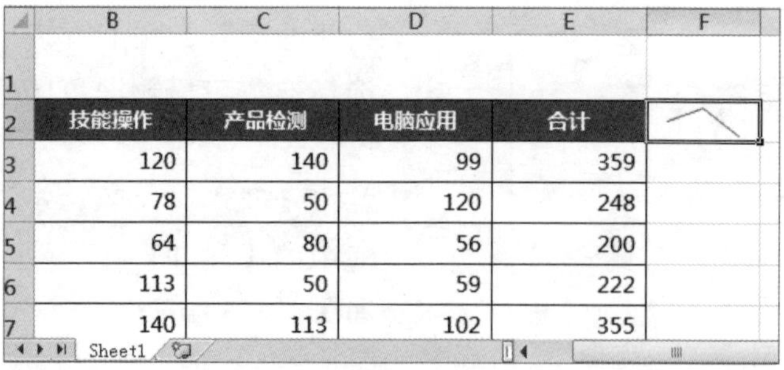

	B	C	D	E	F
1					
2	技能操作	产品检测	电脑应用	合计	
3	120	140	99	359	
4	78	50	120	248	
5	64	80	56	200	
6	113	50	59	222	
7	140	113	102	355	

Sheet1

图 13-57

07

返回到工作表中，可以看到在选择的位置范围单元格中已经插入了一个迷你图，如图 13-57 所示。

13.5.2 设置迷你图样式

在工作表中插入迷你图之后，用户可以对迷你图的样式进行更改，以达到美观的效果。下面介绍设置迷你图样式的操作方法。

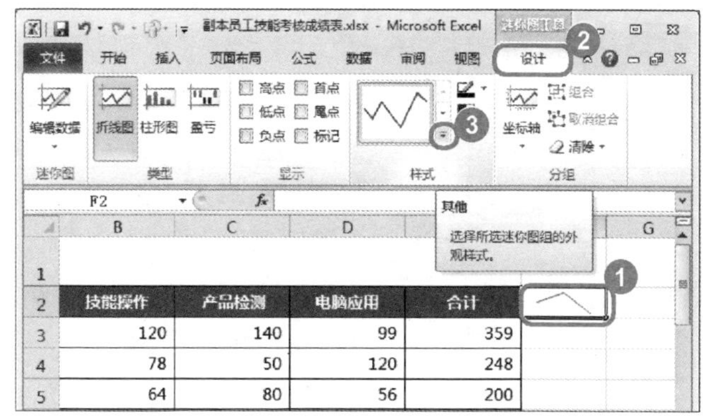

	B	C	D	E
1				
2	技能操作	产品检测	电脑应用	合计
3	120	140	99	359
4	78	50	120	248
5	64	80	56	200

图 13-58

01

No.1 在工作表中，选择插入迷你图的单元格。

No.2 选择【设计】选项卡。

No.3 单击【样式】组中的【其他】按钮 ，如图 13-58 所示。

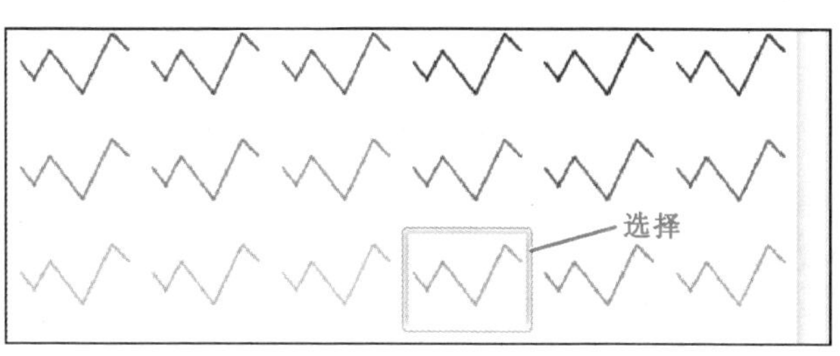

图 13-59

02

系统会弹出一个样式库，用户可以在其中选择准备应用的迷你图样式，如图 13-59 所示。

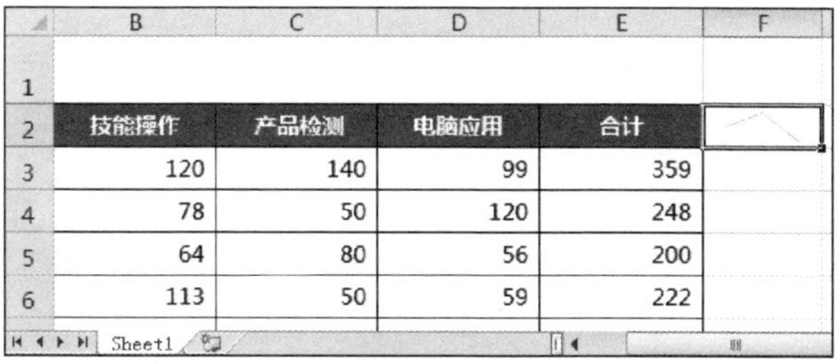

	B	C	D	E	F
1					
2	技能操作	产品检测	电脑应用	合计	
3	120	140	99	359	
4	78	50	120	248	
5	64	80	56	200	
6	113	50	59	222	

Sheet1

图 13-60

03

通过以上方法，即可完成设置迷你图样式的操作，如图 13-60 所示。

Section 13.6　实践案例与上机操作

13.6.1　修改迷你图数据源

若用户对创建迷你图的数据区域不满意，可以修改迷你图图组的源数据区域或单个迷你图的源数据区域。下面介绍修改迷你图数据源的操作方法。

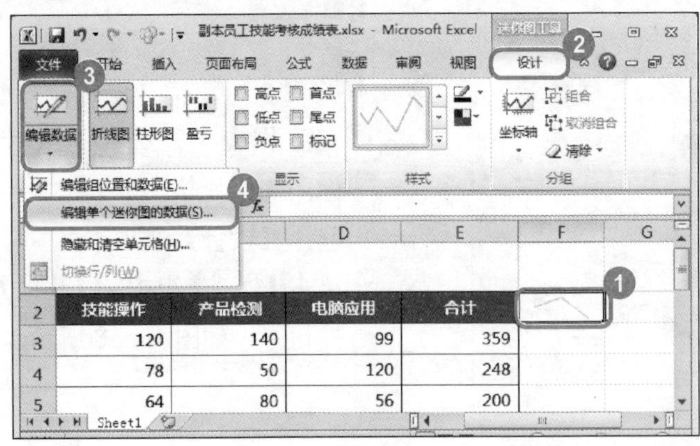

图 13-61

01

No.1 选择准备更改数据源迷你图所在的单元格。

No.2 选择【设计】选项卡。

No.3 单击【编辑数据】按钮。

No.4 在弹出的下拉列表框中选择【编辑单个迷你图的数据】选项，如图 13-61 所示。

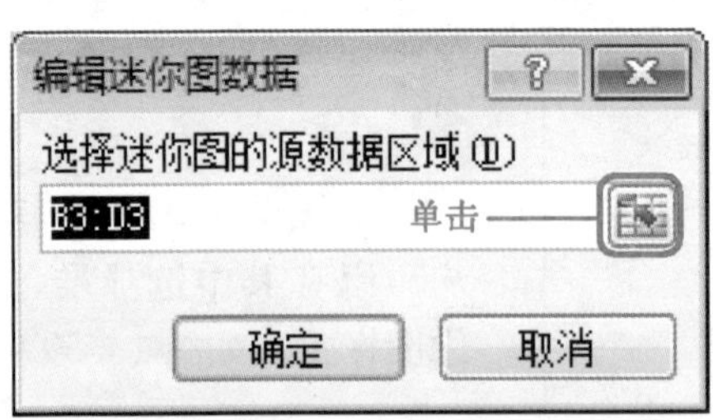

图 13-62

02

系统会弹出【编辑迷你图数据】对话框，单击右侧的【折叠】按钮，如图 13-62 所示。

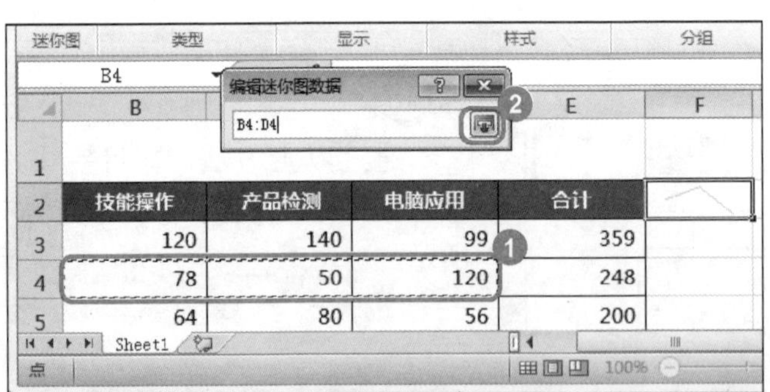

图 13-63

03

No.1 【编辑迷你图数据】对话框变为折叠形式，在工作表中选择准备应用的源数据区域。

No.2 单击【编辑迷你图数据】对话框中的【展开】按钮，如图 13-63 所示。

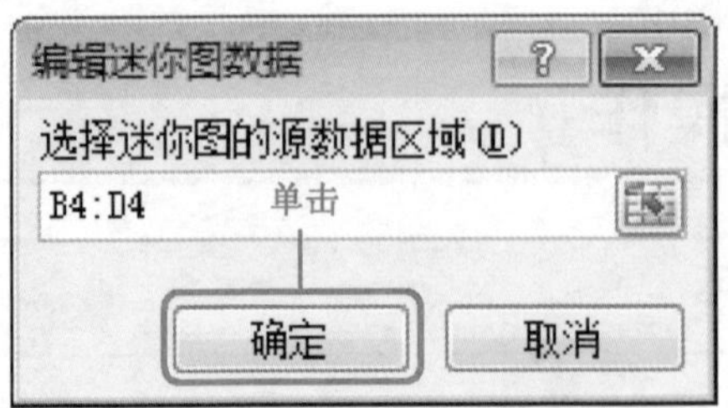

图 13-64

04

返回到【编辑迷你图数据】对话框，可以看到已经选择新的源数据区域，单击【确定】按钮，如图 13-64 所示。

	B	C	D	E	F
1					
2	技能操作	产品检测	电脑应用	合计	
3	120	140	99	359	
4	78	50	120	248	
5	64	80	56	200	
6	113	50	59	222	
7	140	113	102	355	
8	65	40	90	195	

图 13-65

05

返回到工作表中，可以看到应用新源数据的迷你图形状已被改变，如图 13-65 所示。

13.6.2　使用图表展示销售数据

在日常工作中，销售报表经常使用图表来展示销售情况，这样可以更加直观地查看销售业绩，下面以制作洗涤用品半年销售折线图图表为例，介绍应用图表来展示销售数据的操作方法。

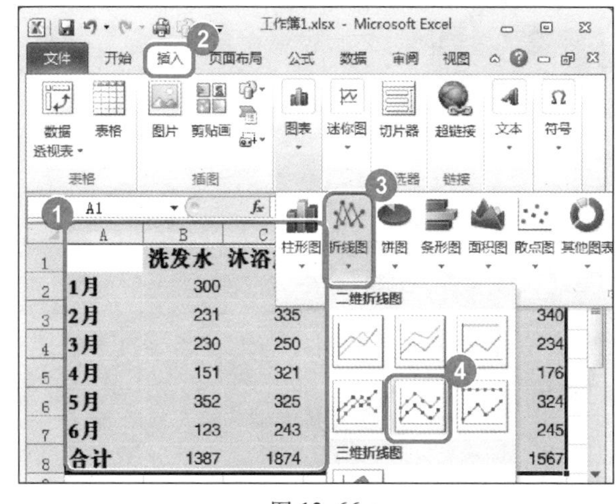

图 13-66

01

No.1 选择准备应用折线图图表的单元格区域。

No.2 选择【插入】选项卡。

No.3 单击【图表】组中的【折线图】下拉按钮。

No.4 在弹出的下拉列表中，选择准备应用的折线图格式，如图 13-66 所示。

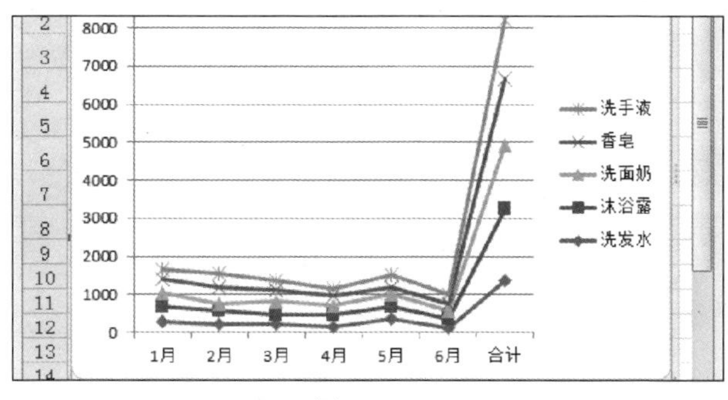

图 13-67

02

可以看到，在工作表中系统自动弹出折线图图表，在图表中以折线图的形式显示数据，如图 13-67 所示

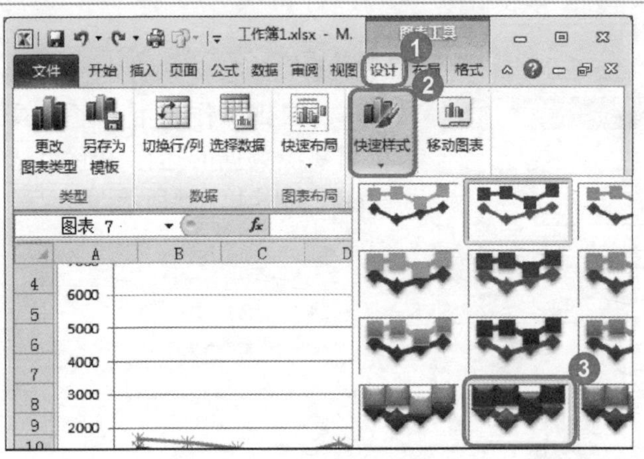

图 13-68

03

No.1 选择【设计】选项卡。

No.2 单击【图表样式】组中的【快速样式】下拉按钮。

No.3 在弹出的下拉列表中，选择准备应用的折线图样式，如图 13-68 所示。

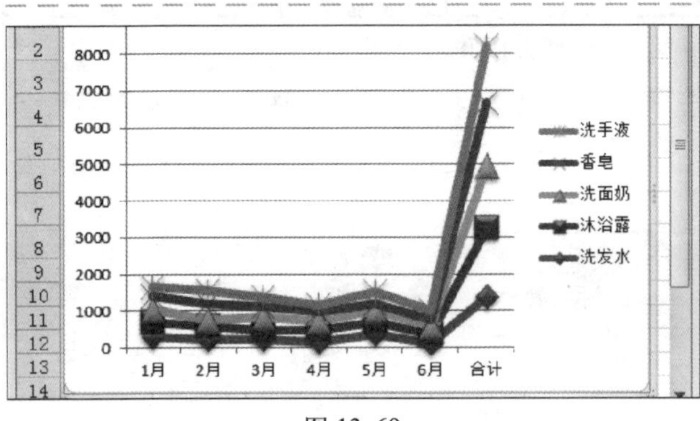

图 13-69

04

可以看到，折线图图表的样式发生了改变，如图 13-69 所示。

13.6.3 使用图表做季度产量总结

在 Excel 2010 工作表中，用户可以根据实际工作情况，插入两张或两张以上的图表，来对比数据，这样可以更直观地展示出数据间的差距。下面以总结第一、第二小组产量为例，介绍使用图表做季度产量总结的操作方法。

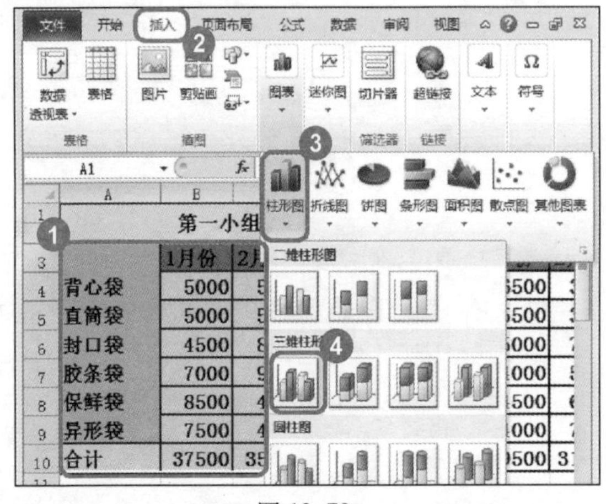

图 13-70

01

No.1 选中“A1:D10”单元格区域，即“第一小组”。

No.2 选择【插入】选项卡。

No.3 单击【图表】组中的【柱形图】下拉按钮。

No.4 在弹出的下拉列表中，选择准备应用的柱形图样式，如图 13-70 所示。

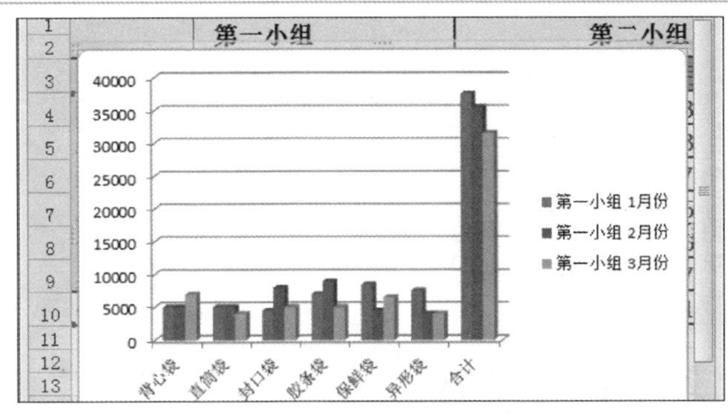

图 13-71

02

可以看到，在工作表中系统会自动弹出第一小组第一季度的产量柱形图，如图 13-71 所示。

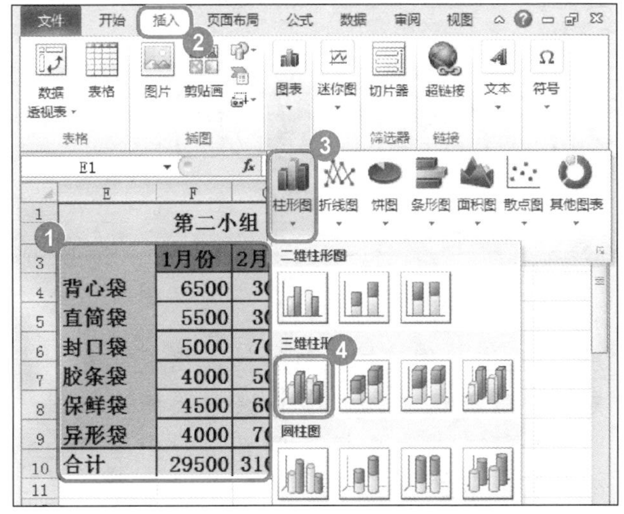

图 13-72

03

No.1 选中“E1:H10”单元格区域，即“第二小组”。

No.2 选择【插入】选项卡。

No.3 单击【图表】组中的【柱形图】下拉按钮。

No.4 在弹出的下拉列表中，选择准备应用的柱形图样式，如图 13-72 所示。

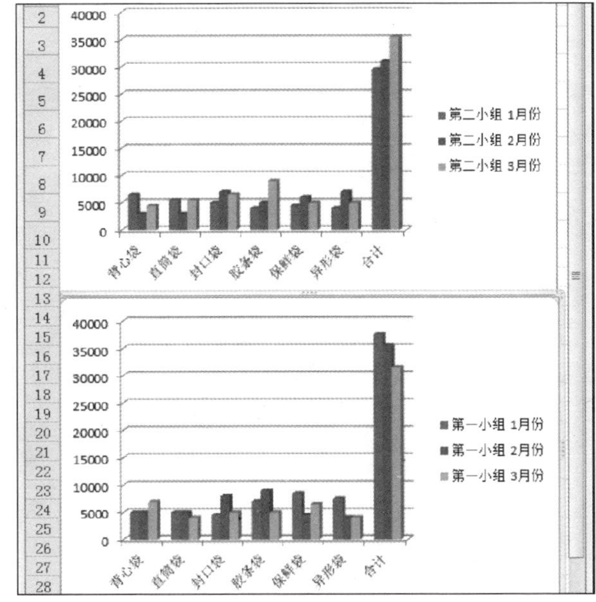

图 13-73

04

可以看到，在工作表中，系统会自动弹出第二小组第一季度的产量柱形图，将两张图表对比之后，即可完成使用图表做季度产量总结的操作，如图 13-73 所示。

举一反三

用户也可以使用其他类型的图表做季度产量总结，如“饼图”、“条形图”和“面积图”等。

第 14 章

使用数据透视表与透视图分析数据

本章介绍认识数据透视表和数据透视图、创建与编辑数据透视表、操作数据透视表中的数据、美化数据透视表和创建与操作数据透视图的基础知识及操作技巧，同时还讲解了美化数据透视图的一些基本的操作方法。在本章的最后还针对实际的工作需要，讲解了一些实例的上机操作方法。

Section 14.1 认识数据透视表与数据透视图

本节导读

在 Excel 2010 工作表中，使用数据透视表可以汇总、分析、浏览和提供摘要数据。而数据透视图可以将数据透视表中的数据图形化，并且可以方便地查看比较、分析数据的模式和趋势。

14.1.1 认识数据透视表

数据透视表是一种交互式的表，可以进行计算，如求和与计数等。所进行的计算与数据在数据透视表中的排列有关。使用数据透视表可以深入分析数值数据，并且可以解决一些预计不到的数据问题，数据透视表有以下特点。

- 能以多种方式查询大量数据。
- 可以对数值数据进行分类汇总和聚合，按分类和子分类对数据进行汇总，创建自定义计算和公式。
- 展开或折叠要关注结果的数据级别，查看感兴趣区域的明细数据。
- 将行移动到列或将列移动到行（或"透视"），从而进行查看源数据的不同汇总结果。
- 对最有用和最关注的数据子集进行筛选、排序、分组和有条件地设置格式。
- 提供简明、有吸引力并且带有批注的联机报表或打印表。

14.1.2 认识数据透视图

数据透视图是以图形形式表示的数据透视表，和图表与数据区域之间的关系相同，各数据透视表之间的字段相互对应，如果更改了某一报表的某个字段位置，则另一报表中的相互字段位置也会改变。

在数据透视图中，除具有标准图表的系列、分类、数据标记和坐标轴以外，数据透视图还有特殊的元素，如报表筛选字段、值字段、系列字段、项、分类字段等。

- 报表筛选字段用来根据特定项筛选数据的字段。使用报表筛选字段是在不修改系列和分类信息的情况下，汇总并快速集中处理数据子集的捷径。
- 值字段来自基本源数据的字段，提供进行比较或计算的数据。
- 系列字段是数据透视图中为系列方向指定的字段。在字段中的项提供单个数据系列即是系列字段。
- 项代表一个列或行字段中的唯一条目，且出现在报表筛选字段、分类字段和系列字段下拉列表中。

➢ 分类字段是分配到数据透视图分类方向上的源数据中的字段。分类字段为那些用来绘图的数据点提供单一分类。

首次创建数据透视表时，可以自动创建数据透视图，也可以通过数据透视表中现有的数据创建数据透视图。

14.1.3 数据透视表与数据透视图的区别

数据透视图中的大多数操作和标准图表一样，但是二者之间也存在以下差别。

1. 交互

对于标准图表，为查看可为每个数据视图创建一张图表，但是不能交互，而对于数据透视图，只要创建单张图就可以通过更改报表布局或显示的明细数据以不同的方式交互查看数据。

2. 图表类型

标准图表的默认图表类型为簇状柱形图，按分类比较值；数据透视图的默认图表类型为堆积柱形图，比较各个值在整体分类总计中所占有的比例，可以将数据透视图类型更改为除 XY 散点图、股价图和气泡图之外的其他任何图表类型。

3. 图表位置

默认情况下，标准图表是嵌入在工作表中的。而数据透视图在默认情况下是创建在图表工作表上的，数据透视图创建后，还可以将其重新定位在工作表上。

4. 源数据

标准图表可直接链接到工作表单元格中，数据透视图可以基于相关联的数据透视表中的几种不同数据类型。

5. 图表元素

数据透视图除包含与标准图表相同的元素外，还包括字段和项，可以添加、旋转或删除字段和项来显示数据的不同视图，标准图表中的分类，系列和数据分别对应用于数据透视图中的分类字段、系列字段和值字段。数据透视图中还可包含报表筛选，而这些字段中都包含项，这些项在标准图表中显示为图例中的分类标签或系列名称。

6. 格式

刷新数据透视表时，会保留大多数格式。但是，不保留趋势线、数据标签、误差线及对数据系列的其他更改，标准图表只要应用了这些格式，就不会将其丢失。

7. 移动或调整项的大小

在数据透视图中，即使可为图例选择一个预设位置并可更改标题的文字大小，但是无法移动或重新调整绘图区、图例、图表标题或坐标轴标题的大小，而在标准图表中，可移动和重新调整这些元素的大小。

Section 14.2 创建与编辑数据透视表

本节导读

在 Excel 2010 工作表中，数据透视表是一种对大量数据进行快速汇总和建立交叉列表的交互式表格，它不仅可以转换行和列以查看源数据的不同汇总结果，还可以根据需要显示区域中的细节数据。本节介绍创建与编辑数据透视表的相关知识及操作方法。

14.2.1 认识“数据透视表字段列表”任务窗格

创建数据透视表时，Excel 会显示“数据透视表字段列表”任务窗格，在“数据透视表字段列表”任务窗格中，可以将字段添加到数据透视表、根据需要重新排列和重新定位字段，或者从数据透视表中删除字段。默认情况下，数据透视表字段列表分为字段区域和布局区域两个部分，如图 14-1 所示。

图 14-1

- 字段区域在“数据透视表字段列表”任务窗格的上半部分，主要用于在数据透视表中添加和删除字段。
- 布局区域在“数据透视表字段列表”任务窗格的下半部分，主要用于重新排列和重新定位字段。

14.2.2 创建和更改数据透视表布局

在创建数据透视表之前，要将工作表中的数据组织好，确保数据中含有列标签以及数字文本。在创建数据透视表之后，用户还可以对其进行重新布局，以供用户查看数据，下面分别介绍创建和更改数据透视表布局的操作方法。

1. 创建数据透视表

创建数据透视表，首先要保证工作表中数据的正确性，第一要具有列标签，其次工作表中必须含有数字文本。下面介绍创建数据透视表的操作方法。

图 14-2

No.1 选择工作表中的任意单元格。

No.2 选择【插入】选项卡。

No.3 单击【表格】组中【数据透视表】按钮，如图 14-2 所示。

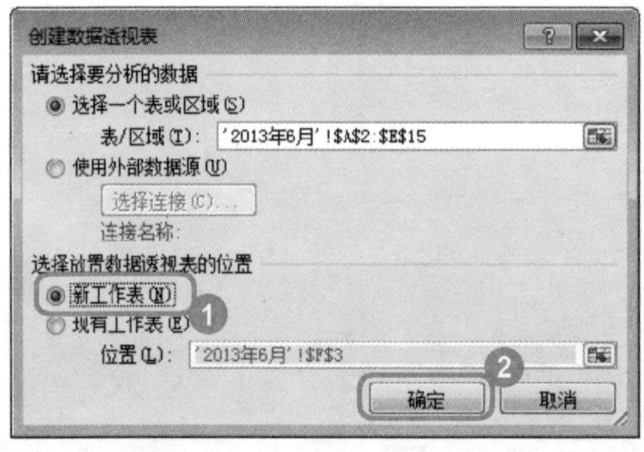

图 14-3

No.1 弹出【创建数据透视表】对话框，在【选择放置数据透视表的位置】区域中，选择【新工作表】单选项。

No.2 单击【确定】按钮 确定，如图 14-3 所示。

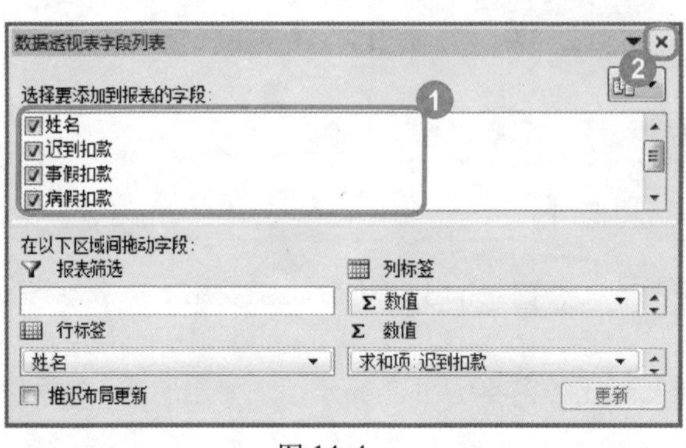

图 14-4

03

No.1 弹出【数据透视表字段列表】窗格，在【选择要添加到报表的字段】区域中，选择准备添加字段的复选框。

No.2 单击【关闭】按钮×，如图 14-4 所示。

行标签	求和项:迟到扣款	求和项:事假扣款	求和项:病假扣款	求和项:扣款小计
丁玲珑	0	0	30	30
顾西风	0	100	0	100
剑舞	0	0	0	0
金磨针	10	0	30	40
景茵梦	0	0	0	0
林墨瞳	0	0	15	15
柳婵诗	10	0	0	10
水笙	35	100	0	135
万邦舟	0	100	45	145
杨晓莲	20	200	0	220
袁冠南	50	100	15	165
张炜	0	100	15	115
赵磊	10	0	0	10
总计	**135**	**700**	**150**	**985**

图 14-5

04

返回到工作表界面，可以看到已经创建了一个数据透视表，如图 14-5 所示。

2. 更改数据透视表布局

在创建完数据透视表之后，用户可以在【数据透视表字段列表】窗格中拖动字段更改字段所在区域，也可以从相应字段所展开的下拉列表中选择要移动到的位置。下面介绍更改数据透视表布局的操作方法。

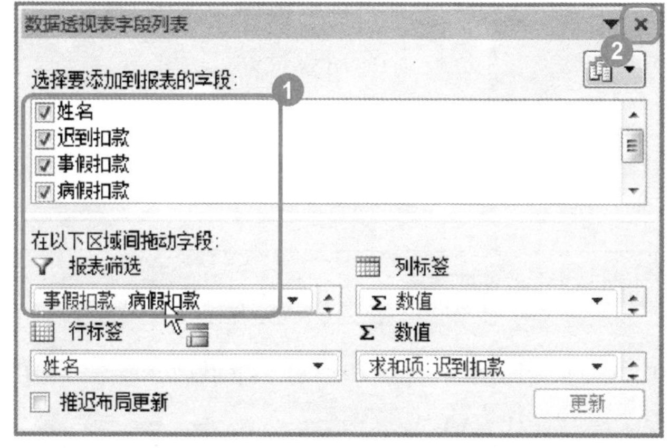

图 14-6

01

No.1 按住鼠标左键，依次将【迟到扣款】、【事假扣款】和【病假扣款】复选项拖拽至【布局区域】中的【报表筛选】列表框中

No.2 单击【关闭】按钮 ×，如图 14-6 所示。

事假扣款	(全部)	
病假扣款	(全部)	
迟到扣款	(全部)	
行标签	**求和项:迟到扣款**	**求和项:事假扣款**
丁玲珑	0	0
顾西风	0	100
剑舞	0	0
金磨针	10	0
景茵梦	0	0
林墨瞳	0	0

图 14-7

02

可以看到，数据透视表的布局已经发生改变，【迟到扣款】、【事假扣款】和【病假扣款】字段已移动至工作表的顶部，如图 14-7 所示。

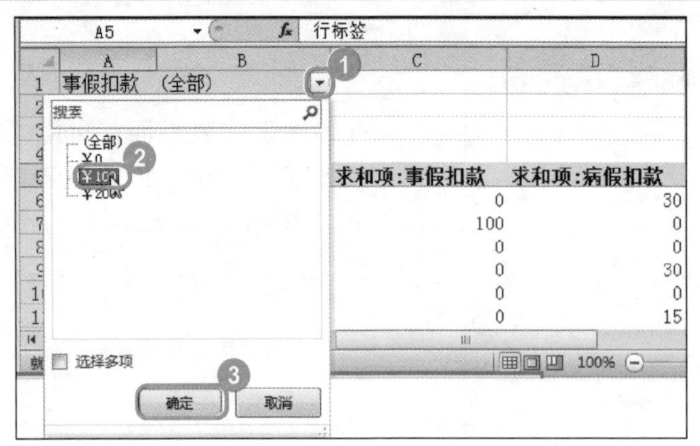

图 14-8

03

No.1 单击【事假扣款】右侧的下拉按钮 ▾。

No.2 在弹出的下拉列表中，选择准备查看的扣款数额，例如选择“100”。

No.3 单击【确定】按钮如图 14-8 所示。

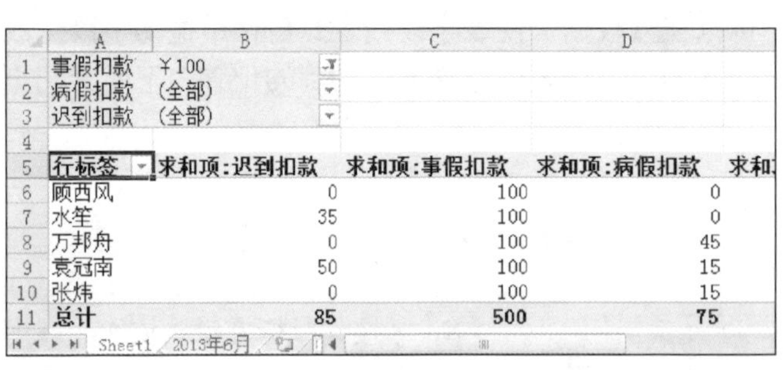

图 14-9

04

系统会自动显示扣款数额为“100”的所有员工，这样即可完成更改数据透视表布局的操作，如图 14-9 所示。

14.2.3 设置数据透视表中的字段

在创建好数据透视表之后，系统默认对数字文本进行求和运算。下面以求病假扣款的平均值为例，介绍设置数据透视表中的字段的操作方法。

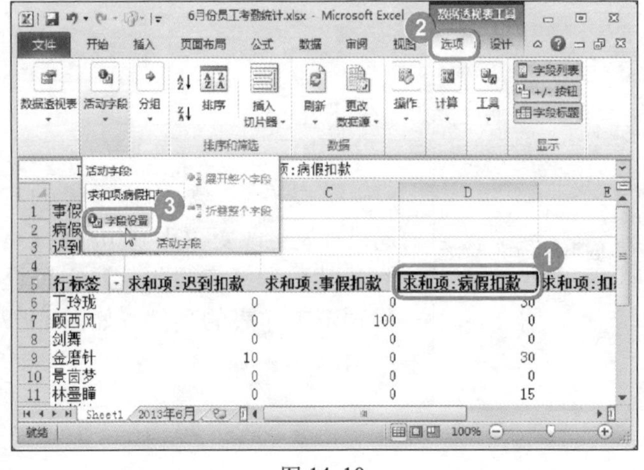

图 14-10

01

No.1 选择准备求平均值的单元格，如 D5 单元格。

No.2 选择【数据透视表工具】中的【选项】选项卡。

No.3 在【活动字段】组中，单击【字段设置】按钮 ，如图 14-10 所示。

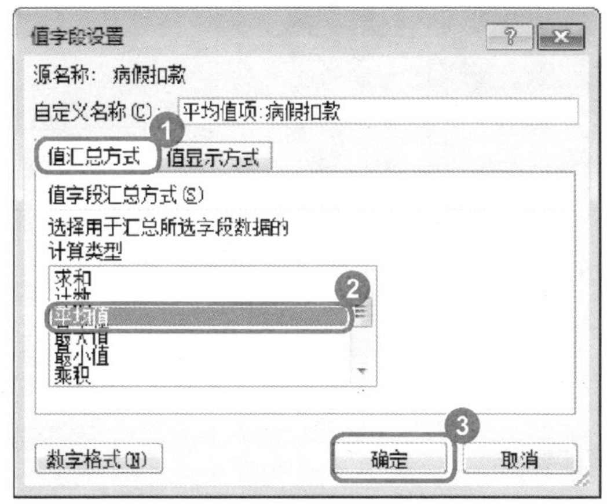

图 14-11

02

No.1 弹出【值字段设置】对话框，选择【值汇总方式】选项卡。

No.2 在【计算类型】列表框中，选择【平均值】列表项。

No.3 单击【确定】按钮，如图 14-11 所示。

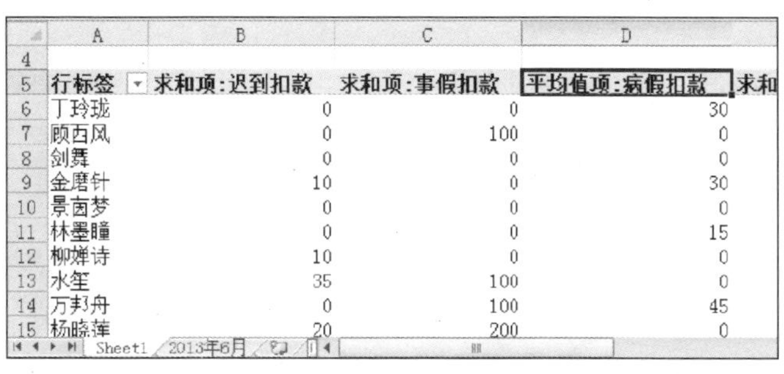

行标签	求和项:迟到扣款	求和项:事假扣款	平均值项:病假扣款
丁玲珑	0	0	30
顾西风	0	100	0
剑舞	0	0	0
金磨针	10	0	30
景茵梦	0	0	0
林墨瞳	0	0	15
柳婵诗	10	0	0
水笙	35	100	0
万邦舟	0	100	45
杨臨莲	20	200	0

图 14-12

03

返回到工作表中，在选中的 D5 单元格中，系统会显示“平均值项”，如图 14-12 所示。

14.2.4　删除数据透视表

如果不再需要使用数据透视表，用户可以将其删除。数据透视表作为一个整体，是允许删除其中部分数据的。下面介绍删除数据透视表的操作方法。

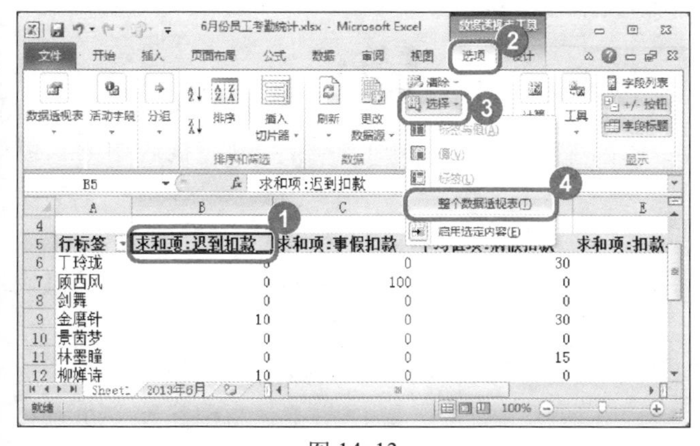

图 14-13

01

No.1 单击数据透视表中的任意单元格。

No.2 选择【选项】选项卡。

No.3 在【操作】组中，单击【选择】下拉按钮 选择 。

No.4 弹出下拉菜单，选择【整个数据透视表】菜单项，如图 14-13 所示。

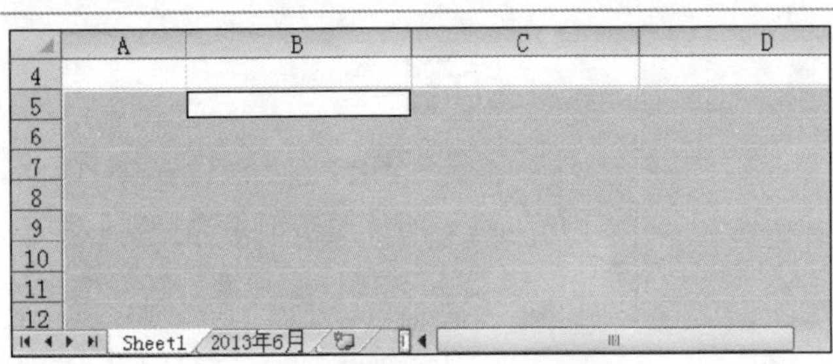

图 14-14

系统会将整个数据透视表选中，然后按下 〈Delete〉 键，即可完成删除数据透视表的操作，如图 14-14 所示。

教你一招

清除数据

选择数据后，在【数据透视表工具】中选择【选项】选项卡，然后在【操作】组中，单击【清除】按钮，从打开的下拉列表框中选择需要清除的内容即可。

Section 14.3

操作数据透视表中的数据

本节导读

掌握了数据透视表的创建和编辑后，用户可以对数据透视表中的数据进行一些基本操作，如刷新数据透视表、数据透视表的排序、改变数据透视表的汇总方式以及筛选数据透视表中的数据等。本节介绍操作数据透视表中数据的相关知识及操作方法。

14.3.1 刷新数据透视表

在创建数据透视表之后，如果对数据源进行了修改，用户可以对数据透视表进行刷新操作，以显示正确的数值。下面介绍刷新数据透视表的操作方法。

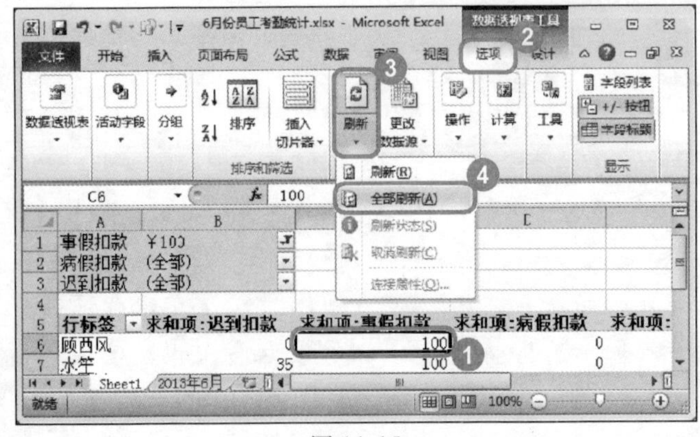

图 14-15

01

No.1 单击数据透视表中的任意单元格。

No.2 选择【选项】选项卡。

No.3 在【数据】组中，单击【刷新】下拉按钮。

No.4 在弹出的下拉菜单中，选择【全部刷新】菜单项，如图 14-15 所示。

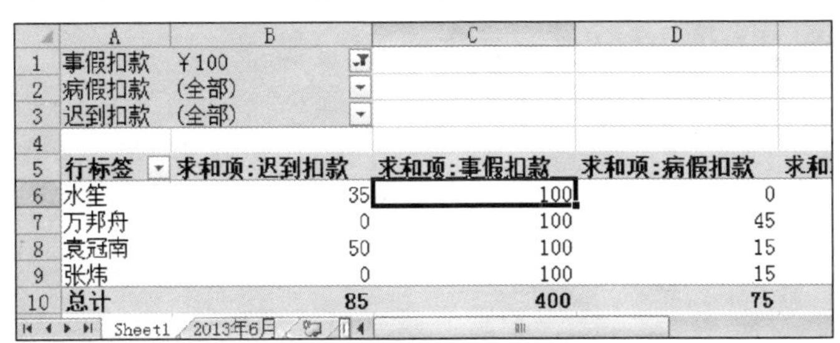

	A	B	C	D
1	事假扣款	¥100		
2	病假扣款	(全部)		
3	迟到扣款	(全部)		
4				
5	行标签	求和项:迟到扣款	求和项:事假扣款	求和项:病假扣款
6	水笙	35	100	0
7	万邦舟	0	100	45
8	袁冠南	50	100	15
9	张炜	0	100	15
10	总计	85	400	75

图 14-16

02

可以看到数据透视表中的数据重新刷新后发生的改变，如图 14-16 所示。

14.3.2 数据透视表的排序

对数据进行排序是数据分析不可缺少的，它可以快速直观地显示数据并更好地理解数据。下面介绍数据透视表排序的操作方法。

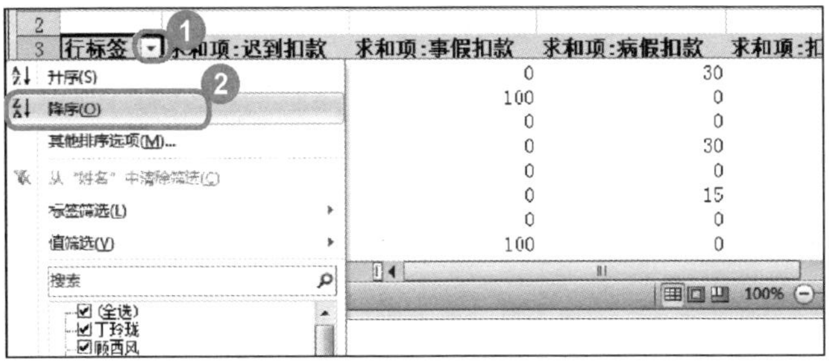

行标签	求和项:迟到扣款	求和项:事假扣款	求和项:病假扣款
		0	30
		100	0
		0	0
		0	30
		0	0
		0	15
		0	0
		100	0

升序(S)
降序(O)
其他排序选项(M)...
标签筛选(L)
值筛选(V)
搜索
(全选)
丁玲珑
阮西风

图 14-17

01

No.1 在数据透视表中，单击【行标签】下拉按钮。

No.2 在弹出的下拉菜单中，选择【降序】菜单项，如图 14-17 所示。

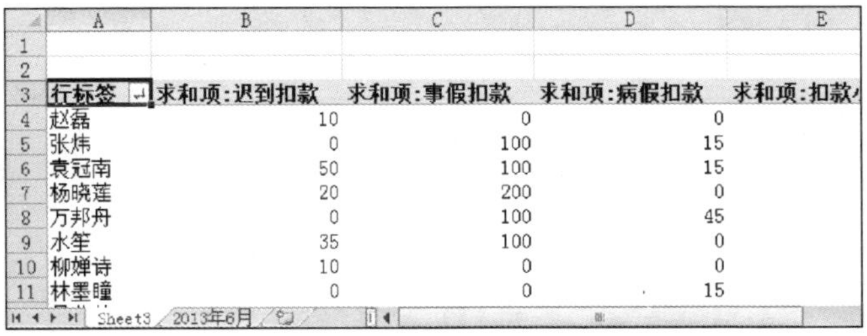

	A	B	C	D
3	行标签	求和项:迟到扣款	求和项:事假扣款	求和项:病假扣款
4	赵磊	10	0	0
5	张炜	0	100	15
6	袁冠南	50	100	15
7	杨晓莲	20	200	0
8	万邦舟	0	100	45
9	水笙	35	100	0
10	柳婵诗	10	0	0
11	林墨瞳	0	0	15

图 14-18

02

可以看到数据透视表中的数据已按照降序排列，如图 14-18 所示。

知识精讲

对值区域中的数据进行排序，可以选择数据透视表中的值字段，选择【数据】选项卡，在【排序和筛选】组中，选择【升序】或者【降序】即可。

14.3.3 改变数据透视表的汇总方式

在 Excel 2010 工作表中，数据透视表的汇总方式有很多。下面以将销售（1）部二月份销售额设置为最大值为例，介绍改变数据透视表汇总方式的操作方法。

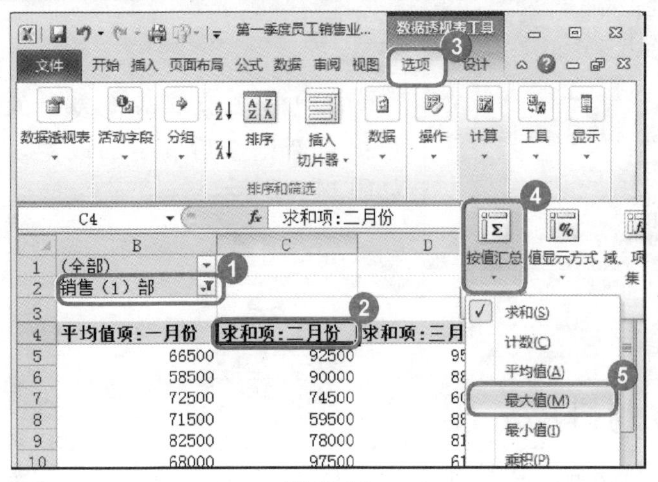
图 14-19

01

No.1 将【部门】设置为“销售（1）部”。

No.2 单击【二月份】单元格。

No.3 选择【选项】选项卡。

No.4 单击【计算】组中的【按值汇总】下拉按钮 。

No.5 在弹出的下拉菜单中，选择【最大值】菜单项，如图 14-19 所示。

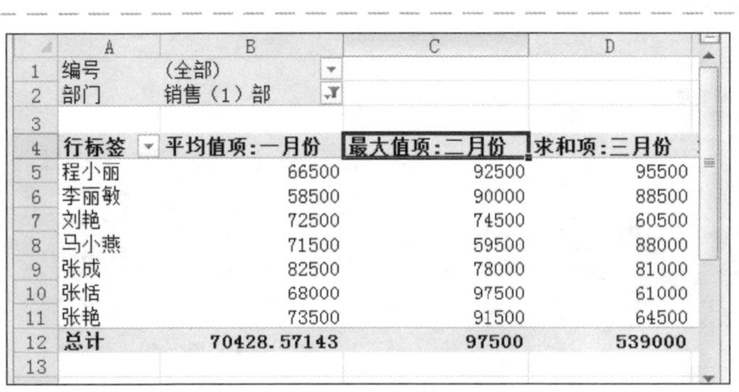

	A	B	C	D
1	编号	（全部）		
2	部门	销售（1）部		
3				
4	行标签	平均值项：一月份	最大值项：二月份	求和项：三月份
5	程小丽	66500	92500	95500
6	李丽敏	58500	90000	88500
7	刘艳	72500	74500	60500
8	马小燕	71500	59500	88000
9	张成	82500	78000	81000
10	张恬	68000	97500	61000
11	张艳	73500	91500	64500
12	总计	70428.57143	97500	539000
13				

图 14-20

02

可以看到，二月份的汇总方式变为“最大的项”，如图 14-20 所示。

14.3.4 筛选数据透视表中的数据

在 Excel 2010 数据透视表中，用户可以根据实际工作需要，筛选符合要求的数据，下面详细介绍筛选数据透视表中数据的操作方法。

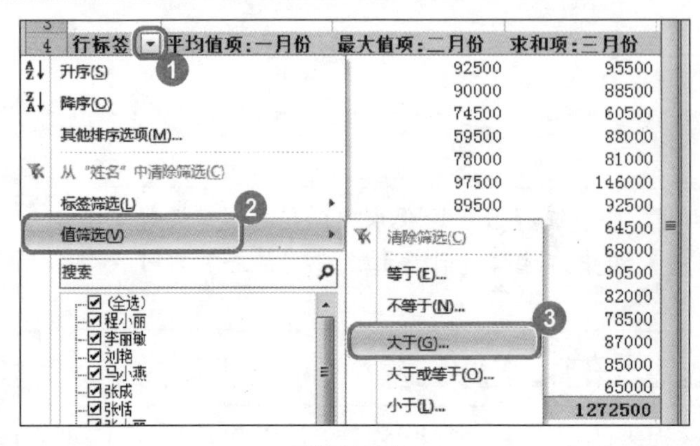
图 14-21

01

No.1 单击【行标签】下拉按钮 。

No.2 在弹出的下拉菜单中，选择【筛选值】菜单项。

No.3 在弹出的子菜单中，选择【大于】子菜单项，如图 14-21 所示。

图 14-22

02

No.1 弹出【值筛选】对话框，在【显示符合以下条件项目】下拉列表中，选择【三月份】列表项。

No.2 在文本框中输入数值，如“90000”。

No.3 单击【确定】按钮，如图 14-22 所示。

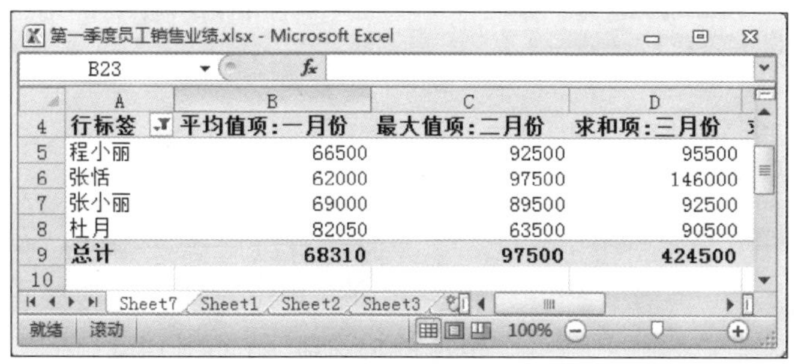

	A	B	C	D
4	行标签	平均值项:一月份	最大值项:二月份	求和项:三月份
5	程小丽	66500	92500	95500
6	张恬	62000	97500	146000
7	张小丽	69000	89500	92500
8	杜月	82050	63500	90500
9	总计	68310	97500	424500

图 14-23

03

返回到工作表中，可以看到数据已按照所要求的条件进行筛选，如图 14-23 所示。

知识精讲

选择【筛选值】菜单项，在弹出的子菜单中，有 9 个值筛选条件，用户可以根据需要选择适合的条件进行筛选。

Section 14.4 美化数据透视表

本节导读

在创建数据透视表之后，用户可以设置数据透视表的显示方式，以及应用数据透视表样式的操作，以达到美化数据透视表的目的。本节介绍美化数据透视表的相关知识及操作方法。

14.4.1 设置数据透视表的显示方式

默认情况下，数据透视表中的汇总结果都是以“无计算”的方式显示的，根据用户的不同要求，可以更改这些汇总结果的显示方式，例如将汇总结果以百分比的形式显示，这样更有利于纵向比较各类别费用所占的百分比。下面介绍设置数据透视表的显示方式的操作方法。

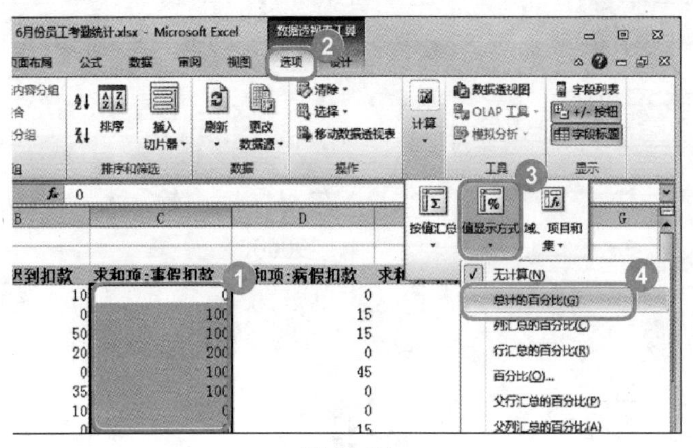

图 14-24

01

No.1 选择准备更改显示方式的单元格区域。

No.2 选择【选项】选项卡。

No.3 在【计算】组中，单击【值显示方式】按钮 。

No.4 在弹出的下拉列表框中选择【总计的百分比】选项，如图 14-24 所示。

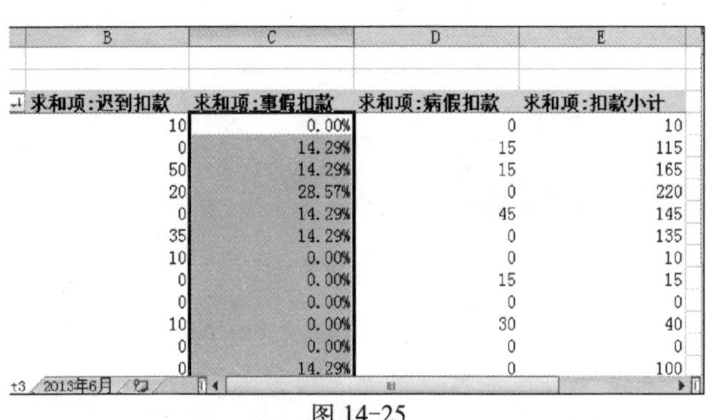

求和项:迟到扣款	求和项:事假扣款	求和项:病假扣款	求和项:扣款小计
10	0.00%	0	10
0	14.29%	15	115
50	14.29%	15	165
20	28.57%	0	220
0	14.29%	45	145
35	14.29%	0	135
10	0.00%	0	10
0	0.00%	15	15
0	0.00%	0	0
10	0.00%	30	40
0	0.00%	0	0
0	14.29%	0	100

图 14-25

02

此时，可以看到选中的单元格区域中，其数据都已经按照百分比的形式显示，如图 14-25 所示。

14.4.2 应用数据透视表样式

Excel 提供了多种自动套用格式，用户可以从中选择某种样式，将数据透视表的格式设置为需要的报表样式。下面介绍应用数据透视表样式的操作方法。

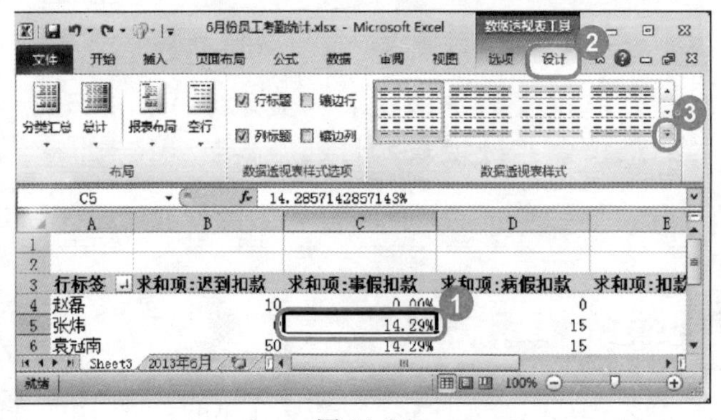

图 14-26

01

No.1 单击数据透视表中的任意单元格。

No.2 选择【数据透视表工具】中的【设计】选项卡。

No.3 在【数据透视表样式】组中，单击【其他】按钮，如图 14-26 所示。

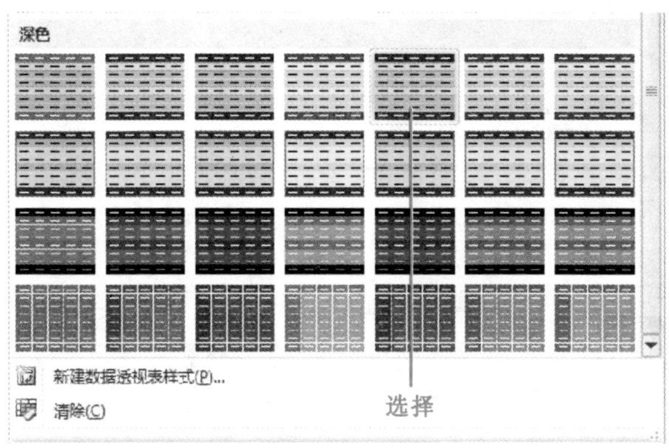

图 14-27

02

系统会展开一个样式库，用户可以在其中选择准备应用的数据透视表样式，如选择【深色】区域中的一个样式，如图 14-27 所示。

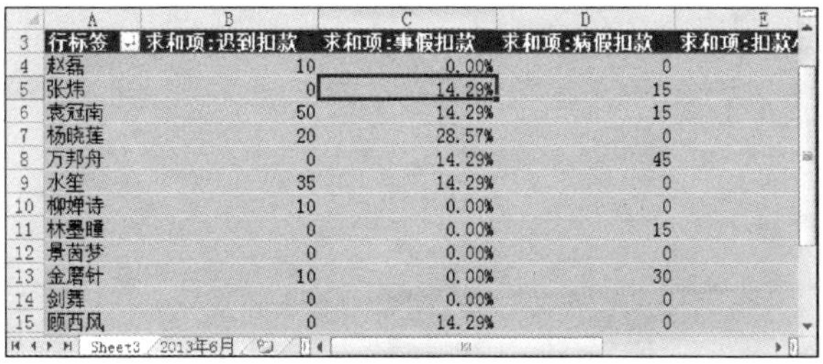

	A	B	C	D	E
3	行标签	求和项:迟到扣款	求和项:事假扣款	求和项:病假扣款	求和项:扣款
4	赵磊	10	0.00%	0	
5	张炜	0	14.29%	15	
6	袁冠南	50	14.29%	15	
7	杨晓莲	20	28.57%	0	
8	万邦舟	0	14.29%	45	
9	水笙	35	14.29%	0	
10	柳婵诗	10	0.00%	0	
11	林墨瞳	0	0.00%	15	
12	景茵梦	0	0.00%	0	
13	金磨针	10	0.00%	30	
14	剑舞	0	0.00%	0	
15	顾西风	0	14.29%	0	

Sheet3　2013年6月

图 14-28

03

可以看到数据透视表的样式已经发生改变，如图 14-28 所示。

知识精讲

在【设计】选项卡中，用户还可以在【数据透视表样式选项】组中，选择相应的复选项来美化数据透视表样式，例如【行标题】、【列标题】、【镶边行】和【镶边列】复选项。

Section

14.5 创建与操作数据透视图

本节导读

虽然数据透视表具有较全面的分析汇总功能，但是对于一般使用人员来说，它的布局显得太凌乱，很难一目了然，而采用数据透视图，则可以让用户非常直观地了解所需要的数据信息。本节将详细介绍创建与操作数据透视图的相关知识及操作方法。

14.5.1 使用数据源创建数据透视图

在 Excel 2010 工作表中，用户可以使用数据源来创建数据透视图。下面介绍使用数据源创建数据透视图的操作方法。

图 14-29

01

No.1 在工作表中，选中准备创建数据透视图的单元格区域。

No.2 选择【插入】选项卡。

No.3 在【表格】组中，单击【数据透视表】下拉按钮。

No.4 在弹出的下拉菜单中，选择【数据透视图】菜单项，如图 14-29 所示。

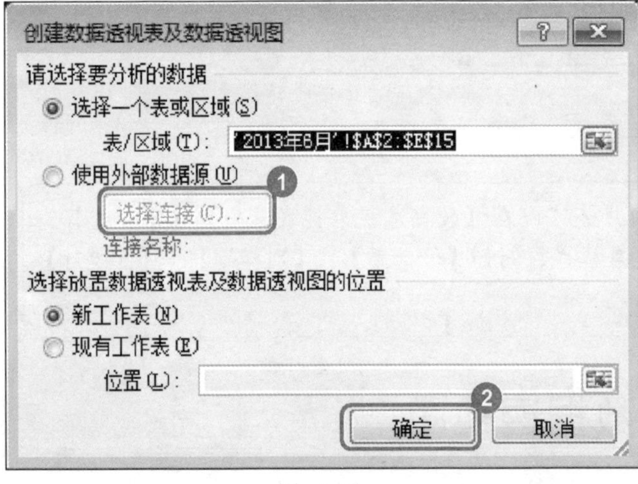

图 14-30

02

No.1 弹出【创建数据透视表及数据透视图】对话框，在【选择放置数据透视表及数据透视图的位置】区域中，选择【新工作表】单选项。

No.2 单击【确定】按钮，如图 14-30 所示。

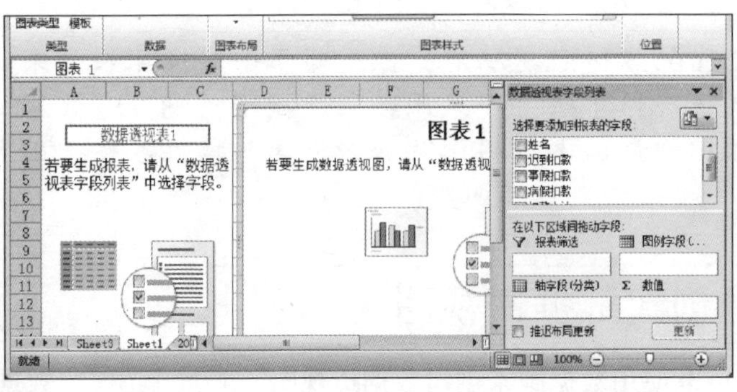

图 14-31

03

系统会自动新建一个工作表，在工作表内会有【数据透视表】、【数据透视图】以及【数据透视表字段列表】任务窗格，如图 14-31 所示。

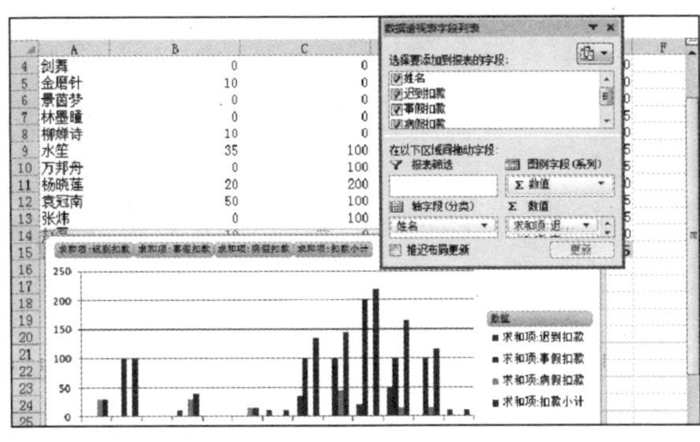

图 14-32

04

在【数据透视表字段列表】任务窗格中，选择准备使用的字段复选项，即可完成使用数据源创建数据透视图的操作，如图 14-32 所示。

14.5.2 使用数据透视表创建数据透视图

在 Excel 2010 工作表中，用户还可以使用已经创建好的数据透视表来创建数据透视图。下面介绍使用数据透视表创建数据透视图的操作方法。

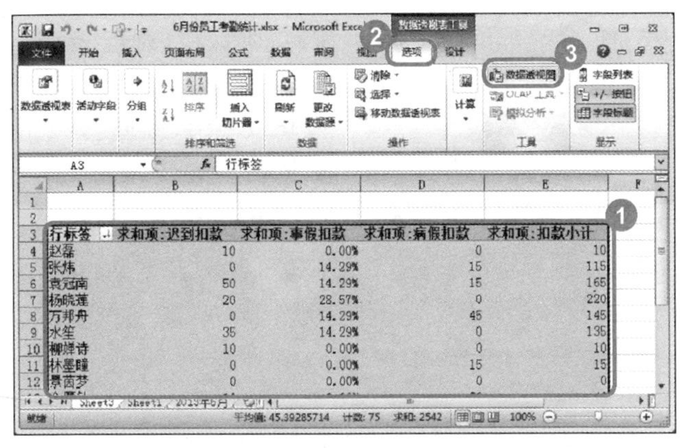

图 14-33

01

No.1 选中准备创建数据透视图的单元格区域。

No.2 在【数据透视表工具】选项中，选择【选项】选项卡。

No.3 在【工具】组中，单击【数据透视图】按钮，如图 14-33 所示。

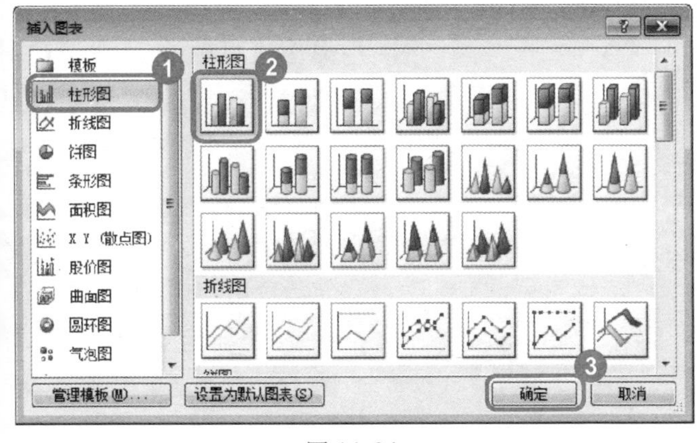

图 14-34

02

No.1 弹出【插入图表】对话框，选择【柱形图】选项卡。

No.2 选择准备应用的图表类型，如“簇状柱形图”。

No.3 单击【确定】按钮，如图 14-34 所示。

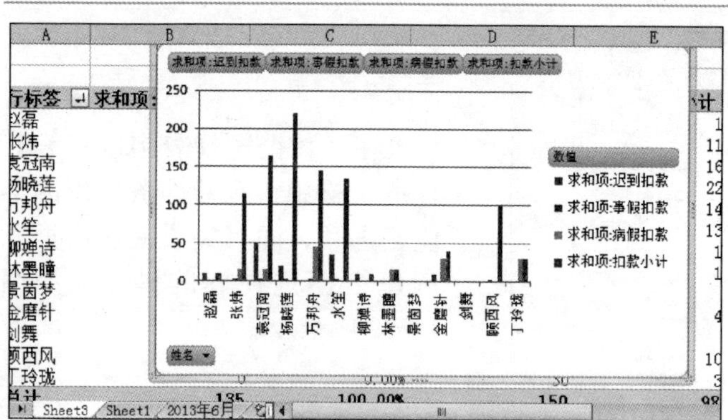

图 14-35

03

系统会自动弹出刚刚选择样式的图表，并显示选中单元格区域中的数据信息，如图 14-35 所示。

14.5.3 更改数据透视图类型

对于创建好的数据透视图，若用户觉得图表的类型不能很好地满足其所表达的含义，可以重新更改图表的类型。下面介绍更改数据透视图类型的方法。

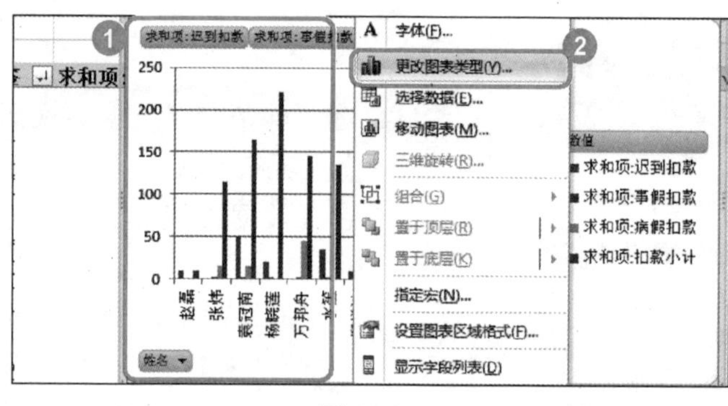

图 14-36

01

No.1 右键单击准备更改类型的数据透视图。

No.2 在弹出的快捷菜单中，选择【更改图表类型】菜单项，如图 14-36 所示。

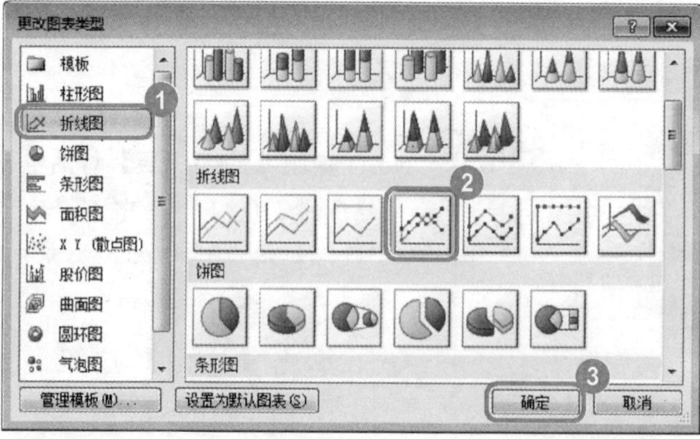

图 14-37

02

No.1 弹出【更改图表类型】对话框，在图表类型列表框中，选择准备更改的图表类型选项卡。

No.2 在图表样式列表框中选择准备应用的样式。

No.3 单击【确定】按钮，如图 14-37 所示。

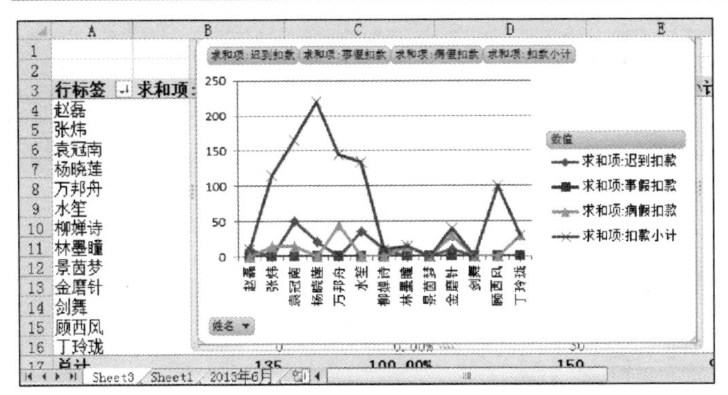

图 14-38

03

返回到工作表界面，可以看到图表的类型以及样式发生了改变，如图 14-38 所示。

14.5.4 筛选数据

在创建完毕的数据透视图中包含了很多筛选器，利用这些筛选器可以筛选不同的字段，从而在数据透视图中显示不同的数据效果。下面将介绍筛选数据的操作方法。

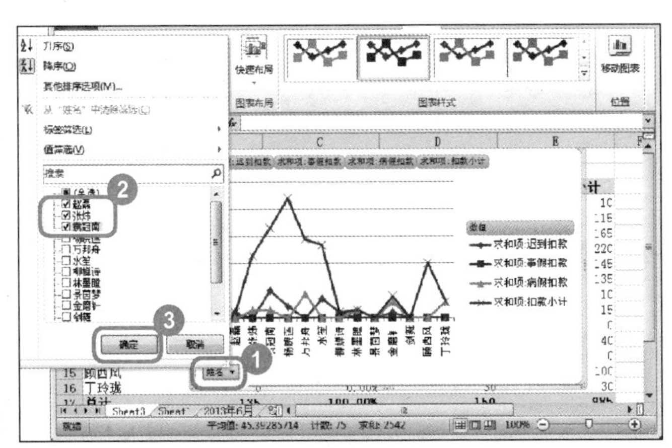

图 14-39

01

No.1 在创建好的图表中，单击准备进行筛选数据的下拉按钮 。

No.2 在弹出的下拉列表中，选择准备进行筛选的数据复选框。

No.3 单击【确定】按钮，如图 14-39 所示。

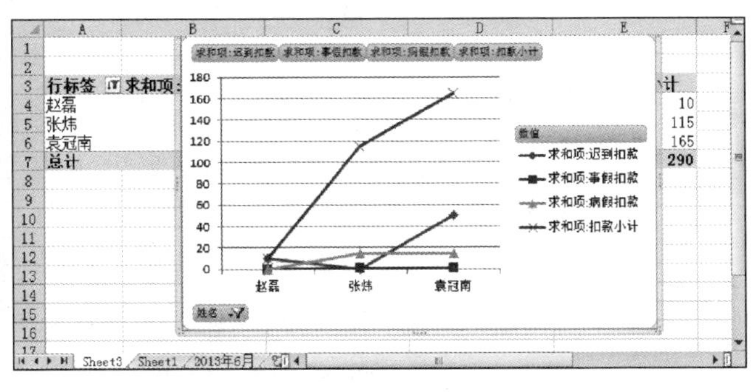

图 14-40

02

可以看到，已经将所选择的数据筛选出来，如图 14-40 所示。

14.5.5 清除数据透视图

如果不再查看数据透视图中的数据信息，可以将其删除。下面介绍清除数据透视图的操作方法。

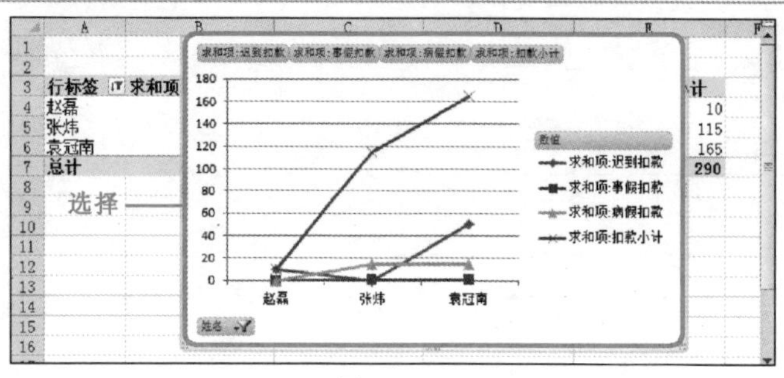

图 14-41

01

在工作表中，选择准备删除的数据透视图，按下键盘上<Delete>键，如图 14-41 所示。

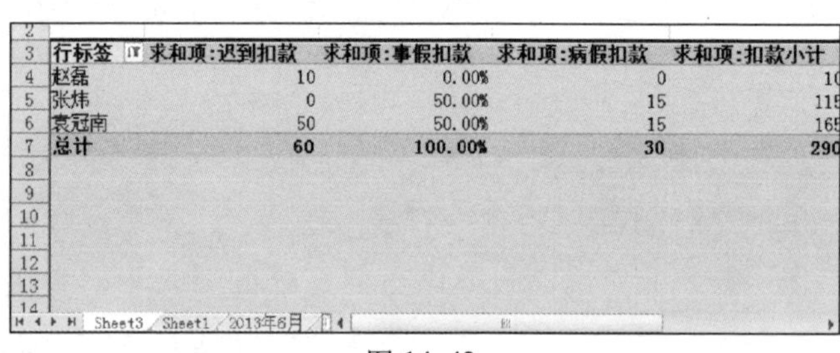

图 14-42

02

可以看到数据透视图已经被删除，如图 14-42 所示。

14.5.6 分析数据透视图

在 Excel 2010 工作表中，可以使用切片器对数据透视图中的数据进行分析。下面以“部门”查看数据为例，详细介绍分析数据透视图的操作方法。

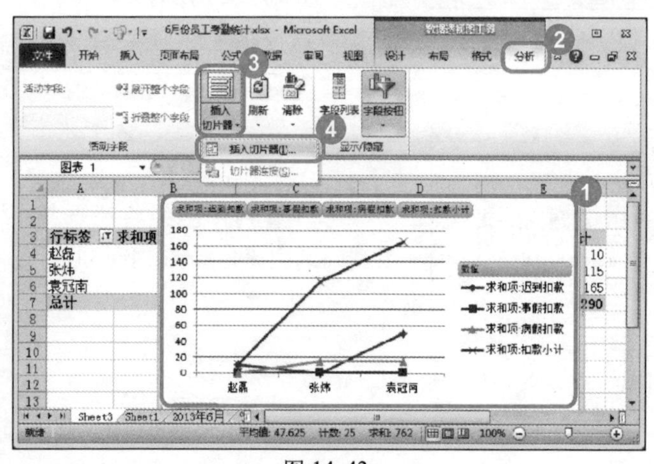

图 14-43

01

No.1 选择准备进行分析数据的透视图。

No.2 选择【分析】选项卡。

No.3 单击【数据】组中【插入切片器】下拉按钮 。

No.4 在弹出的下拉菜单中，选择【插入切片器】菜单项，如图 14-43 所示。

图 14-44

02

No.1 弹出【插入切片器】对话框，在列表框中，选择【姓名】复选项。

No.2 单击【确定】按钮，如图 14-44 所示。

图 14-45

03

弹出【姓名】窗格，单击任意列表项，即可查看相应姓名的数据，如单击“丁玲珑”，如图 14-45 所示。

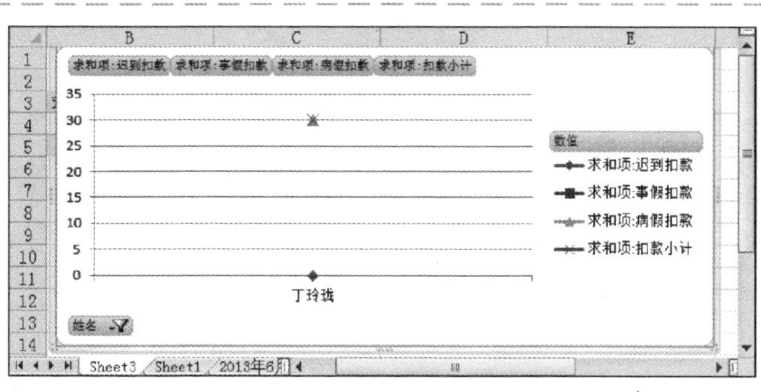

图 14-46

04

此时在工作表中，可以看到在图表中显示“丁玲珑”的数据，如图 14-46 所示。

Section 14.6 美化数据透视图

本节导读

在创建数据透视图之后，用户可以对数据透视图进行布局更改，以及应用 Excel 2010 中提供的精美样式。本节介绍美化数据透视图的相关知识及操作方法。

14.6.1 更改数据透视图布局

在创建好数据透视图之后，用户可以通过更改数据透视图的布局达到美化数据透视图的效果。下面介绍更改数据透视图布局的操作方法。

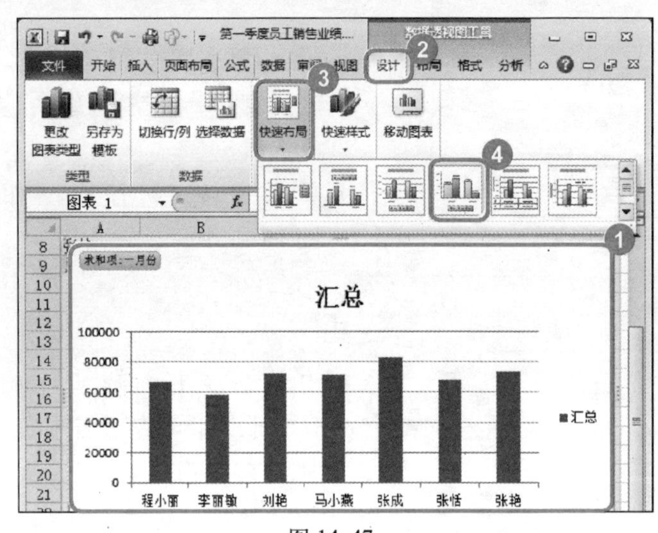

图 14-47

01

No.1 在工作表中，选择准备更改布局的数据透视图。

No.2 选择【数据透视图工具】中的【设计】选项卡。

No.3 单击【图表布局】组中的【快速布局】下拉按钮。

No.4 在弹出的下拉列表中，选择准备更改的数据透视图布局，如图 14-47 所示。

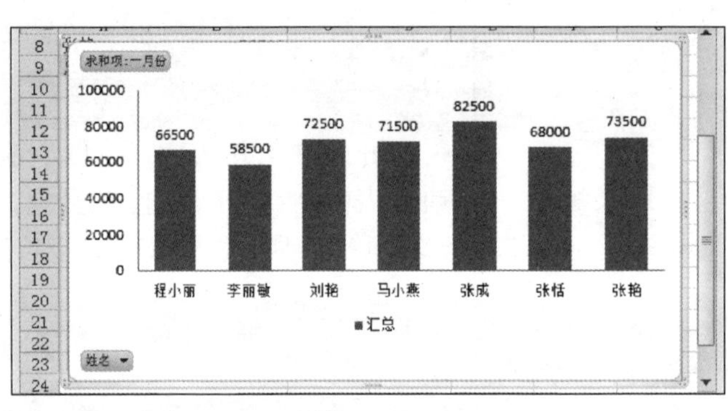

图 14-48

02

返回到工作表界面，可以看到，工作表中的数据透视图布局已经发生改变，如图 14-48 所示。

知识精讲

在美化数据透视图的时候，可以先选择【设计】选项卡，在【数据】组中，单击【切换行/列】按钮，改变图表中的行与列，这时图表中的数据显示方式也会随之发生改变，用户可以根据实际需要对改变后的图表，进行相应的样式应用。

14.6.2 应用数据透视图样式

在 Excel 2010 工作表中，不同的图表类型，其样式也不同，例如堆积圆柱图表有 48 种样式，图表样式包括图表中绘图区、背景、系列、标题等一系列元素的样式。下面介绍应用数据透视图样式的操作方法。

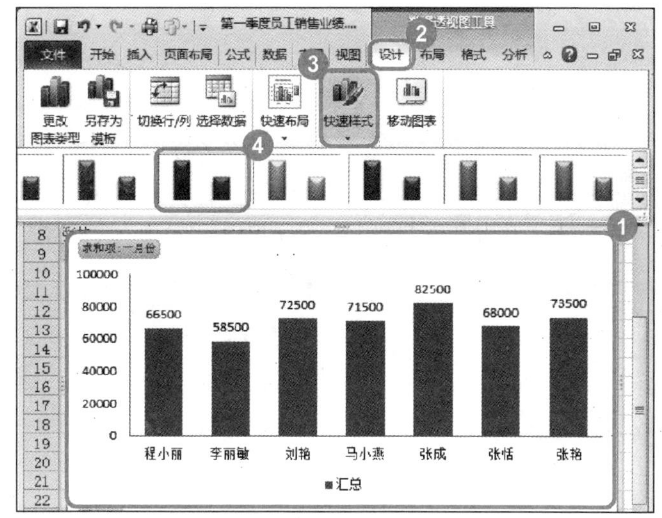

图 14-49

01

No.1 在工作表中，选择准备应用样式的数据透视图。

No.2 选择【数据透视图工具】中的【设计】选项卡。

No.3 单击【图表布局】组中的【快速样式】下拉按钮。

No.4 在弹出的下拉列表中，选择准备应用的数据透视图样式，如图 14-49 所示。

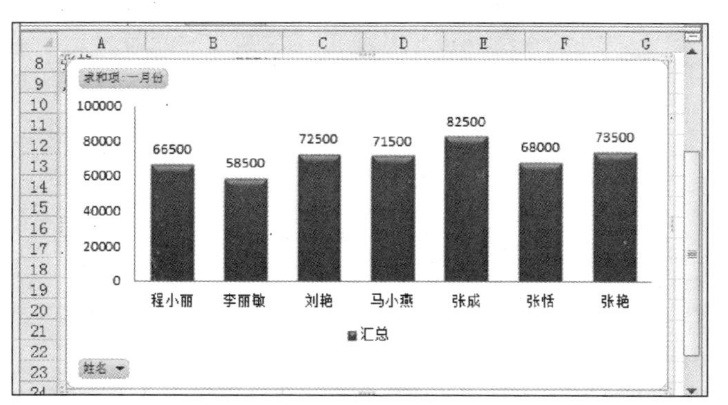

图 14-50

02

返回到工作表界面，可以看到，工作表中的数据透视图样式已经发生改变，如图 14-50 所示。

Section 14.7

实践案例与上机操作

14.7.1 对数据透视表中的项目进行组合

用户可以采用自定义的方式对字段中的项进行组合，以满足用户个人需要却无法采用其他方式（如排序和筛选）轻松组合的数据子集。下面介绍对数据透视表中的项目进行组合的操作方法。

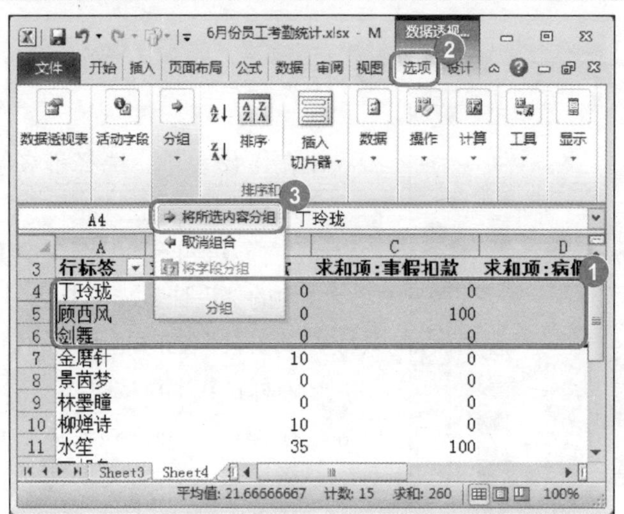

图 14-51

01

No.1 选择数据透视表中要分为一组的区域。

No.2 在【数据透视表工具】中，选择【选项】选项卡。

No.3 在【分组】组中，单击【将所选内容分组】按钮 将所选内容分组，如图 14-51 所示。

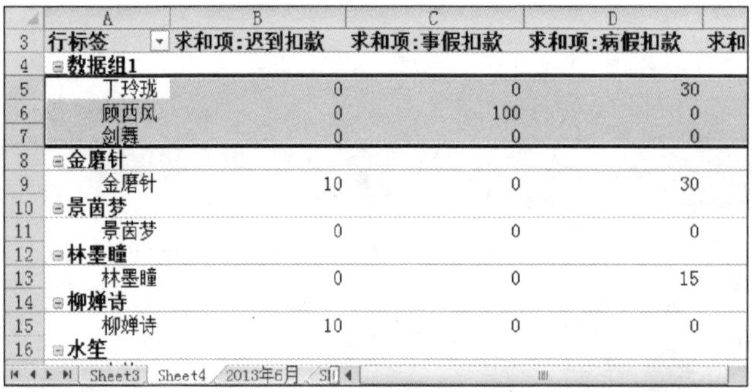

	A	B	C	D	
3	行标签	求和项:迟到扣款	求和项:事假扣款	求和项:病假扣款	求和
4	数据组1				
5	丁玲珑	0	0	30	
6	顾西风	0	100	0	
7	剑舞	0	0	0	
8	金磨针				
9	金磨针	10	0	30	
10	景茵梦				
11	景茵梦	0	0	0	
12	林墨瞳				
13	林墨瞳	0	0	15	
14	柳婵诗				
15	柳婵诗	10	0	0	
16	水笙				

图 14-52

02

此时，可以看到选择区域上方出现了“数组 1”，即表示所选择的区域自动分为了一组，该组名称为“数据组 1”，如图 14-52 所示。

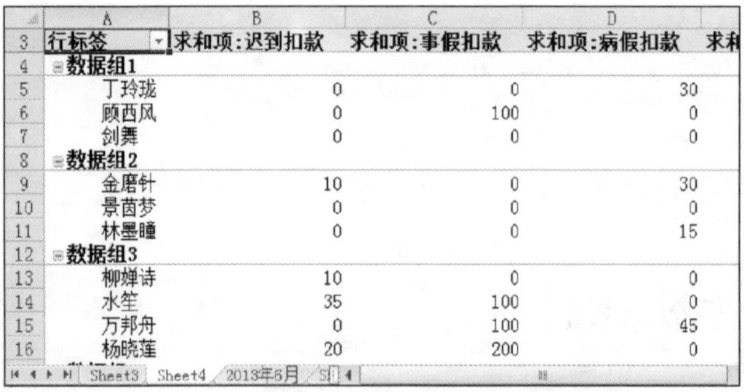

	A	B	C	D	
3	行标签	求和项:迟到扣款	求和项:事假扣款	求和项:病假扣款	求和
4	数据组1				
5	丁玲珑	0	0	30	
6	顾西风	0	100	0	
7	剑舞	0	0	0	
8	数据组2				
9	金磨针	10	0	30	
10	景茵梦	0	0	0	
11	林墨瞳	0	0	15	
12	数据组3				
13	柳婵诗	10	0	0	
14	水笙	35	100	0	
15	万邦舟	0	100	45	
16	杨晓莲	20	200	0	

图 14-53

03

利用同样的方法将其他的项目进行组合，即可完成对数据透视表中的项目进行组合的操作，如图 14-53 所示。

14.7.2 导入外部数据创建数据透视表

创建数据透视表时，可以应用本工作簿中的数据资料，也可以导入外部的数据用于创建数据透视表，下面介绍导入外部数据创建数据透视表的操作方法。

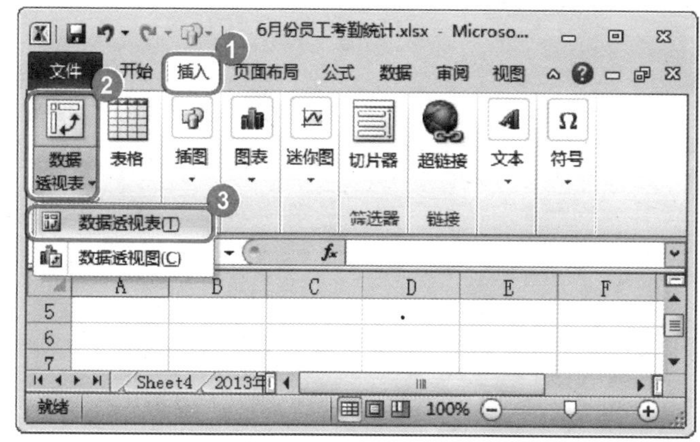

图 14-54

01

No.1 选择【插入】选项卡。

No.2 单击【数据透视表】下拉按钮。

No.3 在弹出的下拉列表框中选择【数据透视表】选项，如图 14-54 所示。

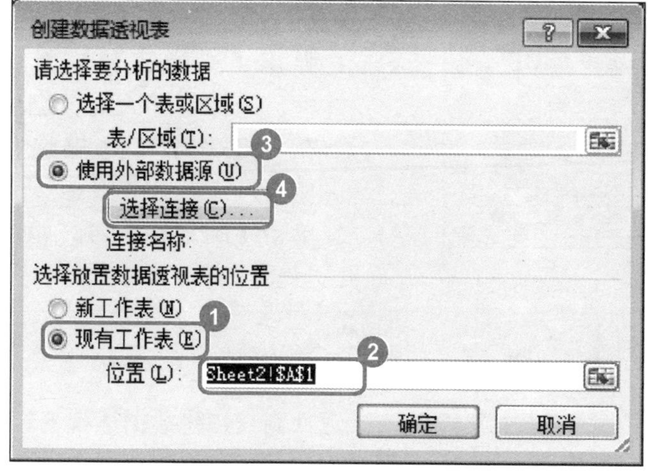

图 14-55

02

No.1 弹出【创建数据透视表】对话框，选择【现有工作表】单选项。

No.2 在【位置】文本框中输入“Sheet2!$A$1”。

No.3 选择【使用外部数据源】单选项。

No.4 单击【选择连接】按钮，如图 14-55 所示。

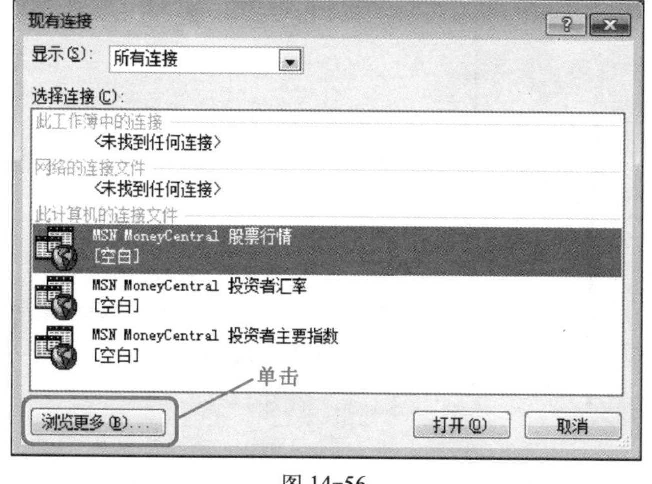

图 14-56

03

弹出【现有连接】对话框，选择要连接的文件，若需要浏览更多的文件，可以单击【浏览更多】按钮，如图 14-56 所示。

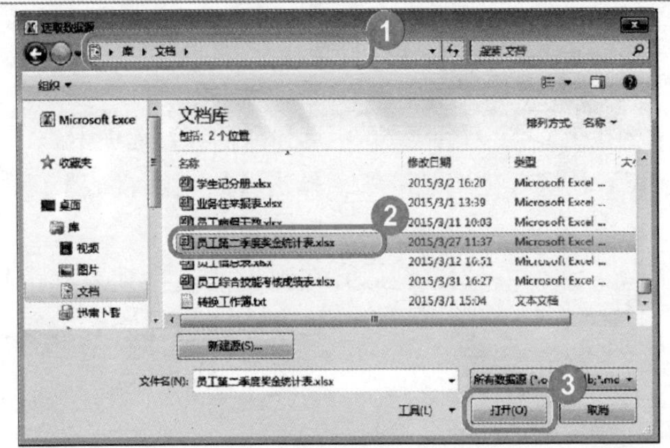

图 14-57

04

No.1 弹出【选择数据源】对话框，在【查找范围】下拉列表中选择要导入数据保存的位置。

No.2 选择要导入的文件。

No.3 单击【打开】按钮 ，如图 14-57 所示。

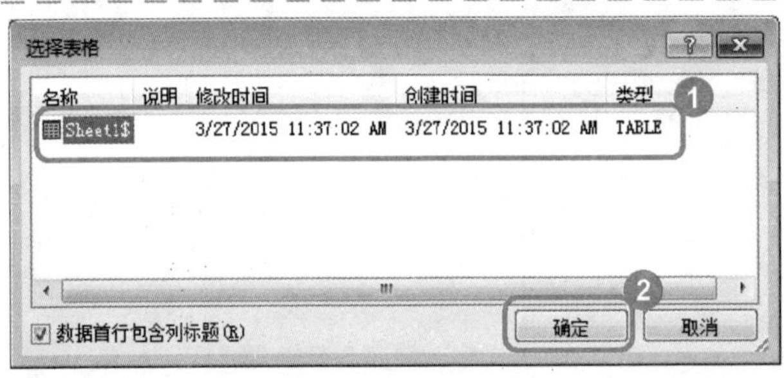

图 14-58

05

No.1 弹出【选择表格】对话框，选择要导入的数据所在的工作表，这里选择“Sheet1$”工作表。

No.2 单击【确定】按钮，如图 14-58 所示。

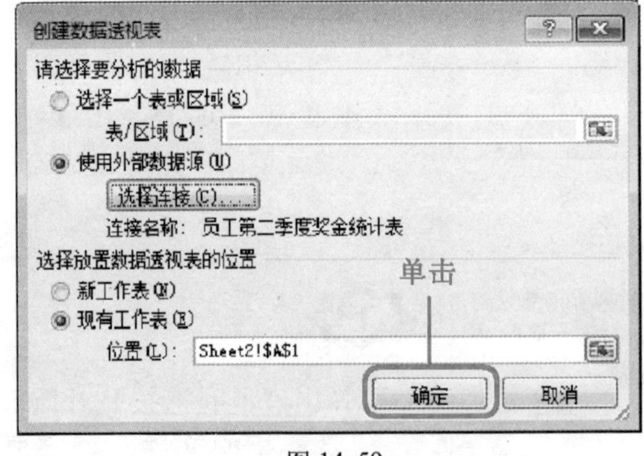

图 14-59

06

返回到【创建数据透视表】对话框中，可以看到在【选择连接】按钮下方会显示已经连接的外部数据源名称，单击【确定】按钮，如图 14-59 所示。

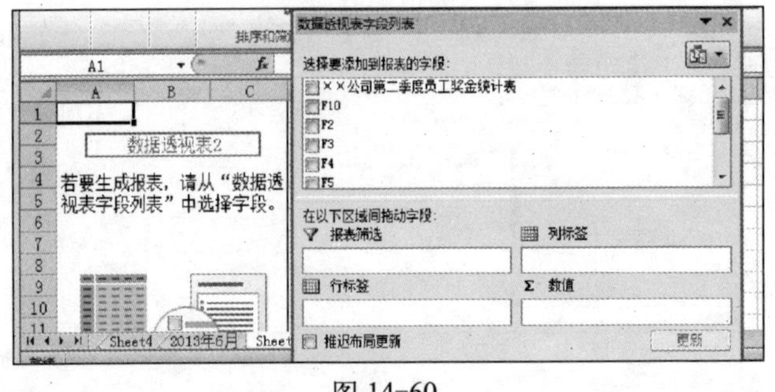

图 14-60

07

返回到最开始的工作表中，在工作表内会有【数据透视表】和【数据透视表字段列表】任务窗格，如图 14-60 所示。

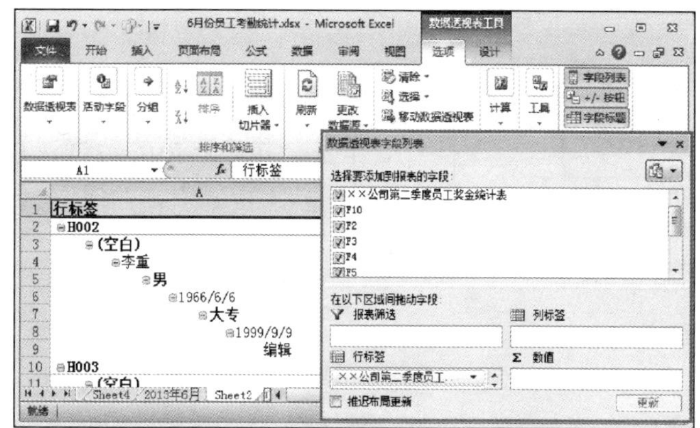

图 14-61

08

在【数据透视表字段列表】任务窗格中，选择准备使用的字段复选项，即可完成导入外部数据创建数据透视图的操作，如图 14-61 所示。

14.7.3 移动数据透视表

如果用户需要移动数据透视表，可以通过【移动数据透视表】按钮来实现。下面介绍移动数据透视表的操作方法。

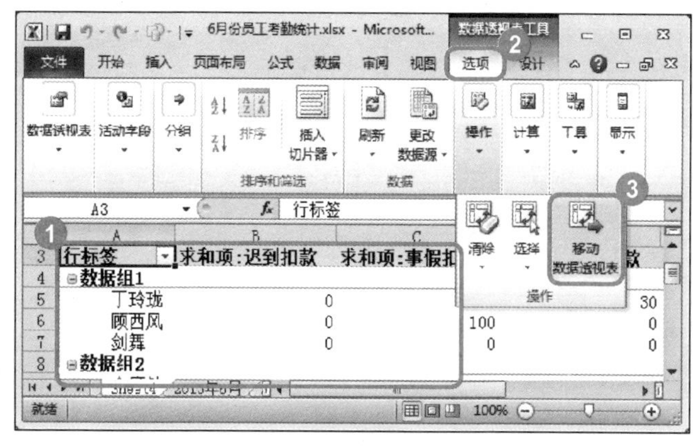

图 14-62

01

No.1 选择准备移动的数据透视表。

No.2 在【数据透视表工具】中选择【选项】选项卡。

No.3 单击【操作】组中的【移动数据透视表】按钮 ，如图 14-62 所示。

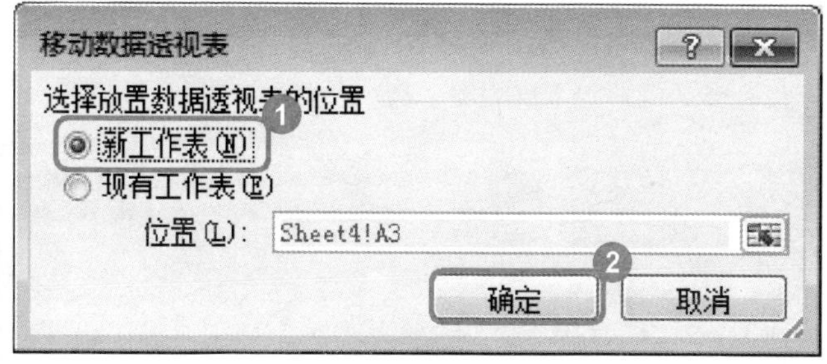

图 14-63

02 弹出对话框，选择【新工作表】单选项

No.1 弹出【移动数据透视表】对话框，选择【新工作表】单选项。

No.2 单击【确定】按钮，如图 14-63 所示。

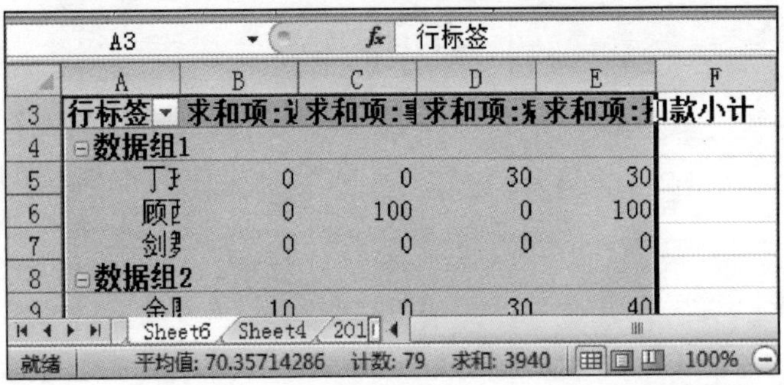

A3　行标签

	A	B	C	D	E	F
3	行标签	求和项:讠	求和项:事	求和项:病	求和项:扣款小计	
4	⊟数据组1					
5	丁玨	0	0	30	30	
6	顾…	0	100	0	100	
7	剑…	0	0	0	0	
8	⊟数据组2					
9	金…	10	0	30	40	

Sheet6　Sheet4　201…

就绪　平均值: 70.35714286　计数: 79　求和: 3940　100%

图 14-64

03

可以看到系统会自动创建一个工作表，并将选择的数据透视表移动至该工作表中，如图 14-64 所示。

第 15 章

创建企业员工调动管理系统

在企业对员工调动进行管理时，需要建立企业的员工调动记录表。而对于大型企业来说，由于员工众多，整理起来比较麻烦，工作效率也很低。用 Excel 创建企业员工调动管理系统，可以直接将调动员工的调动信息记录下来，方便企业对员工进行管理。通过本章的学习，读者可以掌握有关创建企业员工调动管理系统方面的知识。

Section 15.1 创建企业员工调动管理表

本节导读

在 Excel 2010 中可以创建企业员工调动管理系统对企业员工调动记录进行管理，这不仅方便管理员工的调动记录，还能将离职员工的记录保存下来，本节介绍创建企业员工调动管理表的操作方法。

15.1.1 建立员工调动管理表

企业员工调动管理系统是基于企业员工调动管理表的数据建立的，先要在 Excel 中创建“企业员工调动管理表”工作表。下面介绍其操作方法。

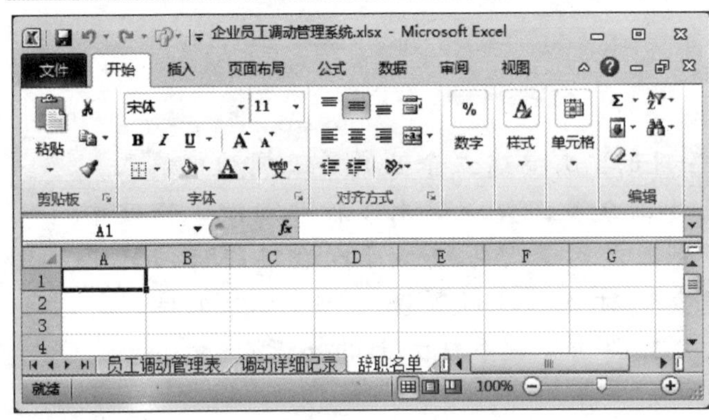

图 15-1

新建一个空白工作簿，并将其另存为“企业员工调动系统”，将默认的 3 个工作表标签分别重命名为“员工调动管理表”、“调动详细记录”和“辞职名单”，如图 15-1 所示。

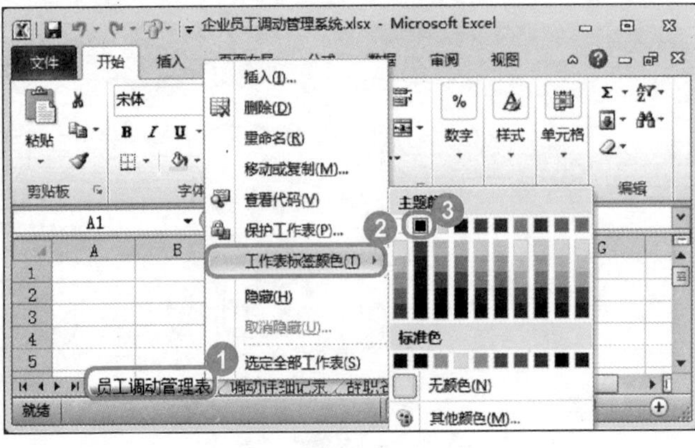

图 15-2

02

No.1 如果工作簿中包含的工作表较多，可给工作表标签设置不同颜色，右键单击工作表标签。

No.2 在弹出的快捷菜单中，选择【工作表标签颜色】菜单项。

No.3 在【主题颜色】列表框中选择准备应用的颜色，如图 15-2 所示。

图 15-3

03

选择要设置的颜色后，返回到工作表中，即可看到当前工作表标签呈现的颜色，将另外两个工作表标签设置成不同颜色，如图 15-3 所示。

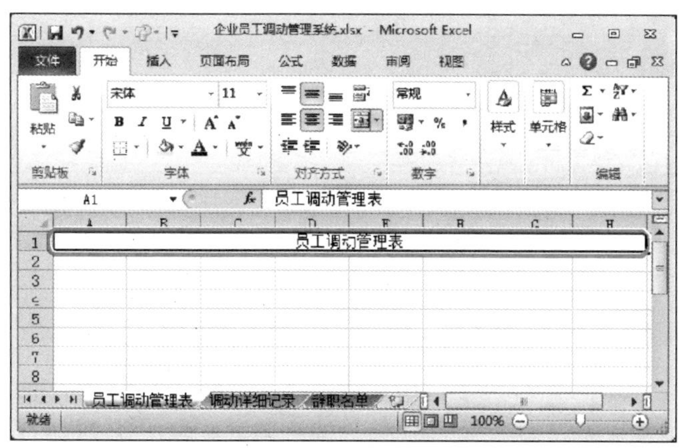
图 15-4

04

在“员工调动管理表”工作表的单元格 A1 中输入文本“员工调动管理表”，选中 A1：H1 单元格区域，并在【开始】选项卡的【对齐方式】组中单击【合并并居中】按钮 ，即可合并选中的单元格，如图 15-4 所示。

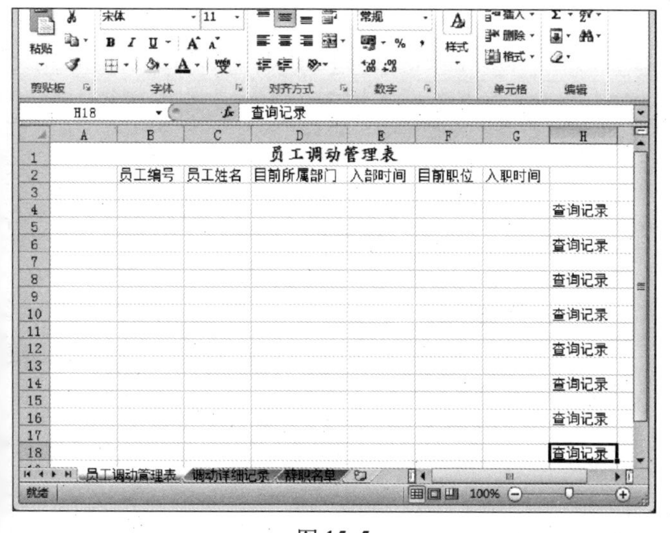
图 15-5

05

拖动鼠标设置单元格高度并设置文字的大小和形式。在 B2：G2 单元格区域中分别输入“员工编号”“员工姓名”“目前所属部门”“入部时间”、“目前职位”和“入职时间”，在单元格 H4、H6、H8、H10、H12、H14、H16 和 H18 中输入“查询记录”，如图 15-5 所示。

15.1.2 格式化员工调动管理表

在创建完“员工调动管理表”工作表后，还需要对其进行格式化设置，例如设置单元格边框，给单元格填充颜色及设置文字颜色等。下面介绍其操作方法。

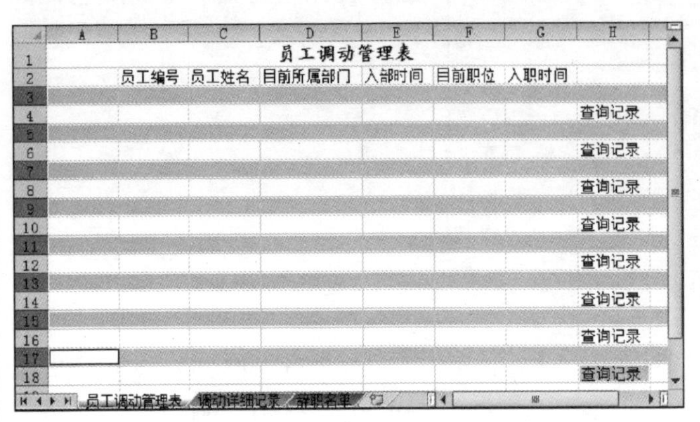

图 15-6

01

按住键盘上的〈Ctrl〉键，单击表格左边，依次选中第“3行”“5行”“7行”“9行”“11行”“13行”“15行”和“17行”，如图 15-6 所示。

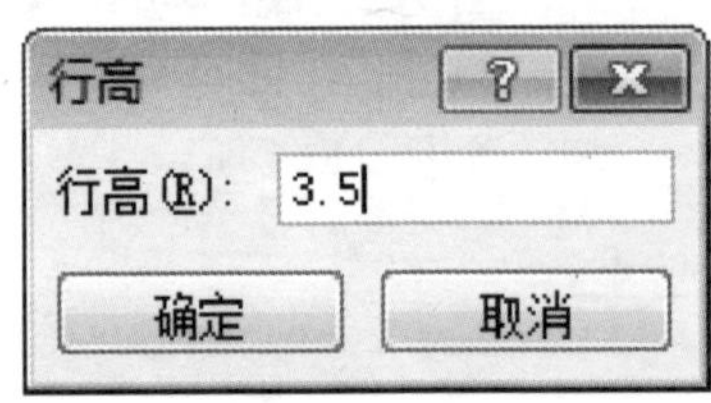

图 15-7

02

在【开始】选项卡的【单元格】组中单击【格式】下拉按钮，在弹出的快捷菜单中选择【行高】菜单项，打开【行高】对话框，在其中输入行高值为“3.5”，如图 15-7 所示。

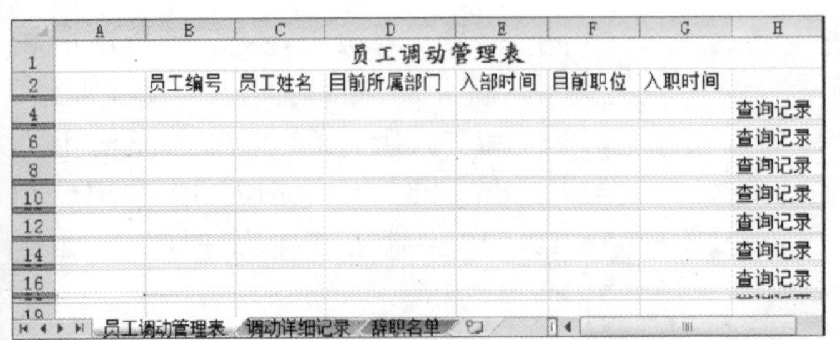

图 15-8

03

单击【确定】按钮，返回到工作表中即可看到设置后的效果，如图 15-8 所示。

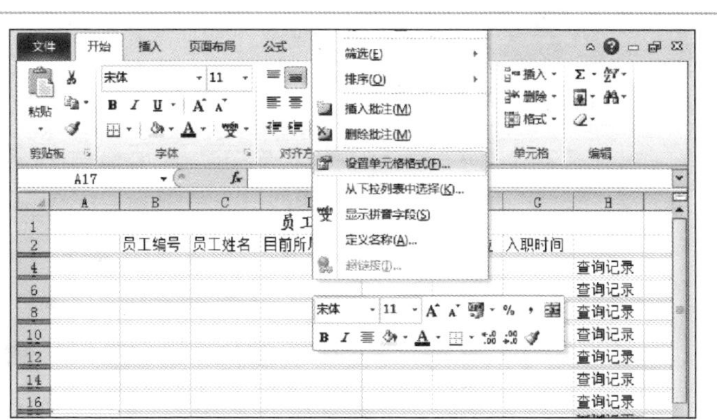
图 15-9

04

依次选中 A3:H3、A5：H5、A7：H7、A9：H9、A11：H11、A13：H13、A15：H15、A17：H17 单元格区域并右键单击，在弹出的快捷菜单中选择【设置单元格格式】菜单项，如图 15-9 所示。

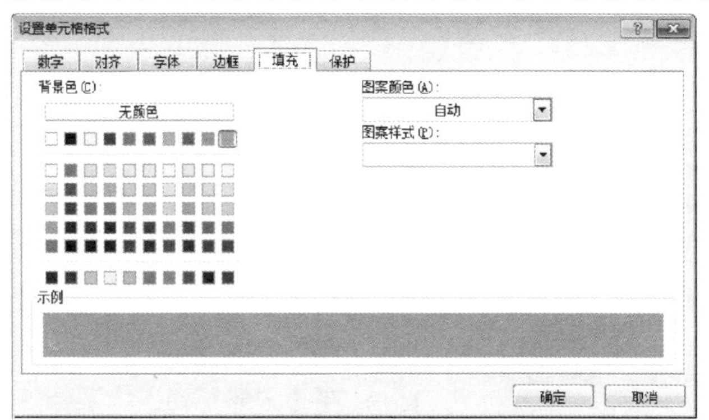
图 15-10

05

弹出【设置单元格格式】对话框，选择【填充】选项卡，在其中选择准备填充的颜色，如图 15-10 所示。

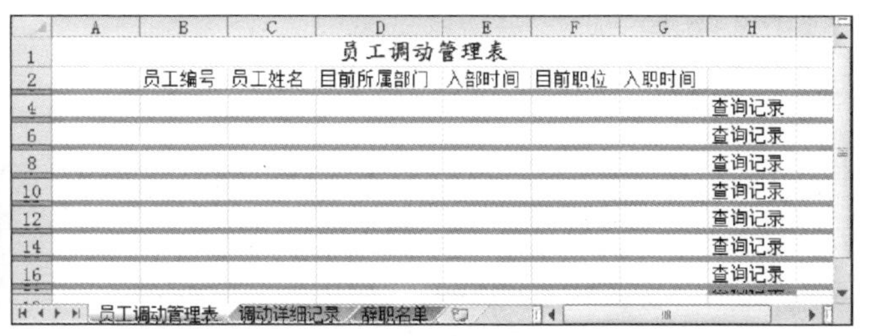
图 15-11

06

单击【确定】按钮，返回到工作表中，就可以看到设置后的单元格效果，如图 15-11 所示。

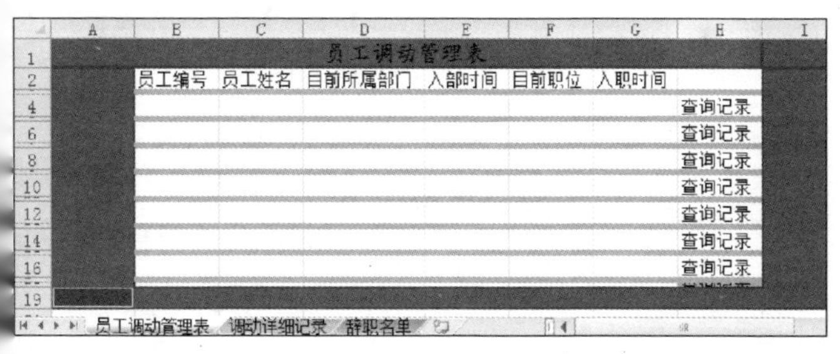
图 15-12

07

按住键盘上的 <Ctrl> 键，依次选中 A1：A19、A1：I1、I1:I19、A19:I19 单元格区域，给选中的这些单元格填充颜色，如图 15-12 所示。

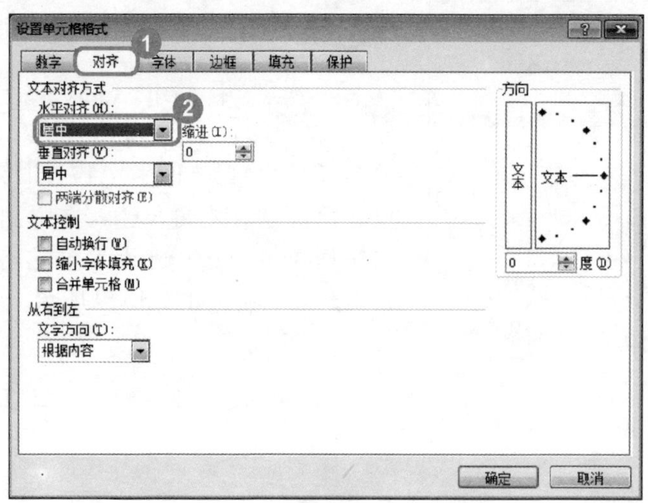

图 15-13

08

No.1 选中 B2:G2 单元格区域并使用鼠标右键单击，在弹出的快捷菜单中选择【设置单元格格式】菜单项，打开【设置单元格格式】对话框，选择【对齐】选项卡。

No.2 在【水平对齐】下拉列表框中选择【居中】选项，如图 15-13 所示。

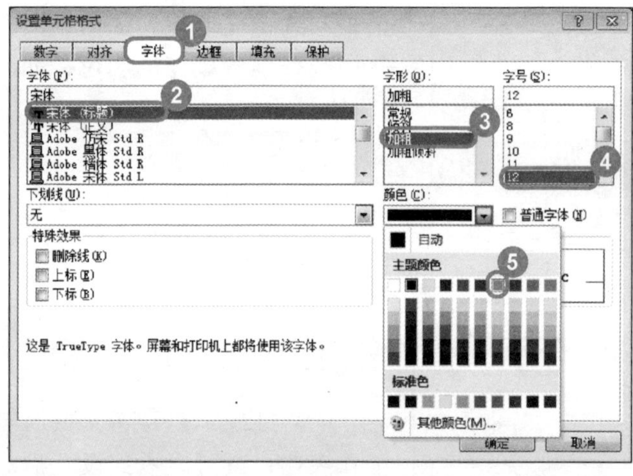

图 15-14

09

No.1 选择【字体】选项卡。

No.2 在【字体】列表中选择【宋体】字体。

No.3 在【字形】列表中选择【加粗】选项。

No.4 在【字号】列表中选择【12】选项。

No.5 单击【颜色】下拉按钮，选择准备应用的颜色，如图 15-14 所示。

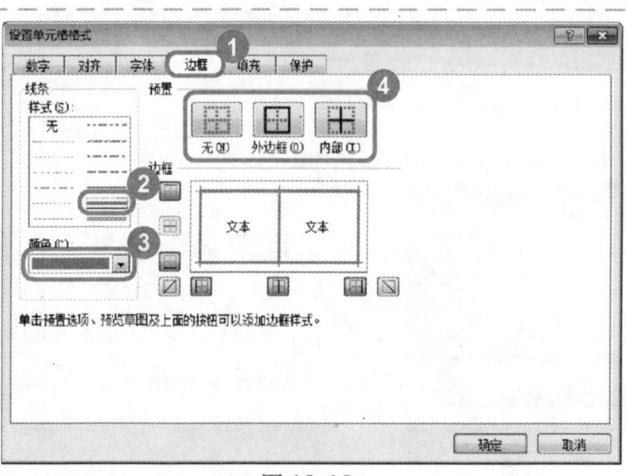

图 15-15

10

No.1 选择【边框】选项卡。

No.2 在【线条】栏目的【样式】列表框中选择线条。

No.3 设置边框的颜色。

No.4 在【预设】栏目中单击相应的按钮，即可设置边框的格式，如图 15-15 所示。

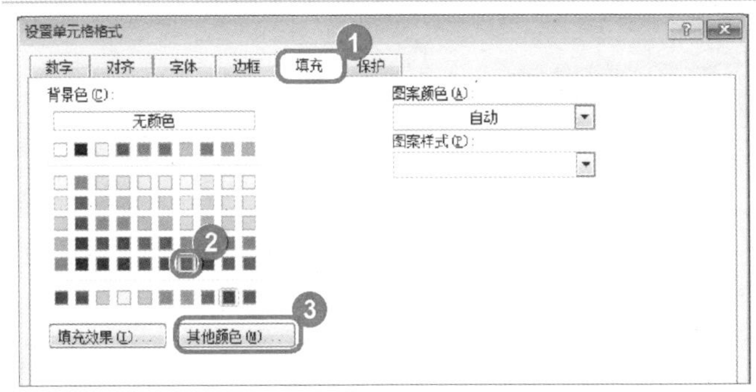

图 15-16

11

No.1 选择【填充】选项卡。

No.2 在【背景色】区域下方，选择准备填充的颜色。

No.3 还可以单击【其他颜色】按钮 其他颜色(M)...，选择更多的颜色，如图 15-16 所示。

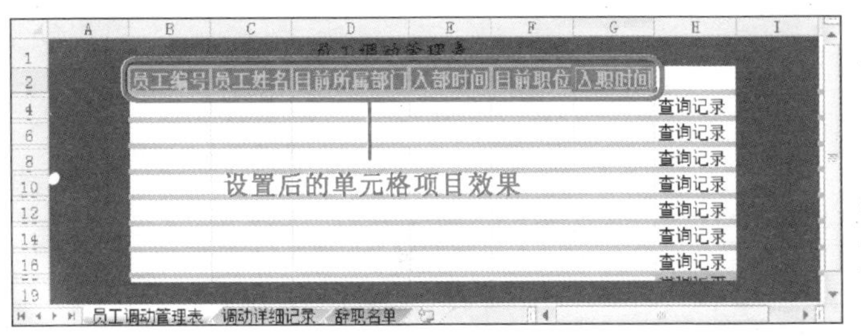

图 15-17

12

单击【确定】按钮后，即可看到设置后的单元格项目效果，如图 15-17 所示。

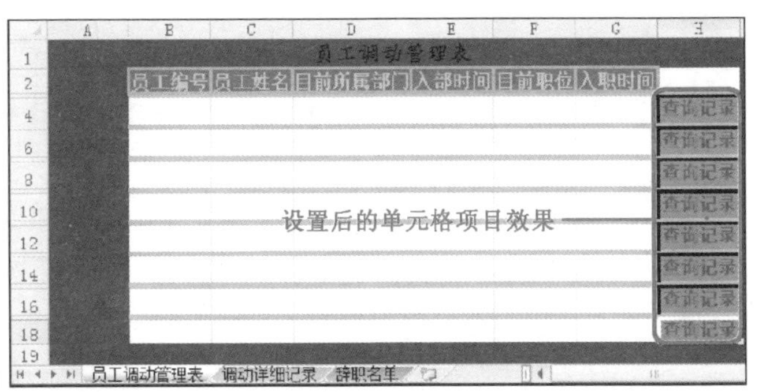

图 15-18

13

按住<Ctrl>键，依次选中 H4、H6、H8、H10、H12、H14、H16 以及 H18 单元格，为这些单元格设置文字属性、边框样式、填充颜色等，最终设置后的单元格效果，如图 15-18 所示。

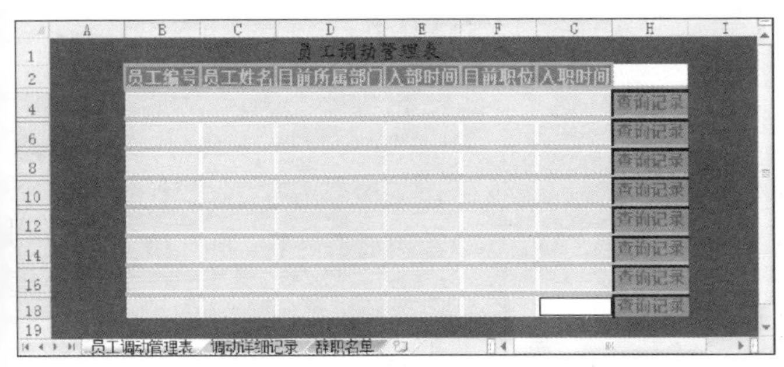

图 15-19

14

按住键盘上的<Ctrl>键，依次选中 B4:G4、B6:G6、B8：G8、B10：G10、B12：G12、B14：G14、B16：G16 和 B18:G18， 如图 15-19 所示。

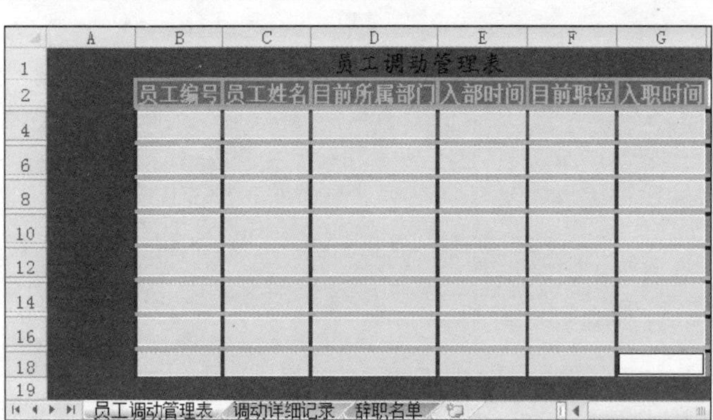

图 15-20

15

通过【设置单元格格式】对话框，对这些单元格区域设置【边框】样式，设置后的最终效果如图 15-20 所示。

Section

15.2 企业员工调动管理表中公式的应用

本节导读

使用 Excel 2010 创建企业员工调动表并格式化后，即可利用相应的函数自动录入员工调动信息了。本节介绍企业员工调动管理中公式的应用方法。

15.2.1 使用公式录入基本信息

在“员工调动管理表”工作表中，可以利用 VLOOKUP 函数和 IF 函数自动录入员工的基本调动信息。下面介绍使用公式录入基本信息的操作方法。

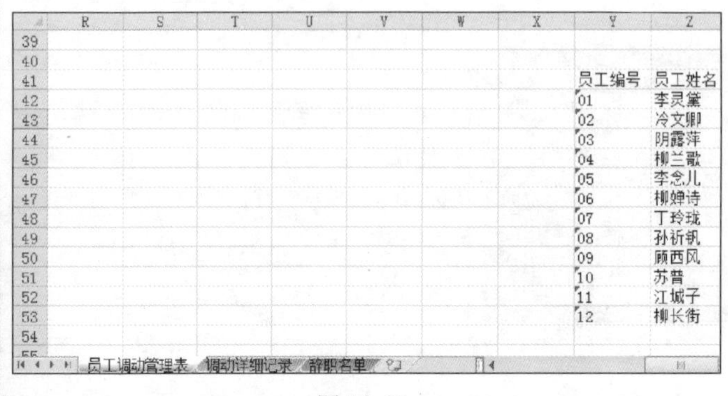

员工编号	员工姓名
01	李灵黛
02	冷文卿
03	阴露萍
04	柳兰歌
05	李念儿
06	柳婵诗
07	丁玲珑
08	孙祈钒
09	顾西风
10	苏普
11	江城子
12	柳长街

图 15-21

01

在“员工调动管理表”工作表中的单元格区域 Y41：Z53 中创建数据源区域，在其中输入员工编号和员工姓名，如图 15-21 所示。

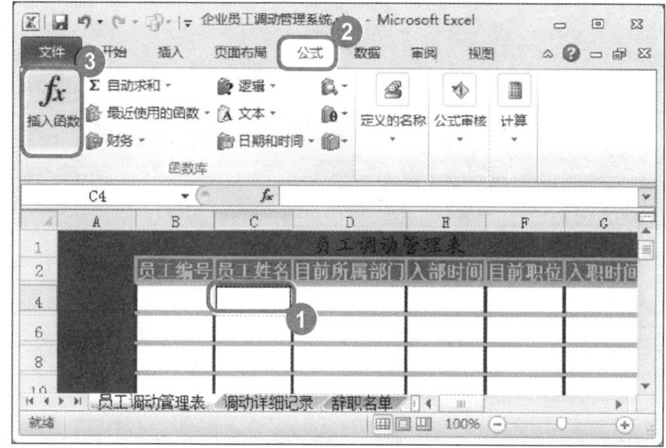
图 15-22

02

No.1 在“员工姓名”列单元格中输入公式，以实现只要输入员工编号，即可自动录入员工姓名的效果。选中 C4 单元格。

No.2 选择【公式】选项卡。

No.3 在【函数库】组中单击【插入函数】按钮，如图 15-22 所示。

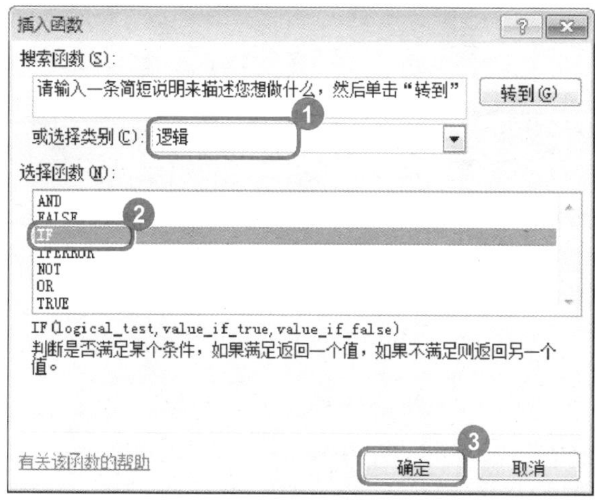
图 15-23

03

No.1 弹出【插入函数】对话框，在【或选择类别】下拉列表中选择【逻辑】选项。

No.2 在【选择函数】列表中选择【IF】函数。

No.3 单击【确定】按钮，如图 15-23 所示。

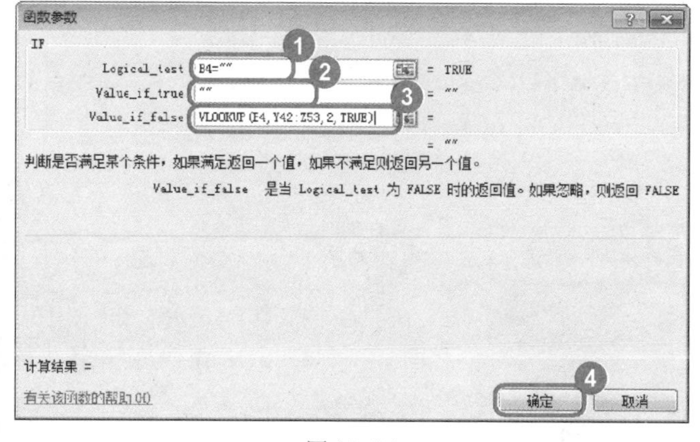
图 15-24

04

No.1 弹出【函数参数】对话框，在【Logical_test】文本框中输入 B4=""。

No.2 在【Value_if_true】文本框中输入 ""。

No.3 在【Value_if_false】文本框中输入 VLOOKUP (B4, Y42:Z53, 2, TRUE)

No.4 单击【确定】按钮，如图 15-24 所示。

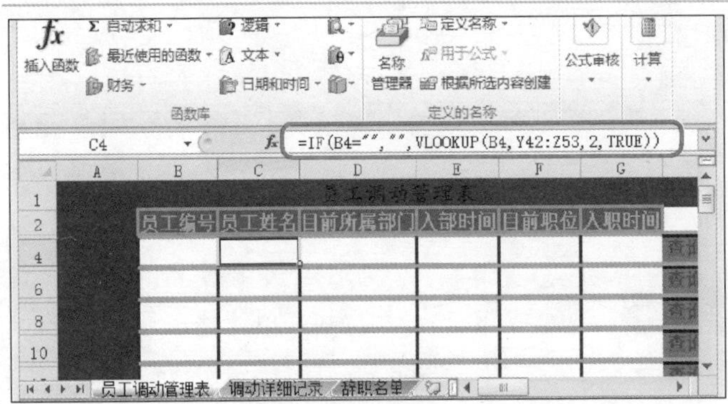

图 15-25

05

返回工作表中，可以看到C4单元格输入的公式为=IF(B4="","",VLOOKUP(B4,Y42:Z53,2,TRUE))，按下键盘上的<Enter>键，即可看到C4单元格中显示为空，如图15-25所示。

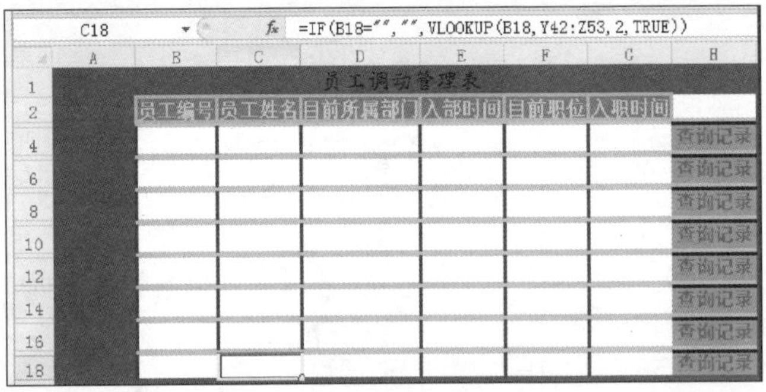

C18 =IF(B18="","",VLOOKUP(B18,Y42:Z53,2,TRUE))

图 15-26

06

分别在C6、C8、C10、C12、C14、C16、C18中输入公式，即可看到这些公式的执行结果。由于还没有输入员工编号，所以显示为空，如图15-26所示。

在C6、C8、C10、C12、C14、C16、C18中输入如下公式：

=IF(B6="","",VLOOKUP(B6,Y42:Z53,2,TRUE))
=IF(B8="","",VLOOKUP(B8,Y42:Z53,2,TRUE))
=IF(B10="","",VLOOKUP(B10,Y42:Z53,2,TRUE))
=IF(B12="","",VLOOKUP(B12,Y42:Z53,2,TRUE))
=IF(B14="","",VLOOKUP(B14,Y42:Z53,2,TRUE))
=IF(B16="","",VLOOKUP(B16,Y42:Z53,2,TRUE))
=IF(B18="","",VLOOKUP(B18,Y42:Z53,2,TRUE))

图 15-27

07

依次选中B4、B6、B8、B10、B12 、B14、B16、B18单元格，如图15-27所示。

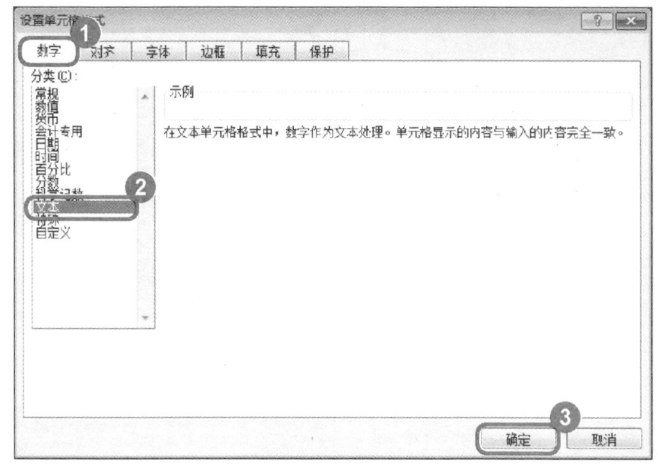

图 15-28

08

No.1 选中上一步骤中的单元格后，打开【设置单元格格式】对话框，选择【数字】选项卡。

No.2 在【分类】列表中选择【文本】选项。

No.3 单击【确定】按钮，即可将选择的单元格设置为文本形式，如图 15-28 所示。

图 15-29

09

在单元格B4中输入数字“01”，然后按下键盘上的〈Enter〉键，即可自动输入“员工编号”为01的“员工姓名”，如图 15-29 所示。

图 15-30

10

在 B6、B8、B10、B12、B14、B16、B18 单元格中分别输入调动员工的编号，即可自动输入相应的员工姓名，如图 15-30 所示。

图 15-31

11

按住键盘上的〈Ctrl〉键，依次选中 D4、D6、D8、D10、D12、D14、D16、D18 单元格，如图 15-31 所示。

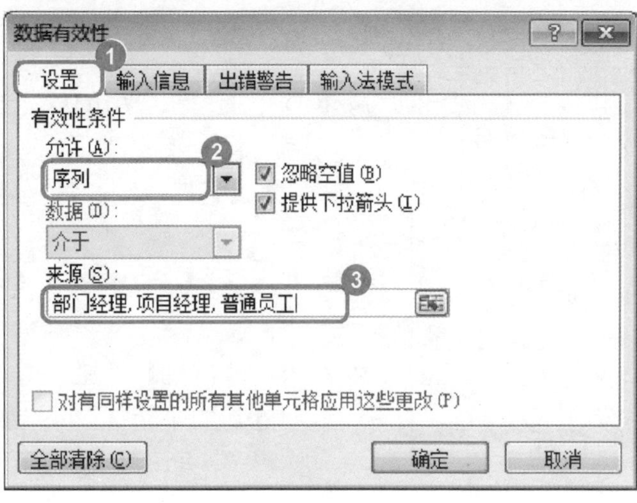

图 15-32

12

No.1 选中上一步骤中的几个单元格后，打开【数据有效性】对话框，选择【设置】选项卡。

No.2 在【允许】下拉列表中选择【序列】选项。

No.3 在【来源】文本框中输入“部门经理，项目经理，普通员工”，注意逗号要在英文状态下输入，如图 15-32 所示。

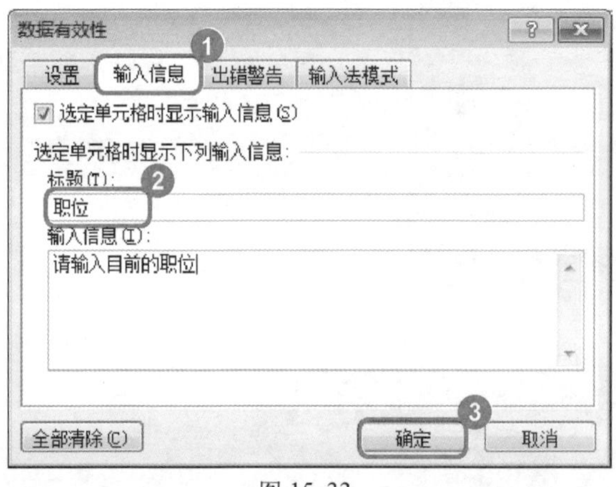

图 15-33

13

No.1 继续在【数据有效性】对话框中进行设置，选择【输入信息】选项卡。

No.2 在【标题】文本框中输入“职位”。

No.3 在【输入信息】文本框中输入“请输入目前的职位”，如图 15-33 所示。

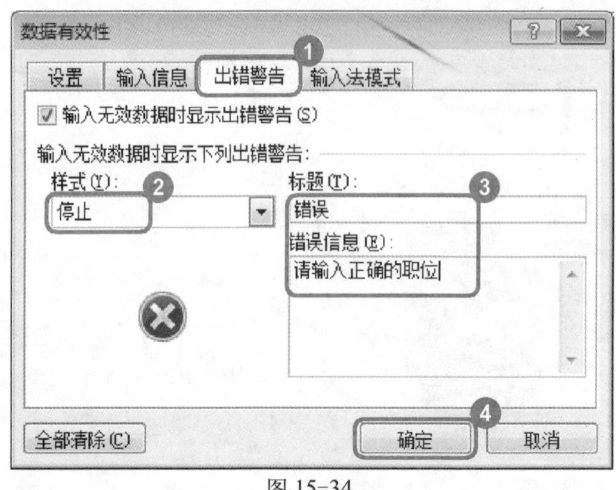

图 15-34

14

No.1 继续在【数据有效性】对话框中进行设置，选择【出错警告】选项卡。

No.2 在【样式】下拉列表中选择【停止】样式。

No.3 分别在【标题】和【错误信息】文本框中输入相关提示信息。

No.4 单击【确定】按钮，如图 15-34 所示。

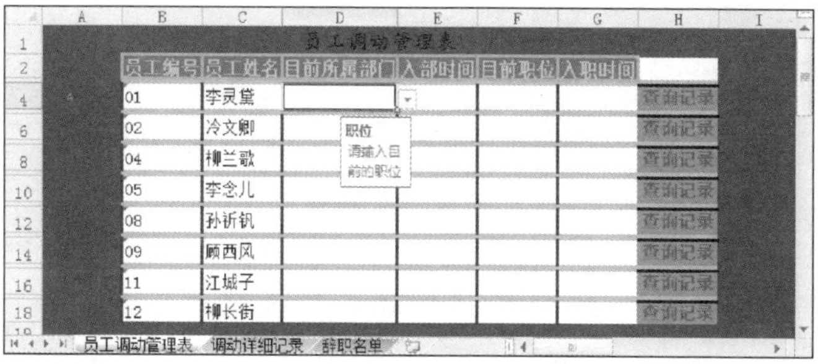

15

返回到“员工调动管理表”工作表中，单击D4单元格，即可看到提示输入信息，如图15-35所示。

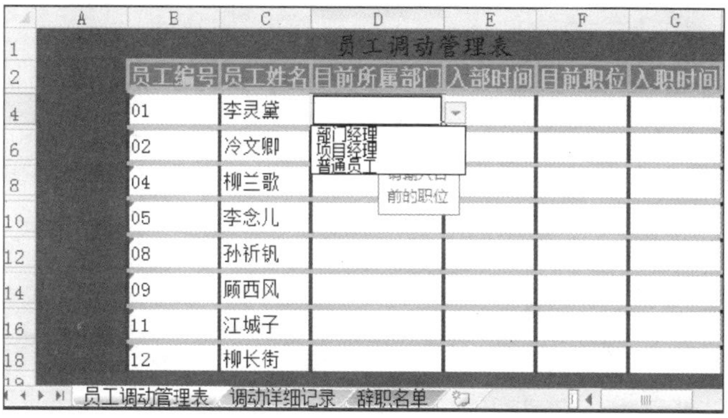

图 15-35

16

单击D4单元格右边的下拉按钮，在下拉列表中可以看到显示设置的3种职位，即“部门经理”、“项目经理”和“普通员工”，在其中选择相应的职位，如图15-36所示。

图 15-36

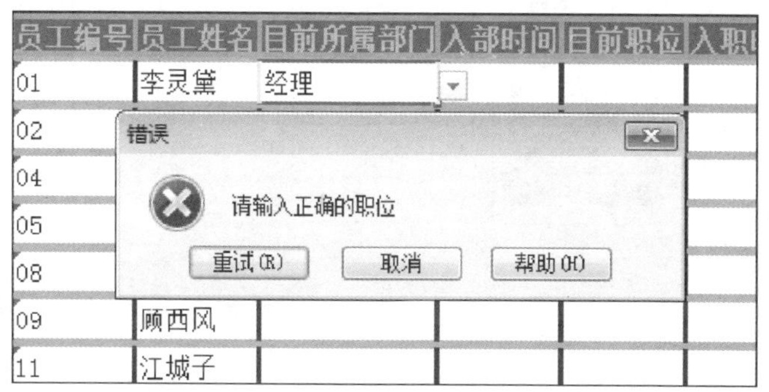

图 15-37

17

如果设置3种职位以外的数据，将会弹出【错误】对话框，在其中会看到设置的错误提示信息，此时需要单击【重试】按钮，重新选择相应的职位，如图15-37所示。

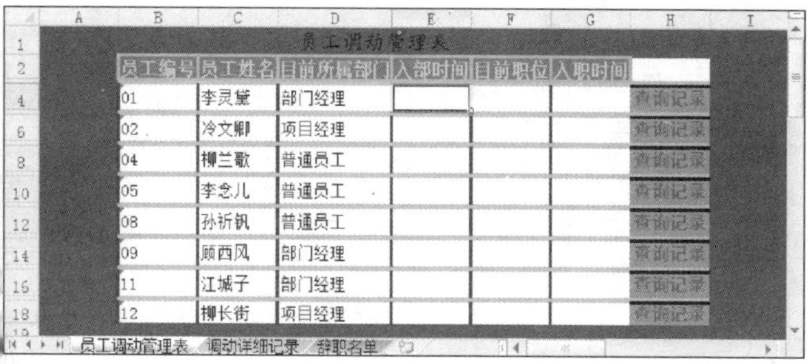

图 15-38

18

分别填充D6、D8、D10、D12、D14、D16、D18单元格中的数据，如图15-38所示。

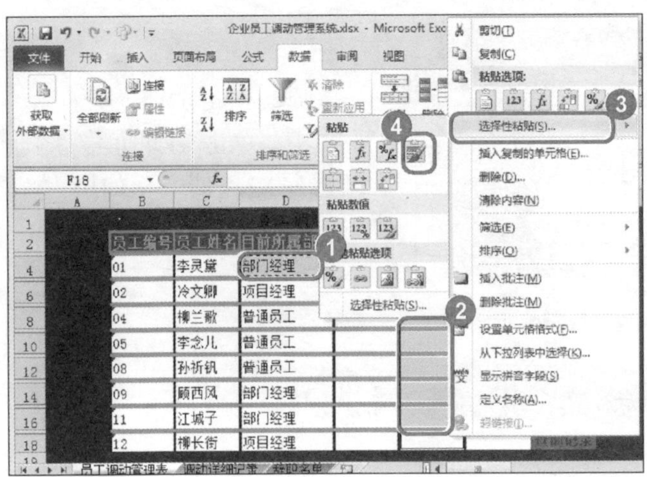

图 15-39

19

No.1 为 F 列设置相同内容的有效性，可以将设置的数据有效性复制到其他单元格中。复制 D4 单元格

No.2 依次选中 F4、F6、F8、F10、F12、F14、F16、F18 单元格，并右键单击。

No.3 在弹出的快捷菜单中，选择【选择性粘贴】菜单项。

No.4 选择【保留源格式】子菜单项，如图 15-39 所示。

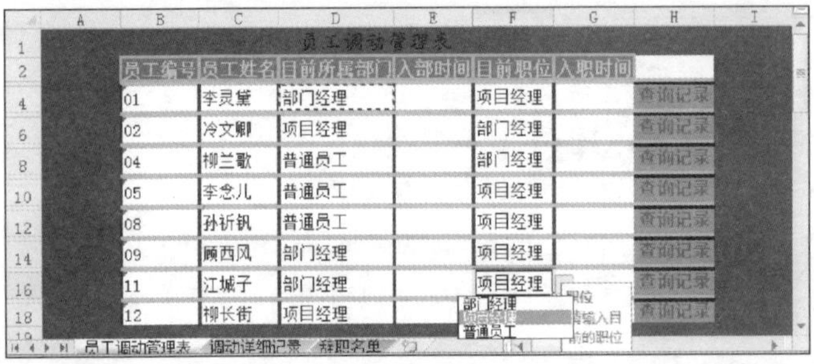

员工编号	员工姓名	目前所在部门	入部时间	目前职位	入职时间	
01	李灵黛	部门经理		项目经理		查询记录
02	冷文卿	项目经理		部门经理		查询记录
04	柳兰歌	普通员工		部门经理		查询记录
05	李念儿	普通员工		项目经理		查询记录
08	孙祈钒	普通员工		项目经理		查询记录
09	顾西风	部门经理		项目经理		查询记录
11	江城子	部门经理		项目经理		查询记录
12	柳长街	项目经理				查询记录

图 15-40

20

分别单击 F4、F6、F8、F10、F12、F14、F16、F18 单元格右边的下拉按钮，在其下拉列表框中选择相应的职位，如图 15-40 所示。

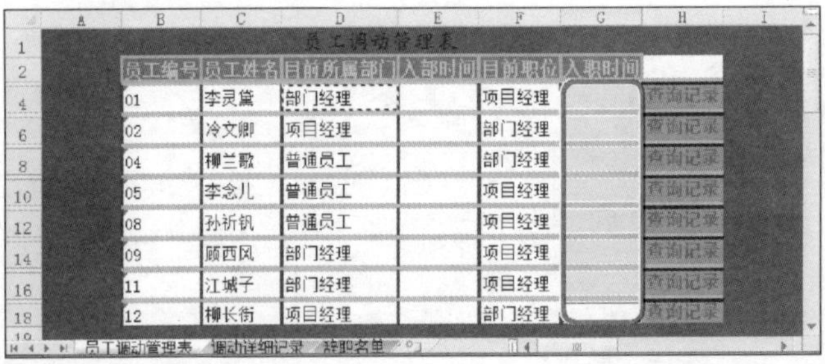

员工编号	员工姓名	目前所在部门	入部时间	目前职位	入职时间	
01	李灵黛	部门经理		项目经理		查询记录
02	冷文卿	项目经理		部门经理		查询记录
04	柳兰歌	普通员工		部门经理		查询记录
05	李念儿	普通员工		项目经理		查询记录
08	孙祈钒	普通员工		项目经理		查询记录
09	顾西风	部门经理		项目经理		查询记录
11	江城子	部门经理		项目经理		查询记录
12	柳长街	项目经理		部门经理		查询记录

图 15-41

21

按住 <Ctrl> 键，依次选中 G4、G6、G8、G10、G12、G14、G16、G18 单元格，如图 15-41 所示。

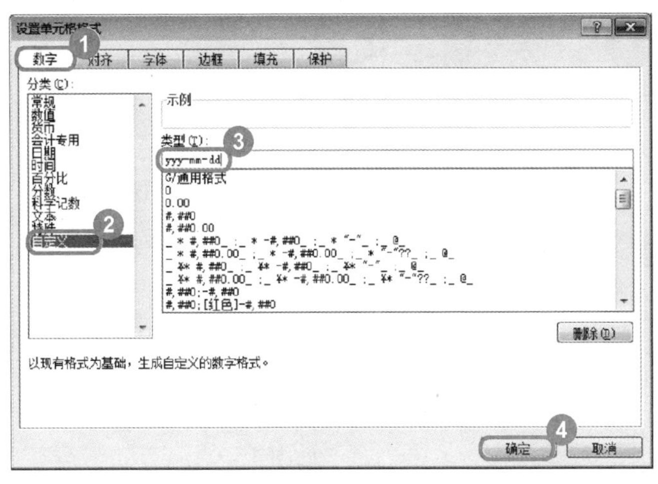

图 15-42

22

No.1 选中上一步骤中的几个单元格后，打开【设置单元格格式】对话框，选择【数字】选项卡。

No.2 在【分类】下拉列表中选择【自定义】选项。

No.3 在【类型】文本框中输入“yyyy-mm-dd”，

No.4 单击【确定】按钮，如图 15-42 所示。

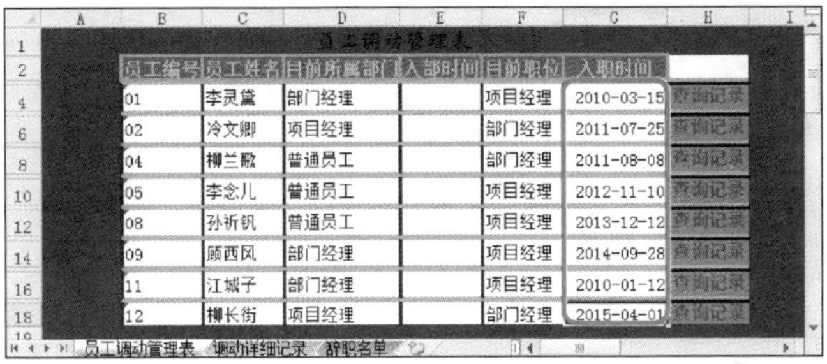

员工调动管理表

员工编号	员工姓名	目前所属部门	入部时间	目前职位	入职时间	
01	李灵黛	部门经理		项目经理	2010-03-15	查询记录
02	冷文卿	项目经理		部门经理	2011-07-25	查询记录
04	柳兰歌	普通员工		部门经理	2011-08-08	查询记录
05	李念儿	普通员工		项目经理	2012-11-10	查询记录
08	孙祈钒	普通员工		项目经理	2013-12-12	查询记录
09	顾西风	部门经理		项目经理	2014-09-28	查询记录
11	江城子	部门经理		项目经理	2010-01-12	查询记录
12	柳长街	项目经理		部门经理	2015-04-01	查询记录

员工调动管理表　调动详细记录　辞职名单

图 15-43

23

在 G4 、G6、G8、G10、G12、G14、G16、G18 单元格中分别输入各个员工的入职时间，且必须是上面自定义的格式，如图 15-43 所示。

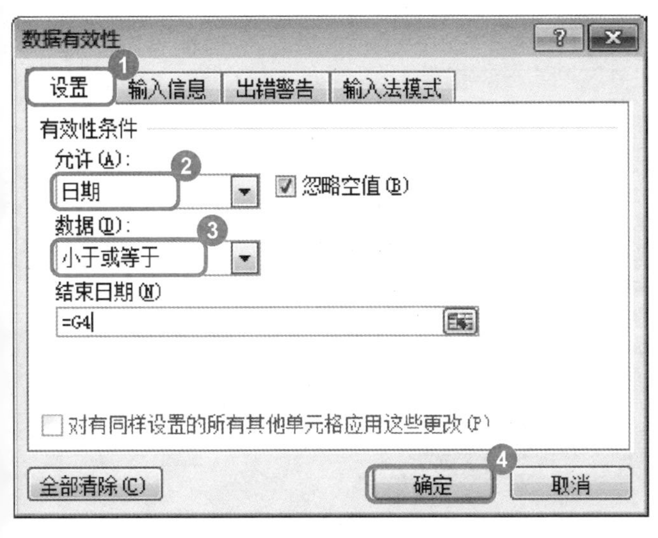

图 15-44

24

No.1 选中 E4 单元格，打开【数据有效性】对话框，选择【设置】选项卡。

No.2 在【允许】下拉列表中选择【日期】选项。

No.3 在【数据】下拉列表中选择【小于或等于】选项。

No.4 在【结束日期】文本框中输入 =G4，如图 15-44 所示。

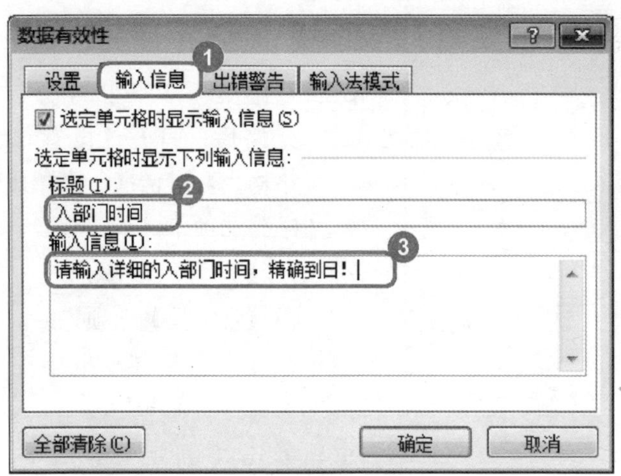

图 15-45

25

No.1 继续在【数据有效性】对话框中进行设置，选择【输入信息】选项卡。

No.2 在【标题】文本框中输入“入部门时间”。

No.3 在【输入信息】文本框中输入“请输入详细的入部门时间，精确到日！”，如图 15-45 所示。

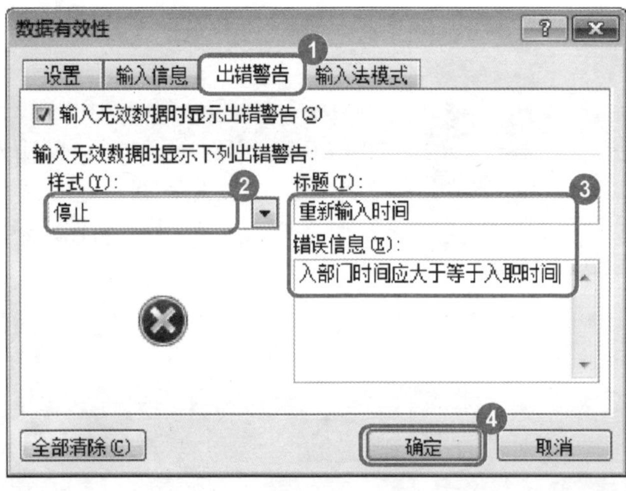

图 15-46

26

No.1 继续在【数据有效性】对话框中进行设置，选择【出错警告】选项卡。

No.2 在【样式】下拉列表中选择【停止】样式。

No.3 分别在【标题】和【错误信息】文本框中输入相关提示信息。

No.4 单击【确定】按钮，如图 15-46 所示。

员工调动管理表

员工编号	员工姓名	目前所属部门	入部时间	目前职位	入职时间	
01	李灵黛	部门经理		项目经理	2010-03-15	查询记录
02	冷文卿	项目经理		[illegible]	2011-07-25	查询记录
04	柳兰歌	普通员工		[illegible]	2011-08-08	查询记录
05	李念儿	普通员工		[illegible]	2012-11-10	查询记录
08	孙祈钒	普通员工		项目经理	2013-12-12	查询记录
09	顾西风	部门经理		项目经理	2014-09-28	查询记录
11	江城子	部门经理		项目经理	2010-01-12	查询记录
12	柳长街	项目经理		部门经理	2015-04-01	查询记录

入部门时间
请输入详细的入部门时间，精确到日！

员工调动管理表　调动详细记录　辞职名单

图 15-47

27

返回到“员工调动管理表”工作表中，单击 E4 单元格，即可看到提示输入信息，如图 15-47 所示。

图 15-48

28

在 E4 单元格中输入不大于“2010-03-15”的时间，由于符合条件的时间比较多，所以不会出现下拉列表，此时需要手动输入时间，如图 15-48 所示。

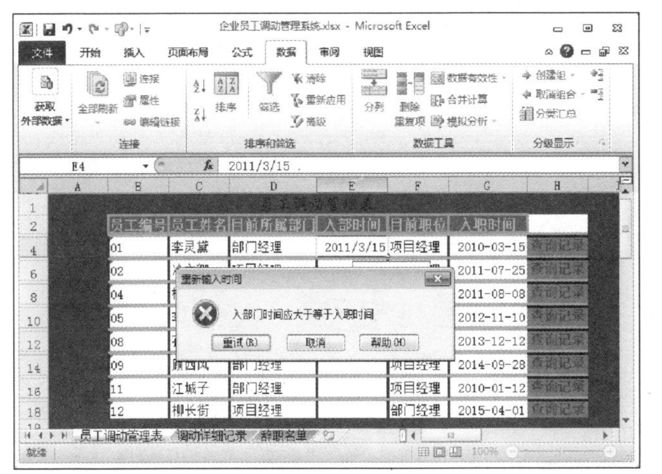

图 15-49

29

如果用户输入的时间大于“2010-03-15”，将会弹出【重新输入时间】对话框，在其中会看到设置的错误提示信息，此时需要单击【重试】按钮，重新输入符合条件的时间，如图 15-49 所示。

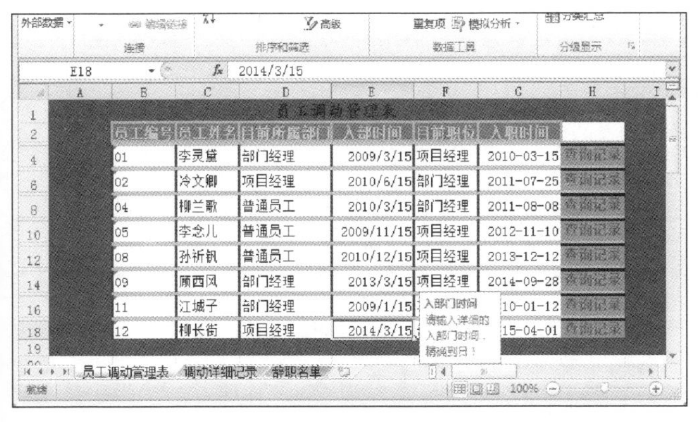

图 15-50

30

复制 E4 单元格，使用“选择性粘贴”的方法将其粘贴到 E6、E8、E10、E12、E14、E16、E18 单元格中，然后在这些单元格中输入符合条件的时间，即可完成录入基本信息的操作，如图 15-50 所示。

15.2.2 审核工作表

对于“员工调动管理表”工作表，可以使用 Excel 自动的“审核”功能找到单元格之间的引用关系，还可以检查输入的公式是否正确。下面介绍审核工作表的操作方法。

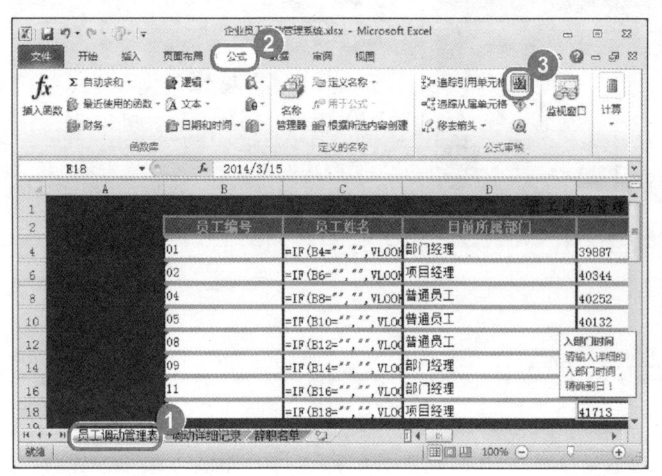

图 15-51

01

No.1 打开“员工调动管理表”工作表。

No.2 选择【公式】选项卡。

No.3 如果想要查看“员工调动管理表”工作表中的公式，可以在【公式审核】组中单击【显示公式】按钮，即可将该工作表中所有的公式显示出来，如图 15-51 所示。

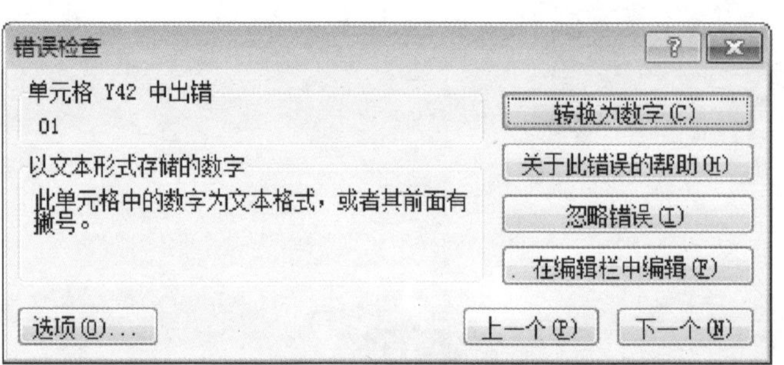

图 15-52

02

如果工作表中出现错误，但又不知道出现错误的地方，可单击【公式审核】组中的【检查错误】按钮，即可弹出【错误检查】对话框，将看到当前工作表中错误的具体位置及错误原因，如图 15-52 所示。

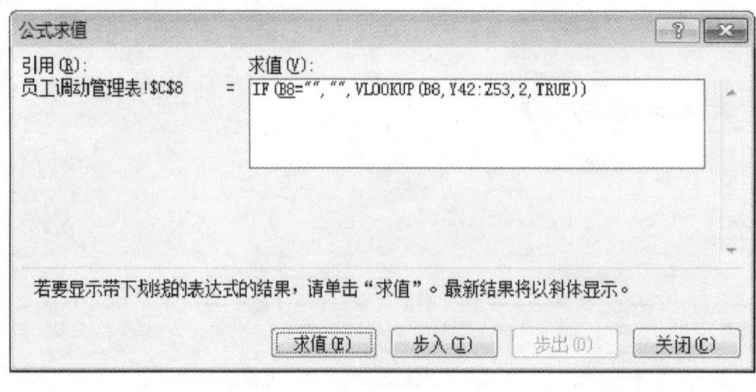

图 15-53

03

如果想了解某个函数的具体计算过程，可使用“公式求值”功能选中包含公式的单元格，在【公式审核】组中单击【公式求值】按钮，将会弹出【公式求值】对话框，将看到当前单元格中的公式，如图 15-53 所示。

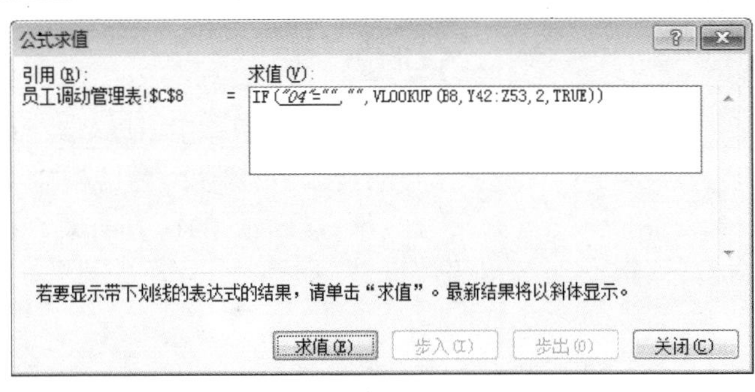

图 15-54

04

单击【求值】按钮 求值(E)，在打开的【公式求值】对话框中会看到 IF 函数第 1 步的计算结果，如图 15-54 所示。

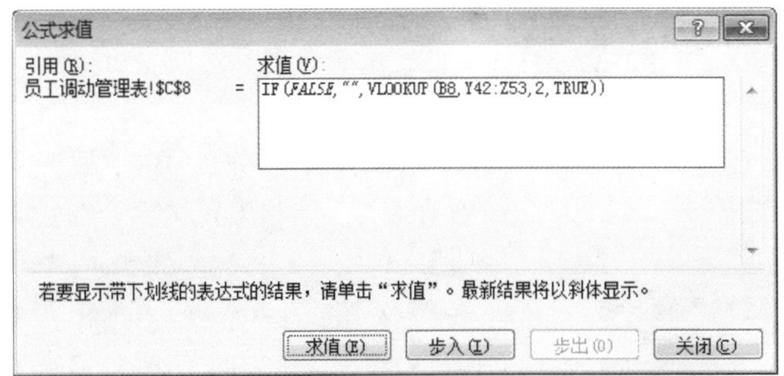

图 15-55

05

单击【求值】按钮 求值(E)，在打开的【公式求值】对话框中会看到 IF 函数第 2 步的计算结果，如图 15-55 所示。

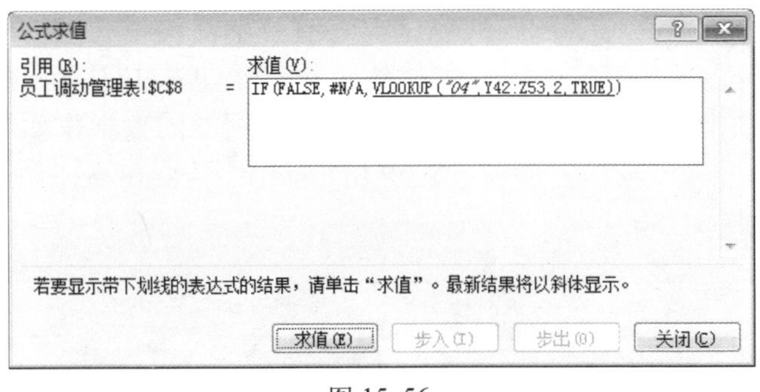

图 15-56

06

单击【求值】按钮 求值(E)，在打开的【公式求值】对话框中会看到 IF 函数第 3 步的计算结果，如图 15-56 所示。

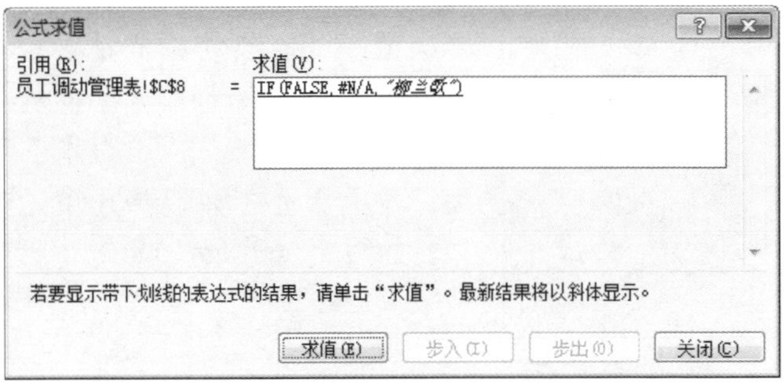

图 15-57

07

单击【求值】按钮 求值(E)，在打开的【公式求值】对话框中会看到 IF 函数第 4 步的计算结果，如图 15-57 所示。

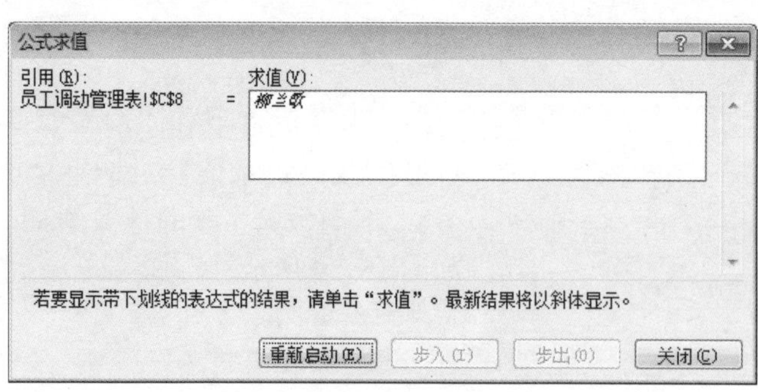

图 15-58

08

单击【求值】按钮，在打开的【公式求值】对话框中会看到IF函数最终的计算结果，如图15-58所示。

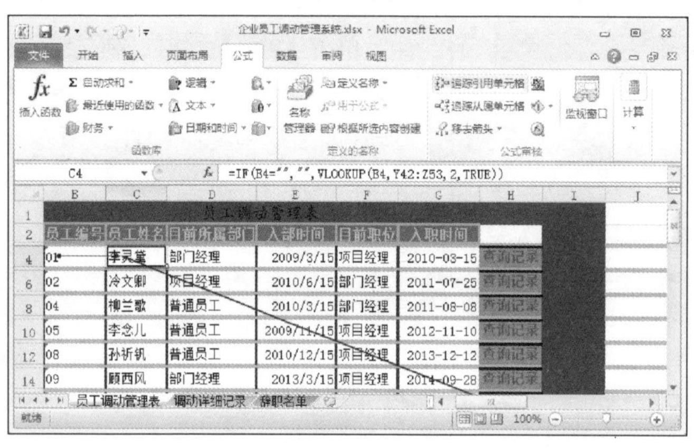

图 15-59

09

选择需要查找具有单元格引用的单元格C4，在【公式审核】组中单击【追踪引用单元格】按钮，即可在单元格B4～C4之间看到一道蓝色引用箭头，其箭头方向就是数据方向，即由单元格B4流向单元格C4。还有一个箭头是从表格外指向单元格C4，也是由于单元格C4中引用了数据源的数据，如图15-59所示。

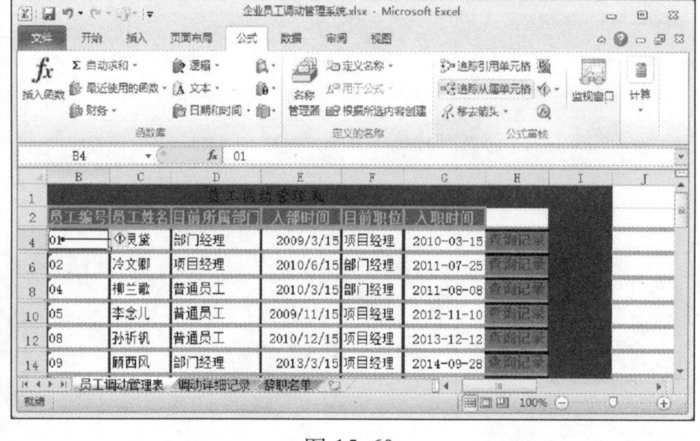

图 15-60

10

用户还可以追踪从属单元格。选中B4单元格，在【公式审核】组中单击【追踪从属单元格】按钮，即可看到一道从单元格B4指向单元格C4的蓝色箭头，表示单元格B4从属于单元格C4，如图15-60所示。

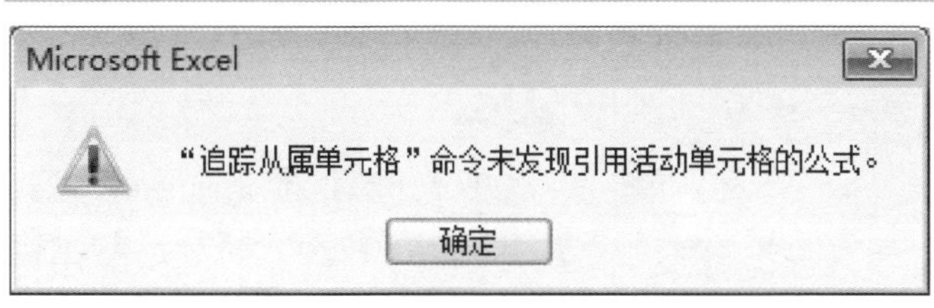

图 15-61

如果选择的单元格中没有被其他单元格引用，则单击【追踪从属单元格】按钮，系统会弹出对话框，提示用户"未发现引用活动单元格的公式"，如图 15-61 所示。

Section 15.3 套用表格格式功能的应用

本节导读

Excel 2010 内部提供的工作表都是在办公、财务领域中比较流行的格式，使用"套用表格格式"功能既可以节省大量的时间，又可以使表格变得更加美观大方。本节介绍套用表格格式功能的应用的相关操作方法。

15.3.1 使用套用表格格式

Excel 提供了许多预定义的表样式，可快速设置表格格式。如果预定义的表样式不能满足需要，可以创建并应用自定义的表样式。下面介绍使用"套用表格格式"设置"调动详细记录"工作表的操作方法。

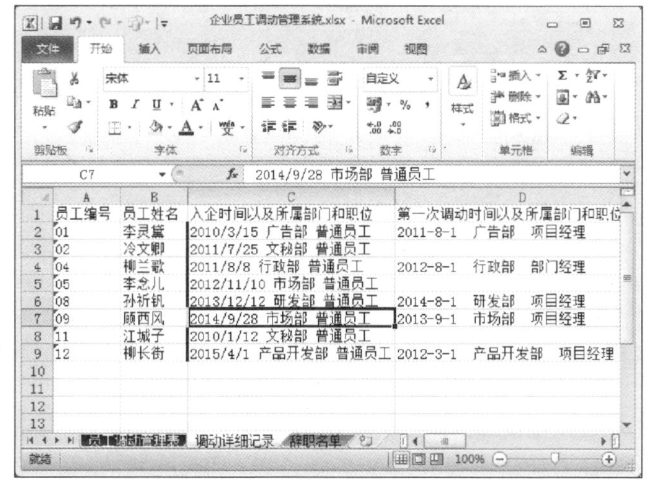

图 15-62

01

在【企业员工调动管理系统】工作簿中，选择【调动详细记录】工作表标签，进入【调动详细记录】工作表，在其中输入相应的调动记录，如图 15-62 所示。

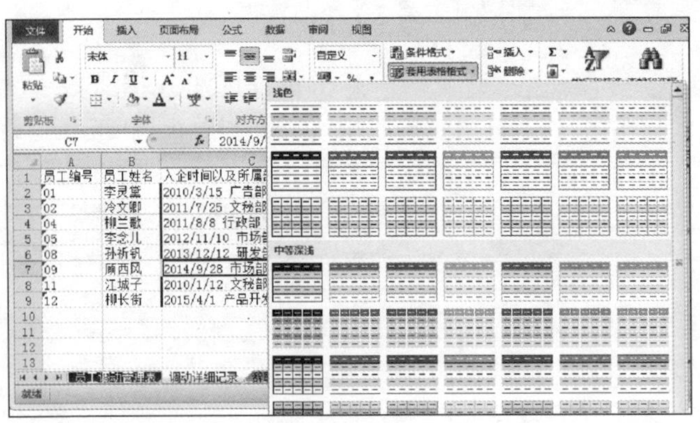

图 15-63

02

在【开始】选项卡的【样式】组中单击【套用表格样式】下拉按钮 套用表格格式·，系统会展开一个样式库，可以看到各种各样的表格样式，如图 15-63 所示。

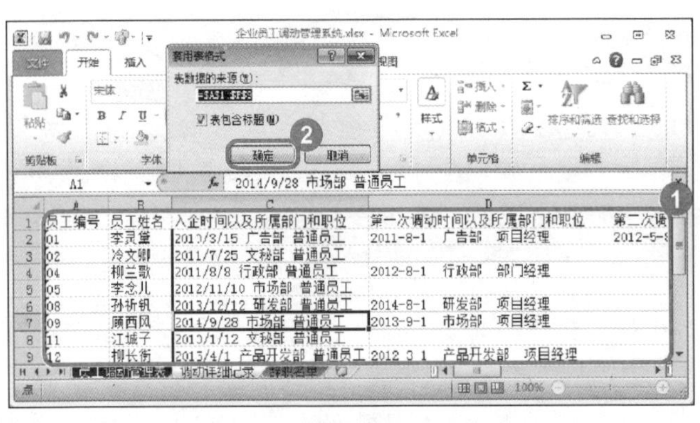

图 15-64

03

No.1 系统会弹出【套用表格式】对话框，在工作表中选择准备套用表格样式的数据源。

No.2 单击【确定】按钮，如图 15-64 所示。

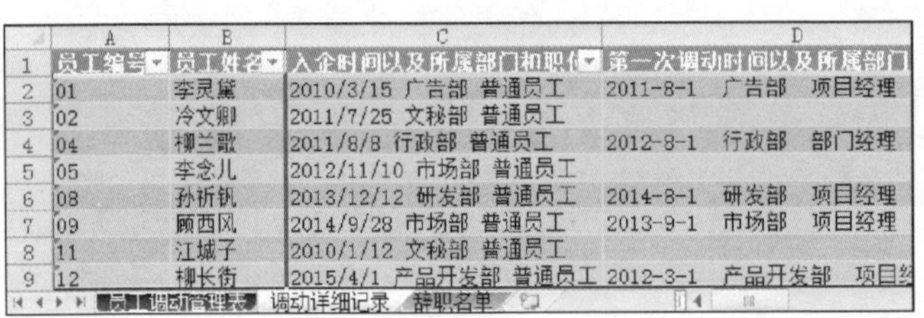

图 15-65

04

返回到工作表中可以看到，已经应用了套用表格样式的效果，如图 15-65 所示。

15.3.2 手动设置其他格式

通过“套用表格格式”功能可完成单元格区域的格式设置，但“套用表格格式”功能设置的格式有限，特别是当前工作表中有不同格式时，因此手动设置“调动详细记录”工作表的其他格式就显得尤为重要。下面介绍手动设置其他格式的操作方法。

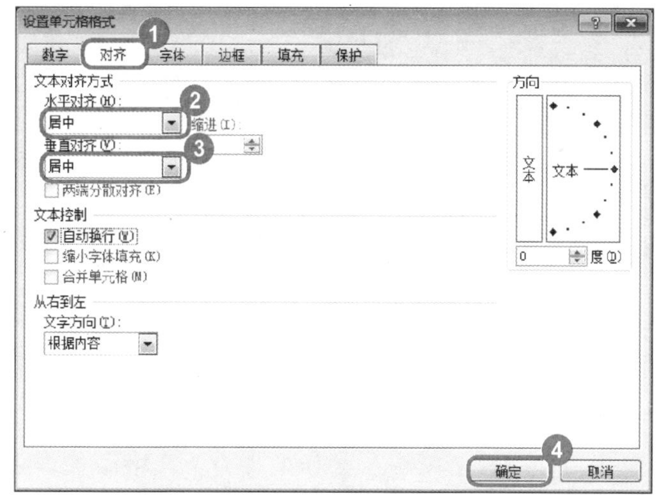

图 15-66

01

No.1 选中 C2:F9 单元格区域，打开【设置单元格格式】对话框，选中【对齐】选项卡。

No.2 在【水平对齐】和【垂直对齐】下拉列表中选择【居中】选项。

No.3 在【文本控制】区域下方选择【自动换行】复选框。

No.4 单击【确定】按钮，如图 15-66 所示。

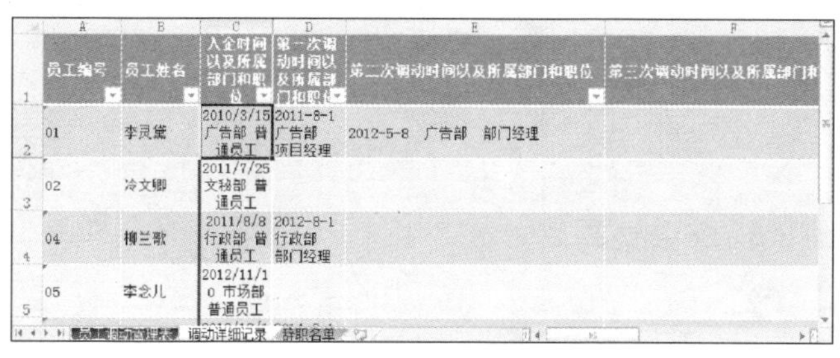

图 15-67

02

返回到工作表中，调整列宽和行高数值使所有的内容都显示出来，如图 15-67 所示。

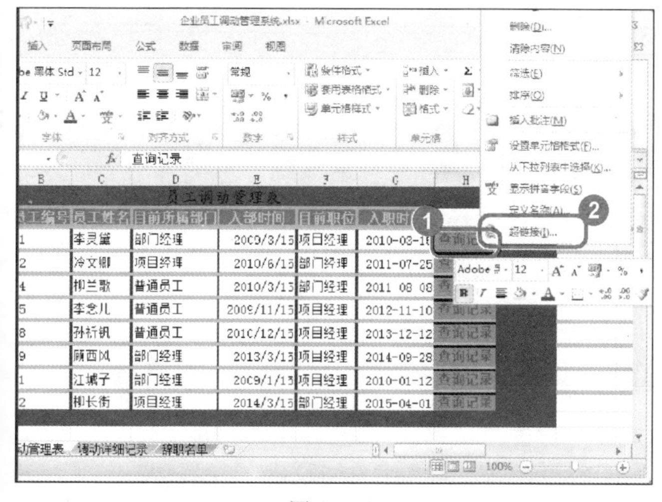

图 15-68

03

No.1 设置"调动详细记录"工作表以完成员工调动管理表中的功能，即添加"超链接"功能，选中要添加超链接的单元格并使用鼠标右键单击。

No.2 在弹出的快捷菜单中选择【超链接】菜单项，如图 15-68 所示。

插入超链接
链接到:
要显示的文字(T): 查询记录
屏幕提示(P)...
现有文件或网页(X)
请键入单元格引用(E):
A1:F2
或在此文档中选择一个位置(C):
本文档中的位置(A)
单元格引用
调动详细记录
已定义名称
新建文档(N)
电子邮件地址(M)
确定
取消

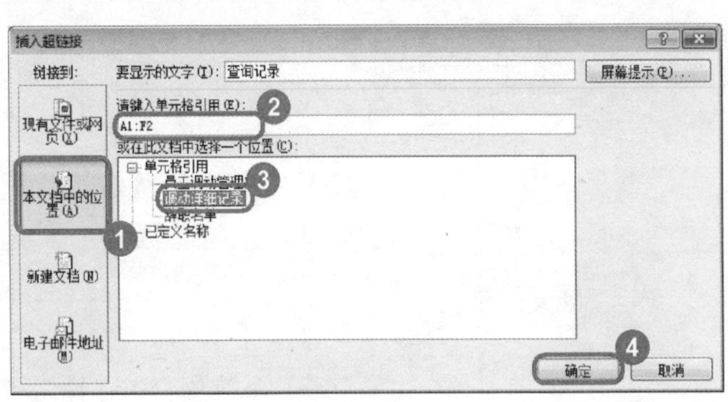

图 15-69

04

No.1 弹出【插入超链接】对话框，选择【本文档中的位置】选项卡。

No.2 在【请键入单元格引用】文本框中输入 A2:F2。

No.3 在【或在此文档中选择一个位置】区域下方选择【调动详细记录】选项。

No.4 如果想为单元格添加屏幕显示，单击【屏幕显示】按钮，如图 15-69 所示。

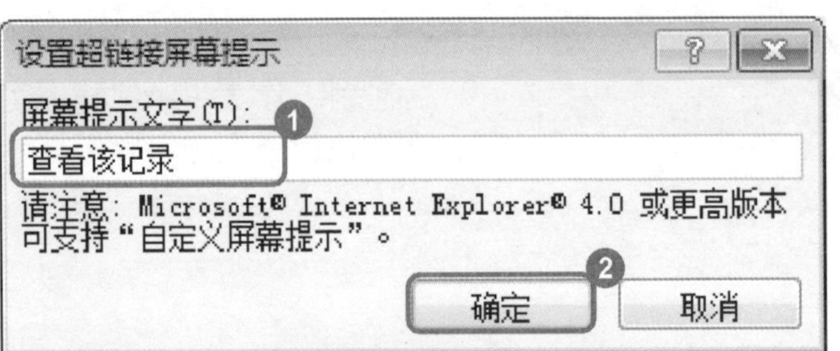

设置超链接屏幕提示
屏幕提示文字(T):
查看该记录
请注意: Microsoft® Internet Explorer® 4.0 或更高版本可支持“自定义屏幕提示”。
确定
取消

图 15-70

05

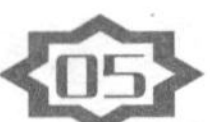

No.1 弹出【设置超链接屏幕提示】对话框，输入屏幕提示文字。

No.2 单击【确定】按钮，如图 15-70 所示。

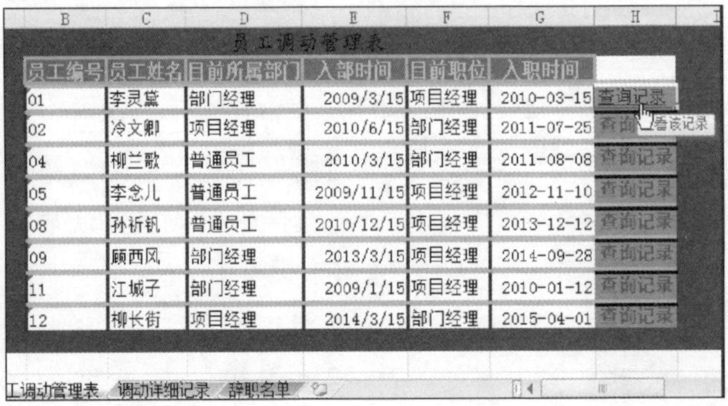

员工调动管理表
员工编号 员工姓名 目前所属部门 入部时间 目前职位 入职时间
01 李灵黛 部门经理 2009/3/15 项目经理 2010-03-15 查询记录
02 冷文卿 项目经理 2010/6/15 部门经理 2011-07-25
查看该记录
04 柳兰歌 普通员工 2010/3/15 部门经理 2011-08-08 查询记录
05 李念儿 普通员工 2009/11/15 项目经理 2012-11-10 查询记录
08 孙祈钒 普通员工 2010/12/15 项目经理 2013-12-12 查询记录
09 顾西风 部门经理 2013/3/15 项目经理 2014-09-28 查询记录
11 江城子 部门经理 2009/1/15 项目经理 2010-01-12 查询记录
12 柳长街 项目经理 2014/3/15 部门经理 2015-04-01 查询记录
工调动管理表 调动详细记录 辞职名单

图 15-71

06

返回到“员工调动管理表”工作表，在单元格中可以看到已插入了超链接，将鼠标指针移动至单元格中将其变为手状，发现在其右下方还可以显示设置的屏幕文字，如图 15-71 所示。

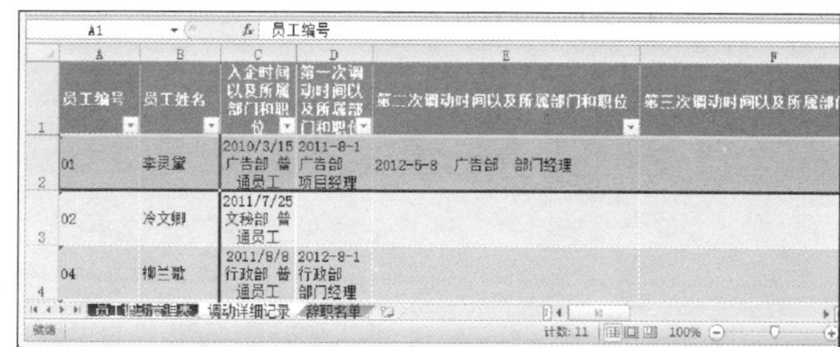

	A	B	C	D	E	F
1	员工编号	员工姓名	入企时间以及所属部门和职位	第一次调动时间以及所属部门和职位	第二次调动时间以及所属部门和职位	第三次调动时间以及所属部门
2	01	李灵黛	2010/3/15 广告部 普通员工	2011-8-1 广告部 项目经理	2012-5-8 广告部 部门经理	
3	02	冷文卿	2011/7/25 文秘部 普通员工			
4	04	柳兰歌	2011/8/8 行政部 普通员工	2012-8-1 行政部 部门经理		

图 15-72

07

单击添加的超链接，即可打开“调动详细记录”工作表，并选定 A2：F2 单元格区域，使这些单元格中的详细信息突出显示，如图 15-72 所示。

员工调动管理表

员工编号	员工姓名	目前所属部门	入部时间	目前职位	入职时间	
01	李灵黛	部门经理	2009/3/15	项目经理	2010-03-15	查询记录
02	冷文卿	项目经理	2010/6/15	部门经理	2011-07-25	查询记录
04	柳兰歌	普通员工	2010/3/15	部门经理	2011-08-08	查询记录
05	李念儿	普通员工	2009/11/15	项目经理	2012-11-10	查询记录
08	孙祈钒	普通员工	2010/12/15	项目经理	2013-12-12	查询记录
09	顾西风	部门经理	2013/3/15	项目经理	2014-09-28	查询记录
11	江城子	部门经理	2009/1/15	项目经理	2010-01-12	查询记录
12	柳长街	项目经理	2014/3/15	部门经理	2015-04-01	查询记录

图 15-73

08

分别给 H6、H8、H10、H12、H14、H16、H18 单元格设置超链接，如图 15-73 所示。

员工调动管理表

员工编号	员工姓名	目前所属部门	入部时间	目前职位	入职时间	
01	李灵黛	部门经理	2009/3/15	项目经理	2010-03-15	查询记录
02	冷文卿	项目经理	2010/6/15	部门经理	2011-07-25	查询记录
04	柳兰歌	普通员工	2010/3/15	部门经理	2011-08-08	查询记录
05	李念儿	普通员工	2009/11/15	项目经理	2012-11-10	查询记录
08	孙祈钒	普通员工	2010/12/15	项目经理	2013-12-12	查询记录
09	顾西风	部门经理	2013/3/15	项目经理	2014-09-28	查询记录
11	江城子	部门经理	2009/1/15	项目经理	2010-01-12	查询记录
12	柳长街	项目经理	2014/3/15	部门经理	2015-04-01	查询记录

图 15-74

09

为了使表格更加美观，可以去掉超链接的下划线，选中需要去掉下划线的单元格，然后单击【字体】组中的【下划线】按钮 U - 即可去掉下划线，如图 15-74 所示。

Section 15.4 样式功能的应用

本节导读

样式是格式的集合，是用户自定义的单元格显示格式，这些格式可以用自定义的名称来保存，在需要时调用即可。本节介绍样式功能的应用。

15.4.1 利用样式创建辞职名单表

样式是根据习惯与特定需要自定义的格式化工具，比“套用表格格式”具有更好的灵活性与实用性。下面介绍利用样式创建辞职名单表的操作方法。

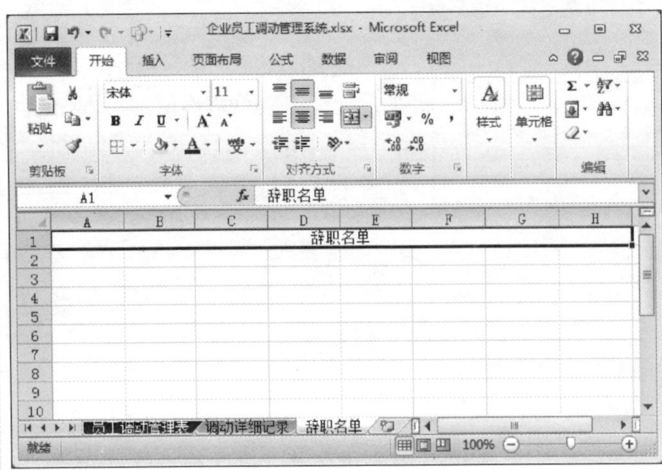

图 15-75

01

在“企业员工调动管理系统”工作簿中单击【辞职名单】工作表标签，进入【辞职名单】工作表，在 A1 单元格中输入“辞职名单”，选中 A1：H1 单元格区域，在【开始】选项卡的【对齐方式】组中，单击【合并后居中】按钮，即可合并选中的单元格，如图 15-75 所示。

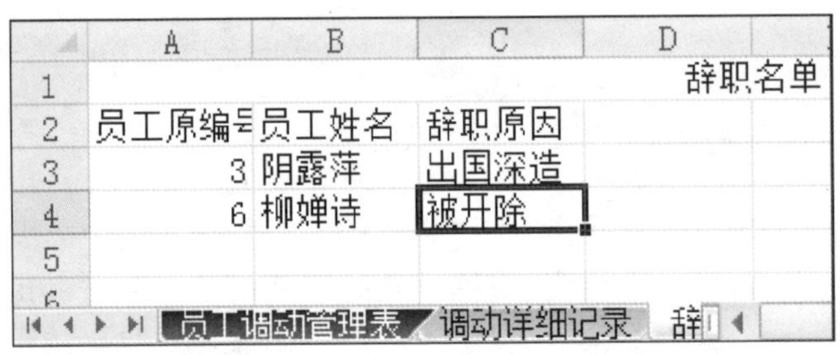

图 15-76

02

在 A2：C4 单元格区域中输入“辞职名单”表格的详细内容，如图 15-76 所示。

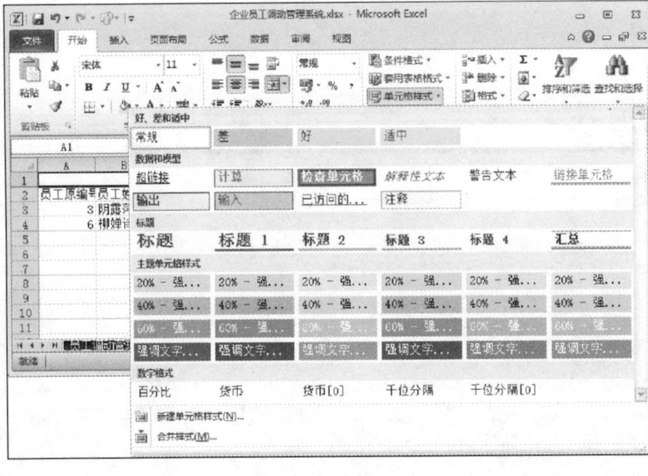

图 15-77

03

在【开始】选项卡的【样式】组中单击【单元格样式】下拉按钮，在展开的下拉列表框中可以看到 Excel 自带的单元格样式，如图 15-77 所示。

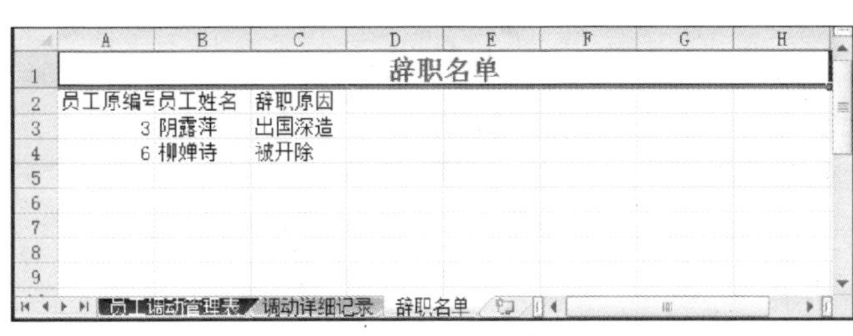

图 15-78

04

选中 A1 单元格，在【样式】组中单击【单元格样式】下拉按钮，在【标题】栏目中选择相应的标题格式，即可在【辞职名单】工作表中看到单元格效果，如图 15-78 所示。

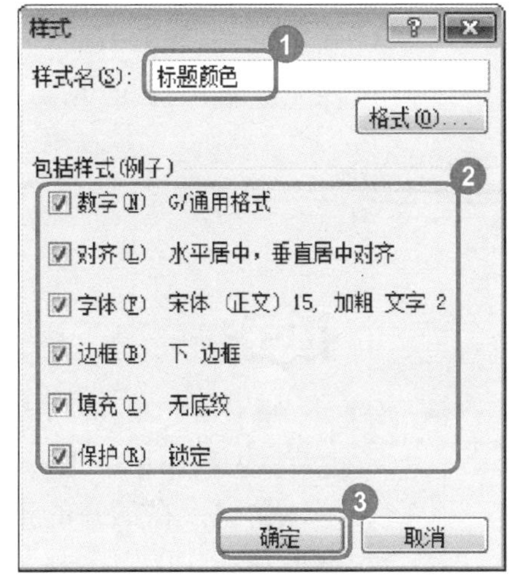

图 15-79

05

No.1 展开【单元格样式】下拉列表后，选择【新建单元格样式】选项，即可打开【样式】对话框，在【样式名】文本框中输入“标题颜色”。

No.2 选择相应样式复选框。

No.3 单击【格式】按钮 格式(O)...，如图 15-79 所示。

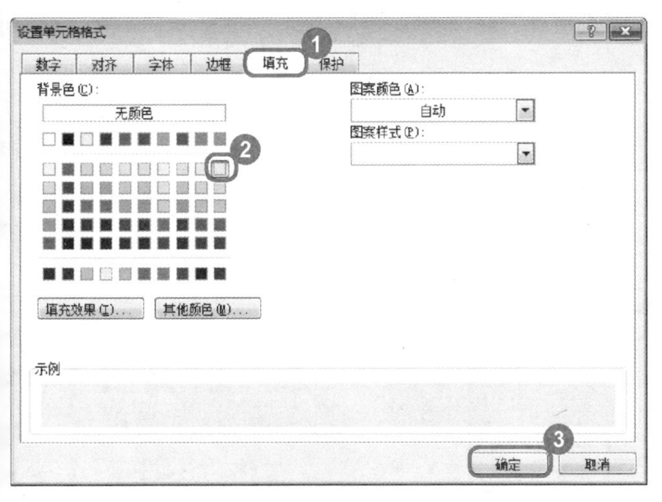

图 15-80

06

No.1 弹出【设置单元格格式】对话框，选择【填充】选项卡。

No.2 选择要填充的颜色。

No.3 单击【确定】按钮，如图 15-80 所示。

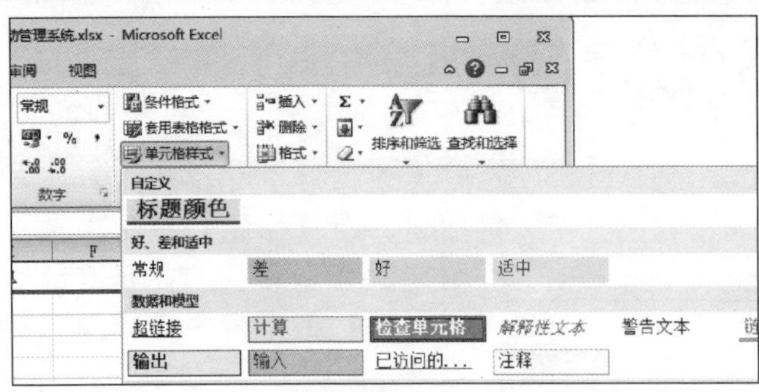

图 15-81

07

返回到【样式】对话框，单击【确定】按钮，即可创建一个名称为“标题颜色”的单元格样式，如图 15-81 所示。

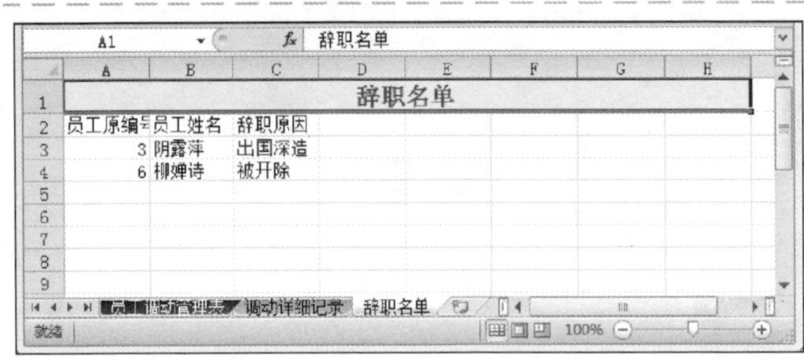

图 15-82

08

选择 A1 单元格，为其应用刚刚添加的“标题颜色”的单元格样式，如图 15-82 所示。

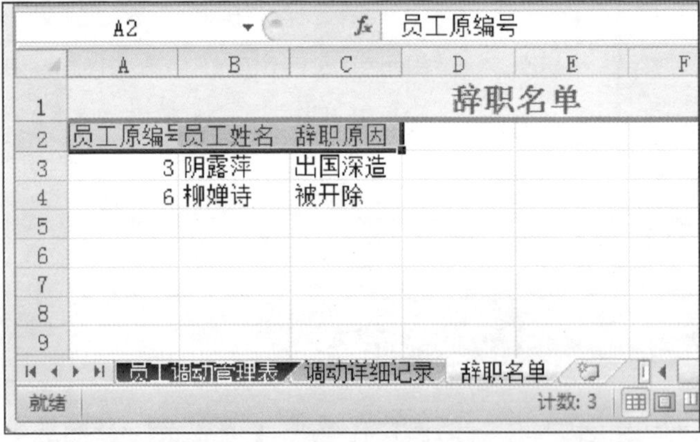

图 15-83

09

选择 A2：C2 单元格区域，在【样式】组中单击【单元格样式】下拉按钮，在展开的下拉列表框中选择相应的单元格样式，即可在“辞职名单”工作表中看到设置的“辞职名单”表格项目效果，如图 15-83 所示。

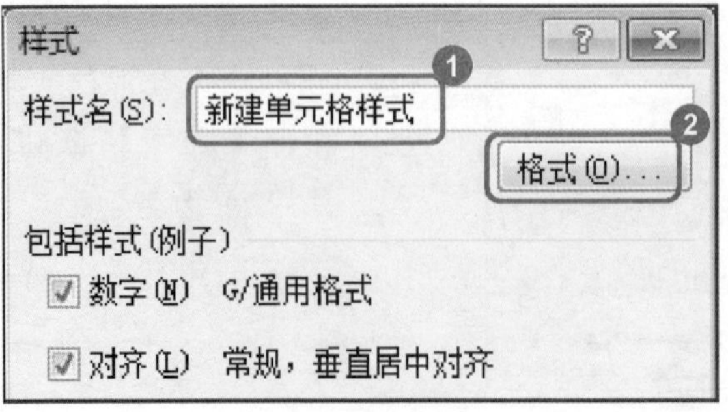

图 15-84

10

No.1 选中 A3：C4 单元格区域，并打开【样式】对话框，在【样式名】文本框中输入“新建单元格样式”。

No.2 单击【格式】按钮，如图 15-84 所示。

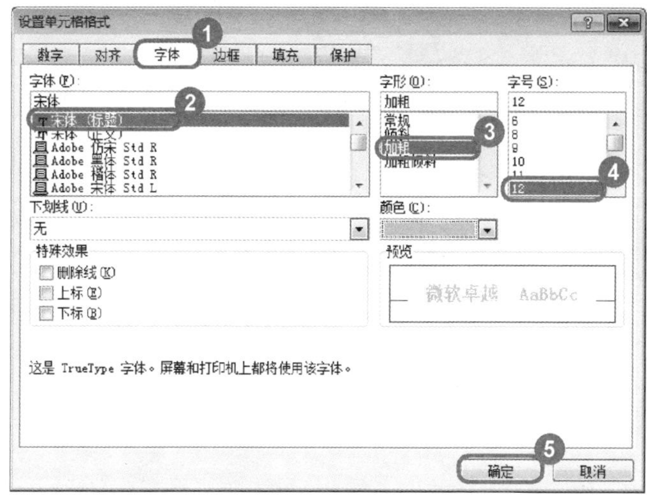

图 15-85

11

No.1 弹出【设置单元格格式】对话框，选择【字体】选项卡。

No.2 在【字体】下拉列表中选择【宋体】。

No.3 在【字形】下拉列表中选择【加粗】。

No.4 在【字号】下拉列表中选择【12】。

No.5 在【颜色】下拉列表中选择准备应用的颜色，如图 15-85 所示。

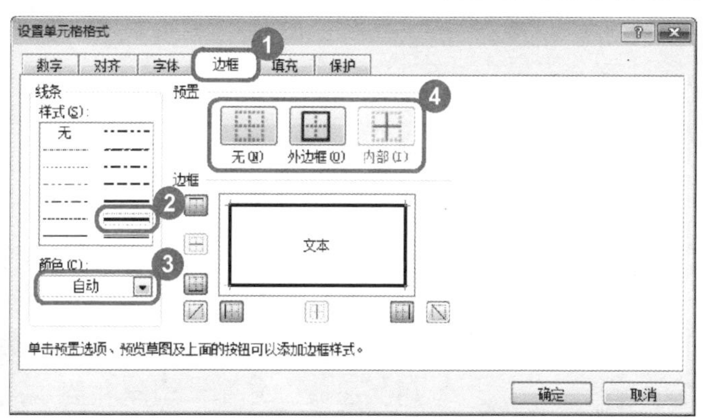

图 15-86

12

No.1 选择【边框】选项卡。

No.2 在【线条】栏目的【样式】列表框中选择相应的线条。

No.3 在【颜色】下拉列表中设置边框颜色。

No.4 在【预设】栏目中单击相应功能按钮设置边框的格式，如图 15-86 所示。

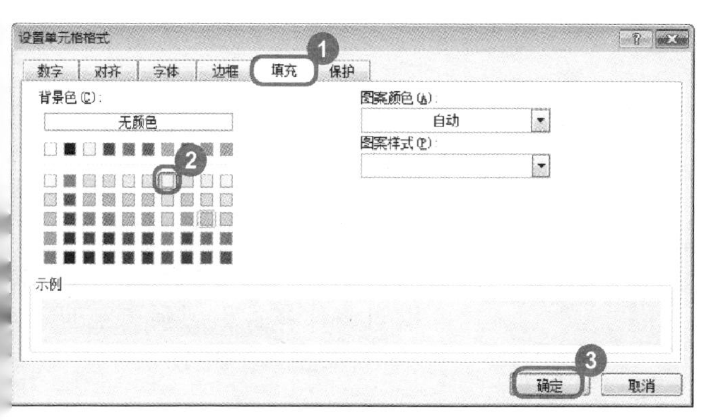

图 15-87

13

No.1 选择【填充】选项卡。

No.2 在【背景色】区域下方，选择准备填充的颜色。

No.3 单击【确定】按钮，如图 15-87 所示。

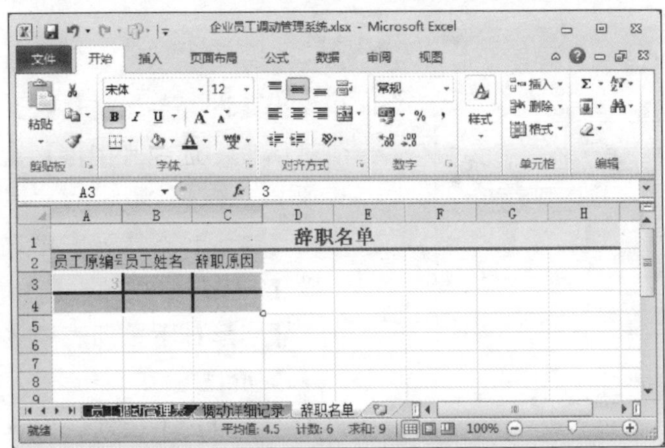

图 15-88

14

返回到【样式】对话框，单击【确定】按钮，即可创建【新建单元格样式】样式，选中 A3：C4 单元格区域后，为其应用添加的【新建单元格样式】样式，通过以上步骤即可完成利用样式创建辞职名单表的操作，如图 15-88 所示。

15.4.2 样式的基本操作

在创建单元格样式后，可以对样式进行各种操作，如应用、修改、复制、删除、添加到快速访问工具栏，还可以合并样式。下面介绍其操作方法。

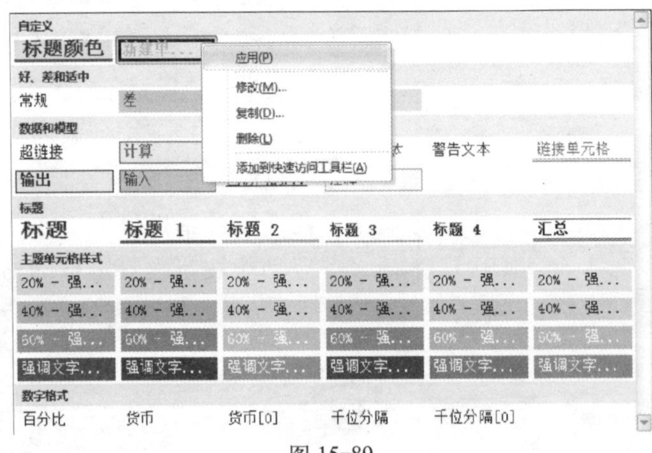

图 15-89

打开【单元格样式库】后，使用鼠标右键单击任意一个样式，在弹出的快捷菜单中，用户可以对样式进行各种操作，一般有应用、修改、复制、删除和添加到快速访问工具栏等命令，如图 15-89 所示。

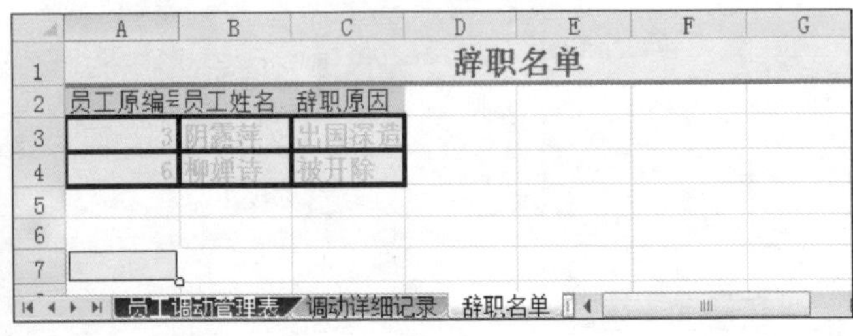

图 15-90

02

例如选择 A7 单元格，在弹出的快捷菜单中选择【应用】菜单项即可将该样式引用到选定的单元格中，如图 15-90 所示。

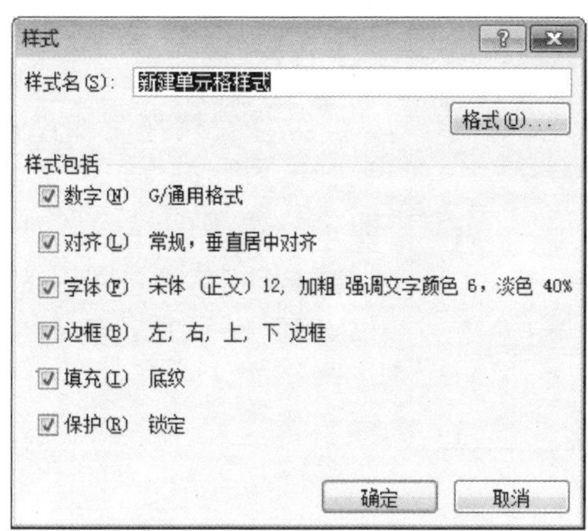

图 15-91

03

如果在快捷菜单中选择【修改】菜单项，系统会弹出【样式】对话框，这样用户就可以在其中对已创建的样式进行修改，如图 15-91 所示。

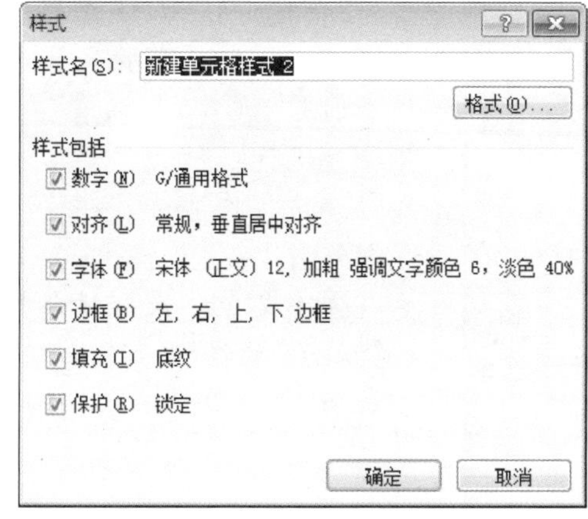

图 15-92

04

如果在快捷菜单中选择【复制】菜单项，系统同样会弹出【样式】对话框，但是可以发现新创建的样式名为“单元格格式 2”，如图 15-92 所示。

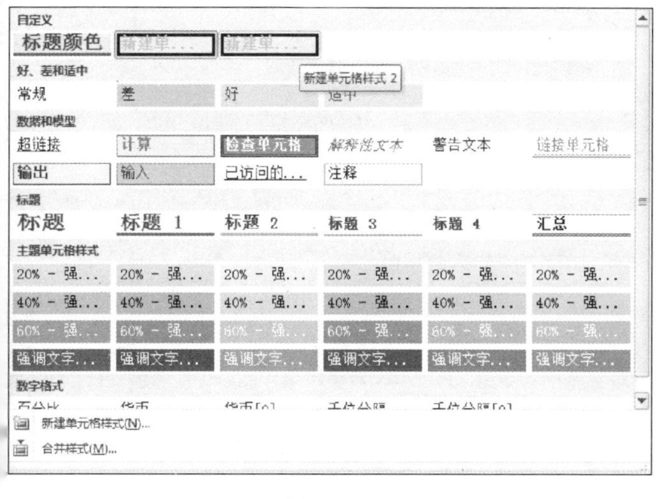

图 15-93

05

单击【确定】按钮后，即可创建一个名为“单元格格式 2”的样式，且各种设置与样式“单元格样式”是一样的，此时打开【单元格样式库】后，即可看到创建的“单元格格式 2”样式，如图 15-93 所示。

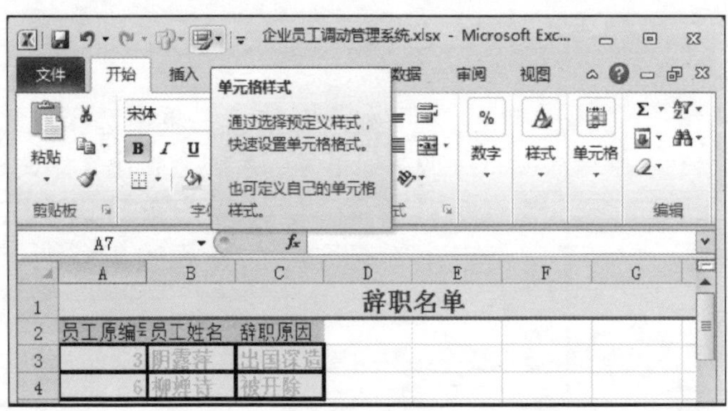

图 15-94

06

如果在快捷菜单中选择【添加到快速访问工具栏】菜单项，即可将选择的样式添加到 Excel 程序中的“快速访问工具栏”中，如图 15-94 所示。

图 15-95

07

如果创建的样式是在其他工作簿中，而又需要将样式复制到当前工作簿中，可通过“合并样式”功能把样式从一个工作表复制到另一个工作表中。在【样式】组中单击【单元格样式】下拉按钮，在弹出菜单中选择【合并样式】菜单项，系统即可打开【合并样式】对话框，如图 15-95 所示。

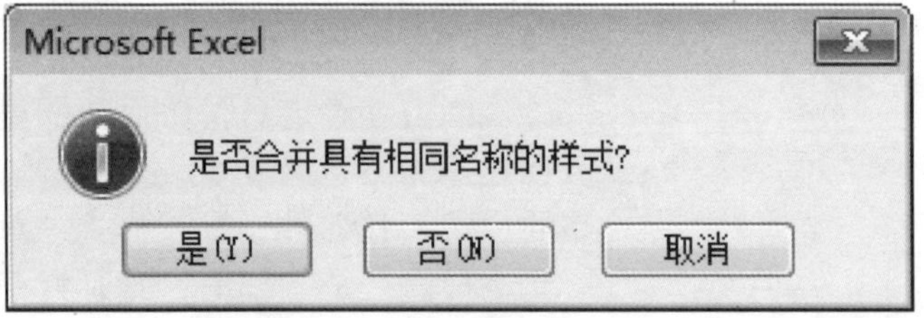

图 15-96

08

选择要合并的工作簿，单击【确定】按钮后，系统会弹出一个对话框，提示用户“是否合并具有相同名称的样式”。单击【是】按钮 是(Y)，会覆盖存在的相同名称样式；单击【否】按钮 否(N)，则会忽略具有相同名称的样式，如图 15-96 所示。